Student Solutions Manual

Applied Calculus

Brief Applied Calculus

Student Solutions Manual

to accompany

Applied Calculus
Brief Applied Calculus

Second Edition

Geoffrey Berresford
Andrew Rockett

Laurel Technical Services

Houghton Mifflin Company   Boston   New York

Senior Sponsoring Editor: Maureen O'Connor
Associate Editor: Mary Beckwith
Editorial Assistant: Kathy Yoon
Senior Manufacturing Coordinator: Priscilla J. Bailey
Marketing Manager: Michael Busnach

Copyright © 2000 by Houghton Mifflin Company. All rights reserved.

No part of this work may be reproduced or transmitted in any form or by any means, electronic or mechanical, including photocopying or recording, or by any information storage or retrieval system without the prior written permission of Houghton Mifflin Company unless such copying is expressly permitted by federal copyright law. Address inquiries to College Permissions, Houghton Mifflin Company, 222 Berkeley Street, Boston, MA 02116-3764.

Printed in the U.S.A.

ISBN: 0-395-97821-1

123456789-VG-03 02 01 00 99

Contents

Correlation Chart for Brief Applied Calculus		vii
Chapter 1	Functions	1
Chapter 2	Derivatives and Their Uses	24
Chapter 3	Further Applications of Derivatives	53
	Cumulative Review—Chapters 1–3	97
Chapter 4	Exponential and Logarithmic Functions	101
Chapter 5	Integration and Its Applications	120
Chapter 6	Integration Techniques	162
Chapter 7	Calculus of Several Variables	197
	Cumulative Review—Chapters 1–7	236
Chapter 8	Trigonometric Functions	242
Chapter 9	Differential Equations	265
Chapter 10	Sequences and Series	303
Chapter 11	Probability	328
	Cumulative Review—Chapters 1–11	347

Correlation Chart for Brief Applied Calculus

Brief Applied Calculus	*Student Solutions Manual*
Chapter 1	Chapter 1
Chapter 2	Chapter 2
Chapter 3	Chapter 3
Chapter 4	Chapter 4
Chapter 5	Chapter 5
Chapter 6	Chapter 6 and Chapter 9 (Sections 9.1 and 9.2 only)
Chapter 7	Chapter 7

Chapter 1: Functions

EXERCISES 1.1

1. $\{x | 0 \leq x < 6\}$

3. $\{x | x \leq 2\}$

5. **a.** Since $\Delta x = 3$ and $m = 5$, then Δy, the change in y, is

   $\Delta y = 3 \cdot m = 3 \cdot 5 = 15$

   b. Since $\Delta x = -4$ and $m = 5$, then Δy, the change in y, is

   $\Delta y = -4 \cdot m = -4 \cdot 5 = -20$

7. For (2, 3) and (4, −1), the slope is
   $\frac{-1-3}{4-2} = \frac{-4}{2} = -2$

9. For (−4, 0) and (2, 2), the slope is
   $\frac{2-0}{2-(-4)} = \frac{2}{2+4} = \frac{2}{6} = \frac{1}{3}$

11. For (0, −1) and (4, −1), the slope is
    $\frac{-1-(-1)}{4-0} = \frac{-1+1}{4} = \frac{0}{4} = 0$

13. For (2, −1) and (2, 5), the slope is
    $\frac{5-(-1)}{2-2} = \frac{5+1}{0}$ undefined

15. Since $y = 3x - 4$ is in slope-intercept form, $m = 3$ and the y-intercept is (0, −4). Using the slope $m = 3$, we see that the point 1 unit over and 3 units up is also on the line

    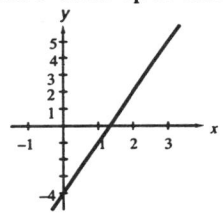

17. Since $y = -\frac{1}{2}x$ is in slope-intercept form, $m = -\frac{1}{2}$ and the y-intercept is (0, 0). Using $m = -\frac{1}{2}$, we see that the point 1 unit over and $\frac{1}{2}$ unit down is also on the line.

    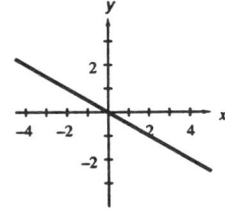

19. The equation $y = 4$ is the equation of the horizontal line through the points with y-coordinate 4. Thus, $m = 0$ and the y-intercept is (0, 4).

    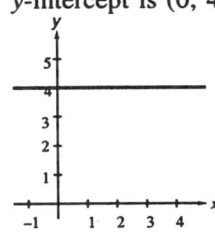

2 Chapter 1: Functions

21. The equation $x = 4$ is the equation of the vertical line through the points with x-coordinate 4. Thus, m is not defined and there is no y-intercept.

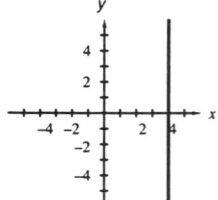

23. First, solve for y:
$$2x - 3y = 12$$
$$-3y = -2x + 12$$
$$y = \tfrac{2}{3}x - 4$$
Therefore, $m = \tfrac{2}{3}$ and the y-intercept is $(0, -4)$.

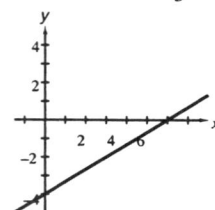

25. First, solve for y:
$$x + y = 0$$
$$y = -x$$
Therefore, $m = -1$ and the y-intercept is $(0, 0)$.

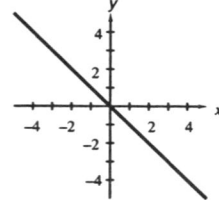

27. First, solve for y:
$$x - y = 0$$
$$-y = -x$$
$$y = x$$
Therefore, $m = 1$ and the y-intercept is $(0, 0)$.

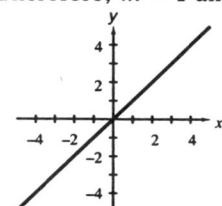

29. First, put the equation in slope-intercept form:
$$y = \tfrac{x+2}{3}$$
$$y = \tfrac{1}{3}x + \tfrac{2}{3}$$
Therefore, $m = \tfrac{1}{3}$ and the y-intercept is $\left(0, \tfrac{2}{3}\right)$.

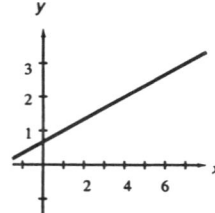

31. First, solve for y:
$$\tfrac{2x}{3} - y = 1$$
$$-y = -\tfrac{2}{3}x + 1$$
$$y = \tfrac{2}{3}x - 1$$
Therefore, $m = \tfrac{2}{3}$ and the y-intercept is $(0, -1)$.

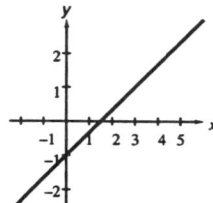

33.

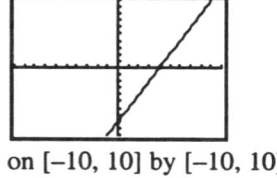

on $[-10, 10]$ by $[-10, 10]$

35.

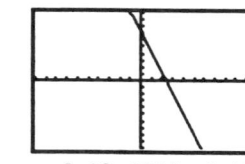

on $[-10, 10]$ by $[-10, 10]$

Exercises 1.1

37.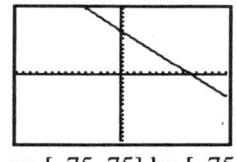
on [–75, 75] by [–75, 75]

39. $y = -2.25x + 3$

41. $y-(-2)=5[x-(-1)]$
$y+2=5x+5$
$y=5x+3$

43. $y = -4$

45. $x = 1.5$

47. First, find the slope.
$m = \frac{-1-3}{7-5} = \frac{-4}{2} = -2$
Then use the point-slope formula with this slope and the point (5, 3).
$y-3 = -2(x-5)$
$y-3 = -2x+10$
$y = -2x+13$

49. First, find the slope.
$m = \frac{-1-(-1)}{5-1} = \frac{-1+1}{4} = 0$
Then use the point-slope formula with this slope and the point (1,–1).
$y-(-1) = 0(x-1)$
$y+1 = 0$
$y = -1$

51. The y-intercept of the line is (0, 1), and $\Delta y = -2$ for $\Delta x = 1$. Thus, $m = \frac{\Delta y}{\Delta x} = \frac{-2}{1} = -2$.
Now, use the slope-intercept form of the line:
$y = -2x + 1$.

53. The y-intercept is (0, –2), and $\Delta y = 3$ for $\Delta x = 2$. Thus, $m = \frac{\Delta y}{\Delta x} = \frac{3}{2}$. Now, use the slope-intercept form of the line: $y = \frac{3}{2}x - 2$

55. First, consider the line through the points (0, 5) and (5, 0). The slope of this line is $m = \frac{0-5}{5-0} = \frac{-5}{5} = -1$.
Since (0, 5) is the y-intercept of this line, use the slope-intercept form of the line: $y = -1 \cdot x + 5$ or $y = -x + 5$.
Now consider the line through the points (5, 0) and (0, –5). The slope of this line is $m = \frac{-5-0}{0-5} = \frac{-5}{-5} = 1$.
Since (0,–5) is the y-intercept of the line, use the slope-intercept form of the line: $y = 1 \cdot x - 5$ or $y = x - 5$.
Next, consider the line through the points (0, –5) and (–5, 0). The slope of this line is
$m = \frac{0-(-5)}{-5-0} = \frac{5}{-5} = -1$. Since (0, –5) is the y-intercept, use the slope-intercept form of the line:
$y = -1 \cdot x - 5$ or $y = -x - 5$.
Finally, consider the line through the points (–5, 0) and (0, 5). The slope of this line is $m = \frac{5-0}{0-(-5)} = \frac{5}{5} = 1$.
Since (0, 5) is the y-intercept, use the slope-intercept form of the line: $y = 1 \cdot x + 5$ or $y = x + 5$.

57. If the point (x_1, y_1) is the y-intercept $(0, b)$, then substituting into the point-slope form of the line gives

$(y - y_1) = m(x - x_1)$
$(y - b) = m(x - 0)$
$y - b = mx$
$y = mx + b$

59. To find the x-intercept, substitute $y = 0$ into the equation and solve for x:

$y = mx + b$
$0 = mx + b$
$-mx = b$
$x = \dfrac{b}{-m}$

If $m \neq 0$, then a single x-intercept exists.

61. a.

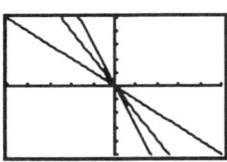

on [–5, 5] by [–5, 5]

b.

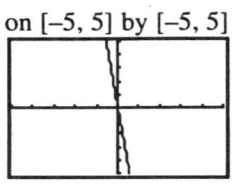

on [–5, 5] by [–5, 5]

63. Low demand: [0, 8);
average demand: [8, 20);
high demand: [20, 40);
critical demand: [40, ∞)

65. a. The value of x corresponding to the year 2010 is $x = 2010 - 1900 = 110$. Substituting $x = 110$ into the equation for the regression line gives

$y = -0.357x + 257.46$

$y = -0.357(110) + 257.46 = 218.19$ seconds

Since 3 minutes = 180 seconds, 218.19 = 3 minutes 38.19 seconds. Thus the world record in the year 2010 will be 3 minutes 38.19 seconds.

b. To find the year when the record will be 3 minutes 30 seconds, first convert 3 minutes 30 seconds to seconds: 3 minutes 30 seconds = 3 minutes · 60 $\frac{\text{sec}}{\text{min}}$ + 30 seconds = 210 seconds.

Now substitute 210 seconds into the equation for the regression line and solve for x.

$y = -0.357x + 257.46$
$210 = -0.357x + 257.46$
$0.357x = 257.46 - 210$
$x = \dfrac{47.46}{0.357} \approx 132.94$

Since x represents the number of years after 1900, the year corresponding to this value of x is $1900 + 132.94 = 2032.94 \approx 2033$. The world record will be 3 minutes 30 seconds in 2033.

Exercises 1.1

67. **a.** To find the linear equation, first find the slope of the line containing these points.
$m = \frac{14-6}{3-1} = \frac{8}{2} = 4$
Next, use the point-slope form with the point (1, 6):
$y - y_1 = m(x - x_1)$
$y - 6 = 4(x - 1)$
$y - 6 = 4x - 4$
$y = 4x + 2$

b. To find the profit at the end of 2 years, substitute 2 into the equation $y = 4x + 2$.
$y = 4(2) + 2 = \$10$ million

c. The profit at the end of 5 years is $y = 4(5) + 2 = \$22$ million.

71. **a.** Price = \$50,000; useful lifetime = 20 years; scrap value = \$6000
$V = 50,000 - \left(\frac{50,000 - 6000}{20}\right)t \quad 0 \leq t \leq 20$
$= 50,000 - 2200t \quad 0 \leq t \leq 20$

b. Substitute $t = 5$ into the equation.
$V = 50,000 - 2200t$
$= 50,000 - 2200(5)$
$= 50,000 - 11,000 = \$39,000$

c.

on [0, 20] by [0, 50,000]

69. **a.** First, find the slope of the line containing the points.
$m = \frac{212 - 32}{100 - 0} = \frac{180}{100} = \frac{9}{5}$
Next, use the point-slope form with the point (0, 32):
$y - y_1 = m(x - x_1)$
$y - 32 = \frac{9}{5}(x - 0)$
$y = \frac{9}{5}x + 32$

b. Substitute 20 into the equation.
$y = \frac{9}{5}x + 32$
$y = \frac{9}{5}(20) + 32 = 36 + 32 = 68°\text{F}$

73. **a.**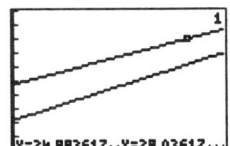
on [0, 30] by [20, 30]

b. The value 2005 − 1980 = 25 corresponds to the year 2005, so use $x = 25$.
From the graph in part (a), when $x \approx 25$, $y \approx 28.0$ on line y_1.
So the median age at first marriage for men in 2005 is 28.0 years.

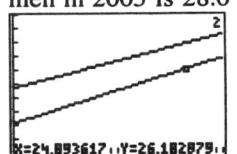
on [0, 30] by [20, 30]
When $x \approx 25$, $y \approx 26.2$ on line y_2.
So the median age at first marriage for women in 2005 is 26.2 years.

c. The value 2010 − 1980 = 30 corresponds to the year 2010. Substitute 30 into each equation.
$y_1 = 24.8 + 0.13x$
$= 24.8 + 0.13(30)$
≈ 28.7 years for men
$y_2 = 22.2 + 0.16x$
$= 22.2 + 0.16(30)$
≈ 27 years for women

6   **Chapter 1: Functions**

75.   **a.**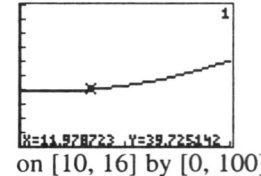
on [10, 16] by [0, 100]

b. From the graph in (a), when $x = 12$, $y = 39.7$. So the probability that a high school graduate smoker will quit is 39.7%.

c.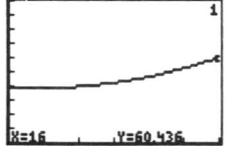
on [10, 16] by [0, 100]
When $x = 16$, $y = 60.4$. So the probability that a college graduate smoker will quit is 60.4%.

77.   **a–b.**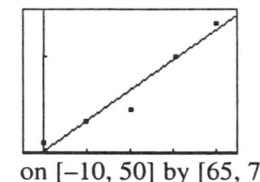
on [−10, 50] by [65, 72]
$y_1 = 0.158x + 65.06$

c. The value $x = 2025 - 1950 = 75$ corresponds to the year 2025. Substitute 75 into the equation.
$y = 0.158x + 65.06$
$y = 0.158(75) + 65.06$
≈ 76.9 years

EXERCISES 1.2

1. $\left(2^2 \cdot 2\right)^2 = \left(2^2 \cdot 2^1\right)^2 = \left(2^3\right)^2 = 2^6 = 64$

3. $2^{-4} = \dfrac{1}{2^4} = \dfrac{1}{16}$

5. $\left(\tfrac{1}{2}\right)^{-3} = \left(2^{-1}\right)^{-3} = 2^3 = 8$

7. $\left(\tfrac{5}{8}\right)^{-1} = \tfrac{8}{5}$

9. $4^{-2} \cdot 2^{-1} = \left(2^2\right)^{-2} \cdot 2^{-1}$
$= 2^{-4} \cdot 2^{-1} = 2^{-5} = \dfrac{1}{2^5} = \dfrac{1}{32}$

11. $\left(\tfrac{3}{2}\right)^{-3} = \left(\tfrac{2}{3}\right)^3 = \dfrac{2^3}{3^3} = \dfrac{8}{27}$

13. $\left(\tfrac{1}{3}\right)^{-2} - \left(\tfrac{1}{2}\right)^{-3} = \left(\tfrac{3}{1}\right)^2 - \left(\tfrac{2}{1}\right)^3 = \dfrac{3^2}{1^2} - \dfrac{2^3}{1^3}$
$= 9 - 8 = 1$

15. $\left[\left(\tfrac{2}{3}\right)^{-2}\right]^{-1} = \left[\left(\tfrac{3}{2}\right)^2\right]^{-1} = \left(\tfrac{3^2}{2^2}\right)^{-1} = \left(\tfrac{9}{4}\right)^{-1} = \tfrac{4}{9}$

17. $25^{1/2} = \sqrt{25} = 5$

19. $25^{3/2} = \left(\sqrt{25}\right)^3 = 5^3 = 125$

21. $16^{3/4} = \left(\sqrt[4]{16}\right)^3 = 2^3 = 8$

23. $(-8)^{2/3} = \left(\sqrt[3]{-8}\right)^2 = (-2)^2 = 4$

25. $(-8)^{5/3} = \left(\sqrt[3]{-8}\right)^5 = (-2)^5 = -32$

27. $\left(\tfrac{25}{36}\right)^{3/2} = \left(\sqrt{\tfrac{25}{36}}\right)^3 = \left(\tfrac{5}{6}\right)^3 = \dfrac{5^3}{6^3} = \dfrac{125}{216}$

29. $\left(\tfrac{27}{125}\right)^{2/3} = \left(\sqrt[3]{\tfrac{27}{125}}\right)^2 = \left(\tfrac{3}{5}\right)^2 = \dfrac{3^2}{5^2} = \dfrac{9}{25}$

31. $\left(\tfrac{1}{32}\right)^{2/5} = \left(\sqrt[5]{\tfrac{1}{32}}\right)^2 = \left(\tfrac{1}{2}\right)^2 = \tfrac{1}{4}$

Exercises 1.2

33. $4^{-1/2} = \frac{1}{4^{1/2}} = \frac{1}{\sqrt{4}} = \frac{1}{2}$

35. $4^{-3/2} = \frac{1}{4^{3/2}} = \frac{1}{(\sqrt{4})^3} = \frac{1}{2^3} = \frac{1}{8}$

37. $8^{-2/3} = \frac{1}{8^{2/3}} = \frac{1}{(\sqrt[3]{8})^2} = \frac{1}{2^2} = \frac{1}{4}$

39. $(-8)^{-1/3} = \frac{1}{(-8)^{1/3}} = \frac{1}{\sqrt[3]{-8}} = \frac{1}{-2} = -\frac{1}{2}$

41. $(-8)^{-2/3} = \frac{1}{(-8)^{2/3}} = \frac{1}{(\sqrt[3]{(-8)^2})} = \frac{1}{\sqrt[3]{64}} = \frac{1}{4}$

43. $\left(\frac{25}{16}\right)^{-1/2} = \left(\frac{16}{25}\right)^{1/2} = \left(\sqrt{\frac{16}{25}}\right) = \frac{4}{5}$

45. $\left(\frac{25}{16}\right)^{-3/2} = \left(\frac{16}{25}\right)^{3/2} = \left(\sqrt{\frac{16}{25}}\right)^3 = \left(\frac{4}{5}\right)^3 = \frac{4^3}{5^3} = \frac{64}{125}$

47. $\left(-\frac{1}{27}\right)^{-5/3} = (-27)^{5/3} = (\sqrt[3]{-27})^5 = (-3)^5 = -243$

49. $7^{0.39} \approx 2.14$

51. $8^{2.7} \approx 274.37$

53. $(-8)^{7/3} = -128$

55. $\left[\left(\frac{5}{2}\right)^{-1}\right]^{-2} = 6.25$

57. $\left[(4)^{-1}\right]^{0.5} = 0.5$

59. $\left(0.4^{-7}\right)^{-1/7} = 0.4$

61. $\left[(0.1)^{0.1}\right]^{0.1} \approx 0.977$

63. $\left(1 - \frac{1}{100}\right)^{-1000} \approx 2.720$

65. $\left(x^3 \cdot x^2\right)^2 = \left(x^5\right)^2 = x^{10}$

67. $\left[z^2(z \cdot z^2)^2 z\right]^3 = \left[z^2(z^3)^2 z\right]^3 = \left(z^2 \cdot z^6 \cdot z\right)^3 = \left(z^9\right)^3 = z^{27}$

69. $\left[(x^2)^2\right]^2 = (x^4)^2 = x^8$

71. $\frac{(ww^2)^3}{w^3 w} = \frac{w^3 w^6}{w^3 w} = w^5$

73. $\frac{(5xy^4)^2}{25x^3 y^3} = \frac{25x^2 y^8}{25x^3 y^3} = \frac{y^5}{x}$

75. $\frac{(9xy^3 z)^2}{3(xyz)^2} = \frac{81x^2 y^6 z^2}{3x^2 y^2 z^2} = 27y^4$

77. $\frac{(2u^2 vw^3)^2}{4(uw^2)^2} = \frac{4u^4 v^2 w^6}{4u^2 w^4} = u^2 v^2 w^2$

79. Average body thickness
 $= 0.4(\text{hip-to-shoulder length})^{3/2}$
 $= 0.4(16)^{3/2}$
 $= 0.4(\sqrt{16})^3 = 0.4(64)$
 $= 25.6$ ft

81. $C' = x^{0.6}C$
$= 4^{0.6}C \approx 2.3C$
To quadruple the capacity costs about 2.3 times as much.

83.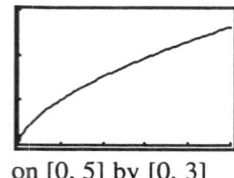
on [0, 5] by [0, 3]

Capacity can be multiplied by about 3.2

85. $(\text{Heart rate}) = 250(\text{weight})^{-1/4}$
$= 250(16)^{-1/4}$
$= 125$ beats per minute

87.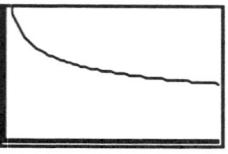
on [0, 200] by [0, 150]

Heart rate decreases more slowly as body weight increases.

89. $(\text{Time to build the 50th Boeing 707})$
$= 150(50^{-0.322})$
≈ 42.6 thousand work-hours

It took approximately 42,600 work-hours to build the 50th Boeing 707.

91. a. Increase in ground motion $= 10^{B-A}$
$= 10^{8.3-6.8}$
$= 10^{1.5} \approx 32$
The 1906 San Francisco earthquake had about 32 times the ground motion of the 1994 Northridge, California, earthquake.

b. Increase in ground motion $= 10^{B-A}$
$= 10^{8.1-7.2}$
$= 10^{0.9} \approx 8$
The 1933 Miyagi earthquake had about 8 times the grand motion of the Kobe (Japan) earthquake.

93. $S = \frac{60}{11}x^{0.5}$
$= \frac{60}{11}(3281)^{0.5} \approx 312$ mph

95.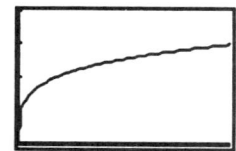
on [0,100] by[0,4]
$x \approx 18.2$. Therefore, the land area must be increased by a factor of more than 18 to double the number of species.

Exercises 1.3

97. **a.**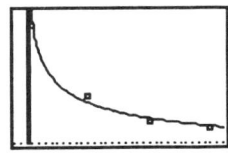
on [–2, 32] by [1000, 3500]
b. $y_1 = 3261x^{-0.267}$
c. For $x = 50$,
$y_1 = 3261x^{-0.267}$
$= 3261(50)^{-0.267} \approx 1147$ work-hours
It will take approximately 1147 work-hours to build the fiftieth supercomputer.

EXERCISES 1.3

1. Yes **3.** No **5.** No **7.** No

9. Domain = $\{x \mid x \leq 0 \text{ or } x \geq 1\}$

11. **a.** $f(x) = \sqrt{x-1}$
$f(10) = \sqrt{10-1} = \sqrt{9} = 3$
b. Domain = $\{x \mid x \geq 1\}$ since $f(x) = \sqrt{x-1}$ is defined for all values of $x \geq 1$.
c. Range = $\{y \mid y \geq 0\}$

13. **a.** $h(z) = \frac{1}{z+4}$
$h(-5) = \frac{1}{-5+4} = -1$
b. Domain = $\{z \mid z \neq -4\}$ since $h(z) = \frac{1}{z+4}$ is defined for all values of z except $z = -4$.
c. Range = $\{y \mid y \neq 0\}$

15. **a.** $h(x) = x^{1/4}$
$h(81) = 81^{1/4} = \sqrt[4]{81} = 3$
b. Domain = $\{x \mid x \geq 0\}$ since $h(x) = x^{1/4}$ is defined for nonnegative values of x.
c. Range = $\{y \mid y \geq 0\}$

17. **a.** $f(x) = x^{2/3}$
$f(-8) = (-8)^{2/3} = \sqrt[3]{(-8)^2} = \sqrt[3]{64} = 4$
b. Domain = $\Re$
c. Range = $\{y \mid y \geq 0\}$

19. **a.** $f(x) = \sqrt{4-x^2}$
$f(0) = \sqrt{4-0^2} = 2$
b. $f(x) = \sqrt{4-x^2}$ is defined for values of x such that $4 - x^2 \geq 0$. Thus,
$4 - x^2 \geq 0$
$-x^2 \geq -4$
$x^2 \leq 4$
$-2 \leq x \leq 2$
Domain = $\{x \mid -2 \leq x \leq 2\}$
c. Range = $\{y \mid 0 \leq y \leq 2\}$

21. **a.** $f(x) = \sqrt{-x}$
$f(-25) = \sqrt{-(-25)} = 5$
b. Domain = $\{x \mid x \leq 0\}$ since $f(x) = \sqrt{-x}$ is defined only for values of $x \leq 0$.
c. Range = $\{y \mid y \geq 0\}$

23.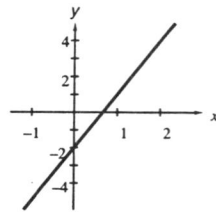

25.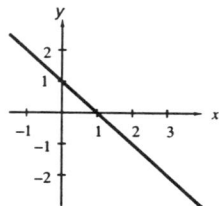

27.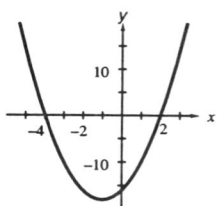

29.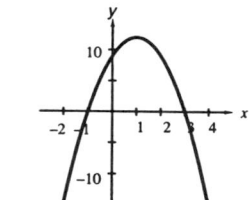

31. a. $x = \frac{-b}{2a} = \frac{-(-40)}{2(1)} = \frac{40}{2} = 20$

To find the y-coordinate, evaluate f at $x = 20$.

$f(20) = (20)^2 - 40(20) + 500 = 100$
The vertex is (20, 100).

b.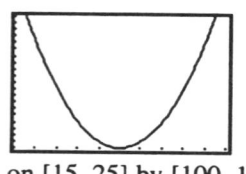

on [15, 25] by [100, 120]

33. a. $x = \frac{-b}{2a} = \frac{-(-80)}{2(-1)} = \frac{80}{-2} = -40$

To find the y-coordinate, evaluate f at $x = -40$.

$f(-40) = -(-40)^2 - 80(-40) - 1800$
$= -200$
The vertex is (-40, -200).

b.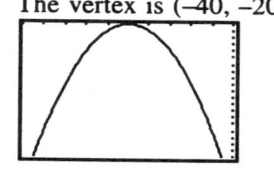

on [-45, -35] by [-220, -200]

35. $x^2 - 6x - 7 = 0$
$(x-7)(x+1) = 0$
Equals 0 Equals 0
at $x = 7$ at $x = -1$
$x = 7, \quad x = -1$

37. $x^2 + 2x = 15$
$x^2 + 2x - 15 = 0$
$(x+5)(x-3) = 0$
Equals 0 Equals 0
at $x = -5$ at $x = 3$
$x = -5, \quad x = 3$

39. $2x^2 + 40 = 18x$
$2x^2 - 18x + 40 = 0$
$x^2 - 9x + 20 = 0$
$(x-4)(x-5) = 0$
Equals 0 Equals 0
at $x = 4$ at $x = 5$
$x = 4, \quad x = 5$

41. $5x^2 - 50x = 0$
$x^2 - 10x = 0$
$x(x-10) = 0$
Equals 0
at $x = 10$
$x = 0, \quad x = 10$

43. $2x^2 - 50 = 0$
$x^2 - 25 = 0$
$(x-5)(x+5) = 0$
Equals 0 Equals 0
at $x = 5$ at $x = -5$
$x = 5, \quad x = -5$

45. $4x^2 + 24x + 40 = 4$
$4x^2 + 24x + 36 = 0$
$x^2 + 6x + 9 = 0$
$(x+3)^2 = 0$
$x = -3$

Exercises 1.3

47.
$-4x^2 + 12x = 8$
$-4x^2 + 12x - 8 = 0$
$x^2 - 3x + 2 = 0$
$(x-2)(x-1) = 0$
Equals 0 Equals 0
at $x = 2$ at $x = 1$
$x = 2, \quad x = 1$

49.
$2x^2 - 12x + 20 = 0$
$x^2 - 6x + 10 = 0$
Use the quadratic formula with $a = 1$, $b = -6$, and $c = 10$.
$$x = \frac{-(-6) \pm \sqrt{(-6)^2 - 4(1)(10)}}{2(1)}$$
$$= \frac{6 \pm \sqrt{36 - 40}}{2}$$
$$= \frac{6 \pm \sqrt{-4}}{2} \quad \text{Not a real number}$$
$2x^2 - 12x + 20 = 0$ has no real solutions.

51.
$3x^2 + 12 = 0$
$x^2 + 4 = 0$
$x^2 = -4$
$x = \pm\sqrt{-4}$ Not a real number
$3x^2 + 12 = 0$ has no real solutions.

53.
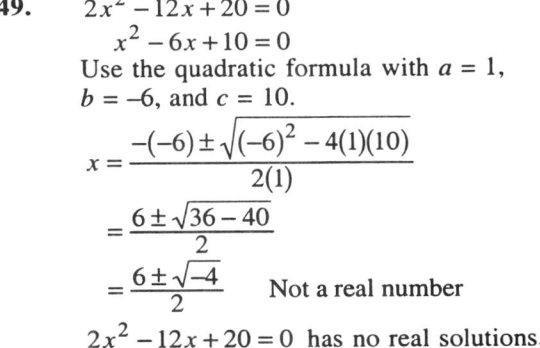
on [−5, 6] by [−22, 6]
$x = -4, x = 5$

55.
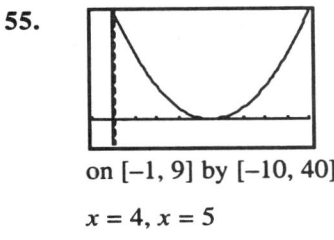
on [−1, 9] by [−10, 40]
$x = 4, x = 5$

57.
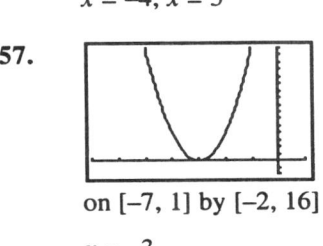
on [−7, 1] by [−2, 16]
$x = -3$

59.
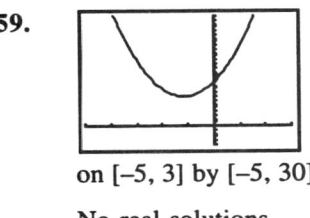
on [−5, 3] by [−5, 30]
No real solutions

61.
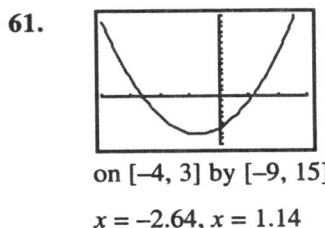
on [−4, 3] by [−9, 15]
$x = -2.64, x = 1.14$

63.
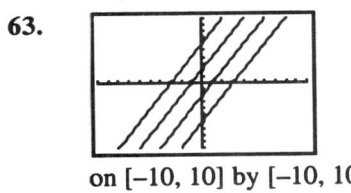
on [−10, 10] by [−10, 10]

a. Their slopes are all 2, but they have different y-intercepts.
b. The line 2 units below the line of the equation $y = 2x - 6$ must have y-intercept −8. Thus, the equation of this line is
$y = 2x - 8$.

65. Let x = the number of board feet of wood. Then $C(x) = 4x + 20$

67. Let x = the number of hours of overtime. Then
$P(x) = 15x + 500$

69. a. $p(d) = 0.45d + 15$
$p(6) = 0.45(6) + 15$
$= 17.7$ pounds per square inch
b. $p(d) = 0.45d + 15$
$p(35,000) = 0.45(35,000) + 15$
$= 15,765$ pounds per square inch

71. $D(v) = 0.055v^2 + 1.1v$
$D(40) = 0.055(40)^2 + 1.1(40) = 132$ ft

73. a. $N(t) = 200 + 50t^2$
$N(2) = 200 + 50(2)^2$
$= 400$ cells
b. $N(t) = 200 + 50t^2$
$N(10) = 200 + 50(10)^2$
$= 5200$ cells

75. $v(x) = \frac{60}{11}\sqrt{x}$
$v(1454) = \frac{60}{11}\sqrt{1454} \approx 208$ mph

77.

on [0, 5] by [0, 50]
The object hits the ground in about 2.92 seconds.

79. a. The break-even points occur when
$C(x) = R(x)$.
$180x + 16,000 = -2x^2 + 660x$
$2x^2 - 480x + 16,000 = 0$
$x = \frac{480 \pm \sqrt{(-480)^2 - 4(2)(16,000)}}{2(2)}$
$= \frac{480 \pm \sqrt{102,400}}{4} = \frac{480 \pm 320}{4}$
$= \frac{800}{4}$ or $\frac{160}{4} = 200$ or 40
The company will break even when it makes either 40 devices or 200 devices.
b. The profit function, $P(x)$, is the revenue function minus the cost function.
$P(x) = -2x^2 + 660x - (180x + 16,000)$
$= -2x^2 + 480x - 16,000$
The profit is maximized at the vertex,
$x = -\frac{b}{2a}$.
$x = -\frac{480}{2(-2)} = \frac{-480}{-4} = 120$
The profit is maximized when 120 devices are made.
The maximum profit is
$P(120) = -2(120)^2 + 480(120) - 16,000$
$= 12,800$
The maximum profit is $12,800.

81. a. The break-even points occur when
$C(x) = R(x)$.
$100x + 3200 = -2x^2 + 300x$
$2x^2 - 200x + 3200 = 0$
$x = \frac{200 \pm \sqrt{(-200)^2 - 4(2)(3200)}}{2(2)}$
$= \frac{200 \pm \sqrt{14,400}}{4} = \frac{200 \pm 120}{4}$
$= \frac{320}{4}$ or $\frac{80}{4} = 80$ or 20
The store will break even when it sells 20 machines or 80 machines.
b. The profit function, $P(x)$, is the revenue function minus the cost function.
$P(x) = -2x^2 + 300x - (100x + 3200)$
$= -2x^2 + 200x - 3200$
The profit is maximized at the vertex,
$x = -\frac{b}{2a}$.
$x = -\frac{200}{2(-2)} = \frac{-200}{-4} = 50$
The profit is maximized when 50 machines are sold.
The maximum profit is
$P(150) = -2(50)^2 + 200(50) - 3200$
$= 1800$
The maximum profit is $1800.

Exercises 1.4

83. $(w+a)(v+b) = c$
$$v+b = \frac{c}{w+a}$$
$$v = \frac{c}{w+a} - b$$

85. a. on [0, 5] by [0, 4.5]
b. on [0.5, 4.5] by [3.5, 4.5]
The quadratic regression formula for this data is
$y = 0.125x^2 - 0.555x + 4.225$.
c. $y = 0.125x^2 - 0.555x + 4.225$
$= 0.125(5)^2 - 0.555(5) + 4.225$
$\approx \$4.6$ million

EXERCISES 1.4

1. Domain = $\{x \mid x < -4 \text{ or } x > 0\}$
   Range = $\{y \mid y < -2 \text{ or } y > 0\}$

3. a. $f(x) = \frac{1}{x+4}$
   $f(-3) = \frac{1}{-3+4} = 1$
   b. Domain = $\{x \mid x \neq -4\}$
   c. Range = $\{y \mid y \neq 0\}$

5. a. $f(x) = \frac{x^2}{x-1}$
   $f(-1) = \frac{(-1)^2}{-1-1} = -\frac{1}{2}$
   b. Domain = $\{x \mid x \neq 1\}$
   c. Range = $\{y \mid y \leq 0 \text{ or } y \geq 4\}$

7. a. $f(x) = \frac{12}{x(x+4)}$
   $f(2) = \frac{12}{2(2+4)} = 1$
   b. Domain = $\{x \mid x \neq 0, x \neq -4\}$
   c. Range = $\{y \mid y \leq -3 \text{ or } y > 0\}$

9. a. $g(x) = 4^x$
   $g\left(-\frac{1}{2}\right) = 4^{-1/2} = \frac{1}{4^{1/2}} = \frac{1}{2}$
   b. Domain = $\Re$
   c. Range = $\{y \mid y > 0\}$

11. $x^5 + 2x^4 - 3x^3 = 0$
    $x^3(x^2 + 2x - 3) = 0$
    $x^3(x+3)(x-1) = 0$
    Equals 0 Equals 0 Equals 0
    at $x = 0$ at $x = -3$ at $x = 1$
    $x = 0, x = -3, \text{ and } x = 1$

13. $5x^3 - 20x = 0$
    $5x(x^2 - 4) = 0$
    $5x(x-2)(x+2) = 0$
    Equals 0 Equals 0 Equals 0
    at $x = 0$ at $x = 2$ at $x = -2$
    $x = 0, x = 2, \text{ and } x = -2$

15. $2x^3 + 18x = 12x^2$
    $2x^3 - 12x^2 + 18x = 0$
    $2x(x^2 - 6x + 9) = 0$
    $2x(x-3)^2 = 0$
    Equals 0 Equals 0
    at $x = 0$ at $x = 3$
    $x = 0$ and $x = 3$

17. $6x^5 = 30x^4$
    $6x^5 - 30x^4 = 0$
    $6x^4(x-5) = 0$
    Equals 0 Equals 0
    at $x = 0$ at $x = 5$
    $x = 0$ and $x = 5$

19.
$$3x^{5/2} - 6x^{3/2} = 9x^{1/2}$$
$$3x^{5/2} - 6x^{3/2} - 9x^{1/2} = 0$$
$$3x^{1/2}(x^2 - 2x - 3) = 0$$
$$3x^{1/2}(x-3)(x+1) = 0$$
Equals 0   Equals 0   Equals 0
at $x=0$ at $x=3$ at $x=-1$
$x=0$, $x=3$ and $x=-1$

21.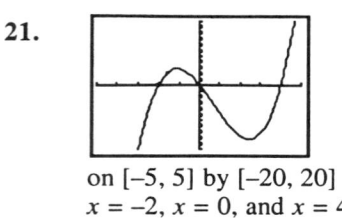
on [–5, 5] by [–20, 20]
$x = -2$, $x = 0$, and $x = 4$

23.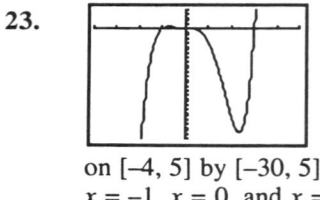
on [–4, 5] by [–30, 5]
$x = -1$, $x = 0$, and $x = 3$

25.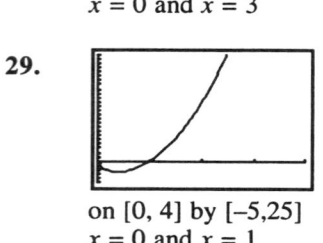
on [–2, 5] by [–50, 50]
$x = 0$ and $x = 3$

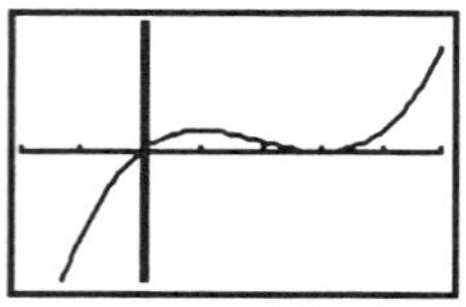

27.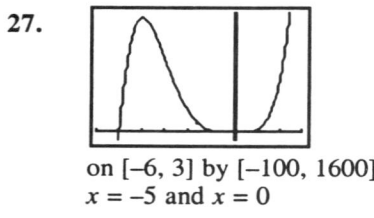
on [–6, 3] by [–100, 1600]
$x = -5$ and $x = 0$

29.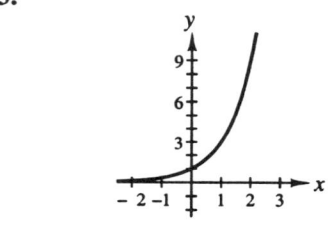
on [0, 4] by [–5, 25]
$x = 0$ and $x = 1$

31.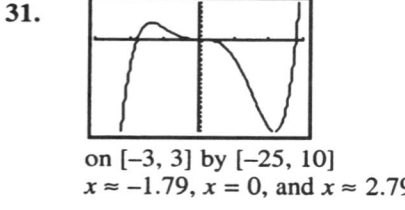
on [–3, 3] by [–25, 10]
$x \approx -1.79$, $x = 0$, and $x \approx 2.79$

33.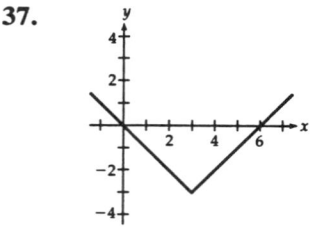

35.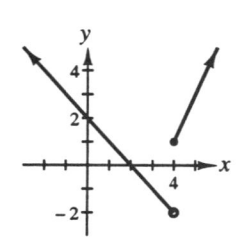

37. (graph)

39. Polynomial

41. Exponential function

43. Polynomial

45. Rational function

47. Piecewise linear function

49. Polynomial

51. None of these

Exercises 1.4

53. **a.** $y_4 = 3^x$, because it is the exponential function with the largest base.

b. $y_1 = \left(\frac{1}{3}\right)^x$, because it is the exponential function with the smallest base.

c.

d. (0, 1), because any nonzero number raised to the 0 is equal to 1.

55. **a.**

on [−5, 5] by [−5, 5]

b. Domain = $\Re$; range = the set of integers

57. **a.** $f(g(x)) = [g(x)]^5 = (7x-1)^5$

b. $g(f(x)) = 7[f(x)] - 1 = 7(x^5) - 1 = 7x^5 - 1$

59. **a.** $f(g(x)) = \frac{1}{g(x)} = \frac{1}{x^2+1}$

b. $g(f(x)) = [f(x)]^2 + 1 = \frac{1}{x^2} + 1$

61. **a.** $f(g(x)) = [g(x)]^3 - [g(x)]^2$
$= (\sqrt{x}-1)^3 - (\sqrt{x}-1)^2$

b. $g(f(x)) = \sqrt{f(x)} - 1 = \sqrt{x^3 - x^2} - 1$

63. **a.** $f(g(x)) = \frac{[g(x)]^3 - 1}{[g(x)]^3 + 1} = \frac{(x^2-x)^3 - 1}{(x^2-x)^3 + 1}$

b. $g(f(x)) = [f(x)]^2 - f(x)$
$= \left(\frac{x^3-1}{x^3+1}\right)^2 - \frac{x^3-1}{x^3+1}$

65. **a.** $f(g(x)) = a[g(x)] + b = a(cx+d) + b$
$= acx + ad + b$

b. Yes

67. $f(x+h) = 5(x+h)^2 = 5(x^2 + 2hx + h^2)$
$= 5x^2 + 10hx + 5h^2$

69. $f(x+h) = 2(x+h)^2 - 5(x+h) + 1$
$= 2x^2 + 4xh + 2h^2 - 5x - 5h + 1$

71. $\frac{f(x+h) - f(x)}{h} = \frac{5(x+h)^2 - 5x^2}{h}$
$= \frac{5x^2 + 10hx + 5h^2 - 5x^2}{h}$
$= 10x + 5h$

73. $\frac{f(x+h) - f(x)}{h} = \frac{2(x+h)^2 - 5(x+h) + 1 - (2x^2 - 5x + 1)}{h}$
$= \frac{2x^2 + 4hx + 2h^2 - 5x - 5h + 1 - 2x^2 + 5x - 1}{h}$
$= 4x + 2h - 5$

75. $\dfrac{f(x+h)-f(x)}{h} = \dfrac{7(x+h)^2 - 3(x+h) + 2 - (7x^2 - 3x + 2)}{h}$

$= \dfrac{7x^2 + 14hx + 7h^2 - 3x - 3h + 2 - 7x^2 + 3x - 2}{h}$

$= 14x + 7h - 3$

77. $\dfrac{f(x+h)-f(x)}{h} = \dfrac{(x+h)^3 - x^3}{h} = \dfrac{x^3 + 3x^2h + 3xh^2 + h^3 - x^3}{h} = 3x^2 + 3xh + h^2$

79. $\dfrac{f(x+h)-f(x)}{h} = \dfrac{\frac{2}{x+h} - \frac{2}{x}}{h} = \dfrac{2}{h(x+h)} - \dfrac{2}{hx} = \dfrac{2x}{hx(x+h)} - \dfrac{2(x+h)}{hx(x+h)} = \dfrac{2x - 2x - 2h}{hx(x+h)} = -\dfrac{2}{x(x+h)}$

81. $\dfrac{f(x+h)-f(x)}{h} = \dfrac{\frac{1}{(x+h)^2} - \frac{1}{x^2}}{h} = \dfrac{1}{h(x+h)^2} - \dfrac{1}{hx^2} = \dfrac{x^2 - (x^2 + 2hx + h^2)}{hx^2(x+h)^2} = \dfrac{x^2 - x^2 - 2hx - h^2}{hx^2(x+h)^2} = \dfrac{-2x-h}{x^2(x+h)^2}$

83.
  a. 2.70481
  b. 2.71815|
  c. 2.71828
  d. Yes, 2.71828

85. The graph of $y = (x+3)^3 + 6$ will be the graph of $y = x^3$ shifted 3 units to the left and 6 units up.

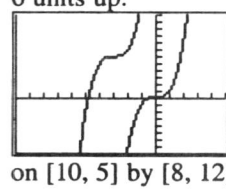

on [10, 5] by [8, 12]

87. $P(x) = 522(1.0053)^x$

$P(50) = 522(1.0053)^{50} \approx 680$ million people in 1750

89.
  a. For $x = 3000$, use $f(x) = 0.10x$.
  $f(x) = 0.10x$
  $f(3000) = 0.10(3000) = \$300$

  b. For $x = 5000$,
  use $f(x) = 500 + 0.30(x - 5000)$.
  $f(x) = 500 + 0.30(x - 5000)$
  $f(5000) = 500 + 0.30(5000 - 5000)$
  $= \$500$

  c. For $x = 10{,}000$,
  use $f(x) = 500 + 0.30(x - 5000)$.
  $f(x) = 500 + 0.30(x - 5000)$
  $f(10{,}000) = 500 + 0.30(10{,}000 - 5000)$
  $= 500 + 0.30(5000)$
  $= \$2000$

  d.

91. We must find the composition $R(v(t))$.
$$R(v(t)) = 2[v(t)]^{0.3}$$
$$= 2(60+3t)^{0.3}$$
$$R(10) = 2(60+3\cdot 10)^{0.3} = 2(90)^{0.3}$$
$$\approx \$7.7 \text{ million}$$

93. **a.** $f(10) = 4^{10} = 1,048,576$ cells

b. $f(15) = 4^{15} = 1,073,741,824$ cells
No the mouse will not survive beyond day 15.

95. **a.**

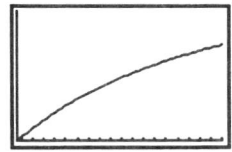

on [21.6, 40] by [0, 2000]

b. At about $x = 27.9$ mpg

REVIEW EXERCISES FOR CHAPTER 1

1. $\{x \mid 2 < x \leq 5\}$

2. $\{x \mid -2 \leq x < 0\}$

3. $\{x \mid x \geq 100\}$

4. $\{x \mid x \leq 6\}$

5. Hurricane: $[74, \infty)$; storm: $[55, 74)$; gale: $[38, 55)$; small craft warning: $[21, 38)$

6. **a.** $(0, \infty)$
b. $(-\infty, 0)$
c. $[0, \infty)$
d. $(-\infty, 0]$

7. $y - (-3) = 2(x - 1)$
$y + 3 = 2x - 2$
$y = 2x - 5$

8. $y - 6 = -3[x - (-1)]$
$y - 6 = -3x - 3$
$y = -3x + 3$

9. Since the vertical line passes through the point with x-coordinate 2, the equation of the line is $x = 2$.

10. Since the horizontal line passes through the point with y-coordinate 3, the equation of the line is $y = 3$.

11. First, calculate the slope from the two points.
$$m = \frac{-3-3}{2-(-1)} = \frac{-6}{3} = -2$$
Now use the point-slope formula with this slope and the point $(-1, 3)$.
$$y - 3 = -2[x - (-1)]$$
$$y - 3 = -2x - 2$$
$$y = -2x + 1$$

12. First, calculate the slope from the points.
$$m = \frac{4-(-2)}{3-1} = \frac{6}{2} = 3$$
Now, use the point-slope formula with this slope and the point $(1, -2)$.
$$y - (-2) = 3(x - 1)$$
$$y + 2 = 3x - 3$$
$$y = 3x - 5$$

13. Since the y-intercept is (0, −1), b = −1. To find the slope, use the slope formula with the points (0, −1) and (1, 1).
$m = \frac{1-(-1)}{1-0} = 2$
Thus the equation of the line is $y = 2x - 1$.

14. Since the y-intercept is (0, 1), b = 1. To find the slope, use the slope formula with the points (0, 1) and (2, 0).
$m = \frac{0-1}{2-0} = -\frac{1}{2}$
The equation of the line is $y = -\frac{1}{2}x + 1$

15. a. Use the straight-line depreciation formula with price = 25,000, useful lifetime = 8, and scrap value = 1000.
$\text{Value} = \text{price} - \left(\frac{\text{price} - \text{scrap value}}{\text{useful lifetime}}\right)t$
$= 25,000 - \left(\frac{25,000-1000}{8}\right)t$
$= 25,000 - \left(\frac{24,000}{8}\right)t$
$= 25,000 - 3000t$
b. Value after 4 years = 25,000 − 3000(4)
$= 25,000 - 12,000$
$= \$13,000$

16. a. Use the straight-line depreciation formula with price = 78,000, useful lifetime = 15, and scrap value = 3000.
$\text{Value} = \text{price} - \left(\frac{\text{price} - \text{scrap value}}{\text{useful lifetime}}\right)t$
$= 78,000 - \left(\frac{78,000-3000}{15}\right)t$
$= 78,000 - \left(\frac{75,000}{15}\right)t$
$= 78,000 - 5000t$
b. Value after 8 years = 78,000 − 5000(8)
$= 78,000 - 40,000$
$= \$38,000$

17. a.–b.
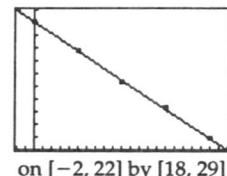
on [−2, 22] by [18, 29]
The regression line
$y_1 = -0.444x + 28.16$ fits the data well.
c. For the year 2000,
$y = -0.444(30) + 28.16 = 14.84$ million tons
For the year 2010,
$y = -0.444(40) + 28.16 = 10.4$ million tons

18. a.–b.
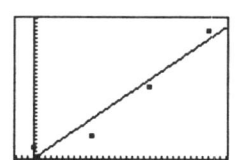
on [−10, 40] by [25, 65]
The regression line
$y_1 = 1.03x + 26.3$ fits the data reasonably well.
c. For the year 2000,
$y = 1.03(40) + 26.3 = 67.5$ to 1
For the year 2010,
$y = 1.03(50) + 26.3 = 77.8$ to 1

19. $\left(\frac{1}{6}\right)^{-2} = \left(6^{-1}\right)^{-2} = 6^2 = 36$

20. $\left(\frac{4}{3}\right)^{-1} = \frac{3}{4}$

21. $64^{1/2} = \sqrt{64} = 8$

22. $1000^{1/3} = \sqrt[3]{1000} = 10$

23. $(81)^{-3/4} = \frac{1}{81^{3/4}} = \frac{1}{\left(\sqrt[4]{81}\right)^3} = \frac{1}{3^3} = \frac{1}{27}$

24. $100^{-3/2} = \frac{1}{100^{3/2}} = \frac{1}{\left(\sqrt{100}\right)^3} = \frac{1}{10^3} = \frac{1}{1000}$

25. $\left(-\frac{8}{27}\right)^{-2/3} = \left(-\frac{27}{8}\right)^{2/3} = \left(\sqrt[3]{-\frac{27}{8}}\right)^2 = \left(-\frac{3}{2}\right)^2 = \frac{9}{4}$

26. $\left(\frac{9}{16}\right)^{-3/2} = \left(\frac{16}{9}\right)^{3/2} = \left(\sqrt{\frac{16}{9}}\right)^3 = \left(\frac{4}{3}\right)^3 = \frac{64}{27}$

27. 13.97

28. 112.32

29. a. $f(11) = \sqrt{11-7} = 2$
b. Domain = $\{x \geq 7\}$ because $\sqrt{x-7}$ is defined only for all values of $x \geq 7$.

30. a. $g(-1) = \frac{1}{-1+3} = \frac{1}{2}$
b. Domain = $\{t \mid t \neq -3\}$

Review Exercises for Chapter 1 19

c. Range = $\{y \mid y \geq 0\}$

c. Range = $\{y \mid y \neq 0\}$

31. a. $h(16) = 16^{-3/4} = \left(\frac{1}{16}\right)^{3/4} = \left(\sqrt[4]{\frac{1}{16}}\right)^3$
$= \left(\frac{1}{2}\right)^3 = \frac{1}{8}$

b. Domain = $\{w \mid w > 0\}$ because the fourth root is defined only for nonnegative numbers and division by 0 is not defined.

c. Range = $\{y \mid y > 0\}$

32. a. $w(8) = 8^{-4/3} = \left(\frac{1}{8}\right)^{4/3} = \left(\sqrt[3]{\frac{1}{8}}\right)^4$
$= \left(\frac{1}{2}\right)^4 = \frac{1}{16}$

b. Domain = $\{z \mid z \neq 0\}$

c. Range = $\{y \mid y > 0\}$

33. Yes

34. No

35.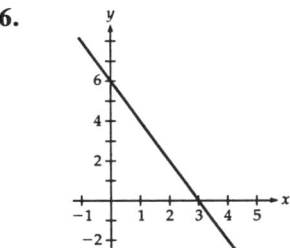

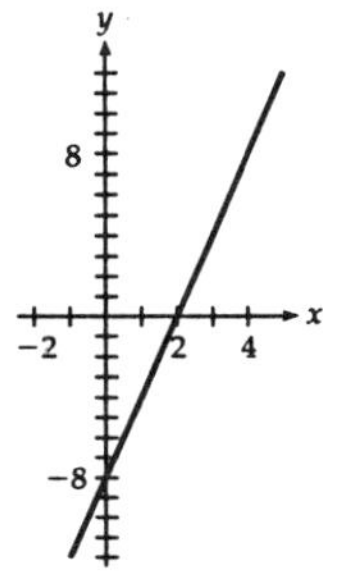

36.

37.

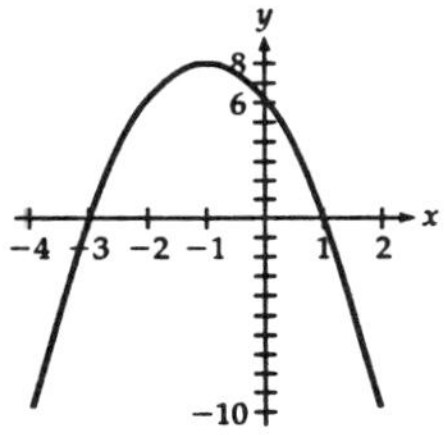

38.

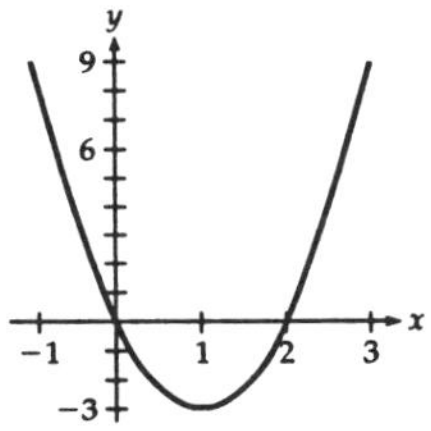

39. a. $3x^2 + 9x = 0$
$3x(x + 3) = 0$
Equals 0   Equals 0
at $x = 0$ at $x = -3$
$x = 0$ and $x = -3$

b. Use the quadratic formula with $a = 3$, $b = 9$, and $c = 0$
$\frac{-9 \pm \sqrt{9^2 - 4(3)(0)}}{2(3)} = \frac{-9 \pm \sqrt{81}}{6}$
$= \frac{-9 \pm 9}{6}$
$= 0, -3$
$x = 0$ and $x = -3$

40. a. $2x^2 - 8x - 10 = 0$
$2(x^2 - 4x - 5) = 0$
$(x - 5)(x + 1) = 0$
Equals 0   Equals 0
at $x = 5$ at $x = -1$
$x = 5$ and $x = -1$

b. Use the quadratic formula with $a = 2$, $b = -8$, and $c = -10$
$\frac{-(-8) \pm \sqrt{(-8)^2 - 4(2)(-10)}}{2(2)} = \frac{8 \pm \sqrt{64 + 80}}{4}$
$= \frac{8 \pm 12}{4}$
$= 5, -1$
$x = 5$ and $x = -1$

41. **a.** $3x^2 + 3x + 5 = 11$
$3x^2 + 3x - 6 = 0$
$3(x^2 + x - 2) = 0$
$(x + 2)(x - 1) = 0$
Equals 0   Equals 0
at $x = -2$ at $x = 1$
$x = -2$ and $x = 1$

b. Use the quadratic formula with $a = 3$, $b = 3$, and $c = -6$
$\frac{-3 \pm \sqrt{3^2 - 4(3)(-6)}}{2(3)} = \frac{-3 \pm \sqrt{9+72}}{6}$
$= \frac{-3 \pm 9}{6}$
$= -2, 1$
$x = -2$ and $x = 1$

42. **a.** $4x^2 - 2 = 2$
$4x^2 = 4$
$x^2 = 1$
$x = \pm 1$
$x = 1$ and $x = -1$

b. Use the quadratic formula with $a = 4$, $b = 0$, $c = -4$
$\frac{-0 \pm \sqrt{0^2 - 4(4)(-4)}}{2(4)} = \frac{\pm\sqrt{64}}{8}$
$= \frac{\pm 8}{8}$
$= \pm 1$
$x = 1$ and $x = -1$

43. **a.** Use the vertex formula with $a = 1$ and $b = -10$.
$x = \frac{-b}{2a} = \frac{-(-10)}{2(1)} = \frac{10}{2} = 5$
To find y, evaluate $f(5)$.
$f(5) = 5^2 - 10(5) - 25 = -50$
The vertex is $(5, -50)$.

b.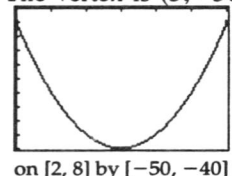
on [2, 8] by [−50, −40]

44. **a.** Use the vertex formula with $a = 1$ and $b = 14$.
$x = \frac{-b}{2a} = \frac{-14}{2(1)} = -7$
To find y, evaluate $f(-7)$.
$f(-7) = (-7)^2 + 14(-7) - 15 = -64$
The vertex is $(-7, -64)$

b.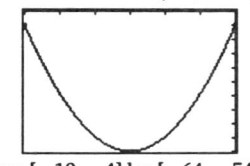
on [−10, −4] by [−64, −54]

45. Let x = number of miles per day.
$C(x) = 0.12x + 45$

46. Use the interest formula with $P = 10{,}000$ and $r = 0.08$.
$I(t) = 10{,}000(0.08)t = 800t$

47. Let x = the altitude in feet.
$T(x) = 70 - \frac{x}{300}$

48. Let t = the number of years after 1995.
$C(t) = 0.46t + 24$
$30 = 0.46t + 24$
$t \approx 13$ years after 1995

Review Exercises for Chapter 1

49. a. The break-even points occur when $C(x) = R(x)$.
$$80x + 1950 = -2x^2 + 240x$$
$$2x^2 - 160x + 1950 = 0$$
$$x = \frac{160 \pm \sqrt{(-160)^2 - 4(2)(1950)}}{2(2)}$$
$$= \frac{160 \pm \sqrt{10{,}000}}{4}$$
$$= \frac{160 \pm 100}{4} = \frac{260}{4} \text{ or } \frac{60}{4}$$
$$= 65 \text{ or } 15$$
The store will break even when it installs 15 receivers or 65 receivers.

b. The profit function, $P(x)$, is the revenue function minus the cost function.
$$P(x) = -2x^2 + 240x - (80x + 1950)$$
$$= -2x^2 + 160x - 1950$$
The profit is maximized at the vertex, $x = -\frac{b}{2a}$.
$$x = -\frac{160}{2(-2)} = \frac{-160}{-4} = 40$$
The profit is maximized when 40 receivers are installed.
The maximum profit is
$$P(40) = -2(40)^2 + 160(40) - 1950$$
$$= 1250$$
The maximum profit is $1250.

50. a. The break-even points occur when $C(x) = R(x)$.
$$220x + 202{,}500 = -3x^2 + 2020x$$
$$3x^2 - 1800x + 202{,}500 = 0$$
$$x = \frac{1800 \pm \sqrt{(-1800)^2 - 4(3)(202{,}500)}}{2(3)}$$
$$= \frac{1800 \pm \sqrt{810{,}000}}{6} = \frac{1800 \pm 900}{6}$$
$$= \frac{2700}{6} \text{ or } \frac{900}{6} = 450 \text{ or } 150$$
The outlet will break even when it sells 150 air conditioners or 450 air conditioners.

b. The profit function, $P(x)$, is the revenue function minus the cost function.
$$P(x) = -3x^2 + 2020x - (220x + 202{,}500)$$
$$= -3x^2 + 1800x - 202{,}500$$
The profit is maximized at the vertex, $x = -\frac{b}{2a}$.
$$x = -\frac{1800}{2(-3)} = \frac{-1800}{-6} = 300$$
The profit is maximized when 300 air conditioners are sold.
The maximum profit is
$$P(300) = -3(300)^2 + 1800(300) - 202{,}500$$
$$= 67{,}500$$
The maximum profit is $67,500.

51. a. $f(-1) = \frac{3}{(-1)(-1-2)} = \frac{3}{3} = 1$

b. Domain $= \{x \mid x \neq 0, x \neq 2\}$

c. Range $= \{y \mid y > 0 \text{ or } y \leq -3\}$

52. a. $f(-8) = \frac{16}{(-8)(-8+4)} = \frac{16}{32} = \frac{1}{2}$

b. Domain $= \{x \mid x \neq 0, x \neq -4\}$

c. Range $= \{y \mid y > 0 \text{ or } y \leq -4\}$

53. a. $g\left(\frac{3}{2}\right) = 9^{3/2} = (\sqrt{9})^3 = 27$

b. Domain $= \Re$

c. Range $= \{y \mid y > 0\}$

54. a. $g\left(\frac{5}{3}\right) = 8^{5/3} = (\sqrt[3]{8})^5 = 2^5 = 32$

b. Domain $= \Re$

c. Range $= \{y \mid y > 0\}$

55.
$$5x^4 + 10x^3 = 15x^2$$
$$5x^4 + 10x^3 - 15x^2 = 0$$
$$5x^2(x^2 + 2x - 3) = 0$$
$$x^2(x+3)(x-1) = 0$$
Equals 0   Equals 0   Equals 0
at $x = 0$ at $x = -3$ at $x = 1$
$x = 0$, $x = -3$, and $x = 1$

56.
$$4x^5 + 8x^4 = 32x^3$$
$$4x^5 + 8x^4 - 32x^3 = 0$$
$$4x^3(x^2 + 2x - 8) = 0$$
$$x^3(x+4)(x-2) = 0$$
Equals 0   Equals 0   Equals 0
at $x = 0$ at $x = -4$ at $x = 2$
$x = 0$, $x = -4$, and $x = 2$

57. $$2x^{5/2} - 8x^{3/2} = 10x^{1/2}$$
$$2x^{5/2} - 8x^{3/2} - 10x^{1/2} = 0$$
$$2x^{1/2}(x^2 - 4x - 5) = 0$$
$$x^{1/2}(x-5)(x+1) = 0$$
Equals 0   Equals 0   Equals 0
at $x=0$ at $x=5$ at $x=-1$
$x=0$, $x=5$, and $x=-1$

58. $$3x^{5/2} + 3x^{3/2} = 18x^{1/2}$$
$$3x^{5/2} + 3x^{3/2} - 18x^{1/2} = 0$$
$$3x^{1/2}(x^2 + x - 6) = 0$$
$$x^{1/2}(x+3)(x-2) = 0$$
Equals 0   Equals 0   Equals 0
at $x=0$ at $x=-3$ at $x=2$
$x=0$, $x=-3$, and $x=2$

59.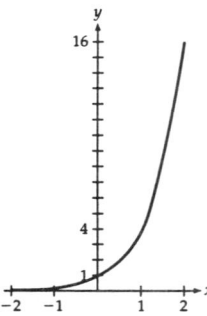

60.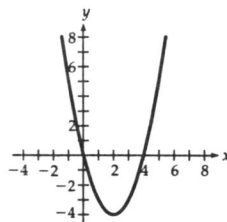

61.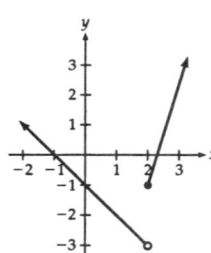

62.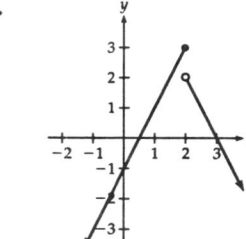

63. a. $f(g(x)) = [g(x)]^2 + 1$
$= \left(\frac{1}{x}\right)^2 + 1$
$= \frac{1}{x^2} + 1$
   b. $g(f(x)) = \frac{1}{f(x)} = \frac{1}{x^2+1}$

64. a. $f(g(x)) = \sqrt{g(x)} = \sqrt{5x-4}$
   b. $g(f(x)) = 5[f(x)] - 4 = 5\sqrt{x} - 4$

65. a. $f(g(x)) = \frac{g(x)+1}{g(x)-1} = \frac{x^3+1}{x^3-1}$
   b. $g(f(x)) = [f(x)]^3 = \left(\frac{x+1}{x-1}\right)^3$

66. a. $f(g(x)) = 2^{g(x)} = 2^{x^2}$
   b. $g(f(x)) = [f(x)]^2 = (2^x)^2 = 2^{2x}$

67. $\frac{f(x+h)-f(x)}{h} = \frac{2(x+h)^2 - 3(x+h) + 1 - (2x^2 - 3x + 1)}{h}$
$= \frac{2(x^2 + 2hx + h^2) - 3x - 3h + 1 - 2x^2 + 3x - 1}{h}$
$= \frac{2x^2 + 4hx + 2h^2 - 3h - 2x^2}{h} = 4x + 2h - 3$

Review Exercises for Chapter 1

68. $\dfrac{f(x+h)-f(x)}{h} = \dfrac{\frac{5}{x+h}-\frac{5}{x}}{h} = \dfrac{5}{h(x+h)} - \dfrac{5}{hx}$

$= \dfrac{5x}{hx(x+h)} - \dfrac{5(x+h)}{hx(x+h)} = \dfrac{5x-5x-5h}{hx(x+h)} = -\dfrac{5}{x(x+h)}$

69. The advertising budget A as a function of t is the composition of $A(p)$ and $p(t)$.

$A(p(t)) = 2[p(t)]^{0.15} = 2(18+2t)^{0.15}$

$A(4) = 2[18+2(4)]^{0.15} = 2(26)^{0.15}$

$\approx \$3.26$ million

70. **a.** $x^4 - 2x^3 - 3x^2 = 0$

$x^2(x^2 - 2x - 3) = 0$

$x^2(x-3)(x+1) = 0$

Equals 0   Equals 0   Equals 0
at $x = 0$ at $x = 3$ at $x = -1$
$x = 0$, $x = 3$, and $x = -1$

b.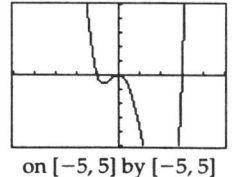

on $[-5, 5]$ by $[-5, 5]$

71. **a.** $x^3 + 2x^2 - 3x = 0$

$x(x^2 + 2x - 3) = 0$

$x(x+3)(x-1) = 0$

Equals 0   Equals 0   Equals 0
at $x = 0$ at $x = -3$ at $x = 1$
$x = 0$, $x = -3$, and $x = 1$

b.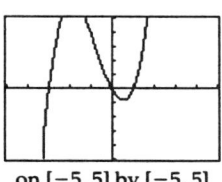

on $[-5, 5]$ by $[-5, 5]$

72. **a.** The points suggest a parabolic (quadratic) curve.

b.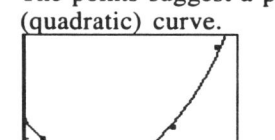

on $[0.5, 5.5]$ by $[1.5, 3]$

c. For year 6,

$y \approx 0.136(6)^2 - 0.624(6) + 2.5 \approx \$3.6$ million

For year 7,

$y = 0.136(7)^2 - 0.624(7) + 2.5 \approx \$4.8$ million

Chapter 2: Derivatives and Their Uses

EXERCISES 2.1

1.
x	$5x - 7$
1.9	2.5
1.99	2.95
1.999	2.995

x	$5x - 7$
2.1	3.5
2.01	3.05
2.001	3.005

$\lim_{x \to 2}(5x - 7) = 3$

3.
x	$\frac{x^3-1}{x-1}$
0.9	2.71
0.99	2.970
0.999	2.997

x	$\frac{x^3-1}{x-1}$
1.1	3.31
1.01	3.030
1.001	3.003

$\lim_{x \to 1} \frac{x^3-1}{x-1} = 3$

5.
x	$(1+2x)^{1/x}$
−0.1	9.313
−0.01	7.540
−0.001	7.404

x	$(1+2x)^{1/x}$
0.1	6.192
0.01	7.245
0.001	7.374

$\lim_{x \to 0}(1+2x)^{1/x} \approx 7.4$

7.
x	$\frac{\frac{1}{x}-\frac{1}{2}}{x-2}$
1.9	−0.263
1.99	−0.251
1.999	−0.250

x	$\frac{\frac{1}{x}-\frac{1}{2}}{x-2}$
2.1	−0.238
2.01	−0.249
2.001	−0.250

$\lim_{x \to 2} \frac{\frac{1}{x}-\frac{1}{2}}{x-2} = -0.25$

9.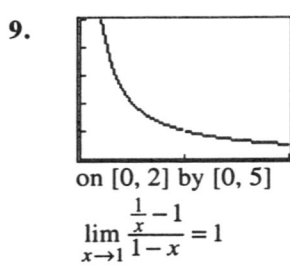

on [0, 2] by [0, 5]

$\lim_{x \to 1} \frac{\frac{1}{x}-1}{1-x} = 1$

11.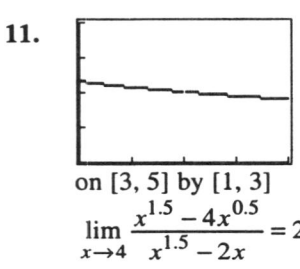

on [3, 5] by [1, 3]

$\lim_{x \to 4} \frac{x^{1.5} - 4x^{0.5}}{x^{1.5} - 2x} = 2$

13. $\lim_{x \to 3} 4x^2 - 10x + 2 = 4(3)^2 - 10(3) + 2 = 8$

15. $\lim_{x \to 5} \frac{3x^2-5x}{7x-10} = \frac{3(5)^2-5(5)}{7(5)-10} = 2$

17. $\lim_{x \to 3} \sqrt{2} = \sqrt{2}$ because the limit of a constant is just the constant.

19. $\lim_{t \to 25} \left[(t+5)t^{-1/2}\right] = (25+5)(25)^{-1/2} = 6$

21. $\lim_{h \to 0}(5x^3 + 2x^2h - xh^2) = 5x^3 + 2x^2 \cdot 0 - x(0)^2 = 5x^3$

23. $\lim_{x \to 2} \frac{x^2-4}{x-2} = \lim_{x \to 2} \frac{(x+2)(x-2)}{x-2}$
$= \lim_{x \to 2}(x+2) = 2+2 = 4$

25. $\lim_{x \to -1} \frac{3x^3-3x^2-6x}{x^2+x} = \lim_{x \to -1} \frac{3x(x^2-x-2)}{x(x+1)}$
$= \lim_{x \to -1} \frac{3x(x-2)(x+1)}{x(x+1)}$
$= \lim_{x \to -1} 3(x-2) = 3(-1-2) = -9$

27. $\lim_{h \to 0} \frac{2xh-3h^2}{h} = \lim_{h \to 0}(2x - 3h) = 2x - 3(0) = 2x$

29. $\lim_{h \to 0} \frac{4x^2h+xh^2-h^3}{h} = \lim_{h \to 0}(4x^2 + xh - h^2)$
$= 4x^2 + x(0) - (0)^2 = 4x^2$

31. a. $\lim_{x \to 2} f(x)$ does not exist.
   b. $\lim_{x \to 2^+} f(x) = 3$
   c. $\lim_{x \to 2} f(x)$ does not exist.

Exercises 2.1

33.
 a. $\lim_{x \to 2^-} f(x) = -1$
 b. $\lim_{x \to 2^+} f(x) = -1$
 c. $\lim_{x \to 2} f(x) = -1$

35.
 a. $\lim_{x \to 4^-} f(x) = \lim_{x \to 4^-} (3 - x)$
  $= 3 - (4) = -1$
 b. $\lim_{x \to 4^+} f(x) = \lim_{x \to 4^+} (10 - 2x)$
  $= 10 - 2(4) = 2$
 c. $\lim_{x \to 4} f(x)$ does not exist.

37.
 a. $\lim_{x \to 4^-} f(x) = \lim_{x \to 4^-} (2 - x)$
  $= 2 - 4 = -2$
 b. $\lim_{x \to 4^+} f(x) = \lim_{x \to 4^+} (x - 6)$
  $= 4 - 6 = -2$
 c. $\lim_{x \to 4} f(x) = -2$

39.
 a. $\lim_{x \to 0^-} f(x) = \lim_{x \to 0^-} (-x)$
  $= -0 = 0$
 b. $\lim_{x \to 0^+} f(x) = \lim_{x \to 0^+} (x)$
  $= 0$
 c. $\lim_{x \to 0} f(x) = 0$

41.
 a.
x	$\dfrac{|x|}{x}$
-0.1	-1
-0.01	-1
-0.001	-1

 $\lim_{x \to 0} f(x) = -1$

 b.
x	$\dfrac{|x|}{x}$
0.1	1
0.01	1
0.001	1

 $\lim_{x \to 0} f(x) = 1$

 c. $\lim_{x \to 0} f(x)$ does not exist.

43. $\lim_{x \to 3^-} f(x) = \infty$
 $\lim_{x \to 3^+} f(x) = -\infty$
 $\lim_{x \to 3} f(x)$ does not exist.

45. $\lim_{x \to 0^-} f(x) = \infty$
 $\lim_{x \to 0^+} f(x) = \infty$
 $\lim_{x \to 0} f(x) = \infty$

47.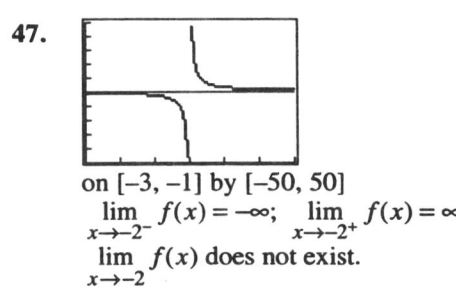
 on $[-3, -1]$ by $[-50, 50]$
 $\lim_{x \to -2^-} f(x) = -\infty$; $\lim_{x \to -2^+} f(x) = \infty$
 $\lim_{x \to -2} f(x)$ does not exist.

49.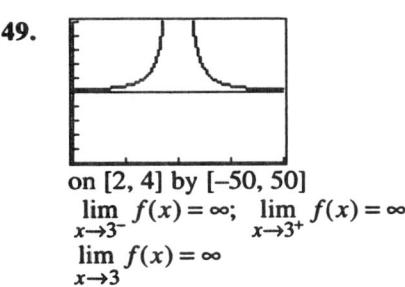
 on $[2, 4]$ by $[-50, 50]$
 $\lim_{x \to 3^-} f(x) = \infty$; $\lim_{x \to 3^+} f(x) = \infty$
 $\lim_{x \to 3} f(x) = \infty$

51. Continuous

53. Discontinuous at c because $\lim_{x \to c} f(x) \neq f(c)$.

55. Discontinuous at c because $f(c)$ is not defined.

Copyright © Houghton Mifflin Company. All rights reserved.

57. Discontinuous at c because $\lim\limits_{x \to c} f(x)$ does not exist.

59. a.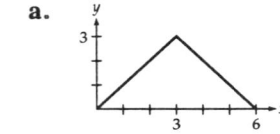
b. $\lim\limits_{x \to 3^-} f(x) = 3$; $\lim\limits_{x \to 3^+} f(x) = 3$
c. Continuous

61. a.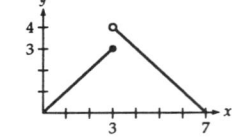
b. $\lim\limits_{x \to 3^-} f(x) = 3$; $\lim\limits_{x \to 3^+} f(x) = 4$
c. Discontinuous because $\lim\limits_{x \to 3} f(x)$ does not exist.

63. Continuous

65. Discontinuous at $x = 1$

67. $f(x) = \dfrac{12}{5x^3 - 5x}$ is discontinuous at values of x for which the denominator is zero. Thus, consider
$$5x^3 - 5x = 0$$
$$5x(x^2 - 1) = 0$$
$5x$ equals zero at $x = 0$ and $x^2 - 1$ equals zero at $x = \pm 1$.
Thus, the function is discontinuous at $x = 0$, $x = -1$, and $x = 1$.

69. From Exercise 35, we know $\lim\limits_{x \to 4} f(x)$ does not exist. Therefore, the function is discontinuous at $x = 4$.

71. From Exercise 37, we know $\lim\limits_{x \to 4} f(x) = -2 = f(4)$. Therefore, the function is continuous.

73. From Exercise 39, we know $\lim\limits_{x \to 0} f(x) = 0 = f(0)$. Therefore, the function is continuous.

75. Since the function $\dfrac{(x-1)(x+2)}{x-1}$ is not defined at $x = 1$ and the function $x + 2$ equals 3 at $x = 1$, the functions are not equal.

77.

x	$\left(1+\dfrac{x}{10}\right)^{1/x}$	x	$\left(1+\dfrac{x}{10}\right)^{1/x}$
−0.1	1.11	0.1	1.10
−0.01	1.11	0.01	1.11
−0.001	1.11	0.001	1.11
−0.0001	1.11	0.0001	1.11

$\lim\limits_{x \to 0}\left(1+\dfrac{x}{10}\right)^{1/x} \approx \$1.11$

EXERCISES 2.2

1. The slope is positive at P_1.
The slope is negative at P_2.
The slope is zero at P_3.

3. The slope is positive at P_1.
The slope is negative at P_2.
The slope is zero at P_3.

Exercises 2.2

5. The tangent line at P_1 contains the points $(0, 2)$ and $(1, 5)$. The slope of this line is
$$m = \frac{5-2}{1-0} = 3.$$
The slope of the curve at P_1 is 3.
The tangent line at P_2 contains the points $(3, 5)$ and $(5, 4)$. The slope of this line is
$$m = \frac{4-5}{5-3} = -\frac{1}{2}$$
The slope of the curve at P_2 is $-\frac{1}{2}$.

7. Your graph should look roughly like the following:

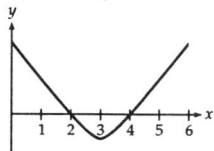

9.
$$\begin{aligned} f'(x) &= \lim_{h \to 0} \frac{f(x+h)-f(x)}{h} \\ &= \lim_{h \to 0} \frac{(x+h)^2 - 3(x+h) + 5 - (x^2 - 3x + 5)}{h} \\ &= \lim_{h \to 0} \frac{x^2 + 2xh + h^2 - 3x - 3h + 5 - x^2 + 3x - 5}{h} \\ &= \lim_{h \to 0} 2x + h - 3 = 2x - 3 \end{aligned}$$

11.
$$\begin{aligned} f'(x) &= \lim_{h \to 0} \frac{f(x+h)-f(x)}{h} \\ &= \lim_{h \to 0} \frac{1 - (x+h)^2 - (1 - x^2)}{h} \\ &= \lim_{h \to 0} \frac{1 - x^2 - 2xh - h^2 - 1 + x^2}{h} \\ &= \lim_{h \to 0} -2x - h \\ &= -2x \end{aligned}$$

13.
$$\begin{aligned} f'(x) &= \lim_{h \to 0} \frac{f(x+h)-f(x)}{h} \\ &= \lim_{h \to 0} \frac{9(x+h) - 2 - (9x - 2)}{h} \\ &= \lim_{h \to 0} \frac{9x + 9h - 2 - 9x + 2}{h} \\ &= 9 \end{aligned}$$

15.
$$\begin{aligned} f'(x) &= \lim_{h \to 0} \frac{f(x+h)-f(x)}{h} \\ &= \lim_{h \to 0} \frac{\frac{x+h}{2} - \frac{x}{2}}{h} \\ &= \lim_{h \to 0} \frac{\frac{h}{2}}{h} \\ &= \lim_{h \to 0} \frac{h}{2h} \\ &= \frac{1}{2} \end{aligned}$$

17.
$$f'(x) = \lim_{h \to 0} \frac{f(x+h)-f(x)}{h} = \lim_{h \to 0} \frac{4-4}{h} = 0$$

19.
$$\begin{aligned} f'(x) &= \lim_{h \to 0} \frac{f(x+h)-f(x)}{h} \\ &= \lim_{h \to 0} \frac{a(x+h)^2 + b(x+h) + c - (ax^2 + bx + c)}{h} \\ &= \lim_{h \to 0} \frac{ax^2 + 2axh + ah^2 + bx + bh + c - ax^2 - bx - c}{h} \\ &= \lim_{h \to 0} 2ax + ah + b \\ &= 2ax + b \end{aligned}$$

21. $f'(x) = \lim_{h \to 0} \dfrac{f(x+h) - f(x)}{h}$

$= \lim_{h \to 0} \dfrac{(x+h)^3 - x^3}{h}$

$= \lim_{h \to 0} \dfrac{x^3 + 3x^2h + 3xh^2 + h^3 - x^3}{h}$

$= \lim_{h \to 0} 3x^2 + 3xh + h^2$

$= 3x^2$

23. $f'(x) = \lim_{h \to 0} \dfrac{f(x+h) - f(x)}{h}$

$= \lim_{h \to 0} \dfrac{\frac{2}{x+h} - \frac{2}{x}}{h}$

$= \lim_{h \to 0} \dfrac{\frac{2x}{x(x+h)} - \frac{2(x+h)}{x(x+h)}}{h}$

$= \lim_{h \to 0} \dfrac{2x - 2x - 2h}{x(x+h)} \cdot \dfrac{1}{h}$

$= \lim_{h \to 0} -\dfrac{2h}{x(x+h)} \cdot \dfrac{1}{h}$

$= \lim_{h \to 0} -\dfrac{2}{x(x+h)}$

$= -\dfrac{2}{x^2}$

25. $f'(x) = \lim_{h \to 0} \dfrac{f(x+h) - f(x)}{h}$

$= \lim_{h \to 0} \dfrac{\sqrt{x+h} - \sqrt{x}}{h}$

$= \lim_{h \to 0} \dfrac{\sqrt{x+h} - \sqrt{x}}{h} \cdot \dfrac{\sqrt{x+h} + \sqrt{x}}{\sqrt{x+h} + \sqrt{x}}$

$= \lim_{h \to 0} \dfrac{x + h - x}{h(\sqrt{x+h} + \sqrt{x})}$

$= \lim_{h \to 0} \dfrac{h}{h(\sqrt{x+h} + \sqrt{x})}$

$= \lim_{h \to 0} \dfrac{1}{\sqrt{x+h} + \sqrt{x}} = \dfrac{1}{2\sqrt{x}}$

27. $f'(x) = \lim_{h \to 0} \dfrac{f(x+h) - f(x)}{h} = \lim_{h \to 0} \dfrac{(x+h)^3 + (x+h)^2 - (x^3 + x^2)}{h}$

$= \lim_{h \to 0} \dfrac{(x^3 + 3x^2h + 3xh^2 + h^3) + (x^2 + 2xh + h^2) - x^3 - x^2}{h}$

$= \lim_{h \to 0} \dfrac{3x^2h + 3xh^2 + h^3 + 2xh + h^2}{h} = \lim_{h \to 0} 3x^2 + 3xh + h^2 + 2x + h$

$= 3x^2 + 2x$

29. a. The slope of the tangent line at $x = 2$ is $f'(2) = 2(2) - 3 = 1$. To find the point of the curve at $x = 2$, we calculate $y = f(2) = 2^2 - 3(2) + 5 = 3$. Using the point-slope form with the point (2, 3), we have

$y - 3 = 1(x - 2)$

$y - 3 = x - 2$

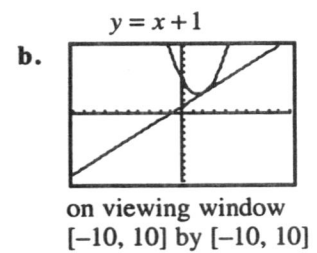

$y = x + 1$

b.

on viewing window
[−10, 10] by [−10, 10]

Exercises 2.2

31. a.

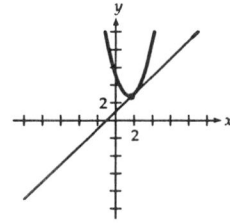

b.

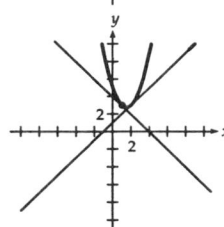

33. a. $f'(x) = \lim\limits_{h \to 0} \dfrac{f(x+h) - f(x)}{h} = \lim\limits_{h \to 0} \dfrac{3(x+h) - 4 - (3x - 4)}{h} = \lim\limits_{h \to 0} \dfrac{3x + 3h - 4 - 3x + 4}{h} = \lim\limits_{h \to 0} 3 = 3$

  b. The graph of $f(x) = 3x - 4$ is a straight line with slope 3.

35. a. $f'(x) = \lim\limits_{h \to 0} \dfrac{f(x+h) - f(x)}{h} = \lim\limits_{h \to 0} \dfrac{5 - 5}{h} = \lim\limits_{h \to 0} 0 = 0$

  b. The graph of $f(x) = 5$ is a straight line with slope 0.

37. a. $f'(x) = \lim\limits_{h \to 0} \dfrac{f(x+h) - f(x)}{h} = \lim\limits_{h \to 0} \dfrac{m(x+h) + b - (mx + b)}{h} = \lim\limits_{h \to 0} \dfrac{mx + mh + b - mx - b}{h} = \lim\limits_{h \to 0} \dfrac{mh}{h}$
  $= \lim\limits_{h \to 0} m = m$

  b. The graph of $f(x) = mx + b$ is a straight line with slope m.

39. a. $f'(1) = \lim\limits_{h \to 0} \dfrac{f(1+h) - f(1)}{h} = \lim\limits_{h \to 0} \dfrac{(1+h)^{0.25} - (1)^{0.25}}{h} = \lim\limits_{h \to 0} \dfrac{(1+h)^{0.25} - 1}{h}$ because $(1)^{0.25} = 1$.

  b.

h	$\dfrac{(1+h)^{0.25} - 1}{h}$
0.1	0.2411
0.01	0.2491
0.001	0.2499

  The limit seems to be approaching 0.25.

  c.

h	$\dfrac{(1+h)^{0.25} - 1}{h}$
−0.1	0.26
−0.01	0.2509
−0.001	0.2501

  Yes, $f'(1) = 0.25$.

41. a. $f'(x) = \lim\limits_{h \to 0} \dfrac{f(x+h) - f(x)}{h} = \lim\limits_{h \to 0} \dfrac{(x+h)^2 - 8(x+h) + 110 - (x^2 - 8x + 110)}{h}$
  $= \lim\limits_{h \to 0} \dfrac{x^2 + 2hx + h^2 - 8x - 8h + 110 - x^2 + 8x - 110}{h}$
  $= \lim\limits_{h \to 0} 2x + h - 8 = 2x - 8$

  b. $f'(2) = 2(2) - 8 = -4$. The temperature is decreasing at a rate of 4 degrees per minute after 2 minutes.

  c. $f'(5) = 2(5) - 8 = 2$. The temperature is increasing at a rate of 2 degrees per minute after 5 minutes.

43. a. $f'(x) = \lim_{h \to 0} \frac{f(x+h) - f(x)}{h} = \lim_{h \to 0} \frac{2(x+h)^2 - (x+h) - (2x^2 - x)}{h}$
$= \lim_{h \to 0} \frac{2x^2 + 4hx + 2h^2 - x - h - 2x^2 + x}{h} = \lim_{h \to 0} 4x + 2h - 1 = 4x - 1$

b. $f'(5) = 4(5) - 1 = 19$. When 5 words have been memorized, the memorization time is increasing at a rate of 19 seconds per word.

45. a. $T'(x) = \lim_{h \to 0} \frac{T(x+h) - T(x)}{h} = \lim_{h \to 0} \frac{-(x+h)^2 + 5(x+h) + 100 - (-x^2 + 5x + 100)}{h}$
$= \lim_{h \to 0} \frac{-x^2 - 2hx - h^2 + 5x + 5h + 100 + x^2 - 5x - 100}{h}$
$= \lim_{h \to 0} -2x - h + 5 = -2x + 5$

b. $T'(2) = -2(2) + 5 = 1$. The patient's temperature is increasing at a rate of 1 degree per day.
c. $T'(3) = -2(3) + 5 = -1$. The patient's temperature is decreasing at a rate of 1 degree per day.
d. On day 2, the patient's health is worsening. On day 3, the patient's health is improving.

EXERCISES 2.3

1. $f'(x) = \frac{d}{dx}(x^4) = 4x^{4-1} = 4x^3$

3. $f'(x) = \frac{d}{dx}(x^{500}) = 500x^{500-1} = 500x^{499}$

5. $f'(x) = \frac{d}{dx}(x^{1/2}) = \frac{1}{2}x^{1/2-1} = \frac{1}{2}x^{-1/2}$

7. $g'(x) = \frac{d}{dx}\left(\frac{1}{2}x^4\right) = \frac{1}{2} \cdot 4x^{4-1} = 2x^3$

9. $g'(w) = \frac{d}{dw}(6w^{1/3}) = 6 \cdot \frac{1}{3}w^{1/3-1} = 2w^{-2/3}$

11. $h'(x) = \frac{d}{dx}(3x^{-2}) = 3(-2)x^{-2-1} = -6x^{-3}$

13. $f'(x) = \frac{d}{dx}(4x^2 - 3x + 2)$
$= 4 \cdot 2x^{2-1} - 3 \cdot 1x^{1-1} + 0$
$= 8x - 3$

15. $g'(x) = \frac{d}{dx}(x^{1/2} - x^{-1}) = \frac{1}{2}x^{1/2-1} - (-1)x^{-1-1}$
$= \frac{1}{2}x^{-1/2} + x^{-2}$

17. $h'(x) = \frac{d}{dx}(6x^{2/3} - 12x^{-1/3}) = 6 \cdot \frac{2}{3}x^{2/3-1} - 12\left(-\frac{1}{3}\right)x^{-1/3-1}$
$= 4x^{-1/3} + 4x^{-4/3}$

19. $f'(x) = \frac{d}{dx}(10x^{-1/2} - 9x^{5/3} + 17) = 10\left(-\frac{1}{2}\right)x^{-1/2-1} - 9\left(\frac{5}{3}\right)x^{5/3-1} + 0$
$= -5x^{-3/2} - 15x^{2/3}$

21. a. $f'(x) = \frac{d}{dx}(2) = 0$
b. The slope is zero because the graph of $f(x) = 2$ is a horizontal line.
c. Since $f(x) = 2$ is a constant function, the rate of change is 0.

23. $f'(x) = \frac{d}{dx}(x^5) = 5x^4$; $f'(-2) = 5(-2)^4 = 80$

25. $f'(x) = \frac{d}{dx}(6x^{2/3} - 48x^{-1/3}) = 6\left(\frac{2}{3}\right)x^{-1/3} - 48\left(-\frac{1}{3}\right)x^{-4/3}$
$= 4x^{-1/3} + 16x^{-4/3}$
$f'(8) = 4(8)^{-1/3} + 16(8)^{-4/3} = \frac{4}{\sqrt[3]{8}} + \frac{16}{\sqrt[3]{8^4}} = \frac{4}{2} + \frac{16}{\sqrt[3]{8^3} \cdot \sqrt[3]{8}} = 2 + \frac{16}{8 \cdot 2} = 3$

Exercises 2.3

27. $\frac{df}{dx} = \frac{d}{dx}(x^3) = 3x^2$; $\left.\frac{df}{dx}\right|_{x=-3} = 3(-3)^2 = 27$

29. $\frac{df}{dx} = \frac{d}{dx}(16x^{-1/2} + 8x^{1/2}) = 16\left(-\frac{1}{2}\right)x^{-3/2} + 8\left(\frac{1}{2}\right)x^{-1/2}$
    $= -8x^{-3/2} + 4x^{-1/2}$
    $\left.\frac{df}{dx}\right|_{x=4} = -8(4)^{-3/2} + 4(4)^{-1/2} = -\frac{8}{\sqrt{4^3}} + \frac{4}{\sqrt{4}} = -\frac{8}{8} + \frac{4}{2} = 1$

31. For $y_1 = 5$ and viewing rectangle [–10, 10] by [–10, 10], your graph should look roughly like the following:

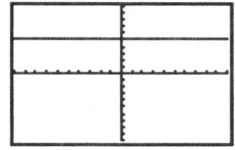

33. a. The marginal profit function is the derivative of the profit function $P(x) = 0.02x^{3/2} - 3000$.
    $MP(x) = 0.02\left(\frac{3}{2}\right)x^{1/2} - 0 = 0.03x^{1/2}$
    b. The marginal profit when 10,000 units have been sold is found by evaluating the marginal profit function at $x = 10{,}000$.
    $MP(10{,}000) = 0.03(10{,}000)^{1/2} = 0.03\sqrt{10{,}000}$
    $= 0.03(100) = 3$
    When 10,000 units have been sold, the profit on each additional unit is about $3.

35. $P(10{,}001) - P(10{,}000) = 0.02(10{,}001)^{3/2} - 3000 - [0.02(10{,}000)^{3/2} - 3000]$
    ≈ 3.00008
    $P(10{,}000) - P(9999) = 0.02(10{,}000)^{3/2} - 3000 - [0.02(9999)^{3/2} - 3000]$
    ≈ 2.99993
    Both are close to $3.

37. a. The rate of change of the teenage population in x years is the derivative of the population function
    $P(x) = 12{,}000{,}000 - 12{,}000x + 600x^2 + 100x^3$.
    $P'(x) = 0 - 12{,}000 + 2 \cdot 600x + 3 \cdot 100x^2 = -12{,}000 + 1200x + 300x^2$
    b. To find the rate of change of the teenage population 1 year from now, evaluate $P'(x)$ for $x = 1$.
    $P'(1) = -12{,}000 + 1200(1) + 300(1)^2 = -12{,}000 + 1500 = -10{,}500$
    One year from now, the teenage population will be decreasing at a rate of 10,500 per year.
    c. To find the rate of change of the teenage population 10 years from now, evaluate $P'(x)$ for $x = 10$.
    $P'(1) = -12{,}000 + 1200(1) + 300(1)^2 = -12{,}000 + 1500 = -10{,}500$
    Ten years from now, the teenage population will be increasing at a rate of 30,000 per year.

39. The rate of change of the pool of potential customers is the derivative of the function
$N(x) = 400{,}000 - \frac{200{,}000}{x}$.

$N'(x) = \frac{d}{dx}(400{,}000 - 200{,}000x^{-1})$

$N'(x) = 0 - (-1)200{,}000x^{-2} = \frac{200{,}000}{x^2}$

To find the rate of change of the pool of potential customers when the ad has run for 5 days, evaluate $N'(x)$ for $x = 5$.

$N'(5) = \frac{200{,}000}{5^2} = 8000$

The pool of potential customers is increasing by about 8000 people per additional day.

41. $A(t) = 0.01t^2 \quad 1 \le t \le 5$
The instantaneous rate of change of the cross-sectional area t hours after administration of nitroglycerin is given by
$A'(t) = 2(0.01)t^{2-1} = 0.02t$
$A'(4) = 0.02(4) = 0.08$
After 4 hours the cross-sectional area is increasing by about 0.08 cm² per hour.

43. The instantaneous rate of change of the number of phrases students can memorize is the derivative of the function $p(t) = 24\sqrt{t}$.

$p'(t) = \frac{d}{dt}(24t^{1/2})$

$\quad = \frac{1}{2}(24t^{-1/2}) = 12t^{-1/2}$

$p'(4) = 12(4)^{-1/2} = \frac{12}{\sqrt{4}} = 6$

45. a. $U(x) = 100\sqrt{x} = 100x^{1/2}$

$MU(x) = U'(x) = \frac{1}{2}(100)x^{1/2-1} = 50x^{-1/2}$

b. $MU(1) = U'(1) = 50(1)^{-1/2} = 50$
The marginal utility of the first dollar is 50.

c. $MU(1{,}000{,}000) = U'(1{,}000{,}000) = 50(10^6)^{-1/2} = 50(10)^{-3} = \frac{50}{1000} = 0.05$
The marginal utility of the millionth dollar is 0.05.

47. a. $f(12) = 0.831(12)^2 - 18.1(12) + 137.3 = 39.764$
A smoker who is a high school graduate has a 39.8% chance of quitting.
$f'(x) = 0.831(2)x - 18.1 = 1.662x - 18.1$
$f'(12) = 1.662(12) - 18.1 = 1.844$
When a smoker has a high school diploma, the chance of quitting is increasing at the rate of 1.8% per year of education.

b. $f(16) = 0.831(16)^2 - 18.1(16) + 137.3 = 60.436$
A smoker who is a college graduate has a 60.4% chance of quitting.
$f'(16) = 1.662(16) - 18.1 = 8.492$
When a smoker has a college degree, the chance of quitting is increasing at the rate of 8.5% per year of education.

Exercises 2.4

49. b. $y_1 = 12.5739x^2 + 68.6682x + 1448.5761$

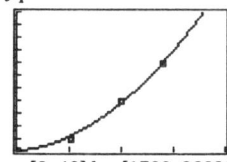

on [0, 40] by [1500, 20000]

  c. Tuition will be about $19255.04 in the year 2005.
  e. Tuition will be increasing at a rate of about $948.84 per year.

EXERCISES 2.4

1. a. Using the product rule:
$\frac{d}{dx}(x^4 \cdot x^6) = 4x^3 \cdot x^6 + x^4(6x^5) = 4x^9 + 6x^9 = 10x^9$

  b. Using the power rule:
$\frac{d}{dx}(x^4 \cdot x^6) = \frac{d}{dx}(x^{10}) = 10x^9$

3. a. Using the product rule:
$\frac{d}{dx}[x^4(x^5+1)] = 4x^3(x^5+1) + x^4(5x^4) = 4x^8 + 4x^3 + 5x^8 = 9x^8 + 4x^3$

  b. Using the power rule:
$\frac{d}{dx}[x^4(x^5+1)] = \frac{d}{dx}(x^9 + x^4) = 9x^8 + 4x^3$

5. $f'(x) = 2x(x^3+1) + x^2(3x^2) = 2x^4 + 2x + 3x^4 = 5x^4 + 2x$

7. $f'(x) = 1(5x^2 - 1) + x(10x) = 5x^2 - 1 + 10x^2 = 15x^2 - 1$

9. $f'(x) = (2x)(x^2 - 1) + (x^2 + 1)(2x) = 2x^3 - 2x + 2x^3 + 2x = 4x^3$

11. $f'(x) = (2x+1)(3x+1) + (x^2+x)(3) = 6x^2 + 5x + 1 + 3x^2 + 3x = 9x^2 + 8x + 1$

13. $f'(x) = \left(\frac{1}{2}x^{-1/2}\right)(x^{1/2}+1) + (x^{1/2}-1)\left(\frac{1}{2}x^{-1/2}\right) = \frac{1}{2} + \frac{1}{2}x^{-1/2} + \frac{1}{2} - \frac{1}{2}x^{-1/2} = 1$

15. $f'(t) = 8t^{1/3}(3t^{2/3} + 1) + 6t^{4/3}(2t^{-1/3}) = 24t + 8t^{1/3} + 12t = 36t + 8t^{1/3}$

17. $f'(z) = (4z^3 + 2z)(z^3 - z) + (z^4 + z^2 + 1)(3z^2 - 1)$
$= 4z^6 - 2z^4 - 2z^2 + 3z^6 + 3z^4 + 3z^2 - z^4 - z^2 - 1$
$= 7z^6 - 1$

19. a. Using the quotient rule:
$\frac{d}{dx}\left(\frac{x^8}{x^2}\right) = \frac{x^2(8x^7) - 2x(x^8)}{(x^2)^2} = \frac{8x^9 - 2x^9}{x^4} = 6x^5$

  b. Using the power rule:
$\frac{d}{dx}\left(\frac{x^8}{x^2}\right) = \frac{d}{dx}(x^6) = 6x^5$

21. a. Using the quotient rule:
$$\frac{d}{dx}\left(\frac{1}{x^3}\right) = \frac{x^3(0) - 3x^2(1)}{(x^3)^2} = -\frac{3x^2}{x^6} = -\frac{3}{x^4}$$
b. Using the power rule:
$$\frac{d}{dx}\left(\frac{1}{x^3}\right) = \frac{d}{dx}(x^{-3}) = -3x^{-4} = -\frac{3}{x^4}$$

23. $f'(x) = \dfrac{x^3(4x^3) - 3x^2(x^4 + 1)}{(x^3)^2} = \dfrac{4x^6 - 3x^6 - 3x^2}{x^6} = \dfrac{x^6 - 3x^2}{x^6} = 1 - \dfrac{3}{x^4}$

25. $f'(x) = \dfrac{(x-1)(1) - (1)(x+1)}{(x-1)^2} = \dfrac{x - 1 - x - 1}{(x-1)^2} = -\dfrac{2}{(x-1)^2}$

27. $f'(t) = \dfrac{(t^2 + 1)(2t) - (2t)(t^2 - 1)}{(t^2 + 1)^2} = \dfrac{2t^3 + 2t - 2t^3 + 2t}{(t^2+1)^2} = \dfrac{4t}{(t^2+1)^2}$

29. $f'(s) = \dfrac{(s+1)(3s^2) - (1)(s^3 - 1)}{(s+1)^2} = \dfrac{3s^3 + 3s^2 - s^3 + 1}{(s+1)^2} = \dfrac{2s^3 + 3s^2 + 1}{(s+1)^2}$

31. $f'(x) = \dfrac{(x^2+1)(4x^3 + 2x) - (2x)(x^4 + x^2 + 1)}{(x^2+1)^2} = \dfrac{4x^3(x^2+1) + 2x(x^2+1) - 2x(x^4) - 2x(x^2+1)}{(x^2+1)^2}$

$= \dfrac{4x^5 + 4x^3 - 2x^5}{(x^2+1)^2} = \dfrac{2x^5 + 4x^3}{(x^2+1)^2}$

33.
Rewrite	Diffentiate	Rewrite
$y = 3x^{-1}$	$\frac{dy}{dx} = -3x^{-2}$	$\frac{dy}{dx} = -\frac{3}{x^2}$

35.
Rewrite	Diffentiate	Rewrite
$y = \frac{3}{8}x^4$	$\frac{dy}{dx} = \frac{3}{2}x^3$	$\frac{dy}{dx} = \frac{3x^3}{2}$

37. $\dfrac{d}{dx}(f \cdot g \cdot h) = \dfrac{d}{dx}[f \cdot (g \cdot h)] = \dfrac{df}{dx} \cdot (g \cdot h) + f \cdot \dfrac{d}{dx}(g \cdot h)$

$= \dfrac{df}{dx} \cdot (g \cdot h) + f\left(\dfrac{dg}{dx} \cdot h + g \cdot \dfrac{dh}{dx}\right)$

$= \dfrac{df}{dx} \cdot g \cdot h + f \cdot \dfrac{dg}{dx} \cdot h + f \cdot g \cdot \dfrac{dh}{dx}$

39. $\dfrac{d}{dx}[f(x)]^2 = \dfrac{d}{dx}[f(x) \cdot f(x)]$

$= \left[\dfrac{d}{dx} f(x)\right] f(x) + f(x)\left[\dfrac{d}{dx} f(x)\right]$

$= f'(x) \cdot f(x) + f(x) \cdot f'(x) = 2 f(x) \cdot f'(x)$

41. $\dfrac{d}{dx}\left[(x^3 + 2) \dfrac{x^2 + 1}{x + 1}\right] = \dfrac{d}{dx}(x^3 + 2) \cdot \dfrac{x^2 + 1}{x + 1} + (x^3 + 2) \cdot \dfrac{d}{dx}\left(\dfrac{x^2 + 1}{x + 1}\right)$

$3x^2\left(\dfrac{x^2 + 1}{x + 1}\right) + (x^3 + 2) \dfrac{(x+1)(2x) - (1)(x^2+1)}{(x+1)^2}$

$= 3x^2\left(\dfrac{x^2 + 1}{x + 1}\right) + (x^3 + 2) \dfrac{x^2 + 2x - 1}{(x+1)^2}$

Exercises 2.4

43. $\dfrac{d}{dx}\dfrac{(x^2+3)(x^3+1)}{x^2+2} = \dfrac{(x^2+2)\frac{d}{dx}\left[(x^2+3)(x^3+1)\right]-\left[\frac{d}{dx}(x^2+2)\right]\left[(x^2+3)(x^3+1)\right]}{(x^2+2)^2}$

$= \dfrac{(x^2+2)\left\{\left[\frac{d}{dx}(x^2+3)\right](x^3+1)+(x^2+3)\frac{d}{dx}(x^3+1)\right\}-2x\left[(x^2+3)(x^3+1)\right]}{(x^2+2)^2}$

$= \dfrac{(x^2+2)\left[(2x)(x^3+1)+(x^2+3)(3x^2)\right]-2x(x^2+3)(x^3+1)}{(x^2+2)^2}$

$= \dfrac{(x^2+2)(2x^4+2x+3x^4+9x^2)-(2x)(x^5+3x^3+x^2+3)}{(x^2+2)^2}$

$= \dfrac{2x^6+2x^3+3x^6+9x^4+4x^4+4x+6x^4+18x^2-2x^6-6x^4-2x^3-6x}{(x^2+2)^2}$

$= \dfrac{3x^6+13x^4+18x^2-2x}{(x^2+2)^2}$

45. $\dfrac{d}{dx}\left(\dfrac{\sqrt{x}-1}{\sqrt{x}+1}\right) = \dfrac{d}{dx}\left(\dfrac{x^{1/2}-1}{x^{1/2}+1}\right) = \dfrac{(x^{1/2}+1)(\frac{1}{2}x^{-1/2})-\frac{1}{2}x^{-1/2}(x^{1/2}-1)}{(x^{1/2}+1)^2}$

$= \dfrac{\frac{1}{2}+\frac{1}{2}x^{-1/2}-\frac{1}{2}+\frac{1}{2}x^{-1/2}}{(x^{1/2}+1)^2} = \dfrac{x^{-1/2}}{(x^{1/2}+1)^2} = \dfrac{1}{\sqrt{x}(\sqrt{x}+1)^2}$

47. $\dfrac{d}{dx}\left[\dfrac{R(x)}{x}\right] = \dfrac{x \cdot R'(x) - 1 \cdot R(x)}{x^2} = \dfrac{xR'(x) - R(x)}{x^2}$

49. a. The instantaneous rate of change of cost with respect to purity is the derivative of the cost function $C(x) = \dfrac{100}{100-x}$.

$C'(x) = \dfrac{(100-x)\cdot 0 - (-1)(100)}{(100-x)^2} = \dfrac{100}{(100-x)^2}$

b. To find the rate of change for a purity of 95%, evaluate $C'(x)$ at $x = 95$.

$C'(95) = \dfrac{100}{(100-95)^2} = \dfrac{100}{5^2} = 4$

The cost is increasing by 4 cents per additional percent of purity.

c. To find the rate of change for a purity of 98%, evaluate $C'(x)$ at $x = 98$.

$C'(98) = \dfrac{100}{(100-98)^2} = \dfrac{100}{2^2} = 25$

The cost is increasing by 25 cents per additional percent of purity.

51. a.

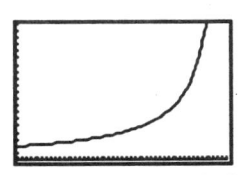

on [50, 100] by [0, 20]

b. Rate of change of cost is 4 for $x = 95$; rate of change of cost is 25 for $x = 98$.

53. a. $AP(x) = \frac{P(x)}{x} = \frac{12x-1800}{x}$

  b. The marginal average profit function $MAP(x)$ is the derivative of the average profit function $AP(x)$.

$MAP(x) = \frac{d}{dx}\left(\frac{12x-1800}{x}\right) = \frac{x(12)-1(12x-1800)}{x^2}$

$= \frac{12x-12x+1800}{x^2} = \frac{1800}{x^2}$

  c. $MAP(300) = \frac{1800}{(300)^2} = \frac{1800}{90,000} = \frac{2}{100}$

The average profit is increasing at the rate of 2 cents per additional unit after 300 units.

55. To find the rate of change of temperature, find $T'(x)$.

$T'(x) = 3x^2(4-x^2) + x^3(-2x)$
$= 12x^2 - 3x^4 - 2x^4 = 12x^2 - 5x^4$

For $x = 1$,
$T'(1) = 12(1)^2 - 5(1)^4 = 12 - 5 = 7$

After 1 hour, the person's temperature is increasing by 7 degrees per hour.

57. a.

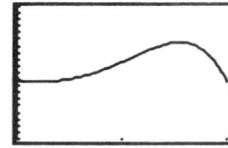

  on [0, 2] by [90, 110]

  b. The rate of change at $x = 1$ is 7.
  c. The maximum temperature is about 104.5 degrees.

59. a-b.

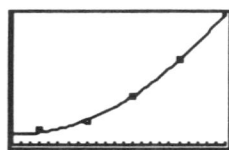

  on [2, 25] by [0, 5,000,000]
  $y_1 = 8593.43x^2 - 31777.43x + 401457.14$

  d.

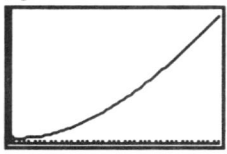

  on [0, 40] by [0, 45,000]

  f.

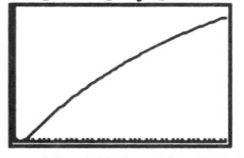

  on [0, 40] by [0, 2000]
  $y_3(40) \approx 43,045$, so in the year 2010, per capita national debt should be $43,045.
  $y_4(40) \approx 1849$, so in the year 2010, per capita national debt should be growing by $1849 per year.

Exercises 2.5

61. **a.** $\frac{d}{dx}\left(\frac{1}{x^2}\right) = \frac{d}{dx}(x^{-2}) = -2x^{-3} = -\frac{2}{x^3}$

$\left.\frac{d}{dx}\right|_{x=0} = -\frac{2}{0^3}$ Undefined

b. Answers will vary.

EXERCISES 2.5

1. **a.** $f'(x) = 4x^3 - 3(2)x^2 - 2(3)x + 5 - 0$
$= 4x^3 - 6x^2 - 6x + 5$
b. $f''(x) = 3(4)x^2 - 2(6)x - 6 + 0 = 12x^2 - 12x - 6$
c. $f'''(x) = 2(12)x - 12 - 0 = 24x - 12$
d. $f^{(4)}(x) = 24$

3. **a.** $f'(x) = 1 + x + \frac{1}{2}x^2 + \frac{1}{6}x^3 + \frac{1}{24}x^4$
b. $f''(x) = 1 + x + \frac{1}{2}x^2 + \frac{1}{6}x^3$
c. $f'''(x) = 1 + x + \frac{1}{2}x^2$
d. $f^{(4)}(x) = 1 + x$

5. $f(x) = \sqrt{x^5} = x^{5/2}$
a. $f'(x) = \frac{5}{2}x^{3/2}$

b. $f''(x) = \frac{3}{2}\left(\frac{5}{2}\right)x^{1/2} = \frac{15}{4}\sqrt{x}$
c. $f'''(x) = \frac{d}{dx}\left(\frac{15}{4}x^{1/2}\right) = \frac{1}{2}\left(\frac{15}{4}\right)x^{-1/2}$
$= \frac{15}{8}x^{-1/2} = \frac{15}{8\sqrt{x}}$
d. $f^{(4)}(x) = \frac{d}{dx}\left(\frac{15}{8}x^{-1/2}\right) = -\frac{1}{2}\left(\frac{15}{8}\right)x^{-3/2}$
$= -\frac{15}{16}x^{-3/2}$

7. $f(x) = \frac{x-1}{x} = 1 - \frac{1}{x}$
a. $f'(x) = \frac{1}{x^2}$
$f''(x) = \frac{d}{dx}\left(\frac{1}{x^2}\right) = \frac{d}{dx}(x^{-2}) = -2x^{-3}$
$= -\frac{2}{x^3}$
b. $f''(3) = -\frac{2}{3^3} = -\frac{2}{27}$

9. $f(x) = \frac{x+1}{2x} = \frac{1}{2} + \frac{1}{2x}$
a. $f'(x) = -\frac{1}{2x^2}$
$f''(x) = \frac{d}{dx}\left(-\frac{1}{2x^2}\right) = \frac{d}{dx}\left(-\frac{1}{2}x^{-2}\right) = \frac{1}{x^3}$
b. $f''(3) = \frac{1}{3^3} = \frac{1}{27}$

11. $f(x) = \frac{1}{6x^2}$
a. $f'(x) = -2\left(\frac{1}{6}\right)x^{-3} = -\frac{1}{3x^3}$
$f''(x) = \frac{d}{dx}\left(-\frac{1}{3}x^{-3}\right) = x^{-4} = \frac{1}{x^4}$
b. $f''(3) = \frac{1}{3^4} = \frac{1}{81}$

13. $f(x) = (x^2 - 2)(x^2 + 3) = x^4 + x^2 - 6$
$f'(x) = 4x^3 + 2x$
$f''(x) = 12x^2 + 2$

15. $f(x) = \frac{27}{\sqrt[3]{x}} = 27x^{-1/3}$
$f'(x) = \left(-\frac{1}{3}\right)(27x^{-4/3}) = -9x^{-4/3}$
$f''(x) = \left(-\frac{4}{3}\right)(-9x^{-7/3}) = 12x^{-7/3}$

17. $f(x) = \frac{x}{x-1}$

$f'(x) = \frac{(x-1)\frac{dx}{dx} - \left[\frac{d}{dx}(x-1)\right](x)}{(x-1)^2} = \frac{(x-1)(1) - (1)(x)}{(x-1)^2} = -\frac{1}{(x-1)^2} = -\frac{1}{x^2 - 2x + 1}$

$f''(x) = \frac{(x^2 - 2x + 1)\frac{d}{dx}(-1) - \left[\frac{d}{dx}(x^2 - 2x + 1)\right](-1)}{[(x-1)^2]^2} = \frac{0 - (2x-2)(-1)}{(x-1)^4} = \frac{2x-2}{(x-1)^4} = \frac{2(x-1)}{(x-1)^4} = \frac{2}{(x-1)^3}$

19. $\frac{d}{dr}(\pi r^2) = 2\pi r$

$\frac{d^2}{dr^2}(\pi r^2) = \frac{d}{dr}(2\pi r) = 2\pi$

21. $\frac{d}{dx}x^{10} = 10x^9$

$\frac{d^2}{dx^2}x^{10} = \frac{d}{dx}(10x^9) = 90x^8$

$\frac{d^2}{dx^2}x^{10}\bigg|_{x=-1} = 90(-1)^8 = 90$

23. From Exercise 21, we know

$\frac{d^2}{dx^2}x^{10} = 90x^8$

$\frac{d^3}{dx^3}x^{10} = \frac{d}{dx}(90x^8) = 720x^7$

Thus, $\frac{d^3}{dx^3}x^{10}\bigg|_{x=-1} = 720(-1)^7 = -720$

25. $\frac{d}{dx}\sqrt{x^3} = \frac{d}{dx}x^{3/2} = \frac{3}{2}x^{1/2}$

$\frac{d^2}{dx^2}\sqrt{x^3} = \frac{d}{dx}\left(\frac{3}{2}x^{1/2}\right) = \frac{3}{4}x^{-1/2}$

$\frac{d^2}{dx^2}\sqrt{x^3}\bigg|_{x=1/16} = \frac{3}{4}\left(\frac{1}{16}\right)^{-1/2} = \frac{3}{4}\sqrt{16} = 3$

27. **a.** iii (showing a stop, then a slower velocity)

b. i (showing a stop, then a negative velocity)

c. ii (showing stops and starts and then a higher velocity)

29. $\frac{d^{100}}{dx^{100}}(x^{99} - 4x^{98} + 3x^{50} + 6) = 0$

31. $\frac{d^2}{dx^2}(f \cdot g) = \frac{d}{dx}\left(\frac{df}{dx} \cdot g + f \cdot \frac{dg}{dx}\right)$ $\left[\text{or } \frac{d}{dx}(f' \cdot g + f \cdot g')\right]$

$= \frac{d}{dx}\left(\frac{df}{dx} \cdot g\right) + \frac{d}{dx}\left(f \cdot \frac{dg}{dx}\right)$ $\left[\text{or } \frac{d}{dx}(f' \cdot g) + \frac{d}{dx}(f \cdot g')\right]$

$= \frac{d^2 f}{dx^2} \cdot g + \frac{df}{dx} \cdot \frac{dg}{dx} + \frac{df}{dx} \cdot \frac{dg}{dx} + f \cdot \frac{d^2 g}{dx^2}$ $[\text{or } f'' \cdot g + f' \cdot g' + f' \cdot g' + f \cdot g'']$

$= f'' \cdot g + 2f' \cdot g' + f \cdot g''$

33. To find velocity, we differentiate the distance function $s(t) = 18t^2 - 2t^3$.

$v(t) = s'(t) = 36t - 6t^2$

a. For $t = 3$, $v(3) = s'(3) = 36(3) - 6(3)^2 = 108 - 54 = 54$ miles per hour

b. For $t = 7$, $v(7) = s'(7) = 36(7) - 6(7)^2 = 252 - 294 = -42$ miles per hour

c. To find the acceleration, we differentiate the velocity function $s'(t) = 36t - 6t^2$.

$a(t) = s''(t) = 36 - 12t$.

For $t = 1$, $a(1) = s''(1) = 36 - 12(1) = 24$ mi/hr^2

Exercises 2.5

35. $v(t) = h'(t) = 3t^2 + 2(0.5)t = 3t^2 + t$
$v(10) = 3(10)^2 + 10 = 310$ feet per second
$a(t) = v'(t) = \frac{d}{dt}(3t^2 + t) = 6t + 1$
$a(10) = 6(10) + 1 = 61$ ft/sec^2

37. a. $v(t) = s'(t) = 32t$
$v(5) = 32(5) = 160$ feet per second

b. $a(t) = v'(t) = 32$ ft/sec^2

39. a. $v(t) = s'(t) = -32t + 1280$

b. When $s(t)$ is a maximum, $s'(t) = 0$.
$-32t + 1280 = 0$
$32t = 1280$
$t = 40$ seconds

c. At $t = 40$,
$s(40) = -16(40)^2 + 1280(40)$
$= -25,600 + 51,200$
$= 25,600$ feet

41. $D'(t) = \frac{4}{3}(9t^{1/3}) = 12t^{1/3}$
$D'(8) = 12(8)^{1/3} = 12(2) = 24$
The national debt is increasing by 24 billion dollars per year after 8 years.
$D''(t) = \frac{d}{dt}(12t^{1/3}) = \frac{1}{3}(12t^{-2/3}) = 4t^{-2/3}$
$D''(8) = 4(8)^{-2/3} = 4\left(\frac{1}{8}\right)^{2/3} = 4\left(\frac{1}{4}\right) = 1$
The rate of growth of the national debt is increasing by 1 billion dollars per year each year after 8 years.

43. $L'(t) = -\frac{1}{2}(-4t^{-3/2}) = 2t^{-3/2} = \frac{2}{\sqrt{t^3}}$
$L'(4) = \frac{2}{\sqrt{4^3}} = \frac{2}{\sqrt{64}} = \frac{1}{4}$
In 4 years, the average sea level will be rising by $\frac{1}{4}$ foot per year.
$L''(t) = \frac{d}{dt}(2t^{-3/2}) = -\frac{3}{2}(2t^{-5/2}) = -\frac{3}{\sqrt{t^5}}$
$L''(4) = -\frac{3}{\sqrt{4^5}} = -\frac{3}{\sqrt{1024}} = -\frac{3}{32}$
In 4 years, the rate of growth will be slowing by about $\frac{3}{32}$ foot per year each year.

45. $P'(x) = 1.581x^{-0.7} - 0.70376x^{0.52}$
$P''(x) \approx -1.1067x^{-1.7} - 0.3660x^{-0.48}$
$P(3) \approx 4.87$
The profit 3 years from now will be $4.87 million.
$P'(3) \approx -0.51$
The profit will be decreasing by about $0.51 million per year 3 years from now.
$P''(3) \approx -0.39$
In 3 years, the rate of growth of profit will be slowing by about $0.39 million per year each year.

47. a. For $x = 15$, approximately $9°$; for $x = 30$, approximately $-2°$.

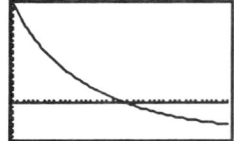

on $[4, 45]$ by $[-10, 30]$

b. Each 1-mph increase in wind speed lowers the wind-chill index. As wind speed increases, the rate with which the wind-chill index decreases slows.

c. For $x = 15$, $y' = -1.1°$. For a wind speed of 15 mph, each additional mile per hour decreases the wind-chill index by about $1.1°$. For $x = 30$, $y' = -0.4°$. For a wind speed of 30 mph, each additional mile per hour decreases the wind-chill index by about $0.4°$.

49. $\frac{d}{dx}[(x^2-x+1)(x^3-1)] = (2x-1)(x^3-1)+(x^2-x+1)(3x^2)$

$\qquad = 2x^4 - x^3 - 2x + 1 + 3x^4 - 3x^3 + 3x^2$

$\qquad = 5x^4 - 4x^3 + 3x^2 - 2x + 1$

$\frac{d^2}{dx^2}[(x^2-x+1)(x^3-1)] = \frac{d}{dx}(5x^4 - 4x^3 + 3x^2 - 2x + 1)$

$\qquad = 20x^3 - 12x^2 + 6x - 2$

51. $\frac{d}{dx}\left(\frac{x}{x^2+1}\right) = \frac{(x^2+1)\left(\frac{dx}{dx}\right)-x\frac{d}{dx}(x^2+1)}{(x^2+1)^2} = \frac{x^2+1-x(2x)}{(x^2+1)^2} = \frac{1-x^2}{(x^2+1)^2} = \frac{1-x^2}{x^4+2x^2+1}$

$\frac{d^2}{dx^2}\left(\frac{x}{x^2+1}\right) = \frac{d}{dx}\left(\frac{1-x^2}{x^4+2x^2+1}\right) = \frac{(x^4+2x^2+1)\frac{d}{dx}(1-x^2)-(1-x^2)\frac{d}{dx}(x^4+2x^2+1)}{[(x^2+1)^2]^2}$

$\qquad = \frac{(x^4+2x^2+1)(-2x)-(1-x^2)(4x^3+4x)}{(x^2+1)^4} = \frac{(x^2+1)[(x^2+1)(-2x)-(1-x^2)(4x)]}{(x^2+1)^4}$

$\qquad = \frac{-2x^3-2x-4x+4x^3}{(x^2+1)^3} = \frac{2x(x^2-3)}{(x^2+1)^3}$

53. $\frac{d}{dx}\left(\frac{2x-1}{2x+1}\right) = \frac{(2x+1)\cdot 2-2(2x-1)}{(2x+1)^2} = \frac{4x+2-4x+2}{4x^2+4x+1} = \frac{4}{4x^2+4x+1}$

$\frac{d^2}{dx^2}\left(\frac{2x-1}{2x+1}\right) = \frac{(4x^2+4x+1)\cdot 0 - (8x+4)(4)}{(4x^2+4x+1)^2} = -\frac{32x+16}{[(2x+1)^2]^2} = -\frac{32x+16}{(2x+1)^4}$

$\qquad = -\frac{16(2x+1)}{(2x+1)^4} = -\frac{16}{(2x+1)^3}$

EXERCISES 2.6

1. $f(g(x)) = \sqrt{x^2 - 3x + 1}$

The outside function is $\sqrt{x}$ and the inside function is $x^2 - 3x + 1$.

Thus, we take $\begin{cases} f(x) = \sqrt{x} \\ g(x) = x^2 - 3x + 1 \end{cases}$

3. $f(g(x)) = (x^2 - x)^{-3}$

The outside function is x^{-3} and the inside function is $x^2 - x$.

Thus, we take $\begin{cases} f(x) = x^{-3} \\ g(x) = x^2 - x \end{cases}$

Exercises 2.6

5. $f(g(x)) = \dfrac{x^3+1}{x^3-1}$

   $f(x) = \dfrac{x+1}{x-1}$

   $g(x) = x^3$

7. $f(g(x)) = \left(\dfrac{x+1}{x-1}\right)^4$

   $f(x) = x^4$

   $g(x) = \dfrac{x+1}{x-1}$

9. $f(g(x)) = \sqrt{x^2 - 9} + 5$

   $f(x) = \sqrt{x} + 5$

   $g(x) = x^2 - 9$

11. $f(x) = (x^2 + 1)^3$

    $f'(x) = 3(x^2 + 1)^2(2x) = 6x(x^2+1)^2$

13. $h(z) = (3z^2 - 5z + 2)^4$

    $h'(z) = 4(3z^2 - 5z + 2)^3(6z - 5)$

15. $f(x) = \sqrt{x^4 - 5x + 1} = (x^4 - 5x + 1)^{1/2}$

    $f'(x) = \tfrac{1}{2}(x^4 - 5x + 1)^{-1/2}(4x^3 - 5)$

17. $w(z) = \sqrt[3]{9z - 1} = (9z - 1)^{1/3}$

    $w'(z) = \tfrac{1}{3}(9z - 1)^{-2/3}(9) = 3(9z - 1)^{-2/3}$

19. $y = (4 - x^2)^4$

    $y' = 4(4 - x^2)^3(-2x) = -8x(4 - x^2)^3$

21. $y = \left(\dfrac{1}{w^3 - 1}\right)^4 = [(w^3 - 1)^{-1}]^4 = (w^3 - 1)^{-4}$

    $y' = -4(w^3 - 1)^{-5}(3w^2) = -12w^2(w^3 - 1)^{-5}$

23. $y = x^4 + (1 - x)^4$

    $y' = 4x^3 + 4(1 - x)^3(-1) = 4x^3 - 4(1 - x)^3$

25. $f(x) = \dfrac{1}{\sqrt[3]{(9x+1)^2}} = \dfrac{1}{(9x+1)^{2/3}} = (9x+1)^{-2/3}$

    $f'(x) = -\tfrac{2}{3}(9x+1)^{-5/3}(9) = -6(9x+1)^{-5/3}$

27. $f(x) = [(x^2 + 1)^3 + x]^3$

    $f'(x) = 3[(x^2 + 1)^3 + x]^2[3(x^2 + 1)^2(2x) + 1]$
    $= 3[(x^2 + 1)^3 + x]^2[6x(x^2 + 1)^2 + 1]$

29. $f(x) = 3x^2(2x+1)^5$

    $f'(x) = 6x(2x+1)^5 + 3x^2[5(2x+1)^4(2)]$
    $= 6x(2x+1)^5 + 30x^2(2x+1)^4$

31. $f(x) = (2x+1)^3(2x-1)^4$

    $f'(x) = 3(2x+1)^2(2)(2x-1)^4 + (2x+1)^3[4(2x-1)^3(2)]$
    $= 6(2x+1)^2(2x-1)^4 + 8(2x+1)^3(2x-1)^3$

33. $f(x) = \left(\dfrac{x+1}{x-1}\right)^3$

    $f'(x) = 3\left(\dfrac{x+1}{x-1}\right)^2\left[\dfrac{(x-1)(1) - (1)(x+1)}{(x-1)^2}\right]$

    $= 3\left(\dfrac{x+1}{x-1}\right)^2\left[\dfrac{x-1-x-1}{(x-1)^2}\right] = 3\left(\dfrac{x+1}{x-1}\right)^2\left[\dfrac{-2}{(x-1)^2}\right]$

    $= -6\dfrac{(x+1)^2}{(x-1)^4}$

35. $f(x) = x^2\sqrt{1+x^2} = x^2(1+x^2)^{1/2}$

    $f'(x) = 2x(1+x^2)^{1/2} + x^2\left[\tfrac{1}{2}(1+x^2)^{-1/2}(2x)\right]$
    $= 2x(1+x^2)^{1/2} + x^3(1+x^2)^{-1/2}$

37. $f(x) = \sqrt{1+\sqrt{x}} = (1+x^{1/2})^{1/2}$
$f'(x) = \frac{1}{2}(1+x^{1/2})^{-1/2}\left(\frac{1}{2}x^{-1/2}\right)$
$= \frac{1}{4}x^{-1/2}(1+x^{1/2})^{-1/2}$

39. a. $\frac{d}{dx}[(x^2+1)^2] = 2(x^2+1)(2x) = 4x^3+4x$

b. $\frac{d}{dx}[(x^2+1)^2] = \frac{d}{dx}(x^4+2x^2+1) = 4x^3+4x$

41. a. $\frac{d}{dx}\left(\frac{1}{3x+1}\right) = \frac{(3x+1)0-3(1)}{(3x+1)^2} = -\frac{3}{(3x+1)^2}$

43. $\frac{d}{dx}L(g(x)) = L'(g(x))g'(x)$
But since $L'(x) = \frac{1}{x}$, $L'(g(x)) = \frac{1}{g(x)}$.
Thus, $\frac{d}{dx}L(g(x)) = \frac{g'(x)}{g(x)}$.

b. $\frac{d}{dx}[(3x+1)^{-1}] = -(3x+1)^{-2}(3)$
$= -\frac{3}{(3x+1)^2}$

45. $f(x) = (x^2+1)^{10}$
$f'(x) = 10(x^2+1)^9(2x) = 20x(x^2+1)^9$
$f''(x) = 20(x^2+1)^9 + 20x[9(x^2+1)^8(2x)]$
$= 20(x^2+1)^9 + 40x^2[9(x^2+1)^8]$
$= 20(x^2+1)^9 + 360x^2(x^2+1)^8$

47. The marginal cost function is the derivative of the function
$C(x) = \sqrt{4x^2+900} = (4x^2+900)^{1/2}$.
$MC(x) = \frac{1}{2}(4x^2+900)^{-1/2}(8x)$
$= 4x(4x^2+900)^{-1/2}$
$MC(20) = 4(20)[4(20)^2+900]^{-1/2}$
$= 80[4(400)+900]^{-1/2}$
$= 80(2500)^{-1/2} = \frac{80}{50} = 1.60$

49. $x = 27$

51. $S(i) = 17.5(i-1)^{0.53}$
$S'(i) = 9.275(i-1)^{-0.47}$
$S'(25) = 9.275(25-1)^{-0.47} \approx 2.08$
At an income of $25,000 social status increases by about 2.08 units per additional $1000 of income.

53. $R(x) = 4x\sqrt{11+0.5x} = 4x(11+0.5x)^{1/2}$
$R'(x) = 4x\left(\frac{1}{2}\right)(11+0.5x)^{-1/2}(0.5) + 4(11+0.5x)^{1/2}$
$= \frac{x}{\sqrt{11+0.5x}} + 4\sqrt{11+0.5x}$
The sensitivity to a dose of 50 mg is
$R'(50) = \frac{50}{\sqrt{11+0.5(50)}} + 4\sqrt{11+0.5(50)}$
$= \frac{50}{\sqrt{11+25}} + 4\sqrt{11+25} = \frac{50}{\sqrt{36}} + 4\sqrt{36}$
$= \frac{50}{6} + 24 = \frac{25+72}{3} = \frac{97}{3} = 32\frac{1}{3}$

55.

on [0, 140] by [0, 50]
$x \approx 26$ mg

Exercises 2.7

57. $P(t) = 0.02(12 + 2t)^{3/2} + 1$
$P'(t) = 0.03(12 + 2t)^{1/2}(2)$
$ = 0.06(12 + 2t)^{1/2}$
$P'(2) = 0.06[12 + 2(2)]^{1/2} = 0.24$

59. a.–b. $y_1 = 1.484x + 324.2$

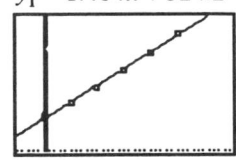

on [–5, 35] by [310, 360]
e. $m = 0.0356$
f. $\dfrac{1.8}{0.0356} \approx 50.56$ years

EXERCISES 2.7

1. The derivative does not exist at the corner points $x = -2, 0, 2$.

3. The derivative does not exist at the discontinuous points $x = -3, 3$.

5. For positive h, $\lim\limits_{h \to 0} \dfrac{f(x+h) - f(x)}{h} = \lim\limits_{h \to 0} \dfrac{|2x + 2h| - |2x|}{h}$. For $x = 0$, this becomes
$\lim\limits_{h \to 0} \dfrac{|0 + 2h| - |0|}{h} = \dfrac{|2h|}{h} = 2$ because h is positive. For h negative,
$\lim\limits_{h \to 0} \dfrac{f(x+h) - f(x)}{h} = \lim\limits_{h \to 0} \dfrac{|2x + 2h| - |2x|}{h}$. Since $x = 0$, we get
$\lim\limits_{h \to 0} \dfrac{|0 + 2h| - |0|}{h} = \dfrac{|2h|}{h} = -2$. Thus, the derivative does not exist.

7. For $x = 0$, $\lim\limits_{h \to 0} \dfrac{f(x+h) - f(x)}{h} = \lim\limits_{h \to 0} \dfrac{(0+h)^{2/5} - 0}{h} = \lim\limits_{h \to 0} \dfrac{h^{2/5}}{h} = \lim\limits_{h \to 0} \dfrac{1}{h^{3/5}}$ which does not exist. Thus, the derivative does not exist at $x = 0$.

9. If you get a numerical answer, it is wrong because the function is undefined at $x = 0$. Thus, the derivative at $x = 0$ does not exist.

11. **a.** For $x = 0$,
$$\lim_{h \to 0} \frac{f(x+h) - f(x)}{h} = \lim_{h \to 0} \frac{\sqrt{0+h} - \sqrt{0}}{h}$$
$$= \lim_{h \to 0} \frac{\sqrt{h}}{h}$$

b.

h	$\frac{\sqrt{h}}{h}$
0.1	3.162
0.001	31.62
0.00001	316.2

c. No, the limit does not exist. No, the derivative does not exist at $x = 0$.

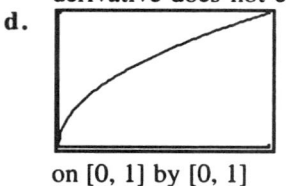

d.

on [0, 1] by [0, 1]

REVIEW EXERCISES FOR CHAPTER 2

1.

x	$4x + 2$	x	$4x + 2$
1.9	9.6	2.1	10.4
1.99	9.96	2.01	10.04
1.999	9.996	2.001	10.004

$\lim_{x \to 2} 4x + 2 = 4(2) + 2 = 10$

2.

x	$\frac{\sqrt{x+1}-1}{x}$	x	$\frac{\sqrt{x+1}-1}{x}$
−0.1	0.513	0.1	0.488
−0.01	0.501	0.01	0.499
−0.0001	0.500	0.001	0.500

$\lim_{x \to 0} \frac{\sqrt{x+1}-1}{x} = 0.5$

3. **a.** $\lim_{x \to 5^-} f(x) = \lim_{x \to 5^-} (2x - 7)$
$= 2(5) - 7 = 3$
b. $\lim_{x \to 5^+} f(x) = \lim_{x \to 5^+} (3 - x)$
$= 3 - 5 = -2$
c. $\lim_{x \to 5} f(x)$ does not exist.

4. **a.** $\lim_{x \to 5^-} f(x) = \lim_{x \to 5^-} (4 - x)$
$= 4 - 5 = -1$
b. $\lim_{x \to 5^+} f(x) = \lim_{x \to 5^+} (2x - 11)$
$= 2(5) - 11 = -1$
c. $\lim_{x \to 5} f(x) = -1$

5. $\lim_{x \to 4} \sqrt{x^2 + x + 5} = \sqrt{4^2 + 4 + 5} = \sqrt{16 + 9}$
$= \sqrt{25} = 5$

6. $\lim_{x \to 0} \pi = \pi$

7. $\lim_{s \to 16} \left(\frac{1}{2}s - s^{1/2}\right) = \frac{1}{2}(16) - 16^{1/2} = 8 - 4 = 4$

8. $\lim_{r \to 8} \frac{r}{r^2 - 30\sqrt[3]{r}} = \frac{8}{8^2 - 30\sqrt[3]{8}} = \frac{8}{64 - 30(2)} = 2$

9. $\lim_{x \to 1} \frac{x^2 - x}{x^2 - 1} = \lim_{x \to 1} \frac{x(x-1)}{(x+1)(x-1)}$
$= \lim_{x \to 1} \frac{x}{x+1} = \frac{1}{2}$

10. $\lim_{x \to -1} \frac{3x^3 - 3x}{2x^2 + 2x} = \lim_{x \to -1} \frac{3x(x^2 - 1)}{2x(x+1)}$
$= \lim_{x \to -1} \frac{3x(x-1)(x+1)}{2x(x+1)}$
$= \lim_{x \to -1} \frac{3(x-1)}{2} = \frac{3(-1-1)}{2} = -3$

Review Exercises for Chapter 2

11. $\lim\limits_{h\to 0} \dfrac{2x^2h - xh^2}{h} = \lim\limits_{h\to 0}\dfrac{xh(2x-h)}{h}$
    $= \lim\limits_{h\to 0} x(2x-h)$
    $= x(2x-0) = 2x^2$

12. $\lim\limits_{h\to 0} \dfrac{6xh^2 - x^2h}{h} = \lim\limits_{h\to 0}\dfrac{xh(6h-x)}{h}$
    $= \lim\limits_{h\to 0} x(6h-x)$
    $= x(0-x) = -x^2$

13. Continuous

14. Continuous

15. Discontinuous at $x = -1$

16. Continuous

17. The function is discontinuous at values of x for which the denominator is zero. Thus, we consider
    $x^2 + x = 0$ and solve.
    $x^2 + x = 0$
    $x(x+1) = 0$
    $x = 0, -1$
    Discontinuous at $x = 0, -1$

18. Discontinuous at $x = -3, 3$

19. From Exercise 3, we know $\lim\limits_{x\to 5} f(x)$ does not exist. Therefore, the function is discontinuous at $x = 5$.

20. From Exercise 4, we know $\lim\limits_{x\to 5} f(x) = -1 = f(5)$. Therefore, the function is continuous.

21. $\lim\limits_{h\to 0}\dfrac{f(x+h)-f(x)}{h} = \lim\limits_{h\to 0}\dfrac{2(x+h)^2+3(x+h)-1-(2x^2+3x-1)}{h} = \lim\limits_{h\to 0}\dfrac{2(x^2+2xh+h^2)+3x+3h-1-2x^2-3x+1}{h}$
    $= \lim\limits_{h\to 0}\dfrac{2x^2+4xh+2h^2+3x-3x+3h-1+1-2x^2}{h} = \lim\limits_{h\to 0}\dfrac{4xh+2h^2+3h}{h} = \lim\limits_{h\to 0} 4x+2h+3 = 4x+3$

22. $\lim\limits_{h\to 0}\dfrac{f(x+h)-f(x)}{h} = \lim\limits_{h\to 0}\dfrac{3(x+h)^2+2(x+h)-3-(3x^2+2x-3)}{h} = \lim\limits_{h\to 0}\dfrac{3x^2+6xh+3h^2+2x+2h-3-3x^2-2x+3}{h}$
    $= \lim\limits_{h\to 0}\dfrac{6xh+3h^2+2h}{h} = \lim\limits_{h\to 0} 6x+3h+2 = 6x+2$

23. $\lim\limits_{h\to 0}\dfrac{f(x+h)-f(x)}{h} = \lim\limits_{h\to 0}\dfrac{\frac{3}{x+h}-\frac{3}{x}}{h} = \lim\limits_{h\to 0}\dfrac{\frac{3x-3(x+h)}{x(x+h)}}{h} = \lim\limits_{h\to 0}\dfrac{3x-3x-3h}{x(x+h)}\cdot\dfrac{1}{h} = \lim\limits_{h\to 0}\dfrac{-3h}{x(x+h)h} = \lim\limits_{h\to 0}-\dfrac{3}{x(x+h)} = -\dfrac{3}{x^2}$

24. $\lim\limits_{h\to 0}\dfrac{f(x+h)-f(x)}{h} = \lim\limits_{h\to 0}\dfrac{4\sqrt{x+h}-4\sqrt{x}}{h} = \lim\limits_{h\to 0} 4\dfrac{\sqrt{x+h}-\sqrt{x}}{h}\cdot\dfrac{(\sqrt{x+h}+\sqrt{x})}{(\sqrt{x+h}+\sqrt{x})} = \lim\limits_{h\to 0} 4\dfrac{x+h-x}{h(\sqrt{x+h}+\sqrt{x})}$
    $= \lim\limits_{h\to 0} 4\dfrac{h}{h(\sqrt{x+h}+\sqrt{x})} = \lim\limits_{h\to 0}\dfrac{4}{(\sqrt{x+h}+\sqrt{x})} = \dfrac{4}{2\sqrt{x}} = \dfrac{2}{\sqrt{x}}$

25. $f(x) = 6\sqrt[3]{x^5} - \dfrac{4}{\sqrt{x}} + 1 = 6x^{5/3} - 4x^{-1/2} + 1$
    $f'(x) = \dfrac{5}{3}(6x^{2/3}) - \left(-\dfrac{1}{2}\right)(4x^{-3/2}) + 0$
    $= 10x^{2/3} + 2x^{-3/2}$

26. $f(x) = 4\sqrt{x^5} - \dfrac{6}{\sqrt[3]{x}} + 1 = 4x^{5/2} - 6x^{-1/3} + 1$
    $f'(x) = \dfrac{5}{2}(4x^{3/2}) - \left(-\dfrac{1}{3}\right)(6x^{-4/3}) + 0$
    $= 10x^{3/2} + 2x^{-4/3}$

27. $f(x) = \frac{1}{x^2} = x^{-2}$
$f'(x) = -2x^{-3}$
$f'\left(\frac{1}{2}\right) = -2\left(\frac{1}{2}\right)^{-3} = -2(2)^3 = -16$

28. $f(x) = \frac{1}{x} = x^{-1}$
$f'(x) = -x^{-2}$
$f'\left(\frac{1}{3}\right) = -\left(\frac{1}{3}\right)^{-2} = -9$

29. $f(x) = 12\sqrt[3]{x} = 12x^{1/3}$
$f'(x) = \frac{1}{3}\left(12x^{-2/3}\right) = 4x^{-2/3}$
$f'(8) = 4(8)^{-2/3} = 4\left(\frac{1}{8}\right)^{2/3} = 4\left(\frac{1}{8^{2/3}}\right)$
$= 4\left(\frac{1}{\sqrt[3]{8^2}}\right) = 4\left(\frac{1}{\sqrt[3]{64}}\right) = 1$

30. $f(x) = 6\sqrt[3]{x} = 6x^{1/3}$
$f'(x) = \frac{1}{3}\left(6x^{-2/3}\right) = 2x^{-2/3}$
$f'(-8) = 2(-8)^{-2/3} = 2\left(-\frac{1}{8}\right)^{2/3} = 2\left[\frac{1}{\sqrt[3]{(-8)^2}}\right]$
$= \frac{1}{2}$

31. a. The marginal cost function is the derivative of the cost function.
$C(x) = 20 + 3x + \frac{54}{\sqrt{x}} = 20 + 3x + 54x^{-1/2}$
$MC(x) = 0 + 3 + \left(-\frac{1}{2}\right)(54x^{-3/2})$
$= 3 - 27x^{-3/2}$

b. To find the marginal cost at $x = 9$, evaluate $MC(9)$.
$MC(9) = 3 - 27(9)^{-3/2} = 3 - 27\left(\frac{1}{9}\right)^{3/2} = 3 - 27\left(\frac{1}{9^{3/2}}\right)$
$= 3 - 27\left(\frac{1}{\sqrt{9^3}}\right) = 3 - \frac{27}{27} = 2$

Costs are increasing by about $2 per additional unit.

32. $f(x) = 150x^{-0.322}$
$f'(x) = -0.322(150x^{-1.322}) = -48.3x^{-1.322}$
$f'(10) = -48.3(10)^{-1.322} \approx -2.3$

After 10 planes, construction time is decreasing by about 2300 hours for each additional plane built.

33. a. $A = \pi r^2$
$A' = 2\pi r$

b. As the radius increases, the area grows by "a circumference."

34. a. $V = \frac{4}{3}\pi r^3$
$A' = 3\left(\frac{4}{3}\pi r^2\right) = 4\pi r^2$

b. As the radius increases, the volume grows by "a surface area."

35. $f(x) = 2x(5x^3 + 3)$
$f'(x) = 2(5x^3 + 3) + 2x(15x^2)$
$= 2(5x^3 + 3) + 30x^3 = 40x^3 + 6$

36. $f(x) = x^2(3x^3 - 1)$
$f'(x) = 2x(3x^3 - 1) + x^2(9x^2)$
$= 2x(3x^3 - 1) + 9x^4 = 15x^4 - 2x$

37. $f(x) = (x^2 + 5)(x^2 - 5)$
$f'(x) = 2x(x^2 - 5) + (x^2 + 5)(2x)$
$= 2x^3 - 10x + 2x^3 + 10x = 4x^3$

38. $f(x) = (x^2 + 3)(x^2 - 3)$
$f'(x) = 2x(x^2 - 3) + (x^2 + 3)(2x)$
$= 2x^3 - 6x + 2x^3 + 6x = 4x^3$

39. $y = (x^4 + x^2 + 1)(x^5 - x^3 + x)$
$y' = (4x^3 + 2x)(x^5 - x^3 + x) + (x^4 + x^2 + 1)(5x^4 - 3x^2 + 1)$
$= 4x^8 - 4x^6 + 4x^4 + 2x^6 - 2x^4 + 2x^2 + 5x^8 - 3x^6 + x^4 + 5x^6 - 3x^4 + x^2 + 5x^4 - 3x^2 + 1$
$= 9x^8 + 5x^4 + 1$

Review Exercises for Chapter 2

40. $y = (x^5 + x^3 + x)(x^4 - x^2 + 1)$
$y' = (5x^4 + 3x^2 + 1)(x^4 - x^2 + 1) + (x^5 + x^3 + x)(4x^3 - 2x)$
$= 5x^8 - 5x^6 + 5x^4 + 3x^6 - 3x^4 + 3x^2 + x^4 - x^2 + 1 + 4x^8 + 4x^6 + 4x^4 - 2x^6 - 2x^4 - 2x^2$
$= 5x^8 - 2x^6 + 3x^4 + 2x^2 + 1 + 4x^8 + 2x^6 + 2x^4 - 2x^2$
$9x^8 + 5x^4 + 1$

41. $y = \dfrac{x-1}{x+1}$
$y' = \dfrac{(x+1)(1) - (1)(x-1)}{(x+1)^2} = \dfrac{x+1-x+1}{(x+1)^2} = \dfrac{2}{(x+1)^2}$

42. $y = \dfrac{x+1}{x-1}$
$y' = \dfrac{(x-1)(1) - (1)(x+1)}{(x-1)^2} = \dfrac{x-1-x-1}{(x-1)^2} = -\dfrac{2}{(x-1)^2}$

43. $y = \dfrac{x^5+1}{x^5-1}$
$y' = \dfrac{(x^5-1)(5x^4) - (5x^4)(x^5+1)}{(x^5-1)^2}$
$= \dfrac{5x^9 - 5x^4 - 5x^9 - 5x^4}{(x^5-1)^2} = -\dfrac{10x^4}{(x^5-1)^2}$

44. $y = \dfrac{x^6-1}{x^6+1}$
$y' = \dfrac{(x^6+1)(6x^5) - (6x^5)(x^6-1)}{(x^6+1)^2}$
$= \dfrac{6x^{11} + 6x^5 - 6x^{11} + 6x^5}{(x^6+1)^2} = \dfrac{12x^5}{(x^6+1)^2}$

45. a. $f(x) = \dfrac{2x+1}{x}$
$f'(x) = \dfrac{x(2) - (1)(2x+1)}{x^2}$
$= \dfrac{2x - 2x - 1}{x^2} = -\dfrac{1}{x^2}$

b. $f(x) = (2x+1)(x^{-1})$
$f'(x) = 2(x^{-1}) + (2x+1)(-1)x^{-2}$
$= \dfrac{2}{x} - \dfrac{2x+1}{x^2} = \dfrac{2x}{x^2} - \dfrac{2x+1}{x^2} = -\dfrac{1}{x^2}$

c. Dividing $2x+1$ by x, we get
$f(x) = 2 + \dfrac{1}{x} = 2 + x^{-1}$
$f'(x) = 0 + (-1)x^{-2} = -\dfrac{1}{x^2}$

46. $S(x) = \dfrac{2250}{x+9} = 2250(x+9)^{-1}$
$S'(x) = -2250(x+9)^{-2} = -\dfrac{2250}{(x+9)^2}$
$S'(6) = -\dfrac{2250}{(6+9)^2} = -10$

At \$6 per tape, the number of tapes sold is decreasing by 10 per dollar increase in price.

47. a. To find the average profit function, divide $P(x) = 6x - 200$ by x.
$AP(x) = \dfrac{6x-200}{x}$

b. To find the marginal average profit, take the derivative of $AP(x)$.
$MAP(x) = \dfrac{x(6) - (1)(6x-200)}{x^2} = \dfrac{200}{x^2}$

c. $MAP(10) = \dfrac{200}{(10)^2} = \dfrac{200}{100} = 2$

Average profit is increasing by about \$2 for each additional unit.

48. a. $AC(x) = \dfrac{C(x)}{x} = \dfrac{5x+100}{x}$

b. $MAC(x) = \dfrac{x(5) - (1)(5x+100)}{x^2} = -\dfrac{100}{x^2}$

c. $MAC(20) = -\dfrac{100}{(20)^2} = -\dfrac{1}{4}$

Average cost is decreasing by about 25 cents per additional unit.

49. $f(x) = 12\sqrt{x^3} - 9\sqrt[3]{x} = 12x^{3/2} - 9x^{1/3}$
$f'(x) = \frac{3}{2}(12x^{1/2}) - \frac{1}{3}(9x^{-2/3}) = 18x^{1/2} - 3x^{-2/3}$
$f''(x) = \frac{1}{2}(18x^{-1/2}) - \frac{2}{3}(-3x^{-5/3})$
$= 9x^{-1/2} + 2x^{-5/3}$

50. $f(x) = 18\sqrt[3]{x^2} - 4\sqrt{x^3} = 18x^{2/3} - 4x^{3/2}$
$f'(x) = 12x^{-1/3} - 6x^{1/2}$
$f''(x) = -4x^{-4/3} - 3x^{-1/2}$

51. $f(x) = \frac{1}{3x^2} = \frac{1}{3}x^{-2}$
$f'(x) = -2\left(\frac{1}{3}x^{-3}\right) = -\frac{2}{3}x^{-3}$
$f''(x) = -3\left(-\frac{2}{3}x^{-4}\right) = 2x^{-4}$

52. $f(x) = \frac{1}{2x^3} = \frac{1}{2}x^{-3}$
$f'(x) = -\frac{3}{2}x^{-4}$
$f''(x) = 6x^{-5}$

53. $f(x) = \frac{2}{x^3} = 2x^{-3}$
$f'(x) = -3(2x^{-4}) = -6x^{-4} = -\frac{6}{x^4}$
$f''(x) = -4(-6x^{-5}) = 24x^{-5} = \frac{24}{x^5}$
$f''(-1) = \frac{24}{(-1)^5} = -24$

54. $f(x) = \frac{3}{x^4} = 3x^{-4}$
$f'(x) = -12x^{-5}$
$f''(x) = 60x^{-6} = \frac{60}{x^6}$
$f''(-1) = \frac{60}{(-1)^6} = 60$

55. $\frac{d}{dx}x^6 = 6x^5$
$\frac{d^2}{dx^2}x^6 = \frac{d}{dx}6x^5 = 30x^4$
$\left.\frac{d^2}{dx^2}\right|_{x=-2} x^6 = 30(-2)^4 = 480$

56. $\frac{d}{dx}x^{-2} = -2x^{-3}$
$\frac{d^2}{dx^2}x^{-2} = \frac{d}{dx}(-2x^{-3}) = 6x^{-4} = \frac{6}{x^4}$
$\left.\frac{d^2}{dx^2}\right|_{x=-2} x^{-2} = \frac{6}{(-2)^4} = \frac{6}{16} = \frac{3}{8}$

57. $\frac{d}{dx}\sqrt{x^5} = \frac{d}{dx}x^{5/2} = \frac{5}{2}x^{3/2}$
$\frac{d^2}{dx^2}\sqrt{x^5} = \frac{d}{dx}\left(\frac{5}{2}x^{3/2}\right) = \frac{15}{4}x^{1/2}$
$\left.\frac{d^2}{dx^2}\right|_{x=16} \sqrt{x^5} = \frac{15}{4}(16)^{1/2} = 15$

58. $\frac{d}{dx}\sqrt{x^7} = \frac{d}{dx}x^{7/2} = \frac{7}{2}x^{5/2}$
$\frac{d^2}{dx^2}\sqrt{x^7} = \frac{d}{dx}\left(\frac{7}{2}x^{5/2}\right) = \frac{35}{4}x^{3/2}$
$\left.\frac{d^2}{dx^2}\right|_{x=4} \sqrt{x^7} = \frac{35}{4}(4)^{3/2} = 70$

59. $P(t) = 0.25t^3 - 3t^2 + 5t + 200$
$P'(t) = 3(0.25t^2) - 2(3t) + 1(5) + 0 = 0.75t^2 - 6t + 5$
$P''(t) = 2(0.75t) - 6(1) + 0 = 1.5t - 6$
$P(10) = 0.25(10)^3 - 3(10)^2 + 5(10) + 200 = 250 - 300 + 50 + 200 = 200$
In 10 years, the population will be 200,000.
$P'(10) = 0.75(10)^2 - 6(10) + 5 = 75 - 60 + 5 = 20$
In 10 years, the population will be increasing by about 20,000 per year.
$P''(10) = 0.75(10)^2 - 6(10) + 5 = 75 - 60 + 5 = 20$
In 10 years, the rate of growth of the increase will be 9000 per year each year.

Review Exercises for Chapter 2

60. $s(t) = 8t^{5/2}$

$v(t) = s'(t) = \frac{5}{2}(8t^{3/2}) = 20t^{3/2}$

$a(t) = v'(t) = \frac{3}{2}(20t^{1/2}) = 30t^{1/2}$

$v(25) = 20(25)^{3/2} = 2500$ ft / sec

$a(25) = 30(25)^{1/2} = 150$ ft / sec^2

61. a. When the height is a maximum, the velocity is zero. Thus, to find the maximum height, set $v(t) = 0$ and solve. First, we find $v(t) = s'(t)$.

$s(t) = -16t^2 + 148t + 5$

$v(t) = s'(t) = -32t + 148$

Now set $v(t) = 0$ and solve.

$v(t) = -32t + 148 = 0$

$-32t = -148$

$t = 4.625$

To find the height when $t = 4.625$, evaluate $s(4.625)$.

$s(4.625) = -16(4.625)^2 + 148(4.625) + 5$

$= 347.25$ feet

b.

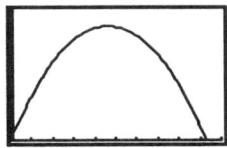

62. a.

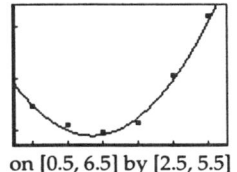

on [0.5, 6.5] by [2.5, 5.5]

b. $0.20x^2 - 1.08x + 4.34$

c. $y_1(7) = 6.76$, meaning that the annual profit at the end of year 7 will be about $6.76 million.

d. $y_2(7) \approx 1.77$, meaning that at the end of the end of year 7 the annual profit will be growing by about $1.77 million.

e. $y_3(7) \approx 0.41$, meaning that profit will be growing increasingly fast, with the rate of growth increasing by about $0.41 million per year each year.

f. y_1 is a quadratic function, so its first derivative (y_2) is linear and its second derivative (y_3) is constant, and the graph of a constant is a horizontal line.

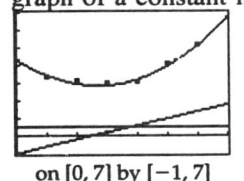

on [0, 7] by [−1, 7]

63. $h(z) = (4z^2 - 3z + 1)^3$

$h'(z) = 3(4z^2 - 3z + 1)^2(8z - 3)$

64. $h(z) = (3z^2 - 5z - 1)^4$

$h'(z) = 4(3z^2 - 5z - 1)^3(6z - 5)$

65. $g(x) = (100 - x)^5$

$g'(x) = 5(100 - x)^4(-1) = -5(100 - x)^4$

66. $g(x) = (1000 - x)^4$

$g'(x) = 4(1000 - x)^3(-1) = -4(1000 - x)^3$

67. $f(x) = \sqrt{x^2 - x + 2} = (x^2 - x + 2)^{1/2}$
$f'(x) = \frac{1}{2}(x^2 - x + 2)^{-1/2}(2x - 1)$

68. $f(x) = \sqrt{x^2 - 5x - 1} = (x^2 - 5x - 1)^{1/2}$
$f'(x) = \frac{1}{2}(x^2 - 5x - 1)^{-1/2}(2x - 5)$

69. $w(z) = \sqrt[3]{6z - 1} = (6z - 1)^{1/3}$
$w'(z) = \frac{1}{3}(6z - 1)^{-2/3}(6) = 2(6z - 1)^{-2/3}$

70. $w(z) = \sqrt[3]{3z + 1} = (3z + 1)^{1/3}$
$w'(z) = \frac{1}{3}(3z + 1)^{-2/3}(3) = (3z + 1)^{-2/3}$

71. $h(x) = \dfrac{1}{\sqrt[5]{(5x+1)^2}} = (5x + 1)^{-2/5}$
$h'(x) = -\frac{2}{5}(5x + 1)^{-7/5}(5) = -2(5x + 1)^{-7/5}$

72. $h(x) = \dfrac{1}{\sqrt[5]{(10x+1)^3}} = (10x + 1)^{-3/5}$
$h'(x) = -\frac{3}{5}(10x + 1)^{-8/5}(10) = -6(10x + 1)^{-8/5}$

73. $g(x) = x^2(2x - 1)^4$
$g'(x) = 2x(2x - 1)^4 + x^2[4(2x - 1)^3(2)]$
$= 2x(2x - 1)^4 + 8x^2(2x - 1)^3$

74. $g(x) = 5x(x^3 - 2)^4$
$g'(x) = 5(x^3 - 2)^4 + 5x[4(x^3 - 2)^3(3x^2)]$
$= 5(x^3 - 2)^4 + 60x^3(x^3 - 2)^3$

75. $y = x^3 \sqrt[3]{x^3 + 1} = x^3(x^3 + 1)^{1/3}$
$y' = 3x^2(x^3 + 1)^{1/3} + x^3\left[\frac{1}{3}(x^3 + 1)^{-2/3}(3x^2)\right]$
$= 3x^2(x^3 + 1)^{1/3} + x^5(x^3 + 1)^{-2/3}$

76. $y = x^4 \sqrt{x^2 + 1} = x^4(x^2 + 1)^{1/2}$
$y' = 4x^3(x^2 + 1)^{1/2} + x^4\left[\frac{1}{2}(x^2 + 1)^{-1/2}(2x)\right]$
$= 4x^3(x^2 + 1)^{1/2} + x^5(x^2 + 1)^{-1/2}$

77. $f(x) = [(2x^2 + 1)^4 + x^4]^3$
$f'(x) = 3[(2x^2 + 1)^4 + x^4]^2[4(2x^2 + 1)^3(4x) + 4x^3]$
$= 3[(2x^2 + 1)^4 + x^4]^2[16x(2x^2 + 1)^3 + 4x^3]$

78. $f(x) = [(3x^2 - 1)^3 + x^3]^2$
$f'(x) = 2[(3x^2 - 1)^3 + x^3][3(3x^2 - 1)^2(6x) + 3x^2]$
$= 2[(3x^2 - 1)^3 + x^3][18x(3x^2 - 1)^2 + 3x^2]$

79. $f(x) = \sqrt{(x^2 + 1)^4 - x^4} = [(x^2 + 1)^4 - x^4]^{1/2}$
$f'(x) = \frac{1}{2}[(x^2 + 1)^4 - x^4]^{-1/2}[4(x^2 + 1)^3(2x) - 4x^3]$
$= \frac{1}{2}[(x^2 + 1)^4 - x^4]^{-1/2}[8x(x^2 + 1)^3 - 4x^3]$

80. $f(x) = \sqrt{(x^3 + 1)^2 + x^2} = [(x^3 + 1)^2 + x^2]^{1/2}$
$f'(x) = \frac{1}{2}[(x^3 + 1)^2 + x^2]^{-1/2}[2(x^3 + 1)(3x^2) + 2x]$
$= \frac{1}{2}[(x^3 + 1)^2 + x^2]^{-1/2}[6x^2(x^3 + 1) + 2x]$
$= [(x^3 + 1)^2 + x^2]^{-1/2}[3x^2(x^3 + 1) + x]$

81. $f(x) = (3x + 1)^4(4x + 1)^3$
$f'(x) = 4(3x + 1)^3(3)(4x + 1)^3 + (3x + 1)^4(3)(4x + 1)^2(4)$
$= 12(3x + 1)^3(4x + 1)^3 + 12(3x + 1)^4(4x + 1)^2$
$= 12(3x + 1)^3(4x + 1)^2[(4x + 1) + (3x + 1)]$
$= 12(3x + 1)^3(4x + 1)^2(7x + 2)$

82. $f(x) = (x^2 + 1)^3(x^2 - 1)^4$
$f'(x) = 3(x^2 + 1)^2(2x)(x^2 - 1)^4 + (x^2 + 1)^3[4(x^2 - 1)^3(2x)]$
$= 6x(x^2 + 1)^2(x^2 - 1)^4 + 8x(x^2 + 1)^3(x^2 - 1)^3$

Review Exercises for Chapter 2 51

83. $f(x) = \left(\dfrac{x+5}{x}\right)^4$

$f'(x) = 4\left(\dfrac{x+5}{x}\right)^3 \left[\dfrac{x(1)-(1)(x+5)}{x^2}\right]$

$\quad = 4\left(\dfrac{x+5}{x}\right)^3 \left(\dfrac{x-x-5}{x^2}\right) = -\dfrac{20}{x^2}\dfrac{(x+5)^3}{x^3}$

$\quad = -\dfrac{20(x+5)^3}{x^5}$

84. $f(x) = \left(\dfrac{x+4}{x}\right)^5$

$f'(x) = 5\left(\dfrac{x+4}{x}\right)^4 \left[\dfrac{x(1)-(1)(x+4)}{x^2}\right]$

$\quad = 5\left(\dfrac{x+4}{x}\right)^4 \left(\dfrac{x-x-4}{x^2}\right) = -\dfrac{20}{x^2}\left(\dfrac{x+4}{x}\right)^4$

$\quad = -\dfrac{20(x+4)^4}{x^6}$

85. $h(w) = (2w^2 - 4)^5$

$h'(w) = 5(2w^2 - 4)^4 (4w)$

$h''(w) = 20(2w^2 - 4)^3 (4w)(4w) + 5(2w^2 - 4)^4 (4)$

$\quad = 20(16w^2)(2w^2 - 4)^3 + 20(2w^2 - 4)^4$

$\quad = 320w^2(2w^2 - 4)^3 + 20(2w^2 - 4)^4$

86. $h(w) = (3w^2 + 1)^4$

$h'(w) = 4(3w^2 + 1)^3 (6w)$

$h''(w) = 12(3w^2 + 1)^2 (6w)(6w) + 4(3w^2 + 1)^3 (6)$

$\quad = 432w^2(3w^2 + 1)^2 + 24(3w^2 + 1)^3$

87. $g(z) = z^3 (z+1)^3$

$g'(z) = 3z^2(z+1)^3 + z^3[3(z+1)^2] = 3z^2(z+1)^3 + 3z^3(z+1)^2$

$g''(z) = 6z(z+1)^3 + 3z^2[3(z+1)^2] + 9z^2(z+1)^2 + 3z^3[2(z+1)]$

$\quad = 6z(z+1)^3 + 18z^2(z+1)^2 + 6z^3(z+1)$

88. $g(z) = z^4(z+1)^4$

$g'(z) = 4z^3(z+1)^4 + 4z^4(z+1)^3$

$g''(z) = 12z^2(z+1)^4 + 4z^3[4(z+1)^3] + 16z^3(z+1)^3 + 4z^4[3(z+1)^2]$

$\quad = 12z^2(z+1)^4 + 32z^3(z+1)^3 + 12z^4(z+1)^2$

89. a. $\dfrac{d}{dx}(x^3 - 1)^2 = 2(x^3 - 1)(3x^2) = 6x^2(x^3 - 1) = 6x^5 - 6x^2$

b. $\dfrac{d}{dx}(x^3 - 1)^2 = \dfrac{d}{dx}(x^6 - 2x^3 + 1) = 6x^5 - 6x^2$

90. a. $\dfrac{d}{dx}\left(\dfrac{1}{x^3+1}\right) = \dfrac{(x^3+1)(0)-(3x^2)(1)}{(x^3+1)^2} = -\dfrac{3x^2}{(x^3+1)^2}$

b. $\dfrac{d}{dx}\left(\dfrac{1}{x^3+1}\right) = \dfrac{d}{dx}(x^3+1)^{-1} = -1(x^3+1)^{-2}(3x^2) = -\dfrac{3x^2}{(x^3+1)^2}$

91. $P(x) = \sqrt{x^3 - 3x + 34} = (x^3 - 3x + 34)^{1/2}$

$P'(x) = \tfrac{1}{2}(x^3 - 3x + 34)^{-1/2}(3x^2 - 3) = \dfrac{3x^2 - 3}{2\sqrt{x^3 - 3x + 34}}$

$P'(5) = \dfrac{3(5)^2 - 3}{2\sqrt{(5)^3 - 3(5) + 34}} = \dfrac{72}{2\sqrt{144}} = \dfrac{72}{24} = 3$

When 5 tons is produced, profit is increasing at about $3000 for each additional ton.

92. $V(r) = 500(1 + 0.01r)^3$

$V'(r) = 1500(1 + 0.01r)^2(0.01) = 15(1 + 0.01r)^2$

$V'(8) = 15[1 + 0.01(8)]^2 \approx 17.50$

For 8 percent interest, the value increases by about $17.50 for each additional percent interest.

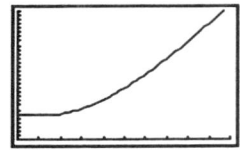

93.

on [0, 10] by [0, 30]
a. $P(5) - P(4) \approx 12 - 9.27 = 2.73$
   $P(6) - P(5) \approx 15.23 - 12 = 3.23$
   Both values are near 3.
b. $x \approx 7.6$

94.

on [0, 20] by [−2, 10]
$x \approx 16$

95.
$R(x) = 0.25(0.01x + 1)^4$
$R'(x) = 0.25[4(0.01x + 1)^3 (0.01)]$
$\quad = 0.01(0.01x + 1)^3$
$R'(100) = 0.01[0.01(100) + 1)]^3 = 0.08$

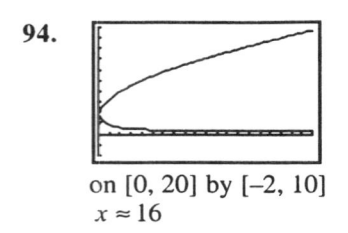

96.
$N(x) = 1000\sqrt{100 - x} = 1000(100 - x)^{1/2}$
$N'(x) = 500(100 - x)^{-1/2}(-1) = -\dfrac{500}{\sqrt{100 - x}}$
$N'(96) = -\dfrac{500}{\sqrt{100 - 96}} = -250$

At age 96, the number of survivors is decreasing by 250 people per year.

97. The derivative does not exist at corner points $x = -3$ and $x = 3$ and at the discontinuous point $x = 1$.

98. The derivative does not exist at the corner point $x = 2$ and at the discontinuous point $x = -2$.

99. The derivative does not exist at the corner point $x = 3.5$ and the discontinuous point $x = 0$.

100. The derivative does not exist at the corner points $x = 0$ and $x = 3$.

101. For positive h,
$$\lim_{h \to 0} \frac{f(x+h) - f(x)}{h} = \lim_{h \to 0} \frac{|5x + 5h| - |5x|}{h} = \lim_{h \to 0} \frac{|5(0) + 5h| - |5 \cdot 0|}{h} \text{ for } x = 0$$
$$= \lim_{h \to 0} \frac{5h}{h} = 5$$

For negative h,
$$\lim_{h \to 0} \frac{f(x+h) - f(x)}{h} = \lim_{h \to 0} \frac{|5x + 5h| - |5x|}{h} = \lim_{h \to 0} \frac{|5(0) + 5h| - |5(0)|}{h} \text{ for } x = 0$$
$$= \lim_{h \to 0} -\frac{5h}{h} = -5$$

Thus, the limit does not exist, and so the derivative does not exist.

102.
$$\lim_{h \to 0} \frac{f(x+h) - f(x)}{h} = \lim_{h \to 0} \frac{(x+h)^{3/5} - x^{3/5}}{h} = \lim_{h \to 0} \frac{h^{3/5}}{h} \text{ for } x = 0$$
$$= \lim_{h \to 0} \frac{1}{h^{2/5}}$$

which does not exist. Thus, the derivative does not exist.

Chapter 3: Further Applications of the Derivative

EXERCISES 3.1

1. **a.** The derivative is positive on $(-\infty, -2)$ and $(0, \infty)$.
   b. The derivative is negative on $(-2, 0)$

3. All the numbers except 3 are critical values.

5. $f(x) = x^3 - 48x$
$f'(x) = 3x^2 - 48 = 0$
$\quad x^2 = \frac{48}{3} = 16$
$\quad x = \pm 4$
The critical values are $x = 4$ and -4.

7. $f(x) = x^4 + 4x^3 - 8x^2 + 1$
$f'(x) = 4x^3 + 12x^2 - 16x = 0$
$\quad 4x(x^2 + 3x - 4) = 0$
$\quad 4x(x+4)(x-1) = 0$
$\quad x = 0, -4, 1$
The critical values are $x = 0, -4$ and 1.

9. $f(x) = (2x-6)^4$
$f'(x) = 4(2x-6)^3(2)$
$f'(x) = 4(2x-6)^3(2)$
$\quad = 8(2x-6)^3 = 0$
$\quad 2x - 6 = 0$
$\quad x = 3$
The critical value is $x = 3$.

11. $f(x) = 3x + 5$
$f'(x) = 3$
Since $f'(x) = 3$, there are no critical values.

13. $f(x) = x^3 - 2x^2 + x + 11$
$f'(x) = 3x^2 - 4x + 1 = 0$
$\quad (3x-1)(x-1) = 0$
$\quad x = \frac{1}{3}, 1$
The critical values are $x = \frac{1}{3}$ and 1.

15. $f(x) = x^4 + 4x^3 - 8x^2 + 64$
$f'(x) = 4x^3 + 12x^2 - 16x = 0$
$\quad 4x(x^2 + 3x - 4) = 0$
$\quad 4x(x+4)(x-1) = 0$
$\quad x = 0, -4, 1$
The critical values are $x = 0, -4,$ and 1.

$f' < 0$	$f' = 0$	$f' > 0$	$f' = 0$	$f' < 0$	$f' = 0$	$f' > 0$
↘	$x = -4$	↗	$x = 0$	↘	$x = 1$	↗
	rel min		rel max		rel min	
	$(-4, -64)$		$(0, 64)$		$(1, 61)$	

17. $f(x) = -x^4 + 4x^3 - 4x^2 + 1$
$f'(x) = -4x^3 + 12x^2 - 8x = 0$
$\quad -4x(x^2 - 3x + 2) = 0$
$\quad -4x(x-2)(x-1) = 0$
$\quad\quad x = 0, 2, 1$
The critical values are $x = 0, 1,$ and 2.

$f' > 0$	$f' = 0$	$f' < 0$	$f' = 0$	$f' > 0$	$f' = 0$	$f' < 0$
/	$x = 0$ rel max $(0, 1)$	\	$x = 1$ rel min $(1, 0)$	/	$x = 2$ rel max $(2, 1)$	\

19. $f(x) = 3x^4 - 8x^3 + 6x^2$
$f'(x) = 12x^3 - 24x^2 + 12x = 0$
$\quad 12x(x^2 - 2x + 1) = 0$
$\quad 12x(x-1)^2 = 0$
$\quad\quad x = 0, 1$
The critical values are $x = 0$ and 1.

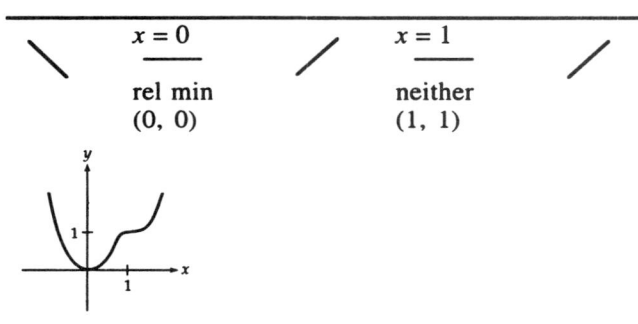

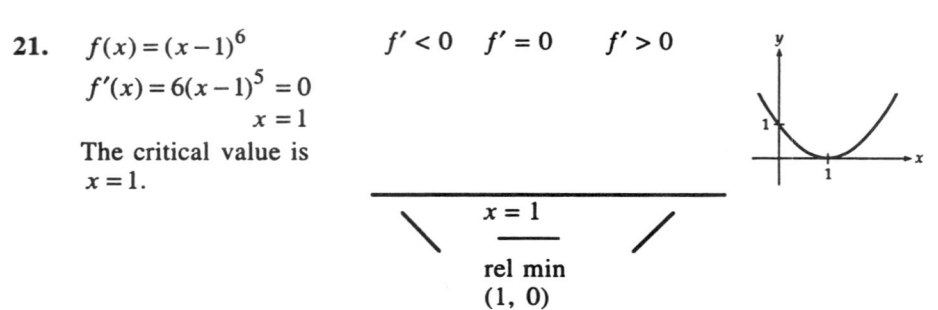

$f' < 0$	$f' = 0$	$f' > 0$	$f' = 0$	$f' > 0$
\	$x = 0$ rel min $(0, 0)$	/	$x = 1$ neither $(1, 1)$	/

21. $f(x) = (x-1)^6$
$f'(x) = 6(x-1)^5 = 0$
$\quad\quad x = 1$
The critical value is $x = 1$.

$f' < 0$	$f' = 0$	$f' > 0$
\	$x = 1$ rel min $(1, 0)$	/

Exercises 3.1

23. $f(x) = (x^2 - 4)^2$

$f'(x) = 2(x^2 - 4)(2x) = 0$

$x = 0, -2, 2$

The critical values are $x = 0, -2,$ and 2.

$f' < 0 \quad f' = 0 \quad f' > 0 \quad f' = 0 \quad f' < 0 \quad f' = 0 \quad f' > 0$

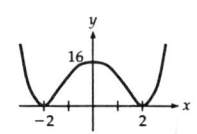

	$x = -2$		$x = 0$		$x = 2$	
↘	rel min $(-2, 0)$	↗	rel max $(0, 16)$	↘	rel min $(2, 0)$	↗

25. $f(x) = x^2(x-4)^2$

$f'(x) = 2x(x-4)^2 + x^2(x-4)(2) = 0$

$2x(x-4)[(x-4) + x] = 0$

$2x(x-4)(2x-4) = 0$

$x = 0, 4, 2$

The critical values are $x = 0, 2,$ and 4.

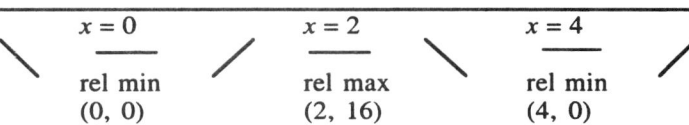

$f' < 0 \quad f' = 0 \quad f' > 0 \quad f' = 0 \quad f' < 0 \quad f' = 0 \quad f' > 0$

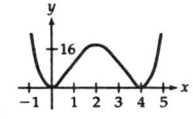

	$x = 0$		$x = 2$		$x = 4$	
↘	rel min $(0, 0)$	↗	rel max $(2, 16)$	↘	rel min $(4, 0)$	↗

27. $f(x) = x^2(x-5)^3$

$f'(x) = 2x(x-5)^3 + x^2(3)(x-5)^2 = 0$

$x(x-5)^2[2(x-5) + 3x] = 0$

$x(x-5)^2(5x - 10) = 0$

$x = 0, 5, 2$

The critical values are $x = 0, 2,$ and 5.

$f' > 0 \quad f' = 0 \quad f' < 0 \quad f' = 0 \quad f' > 0 \quad f' = 0 \quad f' > 0$

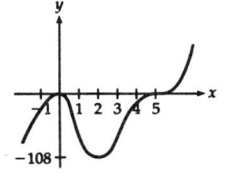

	$x = 0$		$x = 2$		$x = 5$	
↗	rel max $(0, 0)$	↘	rel min $(2, -108)$	↗	neither $(5, 0)$	↗

29. $f(x) = x^3 - 300x$

$f'(x) = 3x^2 - 300 = 0$

$3(x^2 - 100) = 0$

$x = \pm 10$

The critical values are $x = -10$ and 10.

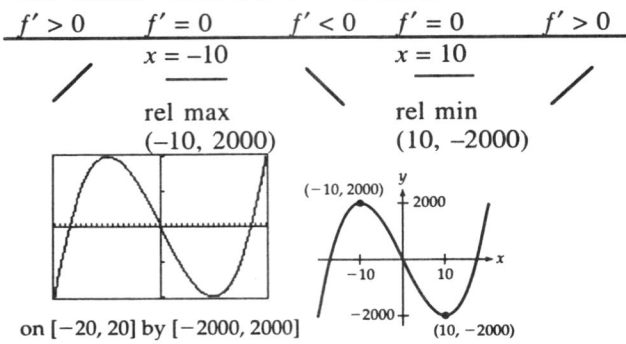

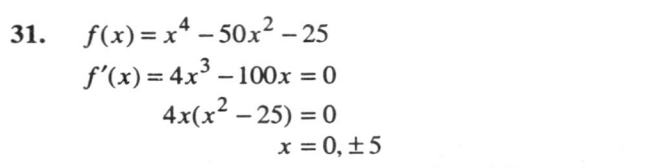

$f' > 0$	$f' = 0$	$f' < 0$	$f' = 0$	$f' > 0$
	$x = -10$		$x = 10$	
/	rel max $(-10, 2000)$	\	rel min $(10, -2000)$	/

on $[-20, 20]$ by $[-2000, 2000]$

31. $f(x) = x^4 - 50x^2 - 25$

$f'(x) = 4x^3 - 100x = 0$

$4x(x^2 - 25) = 0$

$x = 0, \pm 5$

The critical values are $x = -5, 0,$ and 5.

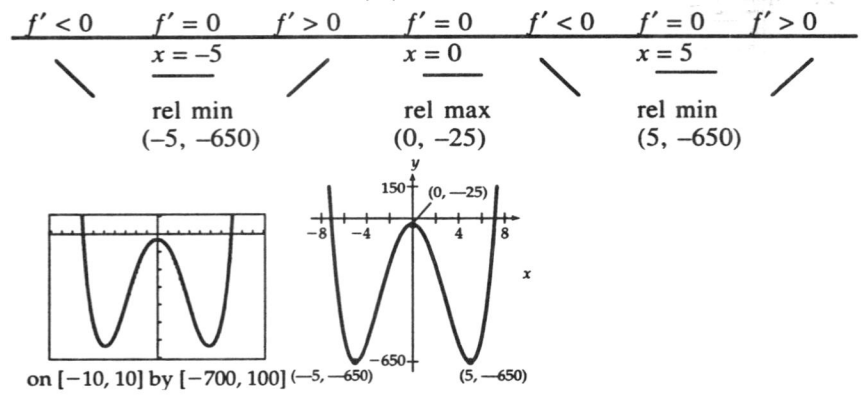

$f' < 0$	$f' = 0$	$f' > 0$	$f' = 0$	$f' < 0$	$f' = 0$	$f' > 0$
	$x = -5$		$x = 0$		$x = 5$	
\	rel min $(-5, -650)$	/	rel max $(0, -25)$	\	rel min $(5, -650)$	/

on $[-10, 10]$ by $[-700, 100]$

33. $f(x) = x^5 - 5x^4 + 5x^3 - 23$

$f'(x) = 5x^4 - 20x^3 + 15x^2 = 0$

$5x^2(x^2 - 4x + 3) = 0$

$5x^2(x - 3)(x - 1) = 0$

$x = 0, 3, 1$

The critical values are $x = 0, 1,$ and 3.

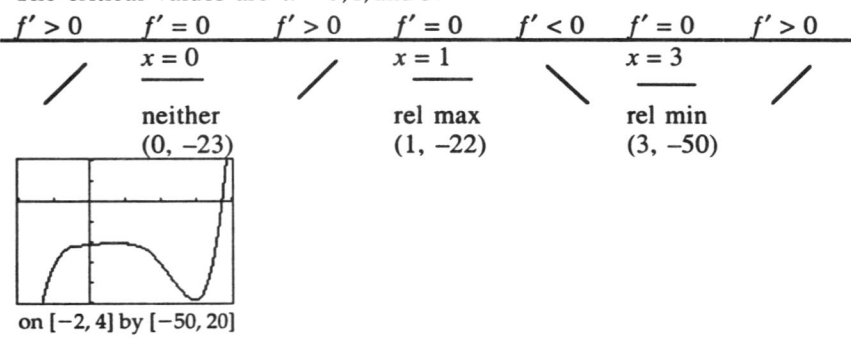

$f' > 0$	$f' = 0$	$f' > 0$	$f' = 0$	$f' < 0$	$f' = 0$	$f' > 0$
	$x = 0$		$x = 1$		$x = 3$	
/	neither $(0, -23)$	/	rel max $(1, -22)$	\	rel min $(3, -50)$	/

on $[-2, 4]$ by $[-50, 20]$

Exercises 3.1

35. $f(x) = 0.01x^5 - 0.05x$
$f'(x) = 0.05x^4 - 0.05 = 0$
$0.05(x^4 - 1) = 0$
$x = \pm 1$

The critical values are $x = -1$ and 1.

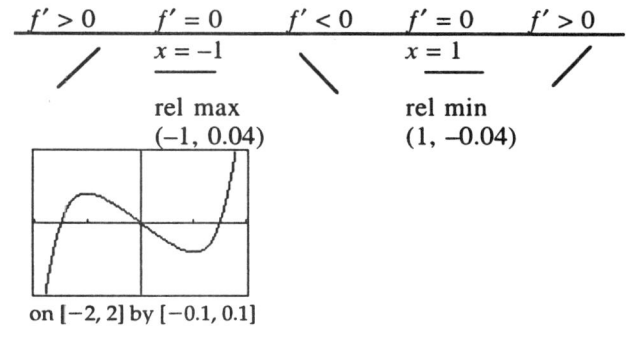

$f' > 0$	$f' = 0$	$f' < 0$	$f' = 0$	$f' > 0$
	$x = -1$		$x = 1$	
	rel max		rel min	
	$(-1, 0.04)$		$(1, -0.04)$	

on $[-2, 2]$ by $[-0.1, 0.1]$

37. $f(x) = x^3 - 2x^2 + x + 11$
$f'(x) = 3x^2 - 4x + 1 = 0$
$(3x - 1)(x - 1) = 0$
$x = \frac{1}{3}, 1$

The critical values are $x = \frac{1}{3}$ and 1.

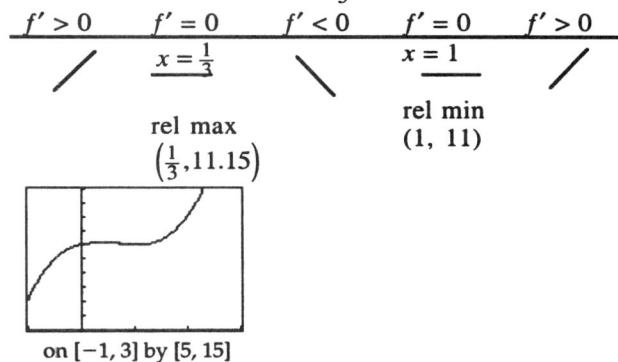

$f' > 0$	$f' = 0$	$f' < 0$	$f' = 0$	$f' > 0$
	$x = \frac{1}{3}$		$x = 1$	
	rel max		rel min	
	$\left(\frac{1}{3}, 11.15\right)$		$(1, 11)$	

on $[-1, 3]$ by $[5, 15]$

39. $f(x) = \sqrt{400 - x^2} = (400 - x^2)^{1/2}$
$f'(x) = \frac{1}{2}(400 - x^2)^{-1/2}(-2x) = -\frac{x}{\sqrt{400 - x^2}} = 0$
$x = 0$

Also, $f'(x)$ is undefined at $x = \pm 20$. The critical values are $x = 0, \pm 20$.

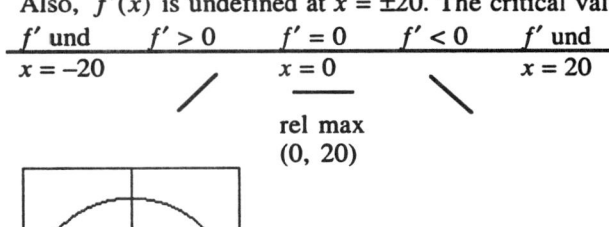

f' und	$f' > 0$	$f' = 0$	$f' < 0$	f' und
$x = -20$		$x = 0$		$x = 20$
		rel max		
		$(0, 20)$		

on $[-20, 20]$ by $[0, 25]$

41. $f(x) = \dfrac{1}{x^2-2x-8} = (x^2-2x-8)^{-1}$

$f'(x) = -(x^2-2x-8)^{-2}(2x-2)$

$\quad = -\dfrac{2x-2}{(x^2-2x-8)^2} = 0$

$x = 1$

The critical point is $\left(1, -\dfrac{1}{9}\right)$.

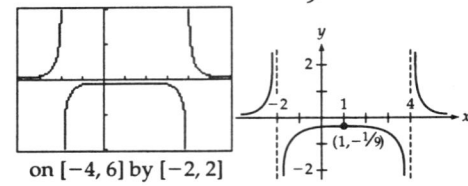

on $[-4, 6]$ by $[-2, 2]$

43. $f(x) = \dfrac{8}{x^2+4} = 8(x^2+4)^{-1}$

$f'(x) = -8(x^2+4)^{-2}(2x) = -\dfrac{16x}{(x^2+4)^2} = 0$

The critical point is $(0, 2)$.

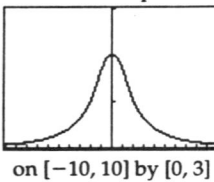

on $[-10, 10]$ by $[0, 3]$

45. $f(x) = \dfrac{x^2}{x^2+1} = x^2(x^2+1)^{-1}$

$f'(x) = 2x(x^2+1)^{-1} + x^2(-1)(x^2+1)^{-2}(2x) = \dfrac{2x}{(x^2+1)^2} = 0$

$\qquad x = 0$

The critical point is $(0, 0)$.

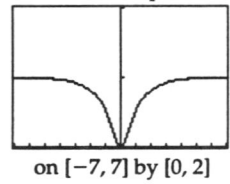

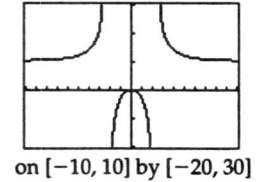

on $[-7, 7]$ by $[0, 2]$

47. $f(x) = \dfrac{x^2}{x-3} = x^2(x-3)^{-1}$

$f'(x) = -\dfrac{2x}{(x^2+1)^2} = 0$

$x = 0$

The critical points are $(0, 0)$ and $(6, 12)$.

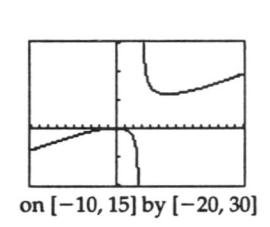

on $[-10, 15]$ by $[-20, 30]$

49. $f(x) = \dfrac{10x^2}{x^2-5} = 10x^2(x^2-5)^{-1}$

$f'(x) = 20x(x^2-5)^{-1} - 10x^2(x^2-5)^{-2}(2x) = 0$

$\dfrac{20x^3 - 100x - 20x^3}{(x^2-5)^2} = 0$

$-\dfrac{100x}{(x^2-5)^2} = 0$

$x = 0$

The critical point is $(0, 0)$.

on $[-10, 10]$ by $[-20, 30]$

Exercises 3.1

51. $f(x) = \dfrac{2x^2}{x^4+1} = 2x^2(x^4+1)^{-1}$
$f'(x) = 4x(x^4+1)^{-1} - 2x^2(x^4+1)^{-2}(4x^3)$
$= \dfrac{4x^5 + 4x - 8x^5}{(x^4+1)^2} = \dfrac{-4x(x^4-1)}{(x^4+1)^2} = 0$
$x = 0, \pm 1$
The critical points are $(1,1), (-1,1),$ and $(0,0)$.

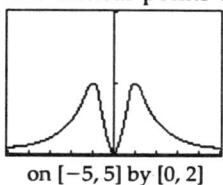

on $[-5, 5]$ by $[0, 2]$

53.

on $[0, 10]$ by $[-10, 10]$

55.

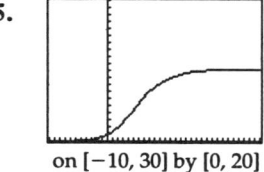

on $[-10, 30]$ by $[0, 20]$

57. Since the vertex occurs at a critical value, we take the derivative and set it equal to zero.
$f(x) = ax^2 + bx + c$
$f'(x) = 2ax + b = 0$
$\quad\quad 2ax = -b$
$\quad\quad\quad x = -\dfrac{b}{2a}$

59. $p'(x) = 3x^2 - 18x + 24 = 0$
$3(x^2 - 6x + 8) = 0$
$3(x-4)(x-2) = 0$
$x = 2, 4$
The critical points are $(2, 30)$ and $(4, 26)$.

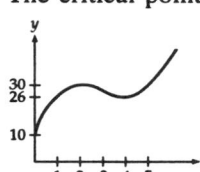

61. d.

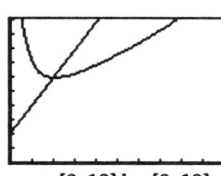

on $[0, 10]$ by $[0, 10]$

63. a.

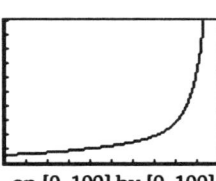

on $[0, 100]$ by $[0, 100]$

b. The graph of the derivative will have small positive values near zero, increase slowly as x increases, and then rise steeply for values of x greater than 80.

c.

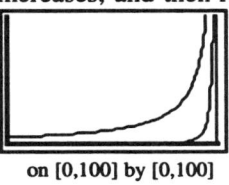

on $[0,100]$ by $[0,100]$

Copyright © Houghton Mifflin Company. All rights reserved.

EXERCISES 3.2

1. Point 2

3. Points 3 and 5

5. Points 4 and 6

7. $f(x) = x^3 + 3x^2 - 9x + 5$
$f'(x) = 3x^2 + 6x - 9 = 0$
$3(x^2 + 2x - 3) = 0$
$3(x+3)(x-1) = 0$
The critical values are $x = -3$ and 1.

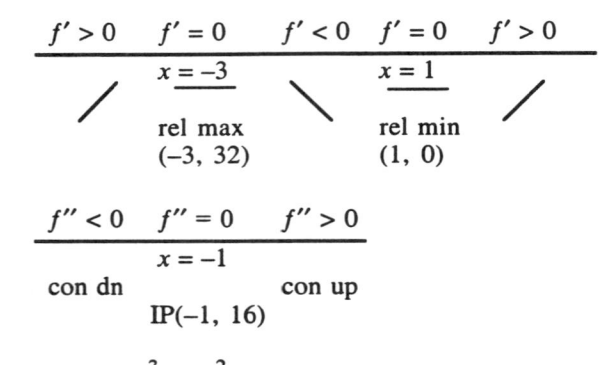

$f''(x) = 6x + 6 = 6(x+1) = 0$
Inflection point at $x = -1$. Test points:
$x = 0$: $f''(0) = 6(0) + 6 = 6 > 0$, concave up
$x = -2$: $f''(-2) = 6(-2) + 6 = -6 < 0$, concave down

$f' > 0$	$f' = 0$	$f' < 0$	$f' = 0$	$f' > 0$
/	$x = -3$	\	$x = 1$	/
	rel max		rel min	
	(−3, 32)		(1, 0)	

$f'' < 0$	$f'' = 0$	$f'' > 0$
	$x = -1$	
con dn		con up
	IP(−1, 16)	

9. $f(x) = x^3 - 3x^2 + 3x + 4$
$f'(x) = 3x^2 - 6x + 3 = 0$
$3(x^2 - 2x + 1) = 0$
$3(x-1)^2 = 0$
The critical value is $x = 1$.

$f''(x) = 6x - 6 = 6(x-1) = 0$
Inflection point at $x = 1$. Test points:
$x = 0$: $f'(0) = 6(0) - 6 = -6 < 0$, concave down
$x = 2$: $f'(2) = 6(2) - 6 = 6 > 0$, concave up

$f' > 0$	$f' = 0$	$f' > 0$
/	$x = 1$	/
	neither	
	(1,5)	

$f'' < 0$	$f'' = 0$	$f'' > 0$
	$x = 1$	
con dn		con up
	IP(1, 5)	

Exercises 3.2

11. $f(x) = x^4 - 8x^3 + 18x^2 + 2$
$f'(x) = 4x^3 - 24x^2 + 36x = 0$
$ 4x(x^2 - 6x + 9) = 0$
$ 4x(x-3)^2 = 0$
The critical values are $x = 0$ and 3.

$f''(x) = 12x^2 - 48x + 36 = 0$
$ 12(x^2 - 4x + 3) = 0$
$ 12(x-3)(x-1) = 0$
Inflection points at $x = 1$ and 3. Test points:
$x = 0$: $f''(0) = 12(0)^2 - 48(0) + 36 = 36 > 0$, concave up
$x = 2$: $f''(2) = 12(2)^2 - 48(2) + 36 = -12 < 0$, concave down
$x = 4$: $f''(4) = 12(4)^2 - 48(4) + 36 = 36 > 0$, concave up

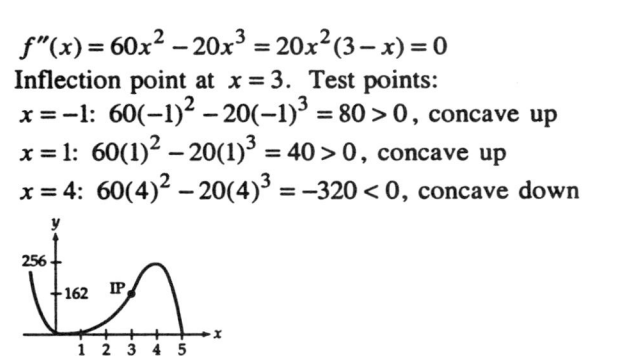

$f' < 0$	$f' = 0$	$f' > 0$	$f' = 0$	$f' > 0$
	$x = 0$		$x = 3$	
	rel min (0, 2)		neither (3, 29)	

$f'' > 0$	$f'' = 0$	$f'' < 0$	$f'' = 0$	$f'' > 0$
con up	$x = 1$	con dn	$x = 3$	con up
	IP(1, 13)		IP(3, 29)	

13. $f(x) = 5x^4 - x^5$
$f'(x) = 20x^3 - 5x^4$
$5x^3(4 - x) = 0$
The critical values are at $x = 0$ and 4.

$f''(x) = 60x^2 - 20x^3 = 20x^2(3 - x) = 0$
Inflection point at $x = 3$. Test points:
$x = -1$: $60(-1)^2 - 20(-1)^3 = 80 > 0$, concave up
$x = 1$: $60(1)^2 - 20(1)^3 = 40 > 0$, concave up
$x = 4$: $60(4)^2 - 20(4)^3 = -320 < 0$, concave down

$f' < 0$	$f' = 0$	$f' > 0$	$f' = 0$	$f' < 0$
	$x = 0$		$x = 4$	
	rel min (0, 0)		rel max (4, 256)	

$f'' > 0$	$f'' = 0$	$f'' > 0$	$f'' = 0$	$f'' < 0$
con up	$x = 0$	con up	$x = 3$	con dn
			IP(3, 162)	

15. $f(x) = (2x+4)^5$
$f'(x) = 5(2x+4)^4(2) = 0$
$10(2x+4)^4 = 0$
The critical point is at $x = -2$.

$f''(x) = 40(2x+4)^3(2)$
$= 80(2x+4)^3 = 0$
Inflection point at $x = -2$. Test points:
$x = -3$: $f''(-3) = 80[2(-3)+4]^3 = -640 < 0$, concave down
$x = 0$: $f''(0) = 80[2(0)+4]^3 = 5120 > 0$, concave up

$f' > 0$	$f' = 0$	$f' > 0$
	$x = -2$	
/	neither $(-2, 0)$	/

$f'' < 0$	$f'' = 0$	$f'' > 0$
	$x = -2$	
con dn	IP$(-2, 0)$	con up

17. $f(x) = x(x-3)^2$
$f'(x) = (x-3)^2 + x[2(x-3)] = 0$
$(x-3)(x-3+2x) = 0$
$(x-3)(3x-3) = 0$
The critical points are at $x = 1$ and 3.

$f''(x) = 2(x-3) + 2(x-3) + 2x$
$= 6x - 12 = 0$
Inflection point at $x = 2$. Test points:
$x = 0$: $f''(0) = 6(0) - 12 = -12 < 0$, concave down
$x = \frac{3}{2}$: $f''\left(\frac{3}{2}\right) = 6\left(\frac{3}{2}\right) - 12 = -3 < 0$, concave down
$x = \frac{5}{2}$: $f''\left(\frac{5}{2}\right) = 6\left(\frac{5}{2}\right) - 12 = 3 > 0$, concave up
$x = 4$: $f''(4) = 6(4) - 12 = 12 > 0$, concave up

$f' > 0$	$f' = 0$	$f' < 0$	$f' = 0$	$f' > 0$
	$x = 1$		$x = 3$	
/	rel max $(1, 4)$	\	rel min $(3, 0)$	/

$f'' < 0$	$f'' = 0$	$f'' > 0$
	$x = 2$	
con dn	IP$(2, 2)$	con up

Exercises 3.2

19. $f(x) = x^{3/5}$
$f'(x) = \frac{3}{5}x^{-2/5}$
$= \frac{3}{5\sqrt[5]{x^2}} = 0$
There are no critical points. f' is undefined at $x = 0$.

$f''(x) = -\frac{6}{25}x^{-7/5} = -\frac{6}{25\sqrt[5]{x^7}} = 0$
f'' is undefined at $x = 0$. Test points:
$x = -1$: $f''(-1) = -\frac{6}{25}(-1)^{-7/5} = \frac{6}{25} > 0$, concave up
$x = 1$: $f''(1) = -\frac{6}{25}(1)^{-7/5} = -\frac{6}{25} < 0$, concave down

$f' > 0$	$f' = 0$	$f' > 0$
	$x = 0$	
/	neither (0, 0)	/

$f'' > 0$	f'' und	$f'' < 0$
	$x = 0$	
con up	IP(0, 0)	con dn

21. $f(x) = \sqrt[5]{x^4} + 2 = x^{4/5} + 2$
$f'(x) = \frac{4}{5}x^{-1/5} = 0$
f' is undefined at $x = 0$.

$f''(x) = -\frac{4}{25}x^{-6/5} = 0$
f'' is undefined at $x = 0$. Test points:
$x = -1$: $f''(-1) = -\frac{4}{25}(-1)^{-6/5} = -\frac{4}{25} < 0$, concave down
$x = 1$: $f''(1) = -\frac{4}{25}(1)^{-6/5} = -\frac{4}{25} < 0$, concave down

$f' < 0$	f' und	$f' > 0$
	$x = 0$	
\	rel min (0, 2)	/

$f'' < 0$	f'' und	$f'' < 0$
	$x = 0$	
con dn		con dn

23. $f(x) = \sqrt[4]{x^3} = x^{3/4}$

$f'(x) = \frac{3}{4}x^{-1/4} = 0$

f' is undefined at $x = 0$, and f is defined only for values of $x \geq 0$.

$f''(x) = -\frac{3}{16}x^{-5/4} = 0$

f'' is undefined at $x = 0$. Test point:

$x = 1$: $f''(1) = -\frac{3}{16}(1)^{-5/4} = -\frac{3}{16} < 0$, concave down

f' und	$f' > 0$
$x = 0$	∕

f'' und	$f'' < 0$
$x = 0$	con dn

25. $f(x) = \sqrt[3]{(x-1)^2} = (x-1)^{2/3}$

$f'(x) = \frac{2}{3}(x-1)^{-1/3} = 0$

f' is undefined at $x = 1$.

$f''(x) = -\frac{2}{9}(x-1)^{-4/3} = 0$

f'' is undefined at $x = 1$. Test points:

$x = 0$: $f''(0) = -\frac{2}{9}(0-1)^{-4/3} = -\frac{2}{9} < 0$, concave down

$x = 2$: $f''(2) = -\frac{2}{9}(2-1)^{-4/3} = -\frac{2}{9} < 0$, concave down

$f' < 0$	f' und	$f' > 0$
∖	$x = 1$ rel min (1, 0)	∕

$f'' < 0$	f'' und	$f'' < 0$
con dn	$x = 1$	con dn

Exercises 3.2

27. $f(x) = x^3 - 18x^2 + 60x + 20$
$f'(x) = 3x^2 - 36x + 60 = 0$
$3(x^2 - 12x + 20) = 0$
The critical points are $x = 2$ and 10.

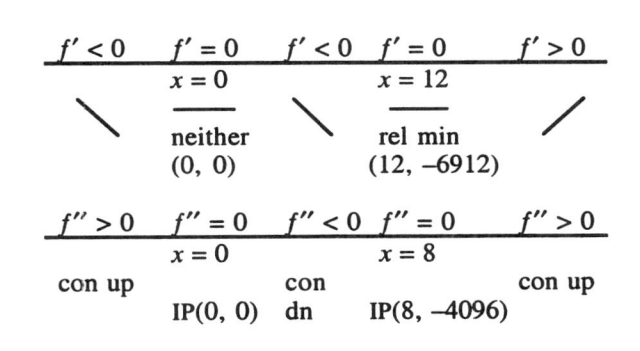

```
 f' > 0    f' = 0    f' < 0    f' = 0    f' > 0
_____
            x = 2               x = 10
  /       _____     \        _____      /
          rel max              rel min
          (2, 76)              (10, -180)
```

```
 f'' < 0    f'' = 0    f'' > 0
_____
             x = 6
 con down              con up
            IP(6, -52)
```

$f''(x) = 6x - 36 = 6(x - 6) = 0$
Inflection point at $x = 6$. Test points:
$x = 5$: $f''(5) = 6(5) - 36 = -6 < 0$, concave down
$x = 7$: $f''(7) = 6(7) - 36 = 6 > 0$, concave up

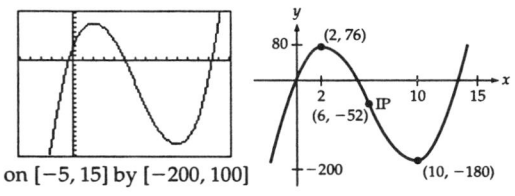

on $[-5, 15]$ by $[-200, 100]$

29. $f(x) = x^4 - 16x^3$
$f'(x) = 4x^3 - 48x^2 = 0$
$4x^2(x - 12) = 0$
The critical points are $x = 0$ and 12.

```
 f' < 0    f' = 0    f' < 0    f' = 0    f' > 0
_____
            x = 0               x = 12
  \       _____     \        _____      /
          neither              rel min
          (0, 0)               (12, -6912)
```

```
 f'' > 0    f'' = 0    f'' < 0    f'' = 0    f'' > 0
_____
             x = 0                 x = 8
  con up              con                    con up
           IP(0, 0)    dn      IP(8, -4096)
```

$f''(x) = 12x^2 - 96x = 12x(x - 8) = 0$
Inflection point at $x = 0$ and 8. Test points:
$x = -1$: $f''(-1) = 12(-1)^2 - 96(-1) = 108 > 0$, concave up
$x = 1$: $f''(1) = 12(1)^2 - 96(1) = -84 < 0$, concave down
$x = 9$: $f''(9) = 12(9)^2 - 96(9) = 108 > 0$, concave up

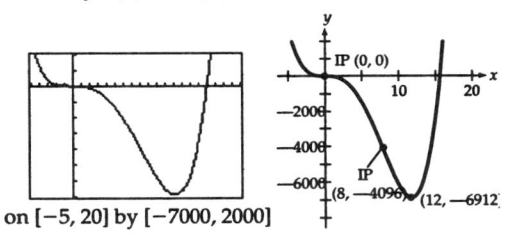

on $[-5, 20]$ by $[-7000, 2000]$

31. $f(x) = x^3 - 9x^2 - 48x + 48$
$f'(x) = 3x^2 - 18x - 48 = 0$
$3(x^2 - 6x - 16) = 0$
The critical points are $x = -2$ and 8.

$f''(x) = 6x - 18 = 6(x - 3) = 0$
Inflection point at $x = 3$. Test points:
$x = 2$: $f''(2) = 6(2) - 18 = -6 < 0$, concave down
$x = 4$: $f''(4) = 6(4) - 18 = 6 > 0$, concave up

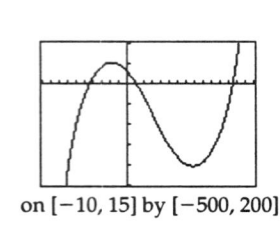

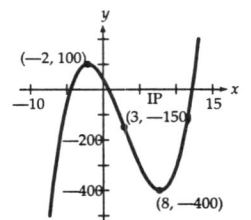

on $[-10, 15]$ by $[-500, 200]$

```
   f' > 0   f' = 0   f' < 0   f' = 0   f' > 0
  ────────┬────────┬────────┬────────┬────────
          x = -2            x = 8
         rel max            rel min
        (-2, 100)          (8, -400)
```

```
   f'' < 0   f'' = 0   f'' > 0
  ─────────┬─────────┬─────────
            x = 3
    con dn           con up
         IP(3, -150)
```

33. $f(x) = x^3 - 2x^2 + x + 5$
$f'(x) = 3x^2 - 4x + 1 = 0$
The critical points are $x = \frac{1}{3}$ and 1.

$f''(x) = 6x - 4 = 0$
Inflection point at $x = \frac{2}{3}$. Test points:
$x = 0$: $f''(0) = 6(0) - 4 = -4 < 0$, concave down
$x = 1$: $f''(1) = 6(1) - 4 = 2 > 0$, concave up

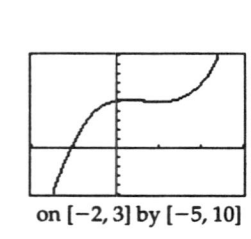

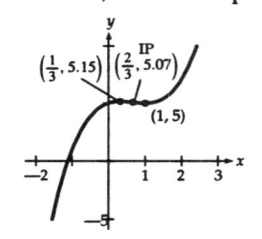

on $[-2, 3]$ by $[-5, 10]$

```
   f' > 0   f' = 0   f' < 0   f' = 0   f' > 0
  ────────┬────────┬────────┬────────┬────────
         x = 1/3            x = 1
         rel max            rel min
        (1/3, 5.15)          (1, 5)
```

```
   f'' < 0   f'' = 0   f'' > 0
  ─────────┬─────────┬─────────
            x = 2/3
    con dn            con up
         IP(2/3, 5.07)
```

Exercises 3.2

35. $f(x) = 36\sqrt[3]{x-1} = 36(x-1)^{1/3}$
$f'(x) = 12(x-1)^{-2/3}$
f' is undefined at $x = 1$.

$f''(x) = -8(x-1)^{-5/3} = 0$
f'' is undefined at $x = 1$. Test points:
$x = 0$: $f''(0) = -8(0-1)^{-5/3} = 8 > 0$, concave up
$x = 2$: $f''(2) = -8(2-1)^{-5/3} = -8 < 0$, concave down

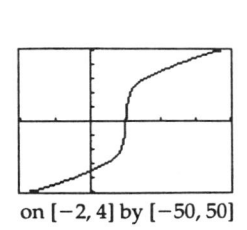

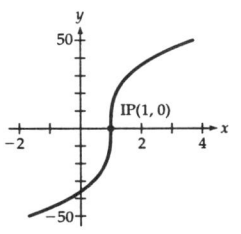

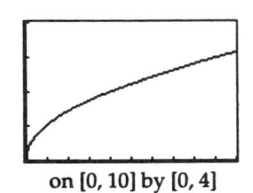

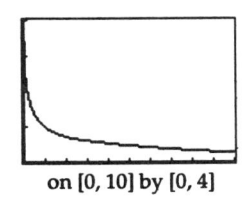

on [−2, 4] by [−50, 50]

$f' > 0$	f' und	$f' > 0$
	$x = 1$	
/	neither	/
	(1, 0)	

$f'' > 0$	f'' und	$f'' < 0$
	$x = 1$	
con up		con dn
	IP(1, 0)	

37. $f(x) = x^{1/2}$
$f'(x) = \frac{1}{2}x^{-1/2}$
f' is undefined at $x = 0$.

f' und	$f' > 0$
$x = 0$	/

on [0, 10] by [0, 4]

39. $f(x) = x^{-1/2}$
$f'(x) = -\frac{1}{2}x^{-3/2}$
f' is undefined at $x = 0$.

f' und	$f' < 0$
$x = 0$	\

on [0, 10] by [0, 4]

41. $f(x) = 9x^{2/3} - 6x$
$f'(x) = 6x^{-1/3} - 6 = 0$
$6(x^{-1/3} - 1) = 0$
The critical point is $x = 1$, and f' is undefined at $x = 0$.

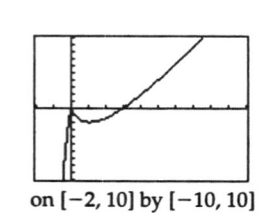

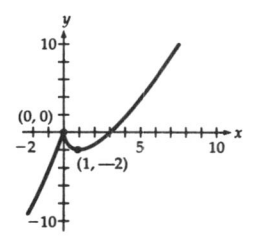

on $[-2, 10]$ by $[-10, 10]$

$f' < 0$	f' und	$f' > 0$	$f' = 0$	$f' < 0$
	$x = 0$		$x = 1$	
↘	rel min $(0, 0)$	↗	rel max $(1, 3)$	↘

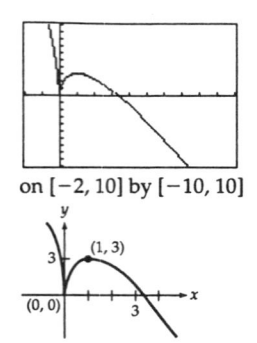

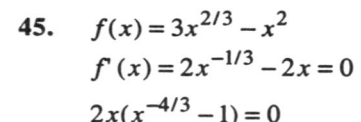

43. $f(x) = 8x - 10x^{4/5}$
$f'(x) = 8 - 8x^{-1/5} = 0$
$8(1 - x^{-1/5}) = 0$
The critical point is $x = 1$, and f' is undefined at $x = 0$.

on $[-2, 10]$ by $[-10, 10]$

$f' > 0$	f' und	$f' < 0$	$f' = 0$	$f' > 0$
	$x = 0$		$x = 1$	
↗	rel max $(0, 0)$	↘	rel min $(1, -2)$	↗

45. $f(x) = 3x^{2/3} - x^2$
$f'(x) = 2x^{-1/3} - 2x = 0$
$2x(x^{-4/3} - 1) = 0$
The critical points are $x = \pm 1$, and f' is undefined at $x = 0$.

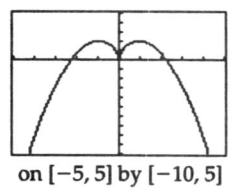

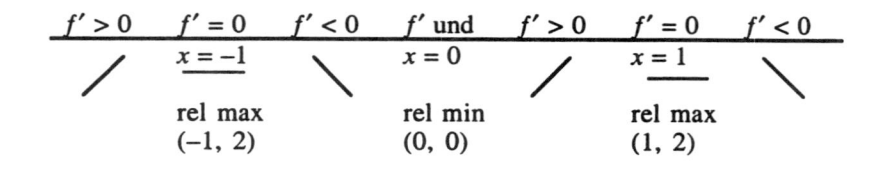

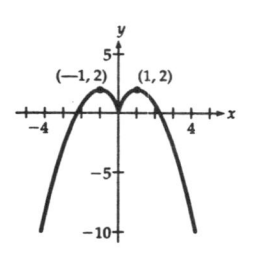

on $[-5, 5]$ by $[-10, 5]$

$f' > 0$	$f' = 0$	$f' < 0$	f' und	$f' > 0$	$f' = 0$	$f' < 0$
	$x = -1$		$x = 0$		$x = 1$	
↗	rel max $(-1, 2)$	↘	rel min $(0, 0)$	↗	rel max $(1, 2)$	↘

47. $f(x) = ax^2 + bx + c$
$f'(x) = 2ax + b$
$f''(x) = 2a$
If $a > 0$, then f is concave up.
If $a < 0$, then f is concave down.

49. When the curve is concave up, it lies *above* its tangent line, and where it is concave down, it lies *below* its tangent line, so at an inflection point, it must cross from above to below its tangent line.

Exercises 3.2

51. $f(x) = x^5 - 2x^3 + 3x + 4$
$f'(x) = 5x^4 - 6x^2 + 3$
$f''(x) = 20x^3 - 12x = 0$
$4x(5x^2 - 3) = 0$
Inflection points at $x = 0, -0.77$, and 0.77

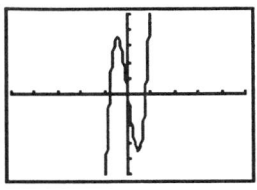

on $[-5, 5]$ by $[-5, 5]$

53. a. $f(x) = x^3 - 9x^2 + 15x + 25$
$f'(x) = 3x^2 - 18x + 15 = 0$
$3(x^2 - 6x + 5) = 0$
$3(x - 5)(x - 1) = 0$
The critical points are 1 and 5.

$f' > 0$	$f' = 0$	$f' < 0$	$f' = 0$	$f' > 0$
/	$x = 1$	\	$x = 5$	/
	rel max		rel min	
	(1, 32)		(5, 0)	

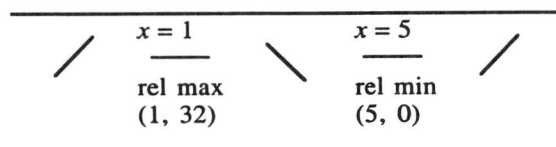

$f'' < 0$	$f'' = 0$	$f'' > 0$
	$x = 3$	
con dn		con up
	IP(3, 16)	

$f''(x) = 6x - 18 = 6(x - 3) = 0$
Inflection point at $x = 3$. Test points:
$x = 2$: $f''(2) = 6(2) - 18 = -6 < 0$, concave down
$x = 4$: $f''(4) = 6(4) - 18 = 6 > 0$, concave up

b.

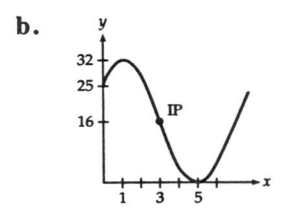

55. a. $f(x) = x^4 - 4x + 112$
$f'(x) = 4x^3 - 4 = 0$
$4(x^3 - 1) = 0$
The critical point is 1.

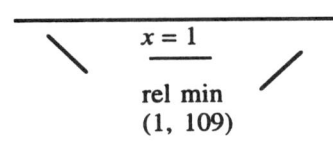

$f' < 0$	$f' = 0$	$f' > 0$
\	$x = 1$	/
	rel min	
	(1, 109)	

$f'' > 0$	$f'' = 0$	$f'' > 0$
con up	$x = 0$	con up

$f''(x) = 12x^2 = 0$
Possible inflection point at $x = 0$. Test points:
$x = -1$: $f''(-1) = 12(-1)^2 = 12 > 0$, concave up
$x = 4$: $f''(1) = 12(1)^2 = 12 > 0$, concave up
No inflection point

b.

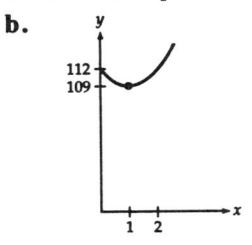

57. $f(x) = x^{2/5}$

$f'(x) = \frac{2}{5}x^{-3/5}$

f' is undefined at $x = 0$ and f is defined only for $x \geq 0$.

f' und	$f' > 0$

$f'(x) = -\frac{6}{25}x^{-8/5}$

f'' is undefined at $x = 0$. Test point:

$x = 1$: $f'(1) = -\frac{6}{25}(1)^{-8/5} = -\frac{6}{25} < 0$, concave down

$x = 0$		
rel min		
(0, 0)		

f'' und	$f'' < 0$
$x = 0$	con dn

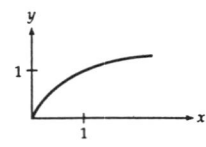

59. a. $S(i) = 16\sqrt{i} = 16i^{1/2}$

$S'(i) = 8i^{-1/2}$

S is undefined at $i = 0$ and S is defined only for $i \geq 0$.

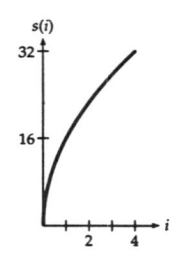

b. Concave down, so status increases more slowly at higher income levels.

$S'(i) = -4i^{-3/2}$

S' is undefined at $i = 0$. Test point:

$i = 1$: $S'(1) = -4(1)^{-3/2} = -4 < 0$, concave down

S' und	$S' > 0$
$i = 0$	

S'' und	$S'' < 0$
$i = 0$	con dn

61. a-b.

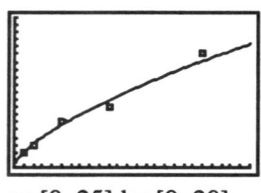

on [0, 25] by [0, 20]

c. Concave down
d. About 16
e. About 8

63. $y = -0.00001x^3 + 0.0015x^2$

$y' = -0.00003x^2 + 0.003x$

$y'' = -0.00006x + 0.003 = 0$

$x = \frac{0.003}{0.00006} = 50$

At $x = 50$, $y = -0.00001(50)^3 + 0.0015(50)^2 = 2.5$. The inflection point is (50, 2.5). The curve is concave up before $x = 50$ and concave down after $x = 50$. Therefore, the slope is maximized at $x = 50$.

Exercises 3.3

EXERCISES 3.3

1. f is continuous and $[-1, 2]$ is a closed interval. Find the critical values.
$f'(x) = 3x^2 - 12x + 9$
$\quad\quad = 3(x^2 - 4x + 3)$
The critical values are $x = 1$ and 3. Eliminate 3, which is not in the interval.
CV: $x = 1 \quad f(1) = (1)^3 - 6(1)^2 + 9(1) + 8$
$\quad\quad\quad\quad\quad\quad = 1 - 6 + 9 + 8 = 12$ maximum
EP: $x = 2 \quad f(2) = (2)^3 - 6(2)^2 + 9(2) + 8$
$\quad\quad\quad\quad\quad\quad = 8 - 24 + 18 + 8 = 10$
$\quad\quad x = -1 \quad f(-1) = (-1)^3 - 6(-1)^2 + 9(-1) + 8 = -8$ minimum

3. f is continuous and $[-3, 3]$ is a closed interval. Find the critical values.
$f'(x) = 3x^2 - 12 = 3(x^2 - 4)$
The critical values are $x = -2$ and 2.
CV: $x = -2 \quad f(-2) = (-2)^3 - 12(-2) = -8 + 24 = 16$ maximum

$\quad\quad x = 2 \quad f(2) = (2)^3 - 12(2) = 8 - 24 = -16$ minimum

EP: $x = -3 \quad f(-3) = (-3)^3 - 12(-3) = -27 + 36 = 9$

$\quad\quad x = 3 \quad f(3) = (3)^3 - 12(3) = 27 - 36 = -9$

5. f is continuous and $[-2, 1]$ is a closed interval. Find the critical values.
$f'(x) = 4x^3 + 12x^2 + 8x$
$\quad\quad = 4x(x^2 + 3x + 2) = 4x(x + 2)(x + 1)$
The critical values are $x = 0, -2,$ and -1.
CV: $x = 0 \quad f(0) = (0)^4 + 4(0)^3 + 4(0)^2 = 0$ minimum
$\quad\quad x = -2 \quad f(-2) = (-2)^4 + 4(-2)^3 + 4(-2)^2 = 16 - 32 + 16 = 0$ minimum
$\quad\quad x = -1 \quad f(-1) = (-1)^4 + 4(-1)^3 + 4(-1)^2 = 1 - 4 + 4 = 1$
EP: $x = 1 \quad f(1) = (1)^4 + 4(1)^3 + 4(1)^2 = 1 + 4 + 4 = 9$ maximum

7. f is continuous and $[0, 5]$ is a closed interval. Find the critical values.
$f'(x) = -1$
Since $f'(x) = -1$, there are no critical values.
EP: $x = 0 \quad f(0) = 5 - 0 = 5$ maximum

$\quad\quad x = 5 \quad f(5) = 5 - 5 = 0$ minimum

9. f is continuous and $[-1, 1]$ is a closed interval. Find the critical values.
$f'(x) = 2(x^2 - 1)(2x) = 4x(x^2 - 1)$
The critical values are $x = -1, 0,$ and 1.
CV: $x = -1 \quad f(-1) = [(-1)^2 - 1]^2$
$\quad\quad\quad\quad\quad\quad = 0$ minimum
$\quad\quad x = 1 \quad f(1) = [(1)^2 - 1]^2$
$\quad\quad\quad\quad\quad\quad = 0$ minimum
$\quad\quad x = 0 \quad f(0) = [(0)^2 - 1]^2$
$\quad\quad\quad\quad\quad\quad = 1$ maximum

11. f is continuous and $[-3, 3]$ is a closed interval. Find the critical values.
$$f'(x) = \frac{(x^2+1)(1)-2x(x)}{(x^2+1)^2} = \frac{1-x^2}{(x^2+1)^2}$$
The critical values are $x = -1$ and 1.

CV: $x = -1$ $f(-1) = \frac{-1}{(-1)^2+1} = -\frac{1}{2}$ minimum

$x = 1$ $f(-1) = \frac{1}{(1)^2+1} = \frac{1}{2}$ maximum

$f(-3) = \frac{-3}{(-3)^2+1} = -\frac{3}{10}$

EP: $x = -3$

$x = 3$ $f(3) = \frac{3}{(3)^2+1} = \frac{3}{10}$

13. Let x = the number. We wish to consider $f(x) = x - x^2$, which is continuous and $[0, 3]$ is closed. Find the critical values.
$f'(x) = 1 - 2x$
The critical value is $x = \frac{1}{2}$.

CV: $x = \frac{1}{2}$ $f(\frac{1}{2}) = \frac{1}{2} - \frac{1}{4} = \frac{1}{4}$ maximum

EP: $x = 0$ $f(0) = 0 - 0 = 0$

$x = 3$ $f(3) = 3 - 9 = -6$ minimum

a. $\frac{1}{2}$

b. 3

15. a. Both at end points

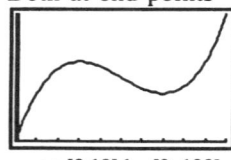

on [0,10] by [0, 130]

b. Maximum at critical value and minimum at an end point
c. Both at critical values
d. Yes; for example, [2, 10]

17. P is continuous and $[0,39]$ is a closed interval. Find the critical values.
$P'(x) = 8 - 0.4x = 0.4(20 - x)$
The critical value is $x = 20$.

CV: $x = 20$: $P(20) = 8(20) - 0.2(20)^2 = 80$

EP: $x = 0$: $P(0) = 8(0) - 0.2(0)^2 = 0$

$x = 39$: $P(39) = 8(39) - 0.2(39)^2 = 7.8$

The pollen count is highest on the twentieth day.

19. E is continuous and $[20, 60]$ is a closed interval. Find the critical values.
$E'(x) = -0.02x + 0.62$
The critical value is $x = 31$.

CV: $x = 31$: $E(31) = -0.01(31)^2 + 0.62(31) + 10.4 = 20.01$

EP: $x = 20$: $E(20) = -0.01(20)^2 + 0.62(20) + 10.4 = 18.8$

$x = 60$ $E(60) = -0.01(60)^2 + 0.62(60) + 10.4 = 11.6$

Fuel economy is greatest at 31 mph.

Exercises 3.3

21. V is continuous and $[0, 50]$ is a closed interval. Find the critical values.
$V'(t) = 240t^{-1/2} - 40$
The critical values are $x = 0$ and 36.
CV: $x = 0 \quad V(0) = 480\sqrt{0} - 40(0) = 0$

$\quad\quad x = 36 \quad V(36) = 480\sqrt{36} - 40(36) = 1440$
EP: $x = 50 \quad V(50) = 480\sqrt{50} - 40(50) \approx 1394$

The value is maximized after 36 years.

23. P is continuous and $[0, 50]$ is a closed interval. Find the critical values.
$P'(x) = 6x - 72$
The critical value is $x = 12$.
CV: $x = 12 \quad P(12) = 3(12)^2 - 72(12) + 576 = 144$
EP: $x = 0 \quad P(0) = 3(0)^2 - 72(0) + 576 = 576$
$\quad\quad x = 50 \quad P(50) = 3(50)^2 - 72(50) + 576$
$\quad\quad\quad\quad\quad\quad = 4476$
Pollution is the least 12 miles away from factory A.

25. $C(x) = 200x + 1500$
$p(x) = 600 - 5x$
$R(x) = (600 - 5x)x = 600x - 5x^2$
$P(x) = R(x) - C(x) = 600x - 5x^2 - (200x + 1500)$
$\quad\quad\quad = -5x^2 + 400x - 1500$
To maximize profit, we consider $P'(x) = 0$
$P'(x) = -10x + 400 = 0$
$\quad\quad x = 40$
To maximize profit, 40 motorbikes should be sold. The price for 40 motorbikes is
$p(40) = 600 - 5(40) = \$400$
The maximum profit is
$P(40) = R(40) - C(40)$
$\quad\quad\quad = 400(40) - [200(40) + 1500] = \$6500$

27. Let $x =$ the side perpendicular to the building and let $y =$ the side parallel to the building. Since only three sides will be fenced,
$2x + y = 800$
$\quad\quad y = 800 - 2x$
We wish to maximize $A = xy = x(800 - 2x)$, so we take the derivative.
$A = x(800 - 2x)$
$\quad = 800x - 2x^2$
$A' = 800 - 4x = 0$
$\quad x = 200$
$\quad y = 800 - 2x = 800 - 400 = 400$
The side parallel to the building is 400 feet and the side perpendicular to the building is 200 feet.

29. $y + 4x = 1200$
$\quad xy = A$
$\quad y = 1200 - 4x$
$A = (1200 - 4x)x$
$\quad = 1200 - 4x^2$
$A' = 1200 - 8x = 8(150 - x) = 0$
$\quad x = 150$
$\quad y = 1200 - 4(150) = 600$

Since there are three identical enclosures, the four sides perpendicular to the river are 150 yards long and the side parallel to the river is 600 yards long.

31. Suppose the sides of the square being removed have length x. Then the dimensions of the base of the box are $18-2x$ by $18-2x$.
$$\begin{aligned} V &= l \cdot w \cdot h \\ &= (18-2x)(18-2x)x \\ &= (324-72x+4x^2)x \\ &= 324x - 72x^2 + 4x^3 \\ V' &= 324 - 144x + 12x^2 = 0 \\ &= 81 - 36x + 3x^2 = 0 \\ &= (3x-9)(x-9) = 0 \\ x &= 3, 9 \end{aligned}$$
Since x cannot be 9, $x = 3$ and the base is $18 - 2(3) = 12$ inches by 12 inches. The maximum sized box has $V = (12)(12)(3) = 432$ cubic inches.

33. Let x and y be two numbers with a sum of 50 and a maximum product.
$$\begin{aligned} x + y &= 50 \\ xy &= \text{maximum} = M \\ x &= 50 - y \\ (50-y)y &= M \\ 50y - y^2 &= M \\ M' &= 50 - 2y \end{aligned}$$
CV: $y = 25$ Thus $x = 50 - y = 25$
$M''(x) = -2$
Since $M'' < 0$, the critical value is a maximum. The numbers are 25 and 25.

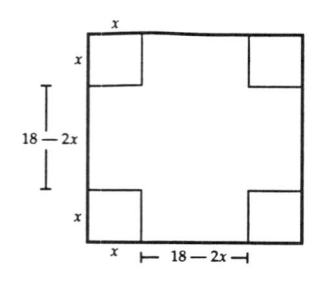

35. We wish to maximize the velocity $V(r)$. We take the derivative.
$$\begin{aligned} V'(r) &= c(-1)r^2 + c(3-r)(2r) \\ &= -cr^2 + 6cr - 2cr^2 \\ &= -3cr^2 + 6cr = 0 \\ &= -3cr(r-2) = 0 \end{aligned}$$
$r = 2$
The radius that maximizes the velocity is 2 cm.

Exercises 3.3

37. $A = (x)(2r)$ for rectangle
$P = 2x + 2\pi r \quad P = 440$ yards
$440 = 2x + 2\pi r$
$\frac{440 - 2\pi r}{2} = x$
$220 - \pi r = x$
$A = (220 - \pi r)(2r)$
$= 440r - 2\pi r^2$
$A' = 440 - 4\pi r$
Setting $A' = 0$
$0 = 440 - 4\pi r$
$-440 = -4\pi r$
$\frac{110}{\pi} = r$
CV: $r = \frac{110}{\pi}$
Since $A'' = -4\pi < 0$, the area is maximized at $r = \frac{110}{\pi}$.
$440 = 2x + 2\pi\left(\frac{110}{\pi}\right)$
$440 = 2x + 220$
$x = 110$ yards
The dimensions of the largest track are
$x = 110$ yards by $\frac{110}{\pi} \approx 35$ yards.

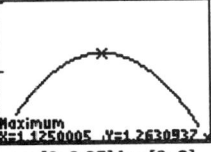

39.
on [0, 2.25] by [0, 2]
$x = 1.125$ inches, $y \approx 1.25$ megabytes

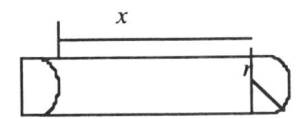

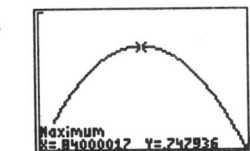

40.
on [0, 1.68] by [0, 1]
$x \approx 0.84$ inch, $y \approx 0.748$ megabyte

41. a. $N'(t) = 30t - 3t^2$
Setting $N'(t) = 0$,
$$0 = 30t - 3t^2$$
$$3t^2 - 30t = 0$$
$$3t(t - 10) = 0$$
$$t = 0, 10$$
$N''(t) = 30 - 6t$
$N''(0) = 30 > 0$, so $t = 0$ gives a min.
$N''(10) = -30 < 0$, so $t = 10$ gives a max.
The population will be the largest after 10 hours. At that time, there will be $N(10) = 1500$ thousand bacteria.

b. Setting $N''(t) = 0$,
$$0 = 30 - 6t$$
$$6t = 30$$
$$t = 5$$
Since $N'''(t) = -6 < 0$, $t = 5$ gives a max.
The population will be growing fastest after 5 hours. At that time, the population will be increasing at the rate of $N'(5) = 75$ thousand bacteria per hour. This is called an inflection point.

42.

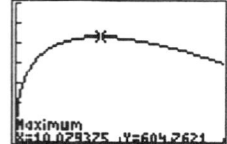

on [0, 25] by [0, 800]
The value will be maximized at $x = 10.1$ years.
The maximum value will be $604.8 thousand.

43. If x = the length of a side of the square that is removed from each corner, then the sides of the base are $5 - 2x$ and $7 - 2x$, and the volume V is
$$V = (5 - 2x)(7 - 2x)x$$
$$= (35 - 24x + 4x^2)x$$
$$= 35x - 24x^2 + 4x^3$$
To get the largest box, cut a square with a side about 0.96 inch. The volume of the box is about 15 cubic inches.

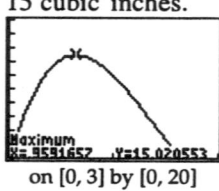

on [0, 3] by [0, 20]

Exercises 3.4

EXERCISES 3.4

1. Let $x=$ the number of \$300 price reductions. Then the price function is $p(x)=15,000-300x$ and the quantity function is $q(x)=12+2x$.
$$R(x)=p(x)q(x)=(15,000-300x)(12+2x)$$
$$=180,000+26,400x-600x^2$$
The cost function is the unit cost times $q(x)$ plus fixed cost.
$$C(x)=12,000(12+2x)+1000$$
$$=144,000+24,000x+1000$$
$$=145,000+24,000x$$
Thus the profit function $P(x)$ is
$$P(x)=R(x)-C(x)$$
$$=180,000+26,400x-600x^2-(145,000+24,000x)$$
$$=35,000+2400x-600x^2$$
$$P'(x)=2400-1200x=0$$
$$x=2$$
$P''(x)=-1200$ shows that profit will be maximized.
To maximize profits, the price should be $p(2)=\$15,000-300(2)=\$14,400$, and at that price he will sell $q(x)=12+2(2)=16$ cars per day.

3. Let $x=$ the number of \$10 price reductions.
Then $p(x)=200-10x$ and $q(x)=300+30x$.
$$R(x)=p(x)q(x)=(200-10x)(300+30x)$$
$$=60,000+3000x-300x^2$$
$$R'(x)=3000-600x=0$$
$$x=5$$
$R''(x)=-600$ shows that revenue is maximized.
Thus, the ticket price $p(5)=200-10(5)=\$150$ maximizes revenue. The quantity sold at $x=5$ is $q(5)=300+30(5)=450$.

5. Let $x=$ the number of \$5 price reductions.
$$q(x)=60-3x$$
$$p(x)=80+5x$$
$$\text{Revenue}=p(x)\cdot q(x)$$
$$=(80+5x)(60-3x)$$
$$=4800+60x-15x^2$$
$$R'(x)=60-30x$$
$$0=60-30x$$
$$-60=-30x$$
$$2=x$$
$R''=-30<0$
Thus revenue is maximized at $x=2$.
$$R(2)=4800+60(2)-15(2)^2$$
$$=4800+120-60=4860$$
$$q(2)=60-3(2)=54$$
$$p(2)=80+5(2)=80+10=90$$
Rent the cars for \$90 and expect to rent 54 cars (from $x=2$ price increases).

7. Let $x =$ the number of additional trees per acre. The number of trees per acre is $t(x) = 20 + x$, and the yield per tree is $y_t(x) = 90 - 3x$.
The total yield $Y(x) = t(x) \cdot y_t(x)$.
$Y(x) = (20 + x)(90 - 3x)$
$ = -3x^2 + 30x + 1800$
$Y'(x) = -6x + 30 = 0$
$ x = 5$
$Y''(x) = -6$ shows that yield is maximized. He should plant $t(5) = 20 + 5 = 25$ trees per acre.

9. The base is a square, so we define
$x =$ length of side of base
$y =$ height
The volume must equal 4 cubic feet.
$$x^2 y = 4 \quad (1)$$
The box consists of a bottom (area x^2) and four sides (each of area $x \cdot y$). Minimizing the amount of materials means minimizing the surface area of the bottom and four sides.
$$A = x^2 + 4xy \quad (2)$$
Using (1), solve for y:
$$y = \frac{4}{x^2}$$
Now (2) becomes
$$A = x^2 + 4x\left(\frac{4}{x^2}\right) = x^2 + \frac{16}{x}$$
We minimize this by differentiating.
$$A' = 2x - \frac{16}{x^2}$$
$$2x - \frac{16}{x^2} = 0$$
$$2x^3 = 16$$
$$x^3 = 8$$
$$x = 2$$
Thus $y = \frac{4}{x^2} = \frac{4}{4} = 1$
$A'' = 2 + \frac{32}{x^3} > 0$ for $x = 2$
So the area is minimized. The base is 2 feet by 2 feet and the height is 1 foot.

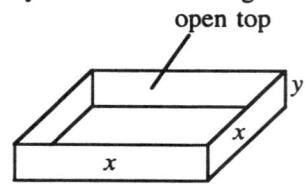

Exercises 3.4

11. Let $x =$ the side of the square base and $l =$ the length of the box. The girth $= l + 4x = 84$. Thus, $l = 84 - 4x$. To maximize volume, take the derivative of $V(x)$.
$V(x) = x^2 l = x^2(84 - 4x) = 84x^2 - 4x^3$
$V'(x) = 168x - 12x^2 = 0$
$\quad x = 14$
$V''(x) = 168 - 24x < 0$ for $x = 14$
Thus V is maximized. The box should have a base 14 inches by 14 inches and length $l = 84 - 4(14) = 28$ inches.

13. Let $x =$ length (along driveway)
$\quad y =$ width
Since the area is to be 5000 square feet,
$A = xy = 5000$ \hfill (1)
Cost = cost along driveway + cost for other 3 sides
$C(x) = 6x + [2x + 2(2y)]$
$\quad\quad = 8x + 4y$
Using (1) to solve for y, $y = \frac{5000}{x}$
Then
$C(x) = 8x + 4\left(\frac{5000}{x}\right) = 8x + \frac{20,000}{x}$
We want to minimize cost $C(x)$.
$C'(x) = 8 - 20,000x^{-2}$
$0 = 8 - \frac{20,000}{x^2}$
$-8x^2 = -20,000$
$x^2 = 2500$
$\quad x = \pm 50$ or $x = 50$ since we eliminate $x = -50$
Thus the cost is minimized when $x = 50$.
$C(50) = 8(50) + \frac{20,000}{50} = 800$
The dimensions should be 50 feet along the driveway and 100 feet perpendicular to the driveway. The cost is $800.

15. Revenue = tax rate times total sales $S(t)$
$R(t) = t(8 - 15\sqrt[3]{t})$
$\quad = 8t - 15t^{4/3}$
$R'(t) = 8 - 20t^{1/3} = 0$
$t^{1/3} = \frac{4}{10}$
$t = \frac{64}{1000} = 0.064$
$R''(t) = -\frac{20}{3}t^{-2/3} < 0$ for $t = 0.064$
showing that revenue is maximized. The tax rate is 6.4%.

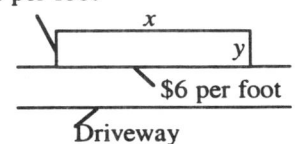

17. The net value of the wine after t years is
$V(t) = 2000 + 96t^{1/2} - 12t \quad (0 \le t \le 25)$
$V'(t) = 48t^{-1/2} - 12$
$0 = \frac{48}{\sqrt{t}} - 12$
$12 = \frac{48}{\sqrt{t}}$
$12\sqrt{t} = 48$
$\sqrt{t} = 4 \sqrt{t} = 4$
$CV: t = 16$ years
$V''(t) = -24t^{-3/2}$
$V''(16) = -\frac{24}{16^{3/2}} < 0$
$V(16) = 2192$
$EP: V(0) = 2000$
$\quad\quad V(25) = 2180$
so the net value is maximized at $t = 16$ years.

19. Since the area A is fixed, then
$A = l \cdot w$
$l = \frac{A}{w}$
Now we take the derivative of
$p = 2l + 2w = 2\left(\frac{A}{w}\right) + 2w$
$p' = -2\left(\frac{A}{w^2}\right) + 2$
$0 = -2\left(\frac{A}{w^2}\right) + 2$
$2\left(\frac{A}{w^2}\right) = 2$
$w^2 = A$
$w = \sqrt{A}$
Since $l = \frac{A}{w}, l = \frac{A}{\sqrt{A}} = \sqrt{A}$. Thus, $l = w$.

21. Since we want the dimensions of the total page, let $x =$ length and $y =$ width. Then the dimensions of the (inner) print area are $x - 2\left(1\frac{1}{2}\right) = x - 3$ and $y - 2(1) = y - 2$. Thus, the (inner) print area is
$A = (x-3)(y-2)$
The page has a total area of 96 square inches.
$xy = 96$
$y = \frac{96}{x}$
$A(x) = (x-3)\left(\frac{96}{x} - 2\right)$
$ = 96 - 2x - \frac{288}{x} + 6$
$ = 102 - 2x - 288x^{-1}$
$A'(x) = -2 + 288x^{-2}$
$0 = -2 + \frac{288}{x^2}$
$2x^2 = 288$
$x = 12$ (we eliminate -12)
$y = \frac{96}{x} = \frac{96}{12} = 8$
$A''(x) = -\frac{576}{x^3}$
$A''(12) < 0$
so the inner area is maximized at $x = 12$. The pages should be 8 inches wide and 12 inches tall.

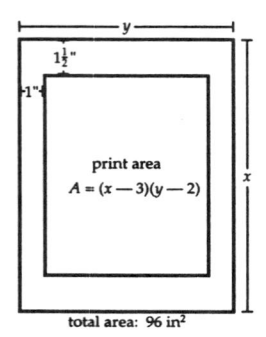

total area: 96 square inches

Exercises 3.5

23. $R(x) = cx^2(p-x) = cpx^2 - cx^3$
$R'(x) = 2cpx - 3cx^2 = 0$
$cx(2p - 3x) = 0$
$x = \frac{2}{3}p$
$R''(x) = 2cp - 6c\left(\frac{2}{3}p\right) = 2cp - 4cp = -2cp < 0$,
since $c, p > 0$
which shows that R is maximized.

25.
b. $y_3 = y_1 y_2 = (400 - 10x)(20 + 2x)$
$= 8000 + 600x - 20x^2$
d. $y_5 = y_3 - y_4$
$= 8000 + 600x - 20x^2 - 200(20 + 2x)$
$= 4000 + 200x - 20x^2$
e. Maximum at $x = 5$

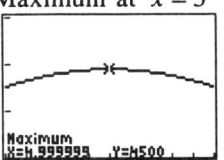

on [0, 10] by [2000, 6000]

f. $y_5 = 8000 + 600x - 20x^2 - 150(20 + 2x)$
$= 5000 + 300x - 20x^2$
Maximum at $x = 7.5$
Price = \$325 and quantity = 35 bicycles

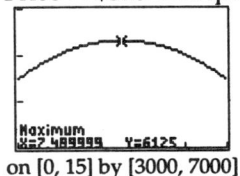

on [0, 15] by [3000, 7000]

g. Price = \$350 and quantity = 40 bicycles

EXERCISES 3.5

1. Let $x =$ lot size
Storage costs = (storage per item) · (average number of items)
$= (1)\frac{x}{2} = \frac{x}{2}$
Cost per order $= 2x + 20$
Number of orders $= \frac{4000}{x}$
Reorder costs = (cost per order) · (number of orders)
$= (2x + 20)\left(\frac{4000}{x}\right)$
Total cost $C(x) =$ (storage costs) + (reorder costs)
$= \left(\frac{x}{2}\right) + (2x + 20)\left(\frac{4000}{x}\right)$
$= \frac{x}{2} + 8000 + \frac{80,000}{x}$
To minimize $C(x)$ we differentiate.
$C'(x) = \frac{1}{2} - 80,000x^{-2}$
$0 = \frac{1}{2} - 80,000x^{-2}$
$\frac{1}{2}x^2 = 80,000$
$x^2 = 160,000$
$x = 400$
$C''(x) = 2(80,000)x^{-3}$
$C''(400) > 0$ for $x = 400$
so C is minimized at $x = 400$
Lot size is 400 boxes with orders placed 10 times a year.

3. Let x = order size
Storage costs = $10\left(\frac{x}{2}\right) = 5x$
Cost per order = $12x + 125$
Number of orders = $\frac{10,000}{x}$
Reorder costs = $(12x + 125)\left(\frac{10,000}{x}\right)$
Total cost $C(x) = 5x + (12x + 125)\left(\frac{10,000}{x}\right)$
$= 5x + 120,000 + \frac{1,250,000}{x}$
$C'(x) = 5 - \frac{1,250,000}{x^2} = 0$
$5x^2 - 1,250,000 = 0$
$x^2 = 250,000$
$x = 500$
$C''(x) = \frac{2,500,000}{x^3} > 0$ for $x = 500$
so C is minimized at $x = 500$
The order size is 500 bottles, and the number of orders is $\frac{10,000}{500} = 20$ per year.

5. Let x = lot size
Storage costs = $(1000)\left(\frac{x}{2}\right) = 500x$
Cost per order = $1000 + 9000x$
Number of orders = $\frac{800}{x}$
Reorder costs = $(1000 + 9000x)\left(\frac{800}{x}\right)$
Total cost $C(x) = 500x + \left(\frac{800}{x}\right)(1000 + 9000x)$
$= 500x + 7,200,000 + 800,000x^{-1}$
$C'(x) = 500 - 800,000x^{-2} = 0$
$0 = 500 - \frac{800,000}{x^2}$
$-500x^2 = -800,000$
$x = 40$
$C''(x) = -2(-800,000)x^{-3}$
$C''(40) > 0$
so C is minimized at $x = 40$
The lot size is 40 cars per order, with 20 orders during the year.

7. Let x = number manufactured at a time
Storage costs = $2\left(\frac{x}{2}\right) = x$
Cost per run = $3x + 500$
Number of runs = $\frac{2000}{x}$
Production costs = $(3x + 500)\left(\frac{2000}{x}\right)$
Total cost $C(x) = x + (3x + 500)\left(\frac{2000}{x}\right)$
$= x + 6000 + \frac{1,000,000}{x}$
$C'(x) = 1 - \frac{1,000,000}{x^2} = 0$
$x^2 - 1,000,000 = 0$
$x = 1000$
$C''(x) = \frac{2,000,000}{x^3} > 0$ for $x = 1000$
so C is minimized at $x = 1000$
The production run is 1000 games, and the number of production runs is $\frac{2000}{1000} = 2$.

Exercises 3.5

9. Let $x =$ the number of records in each run
Storage costs $= (1)\left(\frac{x}{2}\right) = \frac{x}{2}$
Cost per run $= 800 + 10x$
Number of runs $= \frac{1{,}000{,}000}{x}$
Production costs $= (800 + 10x)\left(\frac{1{,}000{,}000}{x}\right)$
Total cost $C(x) = \frac{x}{2} + (800 + 10x)\left(\frac{1{,}000{,}000}{x}\right)$
$= \frac{x}{2} + \frac{800{,}000{,}000}{x} + 10{,}000{,}000$
$C'(x) = \frac{1}{2} - 800{,}000{,}000 x^{-2} = 0$
$0 = \frac{1}{2} - 8 \times 10^8 x^{-2}$
$-\frac{1}{2}x^2 = -8 \times 10^8$
$x = 40{,}000$
$C''(x) = -2(-800{,}000{,}000)(x^{-3})$
$C''(40{,}000) > 0$
so C is minimized at $x = 40{,}000$
Produce 40,000 records per run, with 25 runs for the year.

11. $f(p) = -0.01p^2 + 5p$
We set $f'(p) = 1$ to find the maximum sustainable yield.
$f'(p) = -0.02p + 5 = 1$
$-0.02p = -4$
$p = 200$ thousand
$f''(p) = -0.02 < 0$
so $f(p)$ is maximized.
The population that gives the maximum sustainable yield is 200,000. The maximum sustainable yield is
$Y(p) = f(p) - p$
$= f(200) - 200$
$= -0.01(200)^2 + 5(200) - 200$
$= -400 + 1000 - 200$
$= 400$ thousand
The maximum sustainable yield is 400,000.

13. $f(p) = -0.0004p^2 + 1.06p$
$f'(p) = -0.0008p + 1.06 = 1$
$-0.0008p = -0.06$
$p = 75$ thousand
$f''(p) = -0.0008 < 0$
so $f(p)$ is maximized.
The population that gives the maximum sustainable yield is 75,000.
$Y(p) = f(p) - p$
$Y(75) = -0.0004(75)^2 + 1.06(75) - 75$
$= -2.25 + 4.5$
$= 2.25$ thousand
The maximum sustainable yield is 2250.

15. $f(p) = 50\sqrt{p} = 50p^{1/2}$
$f'(p) = 25p^{-1/2} = 1$
$25 = \sqrt{p}$
$p = 625$ thousand
$f''(p) = -\frac{25}{2}p^{-3/2} < 0$ at $x = 625$
so $f(p)$ is maximized.
The population that gives the maximum sustainable yield is 625,000.
$Y(p) = f(p) - p$
$Y(625) = 50\sqrt{625} - 625 = 1250 - 625$
$= 625$ thousand
The maximum sustainable yield is 625,000.

17. The population size is 3720, and the yield is 16,100.

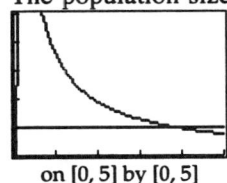

on [0, 5] by [0, 5]

EXERCISES 3.6

1. $y^3 - x^2 = 4$
   $3y^2 \frac{dy}{dx} - 2x = 0$
   $3y^2 \frac{dy}{dx} = 2x$
   $\frac{dy}{dx} = \frac{2x}{3y^2}$

3. $x^3 = y^2 - 2$
   $3x^2 = 2y \frac{dy}{dx}$
   $\frac{dy}{dx} = \frac{3x^2}{2y}$

5. $y^4 - x^3 = 2x$
   $4y^3 \frac{dy}{dx} - 3x^2 = 2$
   $\frac{dy}{dx} = \frac{3x^2 + 2}{4y^3}$

7. $(x+1)^2 + (y+1)^2 = 18$
   $2(x+1) + 2(y+1) \frac{dy}{dx} = 0$
   $\frac{dy}{dx} = -\frac{x+1}{y+1}$

9. $x^2 y = 8$
   $2xy + x^2 \frac{dy}{dx} = 0$
   $\frac{dy}{dx} = -\frac{2xy}{x^2} = -\frac{2y}{x}$

11. $xy - x = 9$
    $y + x \frac{dy}{dx} - 1 = 0$
    $x \frac{dy}{dx} = 1 - y$
    $\frac{dy}{dx} = \frac{1-y}{x}$

13. $x(y-1)^2 = 6$
    $(y-1)^2 + x\left[2(y-1)\frac{dy}{dx}\right] = 0$
    $\frac{dy}{dx} = -\frac{(y-1)^2}{2x(y-1)} = -\frac{y-1}{2x}$

15. $y^3 - y^2 + y - 1 = x$
    $3y^2 \frac{dy}{dx} - 2y \frac{dy}{dx} + \frac{dy}{dx} = 1$
    $\frac{dy}{dx} = \frac{1}{3y^2 - 2y + 1}$

17. $\frac{1}{x} + \frac{1}{y} = 2$
    $-\frac{1}{x^2} - \frac{1}{y^2} \frac{dy}{dx} = 0$
    $-\frac{1}{y^2} \frac{dy}{dx} = \frac{1}{x^2}$
    $\frac{dy}{dx} = -\frac{y^2}{x^2}$

19. $x^3 = (y-2)^2 + 1$
    $3x^2 = 2(y-2) \frac{dy}{dx}$
    $\frac{dy}{dx} = \frac{3x^2}{2(y-2)}$

21. $y^2 - x^3 = 1$
    $2y \frac{dy}{dx} - 3x^2 = 0$
    $\frac{dy}{dx} = \frac{3x^2}{2y}$
    At $x = 2, y = 3$,
    $\frac{dy}{dx} = \frac{3(2)^2}{2(3)} = 2$

23. $y^2 = 6x - 5$
    $2y \frac{dy}{dx} = 6$
    $\frac{dy}{dx} = \frac{6}{2y} = \frac{3}{y}$
    At $x = 1, y = -1$,
    $\frac{dy}{dx} = \frac{3}{-1} = -3$

Exercises 3.6

25. $x^2y + y^2x = 0$

$2xy + x^2\frac{dy}{dx} + 2y\frac{dy}{dx}x + y^2 = 0$

$(x^2 + 2yx)\frac{dy}{dx} = -2xy - y^2$

$\frac{dy}{dx} = -\frac{2xy+y^2}{x^2+2yx}$

At $x = -2, y = 2$,

$\frac{dy}{dx} = -\frac{2(-2)(2)+(2)^2}{(-2)^2+2(2)(-2)} = -\frac{-4}{-4} = -1$

27. $x^2 + y^2 = xy + 7$

$2x + 2y\frac{dy}{dx} = y + x\frac{dy}{dx}$

$(2y - x)\frac{dy}{dx} = y - 2x$

$\frac{dy}{dx} = \frac{y-2x}{2y-x}$

At $x = 3, y = 2$,

$\frac{dy}{dx} = \frac{2-2(3)}{2(2)-3} = \frac{-4}{1} = -4$

29. $p^2 + p + 2x = 100$

$2p\frac{dp}{dx} + \frac{dp}{dx} + 2 = 0$

$\frac{dp}{dx} = -\frac{2}{2p+1}$

31. $12p^2 + 4p + 1 = x$

$24p\frac{dp}{dx} + 4\frac{dp}{dx} = 1$

$\frac{dp}{dx} = \frac{1}{24p+4}$

33. $xp^3 = 36$

$p^3 + x\left(3p^2\frac{dp}{dx}\right) = 0$

$\frac{dp}{dx} = -\frac{p}{3x}$

35. $(p+5)(x+2) = 120$

$\frac{dp}{dx}(x+2) + p + 5 = 0$

$\frac{dp}{dx} = -\frac{p+5}{x+2}$

37. $x = \sqrt{68 - p^2}$

$1 = \frac{1}{2}(68 - p^2)^{-1/2}(-2p)\frac{dp}{dx}$

$\frac{dp}{dx} = -\frac{2\sqrt{68-p^2}}{2p}$

When $p = 2$, $\frac{dp}{dx} = -\frac{2\sqrt{68-(2)^2}}{2(2)} = -\frac{2(8)}{4} = -4$

The rate of change of price with respect to quantity is –4. Prices decrease by $4 for each increase of 1 in quantity.

39. a. $s^2 = r^3 - 55$

$2s\frac{ds}{dr} = 3r^2$

$\frac{ds}{dr} = \frac{3r^2}{2s}$

At $r = 4, s = 3$, $\frac{ds}{dr} = \frac{3(4)^2}{2(3)} = \frac{48}{6} = 8$

b. $s^2 = r^3 - 55$

$2s = 3r^2\frac{dr}{ds}$

$\frac{dr}{ds} = \frac{2s}{3r^2}$

At $r = 4, s = 3$, $\frac{dr}{ds} = \frac{2(3)}{3(4)^2} = \frac{1}{8}$

c. $ds/dr = 8$ means that the rate of change of sales with respect to research expenditures is 8, so that increasing research by $1 million will increase sales by about $8 million. (at these levels of r and s).
$dr/ds = 1/8$ means that the rate of change of research expenditures with respect to sales is 1/8, so that increasing sales by $1 million will increase research by about $1/8 million. (at these levels of r and s).

41. $x^3 + y^2 = 1$

$3x^2 \frac{dx}{dt} + 2y \frac{dy}{dt} = 0$

43. $x^2 y = 80$

$2xy \frac{dx}{dt} + x^2 \frac{dy}{dt} = 0$

45. $3x^2 - 7xy = 12$

$6x \frac{dx}{dt} - 7y \frac{dx}{dt} - 7x \frac{dy}{dt} = 0$

47. $x^2 + xy = y^2$

$2x \frac{dx}{dt} + x \frac{dy}{dt} + y \frac{dx}{dt} = 2y \frac{dy}{dt}$

49. The volume of a sphere is $V = \frac{4}{3}\pi r^3$.
Both the volume and the radius decrease with time, so both V and r are functions of t.
$\frac{dV}{dt} = V'$, $\frac{dr}{dt} = r'$; thus, $V' = 4\pi r^2 r'$
The radius is decreasing at the rate of 2 inches per hour (i.e, $r' = -2$) when $r = 3$.
$V' = 4\pi(3)^2(-2)$
$= -72\pi$
Therefore, at the moment the radius is 3 inches, the volume is decreasing by $72\pi \approx 226$ in^3 per hour.

51. Since both the volume and the radius are decreasing with time, we differentiate with respect to t.
$V = \frac{4}{3}\pi r^3$
$\frac{dV}{dt} = 4\pi r^2 \frac{dr}{dt}$
Since $\frac{dr}{dt} = \frac{1}{2}$ and $r = 4$, we have
$\frac{dV}{dt} = 4\pi(4)^2 \left(\frac{1}{2}\right) = 32\pi \approx 101$ cm^3 per week

53. $R = 1000x - x^2$
$R' = 1000x' - 2xx'$
$\quad = x'(1000 - 2x)$
The quantity sold, x, is increasing at 80 per day (i.e., $x' = 80$) when $x = 400$.
$R' = 80[1000 - 2(400)]$
$\quad = 16,000$
Therefore the company's revenue is increasing at \$16,000 per day.

55. Since population and the number of cases increase with time, differentiate with respect to t.
$W = 0.003 p^{4/3}$
$\frac{dW}{dt} = 0.004 p^{1/3} \frac{dp}{dt}$
Since $\frac{dp}{dt} = 1000$ and $p = 1,000,000$,
$\frac{dW}{dt} = 0.004(1,000,000)^{1/3}(1000)$
$\quad = 400$ cases per year

57. $V = c(R^2 - r^2)$; $\frac{dR}{dt} = -0.01$ mm per year
$V = cR^2 - cr^2 \quad c = 500$
$\frac{dV}{dt} = 2cR \frac{dR}{dt} - 0$
When $R = 0.05$ mm,
$\frac{dV}{dt} = 2(500)(0.05)(-0.01)$
$\quad = -0.5$
The rate at which blood flow in an artery is being reduced is slowing by $\frac{1}{2}$ mm/sec per year.

59. Since the distances are increasing with time, differentiate with respect to time. We use the Pythagorean Theorem to obtain an equation for x.
$x^2 + (0.25)^2 = z^2$
$2x \frac{dx}{dt} = 2z \frac{dz}{dt}$
$\frac{dx}{dt} = \frac{2z}{2x} \frac{dz}{dt} = \frac{z}{x} \frac{dz}{dt}$
Since
$\frac{dz}{dt} = 57$, $z = 0.5$, and $x = \sqrt{(0.5)^2 - (0.25)^2}$,
then $\frac{dx}{dt} \approx 65.8$ mph.
Yes, the car is speeding.

Review Exercises for Chapter 3

REVIEW EXERCISES FOR CHAPTER 3

1. 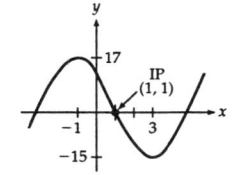
2. 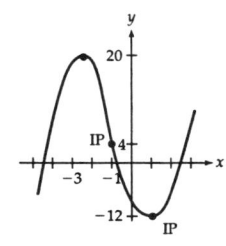
3. 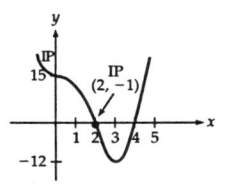
4. 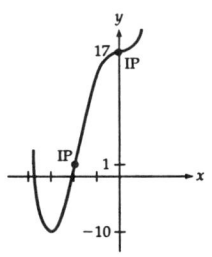
5. 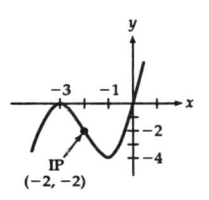
6. 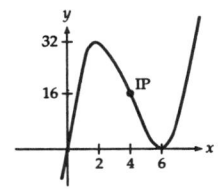
7. 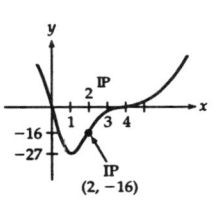
8. 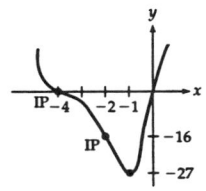
9. 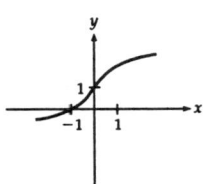
10. 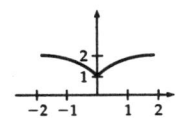
11. 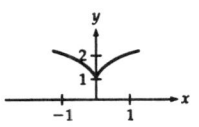
12. 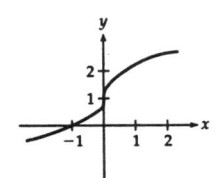
13. 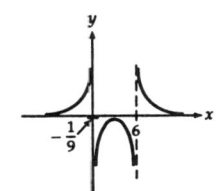
14.

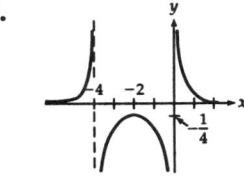

15.

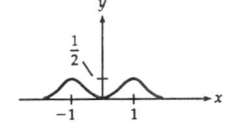

16.

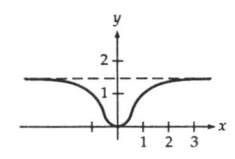

17.

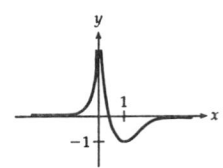

18.

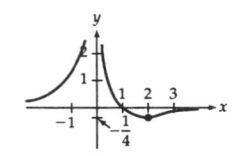

19. $f(x) = 2x^3 - 6x$
$f'(x) = 6x^2 - 6$
$x = \pm 1$
Eliminate $x = -1$ because it is not in the interval. Since f is continuous and [0, 5] is a closed interval, we consider the CV and EP.
CV: $x = 1 \quad f(1) = 2(1)^3 - 6(1)$
$\qquad = -4$ minimum
EP: $x = 0 \quad f(0) = 2(0)^3 - 6(0) = 0$
$\quad x = 5 \quad f(5) = 2(5)^3 - 6(5)$
$\qquad = 220$ maximum

20. $f(x) = 2x^3 - 24x$
$f'(x) = 6x^2 - 24$
$x = \pm 2$
Eliminate $x = -2$ because it is not in the interval. Since f is continuous and [0, 5] is a closed interval, we consider the CV and EP.
CV: $x = 2 \quad f(2) = 2(2)^3 - 24(2)$
$\qquad = -32$ minimum
EP: $x = 0 \quad f(0) = 2(0)^3 - 24(0) = 0$
$\quad x = 5 \quad f(5) = 2(5)^3 - 24(5)$
$\qquad = 130$ maximum

21. $f(x) = x^4 - 4x^3 - 8x^2 + 64$
$f'(x) = 4x^3 - 12x^2 - 16x = 0$
$4x(x^2 - 3x - 4) = 0$
$x = 0, 4, -1$
Since f is continuous and [−1, 5] is a closed interval, we consider the CV and EP.
CV: $x = 0 \quad f(0) = (0)^4 - 4(0)^3 - 8(0)^2 + 64$
$\qquad = 64$ maximum
$\quad x = 4 \quad f(4) = (4)^4 - 4(4)^3 - 8(4)^2 + 64$
$\qquad = -64$ minimum
$\quad x = -1 \quad f(-1) = (-1)^4 - 4(-1)^3 - 8(-1)^2 + 64$
$\qquad = 61$
EP: $x = 5 \quad f(5) = (5)^4 - 4(5)^3 - 8(5)^2 + 64$
$\qquad = -11$

22. $f(x) = x^4 - 4x^3 + 4x^2 + 1$
$f'(x) = 4x^3 - 12x^2 + 8x = 0$
$4x(x^2 - 3x + 2) = 0$
$x = 0, 1, 2$
Since f is continuous and [0, 10] is a closed interval, we consider the CV and EP.
CV: $x = 0 \quad f(0) = 1$ minimum
$\quad x = 1 \quad f(1) = (1)^4 - 4(1)^3 + 4(1)^2 + 1 = 2$
$\quad x = 2 \quad f(2) = (2)^4 - 4(2)^3 + 4(2)^2 + 1$
$\qquad = 1$ minimum
EP: $x = 10 \quad f(10) = (10)^4 - 4(10)^3 + 4(10)^2 + 1$
$\qquad = 6401$ maximum

23. $h(x) = (x-1)^{2/3}$
$h'(x) = \frac{2}{3}(x-1)^{-1/3}$
The critical value is at $x = 1$.
Since h is continuous and [0, 9] is a closed interval, we consider the CV and EP.

CV: $x = 1 \quad h(1) = (1-1)^{2/3} = 0$ minimum

EP: $x = 0 \quad h(0) = (0-1)^{2/3} = 1$
$\quad x = 9 \quad h(9) = (9-1)^{2/3} = 4$ maximum

24. $f(x) = \sqrt{100 - x^2} = (100 - x^2)^{1/2}$
$f'(x) = \frac{1}{2}(100 - x^2)^{-1/2}(2x) = 0$
The critical values are at $x = 0, \pm 10$.
Since f is continuous and [−10, 10] is a closed interval, we consider the CV and EP.
CV: $x = 0 \quad f(0) = 10$ maximum
$\quad x = -10 \quad f(-10) = 0$ minimum
$\quad x = 10 \quad f(10) = 0$ minimum

Review Exercises for Chapter 3

25. $g(w) = (w^2 - 4)^2$
$g'(w) = 2(w^2 - 4)(2w)$
$ = 4w(w^2 - 4) = 0$
The critical values are at $w = 0, \pm 2$.
  Since g is continuous and $[-3, 3]$ is a closed interval, we consider the CV and EP.
CV: $w = 0 \quad g(0) = (0^2 - 4)^2 = 16$
$ w = 2 \quad g(2) = (2^2 - 4)^2 = 0$ minimum
$ w = -2 \quad g(-2) = [(-2)^2 - 4]^2 = 0$ minimum
EP: $w = -3 \quad g(-3) = [(-3)^2 - 4]^2 = 25$ maximum
$ w = 3 \quad g(3) = (3^2 - 4)^2 = 25$ maximum

26. $g(x) = x(8 - x) = 8x - x^2$
$g'(x) = 8 - 2x = 0$
The critical value is at $x = 4$.
  Since g is continuous and $[0, 8]$ is a closed interval, we consider the CV and EP.
CV: $x = 4 \quad g(4) = 16$ maximum
EP: $x = 0 \quad g(0) = 0$ minimum
$ x = 8 \quad g(8) = 0$ minimum

27. $f(x) = \dfrac{x}{x^2 + 1}$
$f'(x) = \dfrac{x^2 + 1 - 2x(x)}{(x^2 + 1)^2} = \dfrac{1 - x^2}{(x^2 + 1)^2} = 0$
The critical values are at $x = \pm 1$.
  Since f is continuous and $[-3, 3]$ is a closed interval, we consider the CV and EP.
CV: $x = 1 \quad f(1) = \frac{1}{2}$ maximum
$ x = -1 \quad f(-1) = -\frac{1}{2}$ minimum
EP: $x = -3 \quad f(-3) = -\frac{3}{10}$
$ x = 3 \quad f(3) = \frac{3}{10}$

28. $f(x) = \dfrac{x}{x^2 + 4}$
$f'(x) = \dfrac{x^2 + 4 - 2x(x)}{(x^2 + 4)^2} = \dfrac{4 - x^2}{(x^2 + 4)^2} = 0$
The critical values are at $x = \pm 2$.
  Since f is continuous and $[-4, 4]$ is a closed interval, we consider the CV and EP.
CV: $x = 2 \quad f(2) = \frac{1}{4}$ maximum
$ x = -2 \quad f(-2) = -\frac{1}{4}$ minimum
EP: $x = -4 \quad f(-4) = -\frac{1}{5}$
$ x = 4 \quad f(4) = \frac{1}{5}$

29. $C(x) = 10,000 + x^2$
$MC(x) = C'(x) = 2x$
$\quad C''(x) = 2,$
so the cost function is a minimum.

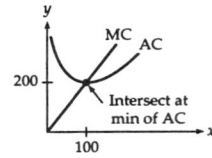

$AC(x) = \frac{C(x)}{x} = \frac{10,000 + x^2}{x}$

$AC'(x) = \frac{x(2x) - (10,000 + x^2)}{x^2} = \frac{2x^2 - x^2 - 10,000}{x^2} = \frac{x^2 - 10,000}{x^2}$

The critical values are $x = 100, -100,$ and 0. Check only $x > 0$.

f' und	$f' < 0$	$f' = 0$	$f' > 0$
$x = 0$	\	$x = 100$	/
		rel min (100, 200)	

To determine the point of intersection, solve $AC(x) = MC(x)$.

$\frac{10,000 + x^2}{x} = 2x$

$10,000 + x^2 = 2x^2$

$\quad x^2 = \pm 100$

Since $x = 100$ is a minimum, the graphs intersect at the point where AC is minimized.

30. $0 = \frac{d}{dx} AC(x)$ We want to find critical values.

$= \frac{xC'(x) - C(x)}{x^2}$ Quotient rule

$= \frac{1}{x}\left[\frac{xC'(x) - C(x)}{x}\right]$ Factor out $\frac{1}{x}$

$= \frac{1}{x}\left[C'(x) - \frac{C(x)}{x}\right]$ Break into two fractions

$= \frac{1}{x}[MC(x) - AC(x)]$ Definition of $MC(x)$ and $AC(x)$

$AC(x) = MC(x)$

Thus, the marginal cost equals average cost when average cost is minimized.

31. $E(v) = \frac{v^2}{v-c}$

$E'(v) = \frac{(v-c)(2v) - v^2}{(v-c)^2} = \frac{v^2 - 2vc}{(v-c)^2} = 0$

$v(v - c) = 0$

$v = 0, 2c$

$E''(v) = \frac{(v-c)^2(2v-2c) - 2(v-c)(v^2-2vc)}{(v-c)^4}$

$E''(2c) = 2c > 0$

So $E(v)$ is minimized.
The tugboat's velocity is $2c$.

32. Let $x=$ the length of the fence perpendicular to the wall
Let $y=$ the length of the fence parallel to the wall.
We know that $4x+y=240$, and we wish to maximize the area.
$A = xy = x(240-4x) = 240x - 4x^2$
$A' = 240 - 8x = 0$
$x = 30$
$y = 120$
$A''(x) = -8$
so A is maximized.
The maximum area is 3600 square feet.

33. Let $x=$ length and $y=$ width. Since only 240 feet of fence are used,
$4x + 2y = 240$ (1)
Area $= xy$
From (1),
$x = \dfrac{240-2y}{4}$
$= \dfrac{120-y}{2}$
$A = \left(\dfrac{120-y}{2}\right)(y)$
$= \dfrac{120y - y^2}{2}$
We want to maximize the area.
$A' = 60 - y$
$0 = 60 - y$
$y = 60$
The critical value is $y = 60$.
$A'' = -1 < 0$
so area is maximized.
$240 = 4x + 2(60)$
$240 = 4x + 120$
$120 = 4x$
$30 = x$
$y = 60$ feet and $x = 30$ feet or each adjacent pen is 20 feet by 30 feet. The total area is 1800 square feet.

34. Let $x=$ the length of the longer side and let $y=$ the length of the shorter side.
Since $xy = 2025$, $x = \dfrac{2025}{y}$.
To minimize the cost, the shorter side should be gilded.
Thus
$C(x) = 3(2x+y) + 51y$
$= 3\left[2\left(\dfrac{2025}{y}\right)+y\right] + 51y$
$= \dfrac{12{,}150}{y} + 3y + 51y$
$= \dfrac{12{,}150}{y} + 54y$
$C'(x) = -\dfrac{12{,}150}{y^2} + 54 = 0$
$y = 15$
$C''(x) = \dfrac{12{,}150(2)}{y^3} > 0$ for $y = 15$
so C is minimized.
The dimensions are 15 cubits by $\dfrac{2025}{15} = 135$ cubits.

35. Let $x=$ the length of a side of the base and $h=$ the height.
Since $V = 500$,
$V = x^2 h = 500$
$h = \dfrac{500}{x^2}$
We wish to minimize the surface area.
$S = 4(xh) + x^2$
$= 4x\left(\dfrac{500}{x^2}\right) + x^2$
$= \dfrac{2000}{x} + x^2$
$S' = -\dfrac{2000}{x^2} + 2x = 0$
$-2000 + 2x^3 = 0$
$x^3 = 1000$
$x = 10$
$S'' = \dfrac{4000}{x^3} > 0$ for $x = 10$
so S is minimized.
The base is 10 inches by 10 inches and the height is $\dfrac{500}{10^2} = 5$ inches.

36. $V = 16\pi = \pi r^2 h$

$h = \dfrac{16}{r^2}$

$A = 2\pi r^2 + 2\pi rh$

$\quad = 2\pi r^2 + 2\pi r\left(\dfrac{16}{r^2}\right) = 2\pi r^2 + \dfrac{32\pi}{r}$

$A' = 4\pi r - \dfrac{32\pi}{r^2} = 0$

$r = 2$

$A'' = 4\pi + \dfrac{64\pi}{r^3} > 0 \quad$ for $r = 2$

so A is minimized.
The base radius is 2 inches and the height is
$\dfrac{16}{2^2} = 4$ inches.

37. Since the volume is 8π,

$V = \pi r^2 h = 8\pi \qquad$ open top

$h = \dfrac{8\pi}{\pi r^2} = \dfrac{8}{r^2}$

$A = \pi r^2 + 2\pi rh$

Then,

$A = \pi r^2 + (2\pi r)\left(\dfrac{8}{r^2}\right)$

$\quad = \pi r^2 + \dfrac{16\pi}{r}$

$A' = 2\pi r - 16\pi r^{-2}$

$0 = 2\pi r - \dfrac{16\pi}{r^2}$

$0 = 2\pi r^3 - 16\pi$

$2\pi r^3 = 16\pi$

$r^3 = 8$

$r = 2$

$A'' = 2\pi + 32\pi r^{-3} > 0 \quad$ for $r > 0$

so area is maximized.

$h = \dfrac{8}{r^2} = \dfrac{8}{4} = 2$

The radius of the base is 2 inches and the height is 2 inches.

38. Since weight is constant and P varies with v, we differentiate P with respect to v.

$P = \dfrac{aw^2}{v} + bv^3$

$P' = -\dfrac{aw^2}{v^2} + 3bv^2 = 0$

$-aw^2 + 3bv^4 = 0$

$v = \sqrt[4]{\dfrac{aw^2}{3b}}$

$P' = \dfrac{2aw^2 + 6bv^4}{v^3} > 0$

since $a, w, v > 0$
so P is minimized.

39. Let $x =$ the number of \$400 decreases. The price function is $p(x) = 2000 - 400x$, and the quantity function is $q(x) = 12 + 3x$.

$R(x) = p(x)q(x) = (2000 - 400x)(12 + 3x)$

$\quad = 24{,}000 + 1200x - 1200x^2$

The cost function is unit cost times $q(x)$.

$C(x) = 1200q(x)$

$\quad = 1200(12 + 3x) = 14{,}400 + 3600x$

$P(x) = R(x) - C(x)$

$\quad = 24{,}000 + 1200x - 1200x^2 - (14{,}400 + 3600x)$

$\quad = 9600 - 2400x - 1200x^2$

$P'(x) = -2400 - 2400x = 0$

$x = -1$

$P''(x) = -2400$

so profit is maximized.
The price is $p(-1) = 2000 - 400(-1) = \$2400$, and the quantity is $q(-1) = 12 + 3(-1) = 9$ computers per week.

Review Exercises for Chapter 3

40. Let $x =$ the number of additional weeks. The yield is $Y(x) = 100 + 10x$, and the price is $p(x) = 40 - 2x$.
$R(x) = Y(x)p(x)$
$\quad = (100 + 10x)(40 - 2x)$
$\quad = 4000 + 200x - 20x^2$
$R'(x) = 200 - 40x = 0$
$\quad x = 5$ weeks
$R''(x) = -40 < 0$
so R is maximized.

41. Total cost = cost of cable underwater + cost of cable underground

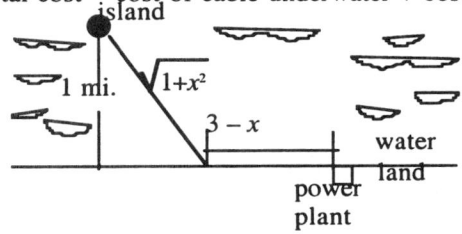

$C(x) = 5000\sqrt{1 + x^2} + 3000(3 - x)$
$\quad = 5000(1 + x^2)^{1/2} + 3000(3 - x)$
We want to minimize cost.
$C'(x) = 2500(1 + x^2)^{-1/2}(2x) - 3000$
$\quad = \dfrac{5000x}{\sqrt{1+x^2}} - 3000 = 0$
$5000x - 3000\sqrt{1+x^2} = 0$
$\quad\quad \sqrt{1+x^2} = \tfrac{5}{3}x$
$\quad\quad\quad 1 + x^2 = \tfrac{25}{9}x^2$
$\quad\quad x^2 - \tfrac{25}{9}x^2 + 1 = 0$
$\quad\quad\quad -\tfrac{16}{9}x^2 = -1$
$\quad\quad\quad\quad x^2 = \tfrac{9}{16}$
$\quad\quad\quad\quad x = \tfrac{3}{4}$

$C''(x) = \dfrac{(\sqrt{1+x^2})(5000) - 5000x\left(\tfrac{1}{2}\right)(1+x^2)^{-1/2}(2x)}{1+x^2}$

At $x = \tfrac{3}{4}$, $C''(x) > 0$ so cost is minimized. Thus, the distance downshore from the island where the cable should meet the land is $\tfrac{3}{4}$ mile.

42. a. $0.624 = 62.4\%$

on [0, 1] by [0, 25]

b. $1.26

43. Since $V = 21.66$,
$V = \pi r^2 h = 21.66$
$h = \dfrac{21.66}{\pi r^2}$

Since the top and bottom are twice as thick as the sides, the area is
$A = 2(2\pi r^2) + 2\pi r h$
$\quad = 4\pi r^2 + 2\pi r\left(\dfrac{21.66}{\pi r^2}\right)$
$\quad = 4\pi r^2 + \dfrac{43.32}{r}$
$A' = 8\pi r - \dfrac{43.32}{r^2} = 0$
$8\pi r^3 - 43.32 = 0$
$r \approx 1.2$
$A'' = 8\pi + \dfrac{2(43.32)}{r^3} > 0$ at $r = 1.2$

so A is minimized.
The radius is 1.2 inches, and the height is $\dfrac{21.66}{\pi(1.2)^2} \approx 4.8$ inches.

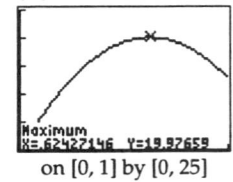

44. Let height $= x$. Then length $= 5.5 - x$ and width $= 8.5 - 2x$.
$V = lwh = x(5.5 - x)(8.5 - 2x)$
$\quad = 46.75x - 19.5x^2 + 2x^3$
$V' = 46.75 - 39x + 6x^2$
$x \approx 1.59$
$V'' = -39 + 12x < 0$ at $x = 1.59$

so V is maximized.
The height $x \approx 1.59$ inches and $V \approx 33.07$ cubic inches.

45. Let height $= x$. Then length $= 4 - x$ and width $= 6 - 2x$.
$V = lwh = x(4 - x)(6 - 2x) = x(24 - 14x + 2x^2)$
$\quad = 24x - 14x^2 + 2x^3$
$V' = 24 - 28x + 6x^2 = 0$
$x \approx 1.13, 3.54$
$V'' = -28 + 12x < 0$ at $x \approx 1.13$
and $V''(3.54) > 0$

so V is maximized at $x \approx 1.13$.
Evaluating $x \approx 1.13$, we find that 1.13 inches gives the largest volume, about 12.13 cubic inches.

Review Exercises for Chapter 3

46. Let $x =$ the number in the print run.
Storage costs $= 4\left(\frac{x}{2}\right) = 2x$
Cost per run $= 200x + 800$
Number of runs $= \frac{900}{x}$
Production costs $= (200x + 800)\left(\frac{900}{x}\right)$
Total cost $C(x) = 2x + (200x + 800)\left(\frac{900}{x}\right)$
$= 2x + 180,000 + \frac{720,000}{x}$
$C'(x) = 2 - \frac{720,000}{x^2} = 0$
$x^2 = 360,000$
$x = 600$ rolls
$C''(x) = \frac{1,440,000}{x^3} > 0$ for $x = 600$
so C is minimized.
There should be 600 rolls per run, and the number of press runs is $\frac{900}{600} = 1.5$.

47. Let $x =$ order size
Storage costs $= 200\left(\frac{x}{2}\right) = 100x$
Cost per order $= 300x + 500$
Number of orders $= \frac{500}{x}$
Reorder costs $= (300x + 500)\left(\frac{500}{x}\right)$
Total cost $C(x) = 100x + (300x + 500)\left(\frac{500}{x}\right)$
$= 100x + 150,000 + \frac{250,000}{x}$
$C'(x) = 100 - \frac{250,000}{x^2} = 0$
$100x^2 - 250,000 = 0$
$x^2 = 2500$
$x = 50$
$C''(x) = \frac{500,000}{x^3} > 0$ for $x = 50$
so C is minimized.
There should be 50 motorbikes per order, and the number of orders is $\frac{500}{50} = 10$ orders.

48. $f(p) = -0.02p^2 + 7p$
$f'(p) = -0.04p + 7 = 1$
$p = 150$ thousand
$f''(p) = -0.04 < 0$ so $f(p)$ is maximized.
$Y(p) = f(p) - p$
$Y(150) = f(150) - 150$
$-0.02(150)^2 + 7(150) - 150$
$= 450$ thousand
The population that gives the maximum sustainable yield is 150,000, and the maximum sustainable yield is 450,000.

49. $f(p) = 60\sqrt{p} = 60p^{1/2}$
$f'(p) = 30p^{-1/2} = \frac{30}{\sqrt{p}} = 1$
$\sqrt{p} = 30$
$p = 900$ thousand
$f''(p) = -15p^{-3/2} < 0$ for $p = 900$ so $f(p)$ is maximized.
$Y(p) = f(p) - p$
$Y(900) = f(900) - 900$
$= 60\sqrt{900} - 900$
$= 1800 - 900 = 900 = 900$ thousand
The population that gives the maximum sustainable yield is 900,000, and the maximum sustainable yield is 900,000.

50. $6x^2 + 8xy + y^2 = 100$
$12x + 8y + 8x\frac{dy}{dx} + 2y\frac{dy}{dx} = 0$
$(8x + 2y)\frac{dy}{dx} = -(12x + 8y)$
$\frac{dy}{dx} = -\frac{6x+4y}{4x+y}$

51. $8xy^2 - 8y = 1$

$8y^2 + 8x\left(2y\dfrac{dy}{dx}\right) - 8\dfrac{dy}{dx} = 0$

$16xy\dfrac{dy}{dx} - 8\dfrac{dy}{dx} = -8y^2$

$\dfrac{dy}{dx} = -\dfrac{y^2}{2xy-1}$

52. $2xy^2 - 3x^2y = 0$

$2y^2 + 2x\left(2y\dfrac{dy}{dx}\right) - 6xy - 3x^2\dfrac{dy}{dx} = 0$

$4xy\dfrac{dy}{dx} - 3x^2\dfrac{dy}{dx} = 6xy - 2y^2$

$\dfrac{dy}{dx} = \dfrac{6xy - 2y^2}{4xy - 3x^2}$

53. $\sqrt{x} - \sqrt{y} = 10$

$x^{1/2} - y^{1/2} = 10$

$\dfrac{1}{2}x^{-1/2} - \dfrac{1}{2}y^{-1/2}\dfrac{dy}{dx} = 0$

$\dfrac{dy}{dx} = \dfrac{x^{-1/2}}{y^{-1/2}} = \dfrac{y^{1/2}}{x^{1/2}}$

54. $x + y = xy$

$1 + \dfrac{dy}{dx} = y + x\dfrac{dy}{dx}$

$\dfrac{dy}{dx} = \dfrac{1-y}{x-1}$

At $x = 2, y = 2$,

$\dfrac{dy}{dx} = -\dfrac{1}{1} = -1$

55. $y^3 - y^2 - y = x$

$3y^2\dfrac{dy}{dx} - 2y\dfrac{dy}{dx} - \dfrac{dy}{dx} = 1$

$(3y^2 - 2y - 1)\dfrac{dy}{dx} = 1$

$\dfrac{dy}{dx} = \dfrac{1}{3y^2 - 2y - 1}$

At $x = 2, y = 2$,

$\dfrac{dy}{dx} = \dfrac{1}{3(2)^2 - 2(2) - 1} = \dfrac{1}{7}$

56. $xy^2 = 81$

$y^2 + x\left(2y\dfrac{dy}{dx}\right) = 0$

$\dfrac{dy}{dx} = \dfrac{-y^2}{2xy} = -\dfrac{y}{2x}$

At $x = 9, y = 3$,

$\dfrac{dy}{dx} = -\dfrac{3}{18} = -\dfrac{1}{6}$

57. $x^2y^2 - xy = 2$

$2xy^2 + x^2\left(2y\dfrac{dy}{dx}\right) - y - x\dfrac{dy}{dx} = 0$

$2xy^2 - y + (2x^2y - x)\dfrac{dy}{dx} = 0$

$\dfrac{dy}{dx} = \dfrac{y - 2xy^2}{2x^2y - x}$

At $x = -1, y = 1$,

$\dfrac{dy}{dx} = \dfrac{1 - 2(-1)(1)^2}{2(-1)^2(1) - (-1)} = \dfrac{1+2}{2+1} = 1$

58. Since the edge and the volume are decreasing with time, we differentiate with respect to t.

$V = x \cdot x \cdot x = x^3$

$\dfrac{dV}{dt} = 3x^2\dfrac{dx}{dt}$

Since $\dfrac{dx}{dt} = 2$ at $x = 10$,

$\dfrac{dV}{dt} = 3(10)^2(2) = 600$ cubic inches per hour.

59. Since sales and profit are increasing with time, we differentiate with respect to t.

$P(x) = 2x^2 - 20x$

$\dfrac{dP}{dt} = 4x\dfrac{dx}{dt} - 20\dfrac{dx}{dt}$

Since $\dfrac{dx}{dt} = 30$ and $x = 40$,

$\dfrac{dP}{dt} = 4(40)(30) - 20(30)$

$= 4800 - 600 = \$4200$ per day

60. Since revenue and sales are increasing with time, we differentiate with respect to t.

$R = x^2 + 500x$

$\dfrac{dR}{dt} = 2x\dfrac{dx}{dt} + 500\dfrac{dx}{dt}$

Since $\dfrac{dx}{dt} = 50$ and $x = 200$,

$\dfrac{dR}{dt} = 2(200)(50) + 500(50) = \$45,000$ per month.

61. **a.** $\frac{dr}{dt} = -0.1$ cm per minute

$V = \frac{4}{3}\pi r^3$

Differentiating with respect to t we get

$\frac{dV}{dt} = 4\pi r^2 \frac{dr}{dt}$

when $r = 0.5$ cm,

$\frac{dV}{dt} = 4\pi(0.5)^2(-0.1)$

$= -0.1\pi$ cm³ per minute

b. when $r = 0.2$ cm,

$\frac{dV}{dt} = 4\pi(0.2)^2(-0.1)$

$= -0.016\pi$ cm³ per minute

CUMULATIVE REVIEW—CHAPTERS 1–3

1. First, find the slope.

$m = \frac{-2-3}{6-(-4)} = -\frac{5}{10} = -\frac{1}{2}$

Now use the point-slope form with $(-4, 3)$.

$y - 3 = -\frac{1}{2}[x - (-4)]$

$y - 3 = -\frac{1}{2}x - 2$

$y = -\frac{1}{2}x + 1$

2. $\left(\frac{4}{25}\right)^{-1/2} = \left(\frac{25}{4}\right)^{1/2} = \frac{5}{2}$

3.

x	$(1+3x)^{1/x}$
1×10^{-1}	13.7858
1×10^{-2}	19.2186
1×10^{-4}	20.0765
1×10^{-8}	20.0855
1×10^{-12}	20.0855
1×10^{-16}	1.0000
1×10^{-20}	1.0000

$\lim_{x \to 0} (1+3x)^{1/x} = 1$

4. **a.**

b. $\lim_{x \to 3^-} f(x) = 4$

c. $\lim_{x \to 3^+} f(x) = 1$

d. $\lim_{x \to 3} f(x)$ does not exist

e. $f(x)$ is discontinuous at $x = 3$.

98 Chapter 3: Further Applications of the Derivative

5. $\lim\limits_{h \to 0} \dfrac{f(x+h) - f(x)}{h} = \lim\limits_{h \to 0} \dfrac{2(x+h)^2 - 5(x+h) + 7 - (2x^2 - 5x + 7)}{h}$

$= \lim\limits_{h \to 0} \dfrac{2x^2 + 4xh + 2h^2 - 5x - 5h + 7 - 2x^2 + 5x - 7}{h}$

$= \lim\limits_{h \to 0} 4x + 2h - 5 = 4x - 5$

6. $f(x) = 8\sqrt{x^3} - \dfrac{3}{x^2} + 5 = 8x^{3/2} - 3x^{-2} + 5$

   $f'(x) = 12x^{1/2} + 6x^{-3}$

7. $f(x) = (x^5 - 2)(x^4 + 2)$

   $f'(x) = (5x^4)(x^4 + 2) + (x^5 - 2)(4x^3)$
   $= 5x^8 + 10x^4 + 4x^8 - 8x^3$
   $= 9x^8 + 10x^4 - 8x^3$

8. $f(x) = \dfrac{2x-5}{3x-2}$

   $f'(x) = \dfrac{(3x-2)(2) - 3(2x-5)}{(3x-2)^2} = \dfrac{6x - 4 - 6x + 15}{(3x-2)^2}$

   $= \dfrac{11}{(3x-2)^2}$

9. $P(x) = 3600x^{2/3} + 250{,}000$

   $P'(x) = 2400x^{-1/3}$ $\quad P'(8) = \dfrac{2400}{2} = 1200$

   $P''(x) = -800x^{-4/3}$ $\quad P''(8) = -\dfrac{800}{2(8)} = -50$

   $P'(8) = 1200$, so in 8 years the population will be increasing by 1200 people per year.
   $P''(8) = -50$, so in 8 years the rate of growth will be slowing by 50 people per year per year.

10. $\dfrac{d}{dx}\left(\sqrt{2x^2 - 5}\right) = \dfrac{d}{dx}(2x^2 - 5)^{1/2}$

    $= \tfrac{1}{2}(2x^2 - 5)^{-1/2}(4x)$

    $= \dfrac{2x}{\sqrt{2x^2 - 5}}$

11. $\dfrac{d}{dx}[(3x+1)^4(4x+1)^3] = 4(3x+1)^3(3)(4x+1)^3 + (3x+1)^4(3)(4x+1)^2(4)$

    $= 12(3x+1)^3(4x+1)^3 + 12(3x+1)^4(4x+1)^2$
    $= 12(3x+1)^3(4x+1)^2[(4x+1) + (3x+1)]$
    $= 12(3x+1)^3(4x+1)^2(7x+2)$

Copyright © Houghton Mifflin Company. All rights reserved.

Cumulative Review—Chapters 1–3

12. $\dfrac{d}{dx} = \left(\dfrac{x-2}{x+2}\right)^3$

$= 3\left(\dfrac{x-2}{x+2}\right)^2 \left[\dfrac{x+2-(x-2)}{(x+2)^2}\right] = \dfrac{12(x-2)^2}{(x+2)^4}$

13. $f(x) = x^3 - 12x^2 - 60x + 400$

$f'(x) = 3x^2 - 24x - 60 = 0$

$x^2 - 8x - 20 = 0$

$(x-10)(x+2) = 0$

The critical values are $x = 10$ and $x = -2$.

$f' > 0$	$f' = 0$	$f' < 0$	$f' = 0$	$f' > 0$
	$x = -2$		$x = 10$	
↘	→	↗	→	↗

$f''(x) = 6x - 24$

$f'' < 0$	$f'' > 0$
	$x = 4$
con dn	con up

14. $f(x) = \sqrt[3]{x^2} - 1 = x^{2/3} - 1$

$f'(x) = \dfrac{2}{3} x^{-1/3} = 0$

The critical value is $x = 0$.

$f' < 0$	$f' > 0$
	$x = 0$
↘	↗

$f''(x) = -\dfrac{2}{9} x^{-4/3}$

The critical value is $x = 0$.

$f'' < 0$	$f'' < 0$
	$x = 0$
con dn	con dn

15. Let x = the length of a pen and y = the width of a pen. Then

$3x + 4y = 600$

$x = 200 - \dfrac{4}{3} y$

$A = 2xy$

$= 2y\left(200 - \dfrac{4}{3} y\right)$

$= 400y - \dfrac{8}{3} y^2$

$A' = 400 - \dfrac{16}{3} y = 0$

$\dfrac{16}{3} y = 400$

$y = 75$ feet

$x = 200 - \dfrac{4}{3}(75) = 100$ feet

Total area $= 2xy = 2(100)(75) = 15{,}000$ square feet

16. Let x = the number of $10 reductions.
$p(x) = 200 - 10x$
$q(x) = 12 + 2x$
$R(x) = p(x)q(x) = (200 - 10x)(12 + 2x)$
$ = 2400 - 120x + 400x - 20x^2$
$ = 2400 + 280x - 20x^2$
$C(x) = \text{unit cost} \cdot q(x) = 80(12 + 2x) = 960 + 160x$
$P(x) = R(x) - C(x)$
$ = 1440 + 120x - 20x^2$
$P'(x) = 120 - 40x = 0$
$x = 3$
$P''(x) = -40$, so P is maximized.
Price = $p(3) = 200 - 30 = \$170$.
Quantity = $q(3) = 12 + 6 = 18$ answering machines per day.

17. $x^3 + 9xy^2 + 3y = 43$
$3x^2 + 9y^2 + 9x\left(2y\dfrac{dy}{dx}\right) + 3\dfrac{dy}{dx} = 0$
$(18xy + 3)\dfrac{dy}{dx} = -3x^2 - 9y^2$
$\dfrac{dy}{dx} = \dfrac{-x^2 - 3y^2}{6xy + 1}$
At $x = 1$, $y = 2$.
$\dfrac{dy}{dx} = \dfrac{-1^2 - 3(2)^2}{6(1)(2) + 1} = -\dfrac{13}{13} = -1$

18. $V = \dfrac{4}{3}\pi r^3$
$\dfrac{dV}{dr} = 4\pi r^2$
$dr = \dfrac{dV}{4\pi r^2}$
Since $dV = 32$ and $r = 2$, we have
$dr = \dfrac{32}{4\pi(2)^2} = \dfrac{32}{16\pi} = \dfrac{2}{\pi}$
The radius is increasing at a rate of $\dfrac{2}{\pi}$ feet per minute.

Chapter 4: Exponential and Logarithmic Functions

EXERCISES 4.1

1.

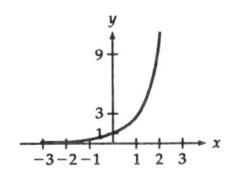

3.

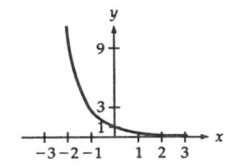

5. 5.697

6. 0.914

7. a. 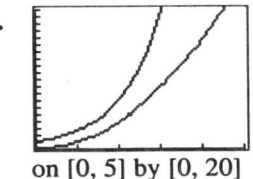 on [0, 5] by [0, 20]
e^x is higher than x^2.

b. 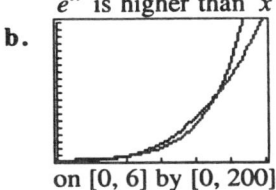 on [0, 6] by [0, 200]
e^x is higher than x^3 for large values of x.

c. 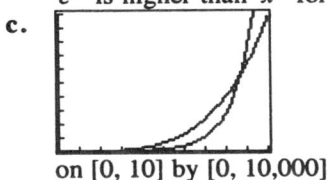 on [0, 10] by [0, 10,000]
e^x is higher than x^4 for large values of x.

d. 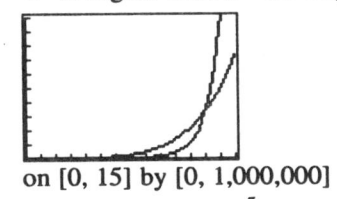 on [0, 15] by [0, 1,000,000]
e^x is higher than x^5 for large values of x.

9. a. For $n = 1\ m = 1$ (annual compounding),
$P(1+\frac{r}{n})^{nt}$ simplifies to $P(1+r)^t$.
When $P = 1000, r = 0.1,$ and $t = 8$, the value is
$1000(1+0.1)^8 = 1000(1.1)^8 = 2143.59$
The value is $2143.59.

b. For quarterly compounding,
$n = 4, P = 1000, r = 0.1,$ and $t = 8$. Thus,
$1000(1+\frac{0.1}{4})^{4 \cdot 8} = 1000(1+0.025)^{4 \cdot 8}$
$= 1000(1.025)^{32} = 2203.76$
The value is $2203.76.

c. For monthly compounding,
$n = 12, P = 1000, r = 0.10,$ and $t = 8$. Thus,
$1000(1+\frac{0.1}{12})^{12 \cdot 8} = 1000(1.0083)^{12 \cdot 8}$
$= 1000(1.0083)^{96}$
$= 2218.18$
The value is $2218.18.

d. For continuous compounding,
$P = 1000, r = 0.10,$ and $t = 8$. Thus,
$Pe^{rt} = 1000e^{0.1 \cdot 8} = 1000e^{0.8} = 2225.54$
The value is $2225.54.

11. **a.** $P = 100$, $r = 0.02$, and $n = 3$, compounded weekly, which is 52 times per year. This gives a value of
$$100(1+.02)^{52 \cdot 3} = 100(1.02)^{156}$$
$$= \$2195.97$$
b. The "vig" is equal to the amount owed after three years minus the amount loaned. This is $\$2195.97 - \$100.00 = \$2095.97$.

13. The stated rate of 9.25% (compounded daily) is the nominal rate of interest. To determine the effective rate of interest, use the compound interest formula, $P(1+r)^n$, with
$r = \frac{9.25\%}{\text{number of days}}$ and $n =$ number of days in a year. Since some banks use 365 days and some use 350 in a year, we will try both ways.
If $n = 365$ days, then
$$r = \frac{9.25\%}{365} = \frac{0.0925}{365} \approx 0.0002534$$
Then $P(1+r)^n = P(1.0002534)^{365} \approx 1.0969P$.
Subtracting 1 gives 0.0969, which expressed as a percent gives the effective rate of interest as 9.69%.
If $n = 360$ days, then $r = \frac{0.0925}{360} \approx 0.0002569$.
Then $P(1+r)^n = P(1.0002569)^{360} \approx 1.0969P$ and the effective rate is also 9.69%.
Thus, the error in the advertisement is 9.825%. The annual yield should be 9.69% (based on the nominal rate of 9.25%).

15. If the amount of money P invested at 8% compounded quarterly yields $1,000,000 in 60 years, then $r = \frac{0.08}{4} = 0.02$ and $n = 60 \cdot 4 = 240$.
$$1,000,000 = P(1+0.02)^{240}$$
$$P = \frac{1,000,000}{(1+0.02)^{240}} \approx \$8629$$

17. For compounding annually, $r = 0.06$ and $n = 45$.
Present value $= \frac{P}{(1+r)^n} = \frac{1000}{(1+0.06)^{45}} \approx \$72.65$

19. To compare two interest rates that are compounded differently, convert them both to annual yields.
10% compounded quarterly:
$P(1+r)^n = P(1.025)^4 \approx P(1.1038)$
Subtracting 1, $1.1038 - 1 = 0.1038$
The effective rate of interest is 10.38%.
9.8% compounded continuously:
$Pe^{rn} = Pe^{0.098} \approx P(1.1030)$
Subtracting 1: $1.1030 - 1 = 0.1030$
The effective rate of interest is 10.30%.
Thus, 10% compounded quarterly is better than 9.8% compounded continuously.

21. Since the depreciation is 35% per year, $r = -0.35$.
a. $P(1+r)^n = 15,000(1-0.35)^4 \approx \$2678$
b. $P(1+r)^n = 15,000(1-0.35)^{0.5} \approx \$12,093$

23. Since 2005 is 5 years after 2000, $x = 5$.
$5.89e^{0.0175(5)} \approx 6.4$ billion

25. **a.** $1 - (0.9997)^{100(25)} \approx 0.5277$

    b. $1 - (0.9997)^{100(40)} \approx 0.6989$

Exercises 4.2

27. The proportion of light that penetrates to a depth of x feet is given by $e^{-0.44x}$.

   a. If the depth is 3 feet,
$e^{-0.44x} = e^{-0.44(3)} = e^{-1.32} \approx 0.267$ or 26.7%

   b. If the depth is 10 feet,
$e^{-0.44x} = e^{-0.44(10)} = e^{-4.4} \approx 0.0123$ or 1.23%

29. **a.** $f(24) = 2e^{-0.018(24)} \approx 1.3$ mg

     b. $f(48) = 2e^{-0.018(48)} \approx 0.8$ mg

31. $S(10) = 100 + 800e^{-0.2(10)} \approx 208$

33. **a.** After 15 minutes, $t = \frac{15}{60} = \frac{1}{4} = 0.25$ and
$T(0.25) = 70 + 130e^{-1.8(0.25)} \approx 153$ degrees

     b. After 30 minutes, $t = \frac{30}{60} = 0.5$ and
$T(0.5) = 70 + 130e^{-1.8(0.5)} \approx 123$ degrees

35. If $S = 400$, $x = 10$, and $r = 0.01$, then the Reed-Frost model is $I = 400(1 - e^{-(0.01)(10)}) \approx 38$. The model estimates there will be about 38 newly infected people.

37. We have $P = \$8000$, $n = 4$, and the value after 4 years is $10,291.73.

$$10,291.73 = 8000(1+r)^4$$
$$\sqrt[4]{\frac{10,291.73}{8000}} = 1+r$$
$$r = \sqrt[4]{\frac{10,291.73}{8000}} - 1 \approx 0.065 = 6.5\%$$

39. The air pressure is $(1 - 0.004)^{a/100}$ percent of the original pressure, where a is the change in altitude.

$(1 - 0.004)^{\left(\frac{7347-30}{100}\right)} \approx 0.75 = 75\%$

$(1 - 0.004)^{\left(\frac{7347-30}{100}\right)} \approx .75 = 75\%$

So the air pressure decreased by about $100 - 75 = 25\%$.

41. **a.** on [0, 30] by [0, 30]

     b. Texas, Florida, New York

     c. Florida, Texas, New York

     d. About 2016 ($x \approx 26$ years after 1990)

EXERCISES 4.2

1. **a.** $\log_5 25 = \log_5 5^2 = 2$

   b. $\log_3 81 = \log_3 3^4 = 4$

   c. $\log_3 \frac{1}{3} = \log_3 3^{-1} = -1$

   d. $\log_3 \frac{1}{9} = \log_3 3^{-2} = -2$

   e. $\log_4 2 = \log_4 4^{1/2} = \frac{1}{2}$

   f. $\log_4 \frac{1}{2} = \log_4 4^{-1/2} = -\frac{1}{2}$

3. **a.** $\ln(e^{10}) = 10$

   b. $\ln \sqrt{e} = \ln e^{1/2} = \frac{1}{2}$

   c. $\ln \sqrt[3]{e^4} = \ln e^{4/3} = \frac{4}{3}$

   d. $\ln 1 = 0$

   e. $\ln(\ln(e^e)) = \ln e$ because $\ln(e^e) = e$
$= 1$

   f. $\ln\left(\frac{1}{e^3}\right) = \ln e^{-3} = -3$

5. $f(x) = \ln(9x) - \ln 9$
$= \ln 9 + \ln x - \ln 9$
$= \ln x$

7. $f(x) = \ln(x^3) - \ln x$
$= 3\ln x - \ln x$
$= 2\ln x$

9. $f(x) = \ln\left(\frac{x}{4}\right) + \ln 4$
$= \ln x - \ln 4 + \ln 4$
$= \ln x$

11. $f(x) = \ln(e^{5x}) - 2x - \ln 1$
$= 5x - 2x - 0$
$= 3x$

13. $f(x) = 8x - e^{\ln x} = 8x - x = 7x$

15. The domain of $\ln(x^2 - 1)$ is the values of x such that $x^2 - 1 > 0$
$x^2 > 1$
$x > 1$ or $x < -1$
The domain is $\{x \mid x > 1 \text{ or } x < -1\}$.
The range is $\mathbb{R}$.

17. **a.** We use the formula $P(1+r)^n$ with monthly interest rate $r = \frac{1}{12} \cdot 24\% = 2\% = 0.02$.
Since double P dollars is $2P$ dollars, we solve
$P(1 + 0.02)^n = 2P$
$1.02^n = 2$
$\ln(1.02^n) = \ln 2$
$n \ln 1.02 = \ln 2$
$n = \frac{\ln 2}{\ln 1.02} \approx \frac{0.6931}{0.0198} \approx 35$
Since n is in months, we divide by 12 to convert to years.
A sum at 24% compounded monthly doubles in about 2.9 years.

b. To find how many years it will take for the investment to increase by 50%:
$P(1+r)^n = 1.5P$
$(1+r)^n = 1.5$
$\ln(1+r)^n = \ln 1.5$
$n \ln(1+r) = \ln 1.5$
Now, $r = \frac{1}{12} \cdot 24\% = 2\% = 0.02$
thus, $n = \frac{\ln 1.5}{\ln(1+r)} = \frac{\ln 1.5}{\ln 1.02} = \frac{0.4055}{0.0198} \approx 20.5$
Since n is in months, we divide by 12 to convert to years.
$\frac{20.5}{12} \approx 1.7$ years
A sum at 24% compounded monthly increases by 50% in about 1.7 years.

19. **a.** We use Pe^{rn} with $r = 0.07$. Since triple P dollars is $3P$ dollars, we solve
$Pe^{0.07n} = 3P$
$e^{0.07n} = 3$
$0.07n = \ln 3$
$n = \frac{\ln 3}{0.07} \approx 15.7$ years

b. If P increases by 25%, the total amount is $1.25P$. We solve
$Pe^{0.07n} = 1.25P$
$e^{0.07n} = 1.25$
$0.07n = \ln 1.25$
$n = \frac{\ln 1.25}{0.07} \approx 3.2$ years

21. If the depreciation is $30\% = 0.3$ per year, then $r = -0.3$. We use the interest formula $P(1+r)^n$ and we solve
$P(1 - 0.3)^n = 0.5P$
$0.7^n = 0.5$
$\ln 0.7^n = \ln 0.5$
$n = \frac{\ln 0.5}{\ln 0.7} \approx 1.9$ years

23. We use the interest formula $P(1+r)^n$ with $r = 2.4\% = 0.024$. Since the increase is 50%, we must find the number of years to reach $1.5P$. We solve
$P(1 + 0.024)^n = 1.5P$
$1.024^n = 1.5$
$n = \frac{\ln 1.5}{\ln 1.024} \approx 17.1$ years

Exercises 4.2

25. We want to find the value of t that produces $p(t) = 0.9$.
$$0.9 = 1 - e^{-0.03t}$$
$$e^{-0.03t} = 0.1$$
$$-0.03t = \ln 0.1$$
$$t = \frac{\ln 0.1}{-0.03} \approx 77 \text{ days}$$

27. $p(5) = 0.9 - 0.2 \ln 5 \approx 0.58$ or 58%

29.
$$s(t) = 100(1 - e^{-0.4t})$$
$$100(1 - e^{-0.4t}) = 80$$
$$1 - e^{-0.4t} = 0.8$$
$$-e^{-0.4t} = -0.2$$
$$e^{-0.4t} = 0.2$$
$$-0.4t = \ln 0.2$$
$$t = \frac{\ln 0.2}{-0.4} \approx 4.024 \text{ weeks}$$

31. To find the number of years after which $2.3\% = 0.023$ of the original carbon 14 is left, we solve
$$e^{-0.00012t} = 0.023$$
$$-0.00012t = \ln 0.023$$
$$t = \frac{\ln 0.023}{-0.00012} \approx 31,000 \text{ years}$$

33. The proportion of potassium 40 remaining after t million years is $e^{-0.00054t}$. If the skeleton contained 99.91% of its original potassium 40, then
$$e^{-0.00054t} = 0.9991$$
$$\ln e^{-0.00054t} = \ln 0.9991$$
$$-0.00054t = \ln 0.9991$$
$$t = \frac{\ln 0.9991}{-0.00054} \approx \frac{-0.0009004}{-0.00054} \approx 1.67$$
Therefore, the estimate of the age of the skeleton of an early human ancestor discovered in Kenya in 1984 is approximately 1.7 million years.

35. To find when the radioactivity decreases to 0.001, we solve $e^{-0.05t} = 0.001$
$$-0.05t = \ln 0.001$$
$$t = \frac{\ln 0.001}{-0.05} \approx 138 \text{ days}$$

37. a. $e^{-kt} = \frac{1}{2}$
$$-kt = \ln \frac{1}{2}$$
$$-kt = \ln 1 - \ln 2$$
$$t = \frac{\ln 2}{k}$$
The half-life is $\frac{\ln 2}{k}$.

b. If $k = 0.018$, half-life $= \frac{\ln 2}{0.018} \approx 39$ hours.

39.
$$1.16^x = 1.5$$
$$\ln(1.16^x) = \ln 1.5$$
$$x \ln 1.16 = \ln 1.5$$
$$x = \frac{\ln 1.5}{\ln 1.16} \approx 2.7 \text{ years}$$

41. Let t = number of years. Since the rate is 6% compounded quarterly, then $r = \frac{0.06}{4} = 0.015$ and the amount of money is $(1+0.015)^{4t} = 1.015^{4t}$.

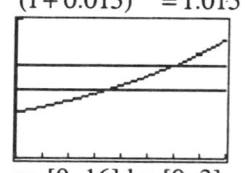

on [0, 16] by [0, 3]
a. 11.6 years
b. 6.8 years

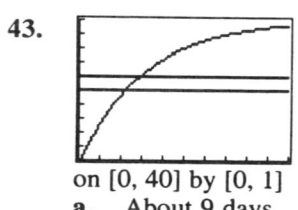

43.

on [0, 40] by [0, 1]
a. About 9 days
b. About 11.5 days

45.

on [0, 7000] by [0, 1]
About 5300 years

47. If the amount of radioactive waste is growing by 11.3% annually, then the amount of waste after x years is $143,000(1.113)^x$. We must find the value of x so that $(1.113)^x = 2$.

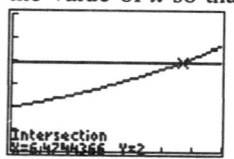

on [0, 8] by [0, 3]
The amount will double in about 6.5 years.

EXERCISES 4.3

1. $\frac{d}{dx}(x^2 \ln x) = 2x \ln x + \frac{x^2}{x}$
   $= 2x \ln x + x$

3. $\frac{d}{dx} \ln x^2 = \frac{2x}{x^2} = \frac{2}{x}$

5. $\frac{d}{dx} \ln \sqrt{x} = \frac{d}{dx} \ln x^{1/2} = \frac{\frac{1}{2}x^{-1/2}}{x^{1/2}} = \frac{1}{2}x^{-1}$

7. $\frac{d}{dx} \ln(x^2+1)^3 = \frac{3(x^2+1)^2(2x)}{(x^2+1)^3} = \frac{6x}{x^2+1}$

9. $\frac{d}{dx} \ln(-x) = \frac{-1}{-x} = \frac{1}{x}$

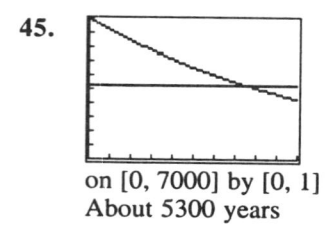

11. $\frac{d}{dx}\left(\frac{e^x}{x^2}\right) = \frac{x^2 e^x - 2xe^x}{(x^2)^2} = \frac{xe^x - 2e^x}{x^3}$

13. $\frac{d}{dx} e^{x^3+2x} = e^{x^3+2x}(3x^2+2)$

15. $\frac{d}{dx} e^{x^3/3} = e^{x^3/3}\left(\frac{3x^2}{3}\right) = x^2 e^{x^3/3}$

17. $\frac{d}{dx}(x - e^{-x}) = 1 - e^{-x}(-1)$
    $= 1 + e^{-x}$

19. $\frac{d}{dx} \ln e^{2x} = \frac{d}{dx}(2x)$ because $\ln e^{2x} = 2x$
    $= 2$

Exercises 4.3

21. $\frac{d}{dx}e^{1+e^x} = e^{1+e^x}\frac{d}{dx}(1+e^x) = e^{1+e^x}e^x$

23. $\frac{d}{dx}x^e = ex^{e-1}$

25. $\frac{d}{dx}e^3 = 0$ because e^3 is a constant

27. $\frac{d}{dx}[\ln(x^4+1) - 4e^{x/2} - x] = \frac{4x^3}{x^4+1} - 4e^{x/2}\left(\frac{1}{2}\right) - 1$

$= \frac{4x^3}{x^4+1} - 2e^{x/2} - 1$

29. $\frac{d}{dx}(x^2 \ln x - \frac{1}{2}x^2 + e^{x^2} + 5) = 2x\ln x + x^2\left(\frac{1}{x}\right) - \frac{1}{2}(2x) + e^{x^2}(2x) + 0$

$= 2x\ln x + x - x + 2xe^{x^2}$

$= 2x(\ln x + e^{x^2})$

31. a. $f(x) = \frac{\ln x}{x^5}$

$f'(x) = \frac{x^5\left(\frac{1}{x}\right) - 5x^4 \ln x}{(x^5)^2} = \frac{x^4 - 5x^4 \ln x}{x^{10}}$

b. $f'(1) = \frac{(1)^4 - 5(1)^4 \ln 1}{(1)^{10}} = \frac{1-0}{1} = 1$

33. a. $f(x) = \ln(x^4+48)$

$f'(x) = \frac{4x^3}{x^4+48}$

b. $f'(2) = \frac{4(2)^3}{(2)^4+48} = \frac{32}{16+48} = \frac{32}{64} = \frac{1}{2}$

35. a. $f(x) = \ln(e^x - 3x)$

$f'(x) = \frac{e^x - 3}{e^x - 3x}$

b. $f'(0) = \frac{e^0 - 3}{e^0 - 3(0)} = \frac{1-3}{1-0} = -2$

37. a. $f(x) = 5x \ln x$

$f'(x) = 5\ln x + 5x\left(\frac{1}{x}\right) = 5\ln x + 5$

b. $f'(2) = 5\ln 2 + 5$

$f'(2) \approx 8.466$

39. a. $f(x) = \frac{e^x}{x}$

$f'(x) = \frac{xe^x - (1)e^x}{x^2} = \frac{xe^x - e^x}{x^2}$

b. $f'(3) = \frac{3e^3 - e^3}{(3)^2} = \frac{2e^3}{9}$

$f'(3) \approx 4.463$

41. $\frac{d}{dx}e^{-x^5/5} = e^{-x^5/5}\left[-5\left(\frac{x^4}{5}\right)\right]$

$= -x^4 e^{-x^5/5}$

$\frac{d^2}{dx^2}e^{-x^5/5} = \frac{d}{dx}(-x^4 e^{-x^5/5})$

$= -4x^3 e^{-x^5/5} - x^4 e^{-x^5/5}\left[5\left(-\frac{x^4}{5}\right)\right]$

$= -4x^3 e^{-x^5/5} + x^8 e^{-x^5/5}$

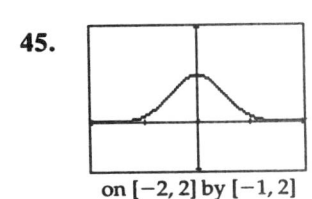

43. $\frac{d}{dx}(e^{kx}) = e^{kx}(k) = ke^{kx}$

$\frac{d^2}{dx^2}(e^{kx}) = \frac{d}{dx}(ke^{kx}) = ke^{kx}(k) = k^2 e^{kx}$

$\frac{d^3}{dx^3}(e^{kx}) = \frac{d}{dx}(k^2 e^{kx}) = k^2 e^{kx}(k) = k^3 e^{kx}$

$\frac{d^n}{dx^n}(e^{kx}) = k^n e^{kx}$

45.

on [−2, 2] by [−1, 2]
There is a relative maximum at (0, 1); no relative minima. There are inflection points at about (0.5, 0.61) and (−0.5, 0.61).

47. on [−5, 5] by [−1, 4]
There is a relative minimum at (0, 0); no relative maxima. There are inflection points at about (1, 0.69) and (−1, 0.69).

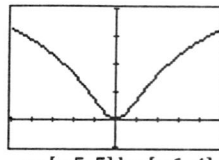

49. on [−1, 8] by [−1, 3]
There are relative maxima at about (−1, 2.72) and (2, 0.54); relative minima at (0, 0) and about (8, 0.02). There are inflection points at about (0.59, 0.19) and (3.41, 0.38).

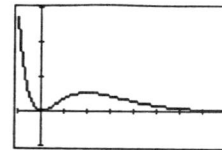

51. on [−2, 2] by [−2, 2]
There are relative maxima at about (−0.37, 0.37) and (2, 1.39); relative minima at about (−2, −1.39) and (0.37, −0.37). There are no inflection points. (The function is not defined at $x = 0$.)

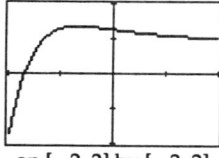

53. a. To find the rate of growth after 0 years, evaluate $V'(0)$.
$$V(t) = 1000e^{0.05t}$$
$$V'(t) = 1000e^{0.05t}(0.05) = 50e^{0.05t}$$
$$V'(0) = 50e^{0.05(0)} = 50e^0 = 50$$
The rate of growth after 0 years is $50 per year.

b. To find the rate of growth after 10 years, evaluate $V'(10)$.
$$V'(t) = 50e^{0.05t}$$
$$V'(10) = 50e^{0.05(10)} = 50e^{0.5} \approx 82.44$$
The rate of growth after 10 years is $82.44 per year.

55. $P(t) = 5.7e^{0.0175t}$
$P'(t) = 5.7e^{0.0175t}(0.0175) = 0.09975e^{0.0175t}$
In 2005, $t = 2005 − 1995 = 10$.
$P'(10) = 0.09975e^{0.0175(10)} \approx 0.119$
In 2005, the rate of change is 119 million people per year.

57. $A(t) = 1.2e^{-0.05t}$
$A'(t) = 1.2e^{-0.05t}(-0.05) = -0.06e^{-0.05t}$

a. $A'(0) = -0.06e^{-0.05(0)} = -0.06e^0 = -0.06$
The amount remaining after 0 hours is decreasing by 0.06 cc per hour.

b. $A'(2) = -0.06e^{-0.05(2)} = -0.06e^{-0.1}$
≈ -0.054
The amount remaining after 2 hours is decreasing by 0.054 cc per hour.

59. $S(x) = 1000 - 900e^{-0.1x}$ ← weekly sales (in thousands)
$S'(x) = -900e^{-0.1x}(-0.1)$ ← rate of change of sales per week
$\quad = 90e^{-0.1x}$

a. $S'(1) = 90e^{-0.1}$ ← rate of change of sales per week after 1 week
$\quad \approx 90(0.9048)$
$\quad \approx 81.4$ thousand sales per week

b. $S'(10) = 90e^{-1} \approx 90(0.3679) \approx 33.1$ thousand sales per week after 10 weeks

Exercises 4.3

61. To find the maximum consumer expenditure, solve $E'(p) = 0$, where $E(p) = pD(p)$.

$E(p) = pD(p) = 5000pe^{-0.01p}$

$\quad E'(p) = 5000e^{-0.01p} + 5000pe^{-0.01p}(-0.01)$

$\qquad = 5000e^{-0.01p} - 50pe^{-0.01p}$

Setting $E'(p) = 0$, we get

$5000e^{-0.01p} - 50pe^{-0.01p} = 0$

$\qquad 50e^{-0.01p}(100 - p) = 0$

$\qquad\qquad p = \$100$

We use the second derivative test to show that $p = 100$ is a maximum.

$E''(p) = 5000e^{-0.01p}(-0.01) - 50e^{-0.01p} - 50pe^{-0.01p}(-0.01)$

$\qquad = -50e^{-0.01p} - 50e^{-0.01p} + 0.5pe^{-0.01p}$

$\qquad = -100e^{-0.01p} + 0.5pe^{-0.01p}$

$E''(100) = -100e^{-1} + 50e^{-1} = -50e^{-1} < 0$

so $E(p)$ is maximized.

63. $p(x) = 400e^{-0.20x}\quad \leftarrow$ price function (in dollars)

a. $R(x) = xp(x)\quad \leftarrow$ revenue function

$\qquad = 400xe^{-0.20x}$

b. To maximize $R(x)$, differentiate.

$R'(x) = 400e^{-0.20x} + 400xe^{-0.20x}(-0.20) = 400e^{-0.20x}(1 - 0.2x)$

$R'(x) = 0$ when $x = \frac{1}{0.2} = 5$, which is the only critical value.

We calculate $R''(x)$ for the second derivative test.

$R''(x) = 400e^{-0.20x}(-0.20)(1 - 0.2x) + 400e^{-0.20x}(-0.20)$

$\qquad = 400e^{-0.20x}(-0.20)(1 - 0.2x + 1)$

$\qquad = -80e^{-0.20x}(2 - 0.2x)$

$\qquad = -160e^{-0.20x}(1 - 0.1x)$

At the critical value of $x = 5$,

$R''(5) = -80e^{-1} < 0$,

so $R(x)$ is maximized at $x = 5$.

At $x = 5$, $p(x) = 400e^{-0.20x}$

$\qquad p(5) = 400e^{-1} \approx 147.15$

The revenue is maximized at quantity $x = 5000$ and price $p = \$147.15$.

65. To maximize $R(r)$, solve $R'(r) = 0$.

$R'(r) = \frac{a}{r} - b = 0$

$a - br = 0$

$\qquad r = \frac{a}{b}$

Using the second derivative test,

$R''(r) = -\frac{a}{r^2} < 0$

so $R(r)$ is maximized.

67. a. After 15 minutes, the temperature of the beer is 57.5 degrees and is increasing at the rate of 43.8 degrees per hour.

b. After 1 hour, the temperature of the beer is 69.1 degrees and is increasing at the rate of 3.2 degrees per hour.

69.

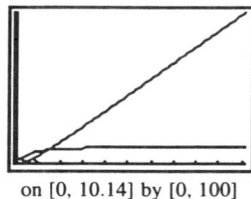

on [0, 10.14] by [0, 100]
2.08 seconds

71. To find the price that maximizes expenditure, solve $E'(p) = 0$, where

$$E(p) = pD(p) = 4000pe^{-0.002p}$$

$$E'(p) = 4000e^{-0.002p} + 4000pe^{-0.002p}(-0.002)$$

$$= 4000e^{-0.002p} - 8pe^{-0.002p}$$

which has a critical value at $500, which is the maximum.

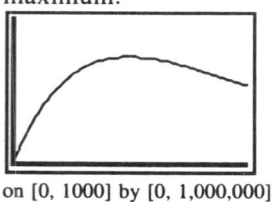

on [0, 1000] by [0, 1,000,000]

73.

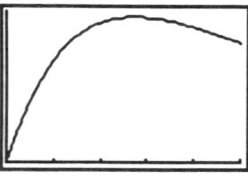

on [0, 5] by [0, 0.3]
The maximum concentration occurs at about 2.75 hours.

75.
- **a.** $\frac{d}{dx}10^x = (\ln 10)10^x$
- **b.** $\frac{d}{dx}3^{x^2+1} = (\ln 3)3^{x^2+1}(2x) = 2(\ln 3)x\, 3^{x^2+1}$
- **c.** $\frac{d}{dx}2^{3x} = (\ln 2)2^{3x}(3) = (3\ln 2)2^{3x}$
- **d.** $\frac{d}{dx}5^{3x^2} = (\ln 5)5^{3x^2}(6x) = 6(\ln 5)x\, 5^{3x^2}$
- **e.** $\frac{d}{dx}2^{4-x} = (\ln 2)2^{4-x}(-1) = (-\ln 2)2^{4-x}$

77.
- **a.** $\frac{d}{dx}\log_2 x = \frac{1}{(\ln 2)x}$
- **b.** $\frac{d}{dx}\log_{10}(x^2 - 1) = \frac{2x}{(\ln 10)(x^2 - 1)}$
- **c.** $\frac{d}{dx}\log_3(x^4 - 2x) = \frac{4x^3 - 2}{(\ln 3)(x^4 - 2x)}$

EXERCISES 4.4

1.
- **a.** $\ln f(t) = \ln t^2 = 2\ln t$

  $\frac{d}{dt}\ln f(t) = \frac{d}{dt}2\ln t = \frac{2}{t}$

- **b.** For $t = 1$, the relative rate of change is $\frac{2}{1} = 2$

  For $t = 10$, the relative rate of change is $\frac{2}{10} = 0.2$

3.
- **a.** $\ln f(t) = \ln 100e^{0.2t}$

  $= \ln 100 + \ln e^{0.2t}$

  $= \ln 100 + 0.2t$

  $\frac{d}{dt}\ln f(t) = 0.2$

- **b.** For $t = 5$, the relative rate of change is 0.2.

5.
- **a.** $\ln f(t) = \ln e^{t^2} = t^2$

  $\frac{d}{dt}\ln f(t) = 2t$

- **b.** For $t = 10$, the relative rate of change is $2(10) = 20$.

7.
- **a.** $\ln f(t) = \ln e^{-t^2} = -t^2$

  $\frac{d}{dt}\ln f(t) = -2t$

- **b.** For $t = 10$, the relative rate of change is $-2(10) = -20$.

Exercises 4.4

9. a. $\ln f(t) = \ln 25\sqrt{t-1}$
    $= \ln 25(t-1)^{1/2}$
    $= \ln 25 + \frac{1}{2}\ln(t-1)$
    $\frac{d}{dt}\ln f(t) = 0 + \frac{1}{2(t-1)}$

    b. For $t = 6$, the relative rate of change is
    $\frac{1}{2(6-1)} = \frac{1}{10}$.

11. $\ln N(t) = \ln(0.5 + 1.1e^{0.01t})$
    $\frac{d}{dt}\ln N(t) = \frac{1.1e^{0.01t}(0.01)}{0.5 + 1.1e^{0.01t}}$
    For $t = 10$, the relative rate of change is
    $\frac{1.1e^{0.01(10)}(0.01)}{0.5 + 1.1e^{0.01(10)}} \approx 0.0071$ or 0.71%.

13. a. $\ln P(t) = \ln(4 + 1.3e^{0.04t})$
    $\frac{d}{dt}\ln P(t) = \frac{1.3e^{0.04t}(0.04)}{4 + 1.3e^{0.04t}} = \frac{0.052e^{0.04t}}{4 + 1.3e^{0.04t}}$
    For $t = 8$, the relative rate of change is
    $\frac{0.052e^{0.04(8)}}{4 + 1.3e^{0.04(8)}} \approx 0.012$ or 1.2%.

    b. If the relative rate of change is $1.5\% = 0.015$, then
    $\frac{0.052e^{0.04t}}{4 + 1.3e^{0.04t}} = 0.015$
    $0.052e^{0.04t} = 0.06 + 0.0195e^{0.04t}$
    $0.0325e^{0.04t} = 0.06$
    $e^{0.04t} = \frac{0.06}{0.0325}$
    $0.04t = \ln\left(\frac{0.06}{0.0325}\right)$
    $t = \frac{1}{0.04}\left[\ln\left(\frac{0.06}{0.0325}\right)\right] \approx 15.3$
    The relative rate of change will reach 1.5% in about 15.3 years.

15. $D(p) = 200 - 5p$, $p = 10$

    a. Elasticity of demand is
    $E(p) = \frac{-pD'(p)}{D(p)} = \frac{-p(-5)}{200 - 5p} = \frac{5p}{200 - 5p}$
    $= \frac{p}{40 - p}$

    b. Evaluating at $p = 10$,
    $E(10) = \frac{10}{40 - 10} = \frac{10}{30} = \frac{1}{3}$
    The elasticity is less than 1, and so the demand is inelastic at $p = 10$.

17. a. $E(p) = \frac{-p(-2p)}{300 - p^2} = \frac{2p^2}{300 - p^2}$

    b. $E(10) = \frac{2(10)^2}{300 - (10)^2} = \frac{200}{200} = 1$
    Since $E(10) = 1$, the demand is unitary elastic.

19. a. $E(p) = \frac{-p\left(-\frac{300}{p^2}\right)}{\frac{300}{p}} = \frac{\frac{300}{p}}{\frac{300}{p}} = 1$

    b. Since $E(4) = 1$, the demand is unitary elastic.

21. a. $E(p) = \frac{-p[\frac{1}{2}(175 - 3p)^{-1/2}](-3)}{(175 - 3p)^{1/2}} = \frac{3p}{2(175 - 3p)}$

    b. $E(50) = \frac{3(50)}{2[175 - 3(50)]} = \frac{150}{50} = 3$
    Since $E(50) > 1$, the demand is elastic.

23. **a.** $E(p) = \dfrac{-p\left(-\dfrac{200}{p^3}\right)}{\dfrac{100}{p^2}} = \dfrac{\dfrac{200}{p^2}}{\dfrac{100}{p^2}} = 2$

   b. Since $E(40) > 1$, the demand is elastic.

25. **a.** $E(p) = \dfrac{-p(4000e^{-0.01p})(-0.01)}{4000e^{-0.01p}} = 0.01p$

   b. $E(200) = 0.01(200) = 2$
   Since $E(200) > 1$, the demand is elastic.

27. The demand function is $D(p) = 2(15 - 0.001p)^2$
    To determine whether the dealer needs to raise or lower the price to increase revenue, we need to determine the elasticity of demand.
    $$E(p) = \dfrac{-pD'(p)}{D(p)}$$
    $$= \dfrac{-p \cdot 4(15 - 0.001p)(-0.001)}{2(15 - 0.001p)^2}$$
    $$= \dfrac{0.002p}{15 - 0.001p}$$
    When the cars sell at a price of $12,000,
    $$E(12,000) = \dfrac{0.002(12,000)}{15 - 0.001(12,000)} = \dfrac{24}{15 - 12} = \dfrac{24}{3} = 8$$
    Since $E = 8 > 1$, to increase revenues the dealer should lower prices.

29. To determine the elasticity of demand, we consider
    $$E(p) = \dfrac{-p\{\tfrac{1}{2}[150,000(1.75 - p)^{-1/2}(-1)]\}}{150,000(1.75 - p)^{1/2}}$$
    $$= \dfrac{p}{2(1.75 - p)}$$
    When the fare is 75 cents,
    $$E(1.25) = \dfrac{1.25}{2(1.75 - 1.25)}$$
    $$= \dfrac{1.25}{1} = 1.25$$
    Since demand is elastic, raising the fare will not succeed.

31. $D(p) = \dfrac{120}{10+p}$

    $E(p) = \dfrac{-pD'(p)}{D(p)} = \dfrac{-p \cdot \dfrac{-120}{(10+p)^2}}{\dfrac{120}{10+p}} = \dfrac{p}{10+p}$

    $E(6) = \dfrac{6}{10+6} = \dfrac{6}{16} = \dfrac{3}{8} = 0.375$

    Since $E = \dfrac{3}{8} < 1$, increasing prices should increase revenues. Yes, the commission should grant the request.

33. To determine the elasticity of demand, we consider
    $$E(p) = \dfrac{-p(41e^{-0.06p})(-0.06)}{41e^{-0.06p}} = 0.06p$$
    When the price is $20 per barrel,
    $E(20) = 0.06(20) = 1.2$
    Since demand is elastic, it should lower prices.

35. $E(p) = \dfrac{-p(7.881)(-0.112p^{-1.112})}{7.881p^{-0.112}}$
    $$= \dfrac{0.112p}{p}$$
    $$= 0.112$$

37. $E(p) = \dfrac{-p(ae^{-cp})(-c)}{ae^{-cp}} = cp$

39. If $S(p) = ap^n$, then
    $$E_s(p) = \dfrac{pS'(p)}{S(p)} = \dfrac{p(anp^{n-1})}{ap^n} = \dfrac{np^n}{p^n} = n$$

41. **a.** $E = 0.35$

   b. Since demand is inelastic, raising prices will raise revenue.

   c. $20,401

REVIEW EXERCISES FOR CHAPTER 4

1. **a.** For quarterly compounding, $r = \frac{0.08}{4} = 0.02$ and $n = 8 \cdot 4 = 32$.
    $P(1+r)^n = 10{,}000(1+0.02)^{32}$
    $= 10{,}000(1.02)^{32} \approx \$18{,}845.41$

    b. For compounding continuously, $r = 0.08$ and $n = 8$.
    $Pe^{rn} = 10{,}000e^{(0.08)(8)} \approx \$18{,}964.81$

2. For 6% compounded quarterly, $r = \frac{0.06}{4} = 0.015$ and $n = 4 \cdot 1 = 4$.
    $P(1+r)^n = 1(1+0.015)^4 \approx 1.0614$
    For 5.9% compounded continuously, $r = 0.059$ and $n = 1$.
    $Pe^{rn} = e^{0.059} \approx 1.0608$
    6% compounded quarterly has a higher yield.

3. **a.** If the depreciation is 20% per year, $r = -20\% = -0.2$ and $n = t$. The formula for the value is
    $V = 800{,}000(1-0.2)^t = 800{,}000(0.8)^t$

    b. After 4 years, its value is
    $V = 800{,}000(0.8)^4 = \$327{,}680$

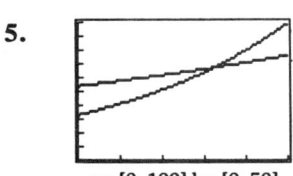

4. For Drug A, $C(t) = 2e^{-0.2t}$. After 4 hours,
    $C(4) = 2e^{-0.8} \approx 0.899$
    For Drug B, $C(t) = 3e^{-0.25t}$. After 4 hours,
    $C(4) = 3e^{-1} \approx 1.103$
    Drug B has a higher concentration.

5.
    on [0, 100] by [0, 50]
    São Paulo will overtake Tokyo in about 65 years, or 2060.

6. The value $t = 2002 - 1987 = 15$ corresponds to 2002 and $C(15) = 4^{15/3} = 4^5 = 1024$ megabits.

7. $r = \frac{1}{2}10\% = 5\% = 0.05$

    a. $P(1+0.05)^n = 2P$
    $1.05^n = 2$
    $\ln 1.05^n = \ln 2$
    $n \ln 1.05 = \ln 2$
    $n = \frac{\ln 2}{\ln 1.05} \approx \frac{0.6931}{0.0488} \approx 14.2$
    Since n is in half years, we divide by 2 to convert to years. About 7.1 years.

    b. $P(1.05)^n = 1.5P$
    $1.05^n = 1.5$
    $\ln 1.05^n = \ln 1.5$
    $n \ln 1.05 = \ln 1.5$
    $n = \frac{\ln 1.5}{\ln 1.05}$
    $\approx \frac{0.4055}{0.0488}$
    ≈ 8.31 half years
    $\frac{8.31}{2} \approx 4.2$ years

8. **a.** For compounding continuously, $r = 7\% = 0.07$.
    $Pe^{0.07n} = 2P$
    $e^{0.07n} = 2$
    $0.07n = \ln 2$
    $n = \frac{\ln 2}{0.07} \approx 9.9$ years

    b. To increase by 50%,
    $Pe^{0.07n} = 1.5P$
    $e^{0.07n} = 1.5$
    $n = \frac{\ln 1.5}{0.07} \approx 5.8$ years

9. The proportion of potassium 40 remaining after t million years is $e^{-0.00054t}$.
Since $97.3\% = 0.973$ remains,
$$e^{-0.00054t} = 0.973$$
$$-0.00054t = \ln 0.973$$
$$t = \frac{\ln 0.973}{-0.00054} \approx 50.7 \text{ million years old}$$

10. Since $99.9\% = 0.999$ remains,
$$e^{-0.00054t} = 0.999$$
$$t = \frac{\ln 0.999}{-0.00054} \approx 1.85 \text{ million years old}$$

11. We want to solve $N(t) = 1,000,000(1-e^{-0.3t})$ with $N(t) = 500,000$.
$$1,000,000(1-e^{-0.3t}) = 500,000$$
$$1-e^{-0.3t} = 0.5$$
$$-e^{-0.3t} = -0.5$$
$$e^{-0.3t} = 0.5$$
$$-0.3t = \ln 0.5$$
$$t = \frac{\ln 0.5}{-0.3} \approx \frac{-0.6931}{-0.3}$$
$$\approx 2.3 \text{ hours}$$

12. Since the rate of increase is $3\% = 0.03$ per year,
$r = 0.03$. To find when demand will increase by $50\% = 0.5$,
$$1.5P = P(1+0.03)^n$$
$$1.5 = (1.03)^n$$
$$n = \frac{\ln 1.5}{\ln 1.03} \approx 13.7 \text{ years}$$

13. a. For $r = 6\%$, the doubling time is approximately $\frac{72}{6} = 12$ years.

   b. $P(1+0.06)^n = 2P$
   $$1.06^n = 2$$
   $$\ln 1.06^n = \ln 2$$
   $$n = \frac{\ln 2}{\ln 1.06} \approx 11.9 \text{ years}$$

14. a. For $r = 1\%$, the doubling time is approximately $\frac{72}{1} = 72$ years.

   b. $P(1.01)^n = 2P$
   $$\ln(1.01)^n = \ln 2$$
   $$n = \frac{\ln 2}{\ln 1.01} \approx 69.7 \text{ years}$$

15. If the interest rate r is compounded annually, the formula is
$$P(1+r)^n = kP$$
$$(1+r)^n = k$$
$$\ln(1+r)^n = \ln k$$
$$n = \frac{\ln k}{\ln(1+r)}$$

16. If the interest rate r is compounded continuously, the formula is
$$Pe^{rn} = kP$$
$$e^{rn} = k$$
$$\ln e^{rn} = \ln k$$
$$n = \frac{\ln k}{r}$$

Review Exercises for Chapter 4

17. a. If the interest rate is 6.5% = 0.065 compounded quarterly, $r = \frac{0.065}{4}$.

$$1000\left(1 + \frac{0.065}{4}\right)^n = 1.5(1000)$$

$$\left(1 + \frac{0.065}{4}\right)^n = 1.5$$

$$n = \frac{\ln 1.5}{\ln\left(1 + \frac{0.065}{4}\right)}$$

$$\approx 25.2 \text{ quarters}$$

$$\approx 6.3 \text{ years}$$

b. If the interest rate is 6.5% = 0.065 compounded continuously, $r = 0.065$.

$$1000e^{0.065n} = 1.5(1000)$$

$$e^{0.065n} = 1.5$$

$$0.065n = \ln 1.5$$

$$n = \frac{\ln 1.5}{0.065} \approx 6.24 \text{ years}$$

18. a. To reach 30% = 0.3 of the people, $p(t) = 0.3$.

$$0.3 = 1 - e^{-0.032t}$$

$$e^{-0.032t} = 0.7$$

$$-0.032t = \ln 0.7$$

$$t = \frac{\ln 0.7}{-0.032} \approx 11 \text{ days}$$

b. To reach 40% = 0.4 of the people, $p(t) = 0.4$.

$$0.4 = 1 - e^{-0.032t}$$

$$e^{-0.032t} = 0.6$$

$$t = \frac{\ln 0.6}{-0.032} \approx 16 \text{ days}$$

19. $\frac{d}{dx} \ln 2x = \frac{2}{2x} = \frac{1}{x}$

20. $\frac{d}{dx} \ln(x^2 - 1)^2 = \frac{2(x^2-1)(2x)}{(x^2-1)^2}$

$$= \frac{4x}{x^2-1}$$

21. $\frac{d}{dx} \ln(1-x) = -\frac{1}{1-x}$

22. $\frac{d}{dx} \ln\sqrt{x^2+1} = \frac{\frac{1}{2}(x^2+1)^{-1/2}(2x)}{(x^2+1)^{1/2}}$

$$= \frac{x}{x^2+1}$$

23. $\frac{d}{dx} \ln\sqrt[3]{x} = \frac{d}{dx} \ln x^{1/3}$

$$= \frac{\frac{1}{3}x^{-2/3}}{x^{1/3}}$$

$$= \frac{1}{3x}$$

24. $\frac{d}{dx} \ln e^x = \frac{d}{dx}(x) = 1$

25. $\frac{d}{dx} \ln x^2 = \frac{d}{dx}(2 \ln x) = \frac{2}{x}$

26. $\frac{d}{dx}(x \ln x - x) = \ln x + x\left(\frac{1}{x}\right) - 1$

$$= \ln x$$

27. $\frac{d}{dx} e^{-x^2} = e^{-x^2}(-2x) = -2xe^{-x^2}$

28. $\frac{d}{dx} e^{1-x} = e^{1-x}(-1) = -e^{1-x}$

29. $\frac{d}{dx} \ln e^{x^2} = \frac{d}{dx}(x^2) = 2x$

30. $\frac{d}{dx}(e^{x^2 \ln x - x^2/2}) = e^{x^2 \ln x - x^2/2}\left[2x \ln x + x^2\left(\frac{1}{x}\right) - x\right]$

$$= 2x \ln x \, e^{x^2 \ln x - x^2/2}$$

31. $\frac{d}{dx}(5x^2 + 2x\ln x + 1) = 10x + 2\ln x + 2x\left(\frac{1}{x}\right)$
$= 10x + 2\ln x + 2$

32. $\frac{d}{dx}(2x^3 + 3x\ln x - 1) = 6x^2 + 3\ln x + 3x\left(\frac{1}{x}\right)$
$= 6x^2 + 3\ln x + 3$

33. $\frac{d}{dx}(2x^3 - 3xe^{2x}) = 6x^2 - 3e^{2x} - 3xe^{2x}(2)$
$= 6x^2 - 3e^{2x} - 6xe^{2x}$

34. $\frac{d}{dx}(4x - 2x^2e^{2x}) = 4 - 4xe^{2x} - 2x^2e^{2x}(2)$
$= 4 - 4xe^{2x} - 4x^2e^{2x}$

35.

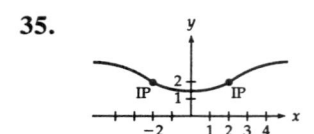

36.

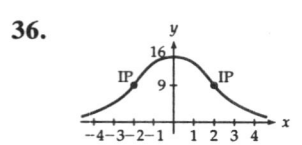

37. a. $S(x) = 2000 - 1500e^{-0.1x}$
$S'(x) = -1500e^{-0.1x}(-0.1) = 150e^{-0.1x}$
$S'(1) = 150e^{-0.1(1)} \approx 136$
Sales are increasing by 136,000 after 1 week.

b. $S'(10) = 150e^{-0.1(10)} = 150e^{-1} \approx 55$
Sales are increasing by 55,000 after 10 weeks.

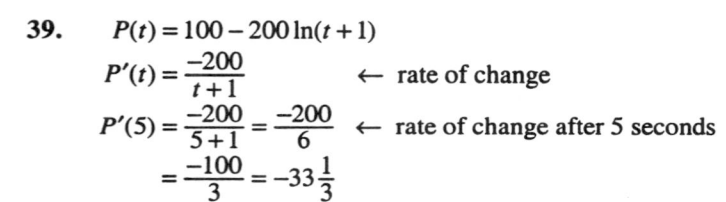

38. a. $A(t) = 1.5e^{-0.08t}$
$A'(t) = 1.5e^{-0.08t}(-0.08) = -0.12e^{-0.08t}$
$A'(0) = -0.12e^{-0.08(0)} = -0.12$
The amount of the drug in the bloodstream immediately after the injection is decreasing by 0.12 cc per hour.

b. $A'(5) = -0.12e^{-0.08(5)} \approx -0.08$
The amount of the drug in the bloodstream after 5 hours is decreasing by 0.08 cc per hour.

39. $P(t) = 100 - 200\ln(t+1)$
$P'(t) = \frac{-200}{t+1}$ ← rate of change
$P'(5) = \frac{-200}{5+1} = \frac{-200}{6}$ ← rate of change after 5 seconds
$= \frac{-100}{3} = -33\frac{1}{3}$
The rate of change after 5 seconds is decreasing by $33\frac{1}{3}\%$ per second.

40. a. $T(t) = 70 - 35e^{-0.1t}$
$T'(x) = -35e^{-0.1t}(-0.1) = 3.5e^{-0.1t}$
$T'(0) = 3.5e^0 = 3.5$ degrees per hour

b. $T'(5) = 3.5e^{-0.5} \approx 2.1$ degrees per hour

41. a. $N(t) = 30,000(1 - e^{-0.3t})$
$N'(t) = -30,000e^{-0.3t}(-0.3) = 9000e^{-0.3t}$
$N'(1) = 9000e^{-0.3(1)} \approx 6667$
After 1 hour, the rate of change in the number of informed people is increasing by 6667 per hour.

b. $N'(8) = 9000e^{-0.3(8)} \approx 816$
After 8 hours, the rate of change in the number of informed people is increasing by 816 per hour.

Review Exercises for Chapter 4

42. $V(t) = 50t^2 e^{-0.08t}$

$V'(t) = 100te^{-0.08t} + 50t^2 e^{-0.08t}(-0.08)$

$\quad = 100te^{-0.08t} - 4t^2 e^{-0.08t}$

We set $V'(t) = 0$ to maximize $V(t)$.

$0 = 100te^{-0.08t} - 4t^2 e^{-0.08t}$

$0 = 4te^{-0.08t}(25 - t)$

A critical value is $t = 25$. Now we use the second derivative test.

$V''(t) = 100e^{-0.08t} + 100te^{-0.08t}(-0.08) - 8te^{-0.08t} - 4t^2 e^{-0.08t}(-0.08)$

$\quad = 100e^{-0.08t} - 8te^{-0.08t} - 8te^{-0.08t} + 0.32t^2 e^{-0.08t}$

$\quad = 100e^{-0.08t} - 16te^{-0.08t} + 0.32t^2 e^{-0.08t}$

$V''(25) = 100e^{-2} - 400e^{-2} + 200e^{-2} = -100e^{-2} < 0$

so V is maximized.

The present value is maximized in 25 years.

43. $p(x) = 200e^{-0.25x}$

a. $R(x) = xp(x) = 200xe^{-0.25x}$

b. $R'(x) = 200e^{-0.25x} + 200xe^{-0.25x}(-0.25)$

$\quad = 200e^{-0.25x}(1 - 0.25x)$

$R'(x) = 0$ when $x = \frac{1}{0.25} = 4$, which is the only critical value.

$R''(x) = 200e^{-0.25x}(-0.25)(1 - 0.25x) + 200e^{-0.25x}(-0.25)$

$\quad = 200e^{-0.25x}(-0.25)(1 - 0.25x + 1)$

$\quad = -50e^{-0.25x}(2 - 0.25x)$

$R''(4) = -50e^{-1} < 0$,

so $R(x)$ is maximized at $x = 4$.

Thus, quantity $x = 4000$ and price $p(4) = 200e^{-1} \approx \$73.58$ maximize revenue.

44. **a.** $R(x) = p \cdot x = (5 - \ln x)x = 5x - x\ln x$

b. $R'(x) = 5 - \ln x - x\left(\frac{1}{x}\right) = 4 - \ln x$

$R'(x) = 0$ when $x = e^4$, which is the only critical value.

$R''(x) = -\frac{1}{x} < 0$ when $x = e^4$

so R is maximized.

$p(e^4) = 5 - \ln(e^4) = 1$

Thus, the quantity $x = e^4$ and the price $\$1000$ maximize revenue.

45. To find the maximum consumer expenditure, solve $E'(p) = 0$, where $E(p) = pD(p)$.

$E(p) = p(25{,}000e^{-0.02p})$

$E'(p) = 25{,}000e^{-0.02p} + 25{,}000e^{-0.02p}(-0.02)p$

$\quad\quad = 25{,}000e^{-0.02p} - 500pe^{-0.02p}$

$E'(p) = 0$ when $p = 50$, which is the only critical value.
We use the second derivative test to show that $p = 50$ is a maximum.

$E''(p) = 25{,}000e^{-0.02p}(-0.02) - 500e^{-0.02p} - 500pe^{-0.02p}(-0.02)$

$\quad\quad = -500e^{-0.02p} - 500e^{-0.02p} + 10pe^{-0.02p}$

$\quad\quad = -1000e^{-0.02p} + 10pe^{-0.02p}$

$E''(50) = -1000e^{-0.02(50)} + 10(50)e^{-0.02(50)}$

$\quad\quad = -1000e^{-1} + 500e^{-1} < 0$

so E is maximized.
The price $50 maximizes consumer expenditure.

46.

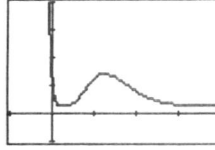

on $[-5, 15]$ by $[-5, 15]$
The function has a relative maximum at about (4, 4.69) and a relative minimum at (0, 0). There are inflection points at about (2, 2.17) and (6, 3.21).

47.

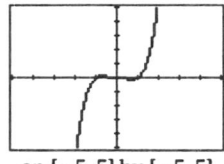

on $[-5, 5]$ by $[-5, 5]$
The function has a relative maximum at about (−0.72, 0.12) and a relative minimum at about (0.72, −0.12). There are inflection points at about (−0.43, 0.07) and (0.43, −0.07).

48. To find the maximum consumer expenditure, solve $E'(p) = 0$, where $E(p) = pD(p)$.

$E(p) = p(200e^{-0.0013p}) = 200pe^{-0.0013p}$

$E'(p) = 200e^{-0.0013p} + 200pe^{-0.0013p}(-0.0013)$

$\quad\quad = 200e^{-0.0013p} - 0.26pe^{-0.0013p}$

$E'(p) = 0$ when the price is about 769, which is the only critical value.

$E''(p) = -0.26e^{-0.0013p} - 0.26e^{-0.0013p} - 0.26pe^{-0.0013p}(-0.0013)$

$\quad\quad = -0.52e^{-0.0013p} + 0.000338pe^{-0.0013p}$

$E''(769) = -0.52e^{-0.0013(769)} + 0.000338(769)e^{-0.0013(769)}$

$\quad\quad = -0.26e^{-0.0013(769)} < 0$

so E is maximized.
The price $769 maximizes consumer expenditure.

49. $R(x) = xp(x) = x(20e^{-0.0077x}) = 20xe^{-0.0077x}$

$R'(x) = 20e^{-0.0077x} + 20xe^{-0.0077x}(-0.0077)$

$\quad\quad = 20e^{-0.0077x} - 0.154xe^{-0.0077x}$

$R'(x) = 0$ when the quantity is about 130.

$R''(x) = 20e^{-0.0077x}(-0.0077) - 0.154e^{-0.0077x} + 0.0012xe^{-0.0077x}$

$R''(130) = -0.154e^{-0.0077(130)} - 0.154e^{-0.0077(130)} + 0.0012(130)e^{-0.0077(130)}$

$\quad\quad = -0.154e^{-0.0077(130)} < 0$

so R is maximized.
The quantity 130 maximizes revenue.

Review Exercises for Chapter 4

50. $G(t) = 5 + 2e^{0.01t}$

$\dfrac{d}{dt} \ln G(t) = \dfrac{2e^{0.01t}(0.01)}{5+2e^{0.01t}} = \dfrac{0.02e^{0.01t}}{5+2e^{0.01t}}$

If $t = 20$, then the relative rate of change is $\dfrac{0.02e^{0.2}}{5+2e^{0.2}} \approx 0.0033 = 0.33\%$

51. For $t = 10$, $\dfrac{G'(t)}{G(t)} = \dfrac{0.02e^{0.01(10)}}{5+2e^{0.01(10)}} = \dfrac{0.02e^{0.1}}{5+2e^{0.1}} \approx 0.0031 = 0.31\%$

52. $E(p) = \dfrac{-pD'(p)}{D(p)} = \dfrac{-p(-4p)}{63-2p^2} = \dfrac{4p^2}{63-2p^2}$

$E(3) = \dfrac{4 \cdot 9}{63-18} = \dfrac{36}{45} = \dfrac{4}{5}$

Since $E(p) < 1$, demand is inelastic. Raising prices will increase revenue.

53. $E(p) = \dfrac{-pD'(p)}{D(p)} = \dfrac{-p\left[200(600-p)^{-1/2}\right](-1)}{400(600-p)^{1/2}} = \dfrac{200p}{400(600-p)} = \dfrac{p}{2(600-p)}$

$E(350) = \dfrac{350}{2(600-350)} = \dfrac{350}{500} = 0.7$

Since $E(p) < 1$, demand is inelastic. Raising prices will increase revenue.

54. $E(p) = \dfrac{-pD'(p)}{D(p)} = \dfrac{-p(-0.528p^{-1.44})}{1.2p^{-0.44}} = \dfrac{0.528}{1.2} = 0.44$

Demand is inelastic.

55. Relative rate of change of $P(x) = \dfrac{d}{dx} \ln P(x)$.

$\dfrac{d}{dx} \ln P(x) = \dfrac{0.04+0.006x^2}{3.25+0.04x+0.002x^3}$

At $x = 9$, $\dfrac{0.04+0.006(9)^2}{3.25+0.04(9)+0.002(9)^3} \approx 0.104 = 10.4\%$

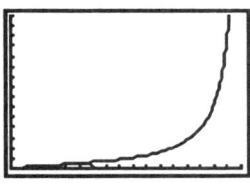

56. a.

on [0, 17] by [0, 15]

$E(p) = \dfrac{-pD'(p)}{D(p)}$

$= \dfrac{-p(-20+2p-0.09p^2)}{200-20p+p^2-0.03p^3}$

$= \dfrac{0.09p^3-2p^2+20p}{200-20p+p^2-0.03p^3}$

The demand is elastic at $10,000 because $E(10) \approx 1.29$.

b. Since demand is elastic, the dealer should lower the price.

c. $E(8.7) \approx 1$; thus at $8700 elasticity equals 1.

Chapter 5: Integration and Its Applications

EXERCISES 5.1

1. $\displaystyle\int x^4\,dx = \frac{x^5}{5} + C$ ($n=4$, $n+1=5$)

3. $\displaystyle\int x^{2/3}\,dx = \frac{x^{5/3}}{\frac{5}{3}} = \frac{3}{5}x^{5/3} + C$ ($n=2/3$, $n+1=5/3$)

5. $\displaystyle\int \sqrt{u}\,du = \int u^{1/2}\,du = \frac{u^{3/2}}{\frac{3}{2}} + C = \frac{2}{3}u^{3/2} + C$ ($n=1/2$, $n+1=3/2$)

7. $\displaystyle\int \frac{dw}{w^4} = \int w^{-4}\,dw = \frac{w^{-3}}{-3} + C = -\frac{1}{3}w^{-3} + C$ ($n=-4$, $n+1=-3$)

9. $\displaystyle\int \frac{dz}{\sqrt{z}} = \int z^{-1/2}\,dz = \frac{z^{1/2}}{\frac{1}{2}} = 2\sqrt{z} + C$ ($n=-1/2$, $n+1=1/2$)

11. $\displaystyle\int 6x^5\,dx = 6\int x^5\,dx = 6\cdot\frac{1}{6}x^6 + C = x^6 + C$

13. $\displaystyle\int (8x^3 - 3x^2 + 2)\,dx = 8\int x^3\,dx - 3\int x^2\,dx + 2\int 1\,dx$
    $\quad = 8\cdot\frac{1}{4}x^4 - 3\cdot\frac{1}{3}x^3 + 2x + C$
    $\quad = 2x^4 - x^3 + 2x + C$

15. $\displaystyle\int\left(6\sqrt{x} + \frac{1}{\sqrt[3]{x}}\right)dx = 6\int x^{1/2}\,dx + \int x^{-1/3}\,dx$
    $\quad = 6\cdot\frac{1}{\frac{3}{2}}x^{3/2} + \frac{x^{2/3}}{\frac{2}{3}} + C$
    $\quad = 4x^{3/2} + \frac{3}{2}x^{2/3} + C$

17. $\displaystyle\int\left(16\sqrt[3]{x^5} - \frac{16}{\sqrt[3]{x^5}}\right)dx = 16\int x^{5/3}\,dx - 16\int x^{-5/3}\,dx$
    $\quad = 16\cdot\frac{3}{8}x^{8/3} - 16\cdot\frac{1}{-\frac{2}{3}}x^{-2/3} + C$
    $\quad = 6x^{8/3} + 24x^{-2/3} + C$

19. $\displaystyle\int\left(10\sqrt[3]{t^2} + \frac{1}{\sqrt[3]{t^2}}\right)dt = 10\int t^{2/3}\,dt + \int t^{-2/3}\,dt$
    $\quad = 10\cdot\frac{3}{5}t^{5/3} + \frac{1}{\frac{1}{3}}t^{1/3} + C$
    $\quad = 6t^{5/3} + 3t^{1/3} + C$

21. $\displaystyle\int (x-1)^2\,dx = \int (x^2 - 2x + 1)\,dx$
    $\quad = \int x^2\,dx - 2\int x\,dx + \int 1\,dx$
    $\quad = \frac{x^3}{3} - x^2 + x + C$

23. $\displaystyle\int (1+10w)\sqrt{w}\,dw = \int\left(w^{1/2} + 10w^{3/2}\right)dw$
    $\quad = \int w^{1/2}\,dw + 10\int w^{3/2}\,dw$
    $\quad = \frac{w^{3/2}}{\frac{3}{2}} + 10\frac{w^{5/2}}{\frac{5}{2}} + C = \frac{2}{3}w^{3/2} + 4w^{5/2} + C$

Exercises 5.1

25. $\int \frac{6x^3 - 6x^2 + x}{x} dx = \int \frac{(6x^2 - 6x + 1)}{x} dx$
$= \int (6x^2 - 6x + 1) dx$
$= 6\int x^2 dx - 6\int x dx + \int 1 dx$
$= 2x^3 - 3x^2 + x + C$

27. $\int (x-2)(x+4) dx = \int (x^2 + 2x - 8) dx$
$= \int x^2 dx + 2\int x\, dx - 8\int 1\, dx$
$= \frac{x^3}{3} + x^2 - 8x + C$

29. $\int (r-1)(r+1) dr = \int (r^2 - 1) dr = \int r^2 dr - \int 1\, dr$
$= \frac{r^3}{3} - r + C$

31. $\int \frac{x^2 - 1}{x+1} dx = \int \frac{(x+1)(x-1)}{x+1} dx = \int (x-1) dx = \int x\, dx - \int 1 dx = \frac{x^2}{2} - x + C$

33. $\int (t+1)^3 dt = \int (t^3 + 3t^2 + 3t + 1) dt = \int t^3 dt + 3\int t^2\, dt + 3\int t\, dt + \int 1\, dt$
$= \frac{t^4}{4} + t^3 + \frac{3}{2}t^2 + t + C$

35. a. $\int \frac{1}{x^3} dx = \int x^{-3} dx = \frac{x^{-2}}{-2} + C = -\frac{1}{2}x^{-2} + C$

    b. $\frac{\int 1\, dx}{\int x^3 dx} = \frac{x + C}{\frac{x^4}{4} + C_1}$
    where C_1 is another arbitrary number

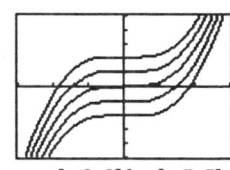

37. b.

    on [−3, 3] by [−5, 5]
    Each increase in C of 1 shifts the curve up 1 unit.

    c. For $x = 2$, the slope of each curve is 4. Thus, the derivative of each curve is x^2.

39. $C(x) = \int MC(x)\,dx = \int \left(20x^{3/2} - 15x^{2/3} + 1\right)dx$

$= 20\int x^{3/2}\,dx - 15\int x^{2/3}\,dx + \int 1\,dx$

$= 20 \cdot \dfrac{1}{\frac{5}{2}} x^{5/2} - 15 \cdot \dfrac{1}{\frac{5}{3}} x^{5/3} + x + K = 8x^{5/2} - 9x^{5/3} + x + K$

Since fixed costs are \$4000,
$4000 = C(0) = 8(0)^{5/2} - 9(0)^{5/3} + 0 + K$
$4000 = K$

The cost function is $C(x) = 8x^{5/2} - 9x^{5/3} + x + 4000$.

41. $R(x) = \int MR(x)\,dx = \int \left(12\sqrt[3]{x} + 3\sqrt{x}\right)dx = 12\int x^{1/3}\,dx + 3\int x^{1/2}\,dx$

$= 12 \cdot \dfrac{1}{\frac{4}{3}} x^{4/3} + 3 \cdot \dfrac{1}{\frac{3}{2}} x^{3/2} + C = 9x^{4/3} + 2x^{3/2} + C$

Since $R(0) = 0$,
$9(0)^{4/3} + 2(0)^{3/2} + C = 0$
$C = 0$

The revenue function is $R(x) = 9x^{4/3} + 2x^{3/2}$.

43. $v(t) = -0.09t^2 + 8t$ feet per second after t seconds
(for $0 \le t < 35$)

a. $D(t) = \int v(t)\,dt = \int \left(-0.09t^2 + 8t\right)dt$

$= \int \left(-0.09t^2\right)dt + \int 8t\,dt = -0.09\int t^2\,dt + 8\int t\,dt$

$= -0.09\dfrac{t^3}{3} + 8\dfrac{t^2}{2} + C = -0.03t^3 + 4t^2 + C$

Evaluating $D(t)$ at $t = 0$ gives $D(0) = C$. Since the distance is 0 at time $t = 0$, $C = 0$. Thus,
$D(t) = -0.03t^3 + 4t^2$.

b. The distance the car will travel in the first 10 seconds is given by $D(10)$.
$D(10) = -0.03(10)^3 + 4(10)^2$
$= -30 + 400 = 370$ feet

Exercises 5.2

45. a. The formula for the number of words memorized in t minutes is found by integrating the rate.
$$N(t) = \int \frac{3}{\sqrt{t}} dt = 3\int t^{-1/2} dt$$
$$= 3 \cdot \frac{1}{\frac{1}{2}} t^{1/2} + C = 6t^{1/2} + C$$
Since $N(0) = 0$, $6(0)^{1/2} + C = 0$, and thus $C = 0$. The formula is $N(t) = 6t^{1/2}$.

b. After 25 minutes, the total number of words memorized is
$$N(25) = 6(25)^{1/2} = 30 \text{ words}$$

47. a. Total amount of pollution =
$$P(t) = \int 40\sqrt{t^3}\, dt$$
$$P(t) = \int 40t^{3/2} dt = (40)\left(\frac{2}{5}\right)t^{5/2} + C$$
$$= 16t^{5/2} + C$$
Evaluate $P(0)$ to find C:
since $P(0) = 0$. Thus, $P(t) = 16t^{5/2}$.

b. $P(4) = 16(4)^{5/2} = 512$ tons
Thus, 512 tons of pollution will entire the lake in the first four years of the plant's operation.

c. No, since $512 > 400$.

49. $\frac{d}{dx}\ln(-x) = \frac{1}{-x}(-1) = \frac{1}{x}$

EXERCISES 5.2

1. $\int e^{3x}\, dx = \frac{1}{3}e^{3x} + C$ ($1/a \downarrow$, $a = 3$)

3. $\int e^{\frac{1}{4}x}\, dx = \frac{1}{\frac{1}{4}}e^{\frac{1}{4}x} + C = 4e^{\frac{1}{4}x} + C$ ($1/a \downarrow$, $a = 1/4$)

5. $\int e^{0.05x}\, dx = \frac{1}{0.05}e^{0.05x} + C$ ($1/a \downarrow$, $a = 0.05$)
$= 20e^{0.05x} + C$

7. $\int e^{-2y}\, dy = \frac{1}{-2}e^{-2y} + C = -\frac{1}{2}e^{-2y} + C$ ($1/a \downarrow$, $a = -2$)

9. $\int e^{-0.5x}\, dx = \frac{1}{-0.5}e^{-0.5x} + C$ ($1/a \downarrow$, $a = -0.5$)
$= -2e^{-0.5x} + C$

11. $\int 6e^{\frac{2}{3}x}\, dx = 6\int e^{\frac{2}{3}x}\, dx = 6\left(\frac{1}{\frac{2}{3}}e^{\frac{2}{3}x}\right) + C$ ($1/a \downarrow$, $a = 2/3$)
$= 9e^{\frac{2}{3}x} + C$

13. $\int 5x^{-1}\, dx = -5\int x^{-1}\, dx = -5\ln|x| + C$

15. $\int \frac{3\, dx}{x} = \int \frac{3}{x}\, dx = 3\int \frac{1}{x}\, dx = 3\ln|x| + C$

17. $\int \frac{3}{2v}\, dv = \int \frac{3}{2}\frac{1}{v}\, dv = \frac{3}{2}\int \frac{1}{v}\, dv = \frac{3}{2}\ln|v| + C$

19. $\int \left(e^{3x} - \frac{3}{x}\right) dx = \int e^{3x}\, dx - \int \frac{3}{x}\, dx$
$= \int e^{3x}\, dx - 3\int \frac{1}{x}\, dx = \frac{1}{3}e^{3x} - 3\ln|x| + C$

21. $\int \left(3e^{0.5t} - 2t^{-1}\right) dt = \int 3e^{0.5t}\, dt - \int 2t^{-1}\, dt = 3\int e^{0.5t}\, dt - 2\int t^{-1}\, dt = \frac{3}{0.5} e^{0.5t} - 2\ln|t| + C$
$= 6e^{0.5t} - 2\ln|t| + C$

23. $\int \left(x^2 + x + 1 + x^{-1} + x^{-2}\right) dx = \int x^2\, dx + \int x\, dx + \int 1\, dx + \int x^{-1}\, dx + \int x^{-2}\, dx$
$= \frac{x^3}{3} + \frac{x^2}{2} + x + \ln|x| + \frac{x^{-1}}{-1} + C = \frac{x^3}{3} + \frac{x^2}{2} + x + \ln|x| - x^{-1} + C$

25. $\int \left(5e^{0.02t} - 2e^{0.01t}\right) dt = \int 5e^{0.02t}\, dt - \int 2e^{0.01t}\, dt$
$= 5\int e^{0.02t}\, dt - 2\int e^{0.01t}\, dt$
$= \frac{5}{0.02} e^{0.02t} - \frac{2}{0.01} e^{0.01t} + C$
$= 250 e^{0.02t} - 200 e^{0.01t} + C$

27. a. To find a formula for the number of cases of flu, integrate $r(t)$.
$\int r(t)\, dt = \int 18 e^{0.05t}\, dt = 18\int e^{0.05t}\, dt$
$= 18\left(\frac{1}{0.05} e^{0.05t}\right) + C$
$= 360 e^{0.05t} + C$
Since there are 5 cases on day $t = 0$,
$360 e^{0.05(0)} + C = 5$
$360 + C = 5$
$C = -355$
The formula for the number of cases of flu is
$F(t) = 360 e^{0.05t} - 355$.

b. To find for the number of cases in the first 20 days, evaluate
$F(20) = 360 e^{0.05(20)} - 355$
$= 360 e^1 - 355 \approx 624$ cases

29. a. To find the total number of CDs sold, integrate the rate.
$\int \frac{50}{t}\, dt = 50 \int \frac{1}{t}\, dt = 50 \ln t + C$
(We can drop the absolute value symbols because $t \geq 1$.) Since 0 were sold at $t = 1$,
$50 \ln 1 + C = 0$
$50(0) + C = 0$
$C = 0$
The formula is $50 \ln t$.

b. To find the number of CDs sold by $t = 30$, evaluate
$50 \ln 30 \approx 170$ records
Thus, not all the inventory will be sold in 30 days.

31. a. To find the total amount of silver consumed, integrate the rate.
$\int 16 e^{0.02t}\, dt = \frac{16}{0.02} e^{0.02t} + C$
$= 800 e^{0.02t} + C$
Since there was no consumption for $t = 0$, which is 0 years from 1995,
$800 e^{0.02(0)} + C = 0$
$800 + C = 0$
$C = -800$
The formula is $800 e^{0.02t} - 800$.

b. To find the value of t that exhausts the 700 thousand metric tons, solve
$800 e^{0.02t} - 800 = 420$
$800 e^{0.02t} = 1220$
$e^{0.02t} = \frac{1220}{800}$
$0.02t = \ln\left(\frac{1220}{800}\right)$
$t = \frac{1}{0.02} \ln\left(\frac{1220}{800}\right) \approx 21$ years
Thus, the world supply will be exhausted in 2016.

Exercises 5.2

33. To find a formula for the total maintenance cost during the first x years, we integrate the rate of cost, $r(x) = 200e^{0.04x}$ (dollars per year).

   a. $M(x) = \int r(x)\,dx = \int 200e^{0.4x}dx = 200\int e^{0.4x}dx = 200\left(\frac{1}{0.4}\right)e^{0.4x} + C$
   $= 500e^{0.4x} + C$
   Since the total maintenance cost should be zero at $x = 0$, we can find C by evaluating $M(0)$.
   $M(0) = 500e^{0.4(0)} + C$
   $= 500e^0 + C$
   $= 500(1) + C$
   $-500 = C$
   Thus, $M(x) = 500e^{0.4x} - 500$.

   b. Evaluate $M(5)$ to find the total maintenance cost during the first 5 years.
   $M(5) = 500e^{0.4(5)} - 500 = 500e^2 - 500 \approx \$3195$

35. a. To find the temperature, integrate the rate.
   $\int -12e^{-0.2t}dt = -12\int e^{-0.2t}dt$
   $= -12\left(\frac{1}{-0.2}e^{-0.2t}\right) + C$
   $= 60e^{-0.2t} + C$
   Since the water was 70 degrees at $t = 0$,
   $60e^{-0.2(0)} + C = 70$
   $60 + C = 70$
   $C = 10$
   The formula is $60e^{-0.2t} + 10$.

   b. To find when the temperature is 32 degrees, solve
   $60e^{-0.2t} + 10 = 32$
   $e^{-0.2t} = \frac{22}{60}$
   $-0.2t = \ln\left(\frac{22}{60}\right)$
   $t = -\frac{1}{0.2}\ln\left(\frac{22}{60}\right) \approx 5$ hours

37. a. To find the total savings that the equipment will generate, integrate the rate.
   $\int 800e^{-0.2t}dt = 800\int e^{-0.2t}dt$
   $= \frac{800}{-0.2}e^{-0.2t} + C$
   $= -4000e^{-0.2t} + C$
   Since no savings is generated at $t = 0$,
   $-4000e^{-0.2(0)} + C = 0$
   $-4000(1) + C = 0$
   $C = 4000$
   The formula is $-4000e^{-0.2t} + 4000$

   b. To find when the savings is 2000, solve
   $-4000e^{-0.2t} + 4000 = 2000$
   $e^{-0.2t} = 0.5$
   $t = \frac{\ln 0.5}{-0.2} \approx 3.5$ years

39. a. $V(0) = 5000$
   $V'(t) = 400e^{0.05t}$
   $V(t) = \frac{400}{0.05}e^{0.05t} + C$
   $= 8000e^{0.05t} + C$
   Using the initial condition,
   $5000 = 8000e^{0.05(0)} + C$
   $5000 = 8000 + C$
   $C = -3000$
   $V(t) = 8000e^{0.05t} - 3000$

   b. $V(10) \approx \$10,189.77$

41. $\int \frac{(x+1)^2}{x}dx = \int \frac{x^2+2x+1}{x}dx$
   $= \int \left(\frac{x^2}{x} + \frac{2x}{x} + \frac{1}{x}\right)dx$
   $= \int x\,dx + \int 2\,dx + \int \frac{1}{x}dx$
   $= \frac{x^2}{2} + 2x + \ln|x| + C$

43. $\int \frac{(t-1)(t+3)}{t^2} dt = \int \frac{t^2+2t-3}{t^2} dt = \int \frac{t^2}{t^2} dt + \int \frac{2t}{t^2} dt - \int \frac{3}{t^2} dt = \int dt + 2\int \frac{1}{t} dt - 3\int t^{-2} dt$

$= t + 2\ln|t| - 3\left(\frac{1}{-1}\right)t^{-1} + C = t + 2\ln|t| + \frac{3}{t} + C$

$= t + \frac{3}{t} + 2\ln|t| + C$

45. $\int \frac{(x-2)^3}{x} dx = \int \frac{x^3-6x^2+12x-8}{x} dx = \int \left(x^2 - 6x + 12 - \frac{8}{x}\right) dx$

$= \int x^2 dx - 6\int x\, dx + 12\int 1\, dx - 8\int \frac{1}{x} dx = \frac{x^3}{3} - \frac{6x^2}{2} + 12x - 8\ln|x| + C$

$= \frac{x^3}{3} - 3x^2 + 12x - 8\ln|x| + C$

47. a. To find the total amount of lead consumed, integrate the rate.

$\int 5.3 e^{0.01t} dt = 5.3 \int e^{0.01t} dt$

$= \frac{5.3}{0.01} e^{0.01t} + C = 530 e^{0.01t} + C$

Since there was 0 consumption at $t = 0$,

$530 e^{0.01(0)} + C = 0$

$C = -530$

The formula is $530 e^{0.01t} - 530$

b. To find when the resources will be exhausted, solve

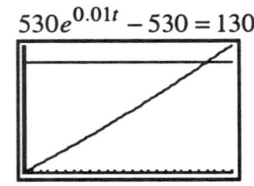

$530 e^{0.01t} - 530 = 130$

on [0, 25] by [0, 150]

The known resources of lead will be exhausted in about 2017 (approximately 22 years after 1995).

EXERCISES 5.3

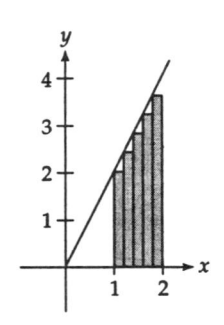

1. i. For five rectangles, divide the distance from $a = 1$ to $b = 2$ into five equal parts, so that each width is $\Delta x = \frac{2-1}{5} = 0.2$

Mark the points 1, 1.2, 1.4, 1.6, 1.8, and 2 using $\Delta x = 0.2$, and draw the rectangles.

Area of 5 rectangles $= 2(1)(0.2) + 2(1.2)(0.2) + 2(1.4)(0.2) + 2(1.6)(0.2) + 2(1.8)(0.2)$

$= 0.4 + 0.48 + 0.56 + 0.64 + 0.72 = 2.8$ square units

ii. $\int_1^2 2x\, dx = 2\int_1^2 x\, dx = 2\left(\frac{1}{2}x^2\right)\Big|_1^2 = x^2\Big|_1^2 = (2)^2 - (1)^2 = 4 - 1 = 3$ square units

Exercises 5.3

3. **i.** For six rectangles, divide the distance $a = 1$ to $b = 4$ into six equal parts, so that each width is
$\Delta x = \frac{4-1}{6} = \frac{3}{6} = \frac{1}{2}$
Mark the points 1, 1.5, 2, 2.5, 3, 3.5, and 4, and draw the rectangles.

Area of 6 rectangles $= (\sqrt{1})\left(\frac{1}{2}\right) + (\sqrt{1.5})\left(\frac{1}{2}\right) + (\sqrt{2})\left(\frac{1}{2}\right) + (\sqrt{2.5})\left(\frac{1}{2}\right) + (\sqrt{3})\left(\frac{1}{2}\right) + (\sqrt{3.5})\left(\frac{1}{2}\right)$
≈ 4.411 square units

ii. $\int_1^4 \sqrt{x}\, dx = \frac{2}{3} x^{3/2} \Big|_1^4 = \frac{2}{3} x\sqrt{x} \Big|_1^4$
$= \frac{2}{3}(4)(2) - \frac{2}{3}(1)(1) = \frac{14}{3} \approx 4.667$ square units

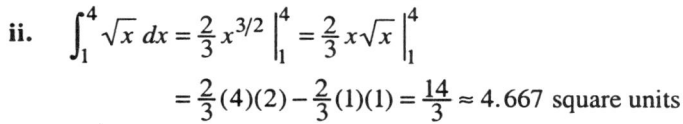

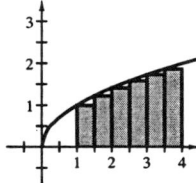

5. **i.** For 10 rectangles, divide the distance from $a = 1$ to $b = 2$ into 10 equal parts, so that each width is
$\Delta x = \frac{2-1}{10} = 0.1$
Mark the points 1.0, 1.1, 1.2, 1.3, 1.4, 1.5, 1.6, 1.7, 1.8, 1.9, and 2.0, and draw in the rectangles.

Area of 10 rectangles $= \left(\frac{1}{1.0}\right)(0.1) + \left(\frac{1}{1.1}\right)(0.1) + \left(\frac{1}{1.2}\right)(0.1) + \left(\frac{1}{1.3}\right)(0.1) + \left(\frac{1}{1.4}\right)(0.1)$
$+ \left(\frac{1}{1.5}\right)(0.1) + \left(\frac{1}{1.6}\right)(0.1) + \left(\frac{1}{1.7}\right)(0.1) + \left(\frac{1}{1.8}\right)(0.1) + \left(\frac{1}{1.9}\right)(0.1)$
$\approx (1 + 0.909 + 0.833 + 0.769 + 0.714 + 0.667 + 0.625 + 0.588 + 0.556 + 0.526)(0.1)$
$= 0.719$

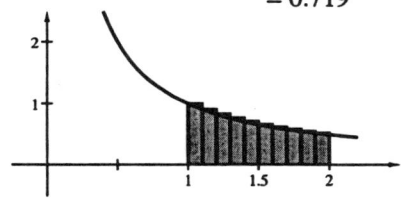

ii. $\int_1^2 \frac{1}{x}\, dx = \ln x \Big|_1^2 = \ln 2 - \ln 1 = \ln 2 - 0 \approx 0.693$

7. Using left rectangles.
i.

n	Area
10	2.9
100	2.99
1000	2.999

ii. $\int_1^2 2x\, dx = 2\int_1^2 x\, dx$
$= 2\left(\frac{x^2}{2}\right)\Big|_1^2$
$= x^2 \Big|_1^2$
$= 4 - 1 = 3$ square units

9. Using left rectangles.
i.

n	Area
10	4.515
100	4.652
1000	4.665

ii. $\int_1^4 \sqrt{x}\, dx = \int_1^4 x^{1/2}\, dx$
$= \frac{2}{3} x^{3/2} \Big|_1^4$
$= \frac{2}{3}(4)^{3/2} - \frac{2}{3}(1)^{3/2}$
$= \frac{16}{3} - \frac{2}{3} = \frac{14}{3}$
≈ 4.667 square units

11. Using left rectangles.

i.
n	Area
10	0.719
100	0.696
1000	0.693

ii. $\int_1^2 \frac{1}{x} dx = \ln x \Big|_1^2$

$= \ln 2 - \ln 1$

$= \ln 2$

≈ 0.693 square units

13. $\int_0^3 x^2 dx = \frac{x^3}{3} \Big|_0^3$

$= \frac{(3)^3}{3} - \frac{(0)^3}{3}$

$= 9$ square units

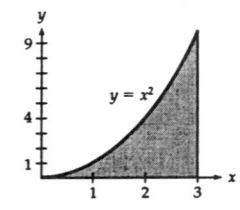

15. $\int_0^4 (4-x) dx = \left(4x - \frac{x^2}{2}\right)\Big|_0^4$

$= 4(4) - \frac{(4)^2}{2} - \left[4(0) - \frac{(0)^2}{2}\right]$

$= 16 - 8 - (0 - 0)$

$= 8$ square units

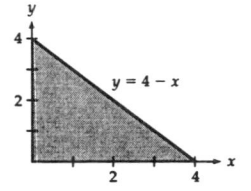

17. $\int_1^2 \frac{1}{x} dx = (\ln x) \Big|_1^2 = \ln 2 - \ln 1$

$= \ln 2$ square units

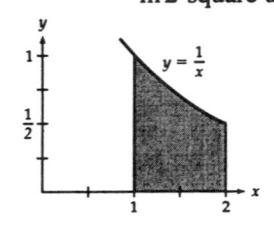

19. $\int_1^3 8x^3 dx = 8\int_1^3 x^3 dx = 8\left(\frac{x^4}{4}\right)\Big|_1^3 = 2x^4 \Big|_1^3$

$= 2(3)^4 - 2(1)^4 = 162 - 2$

$= 160$ square units

21. $\int_1^2 (6x^2 + 4x - 1) dx = \left[6\left(\frac{x^3}{3}\right) + 4\left(\frac{x^2}{2}\right) - x\right]\Big|_1^2 = (2x^3 + 2x^2 - x)\Big|_1^2$

$= 2(2)^3 + 2(2)^2 - 2 - \left[2(1)^3 + 2(1)^2 - 1\right]$

$= 16 + 8 - 2 - 2 - 2 + 1 = 19$ square units

23. $\int_4^9 \frac{1}{\sqrt{x}} dx = \int_4^9 x^{-1/2} dx = \frac{x^{1/2}}{\frac{1}{2}} \Big|_4^9 = 2x^{1/2} \Big|_4^9 = 2(9)^{1/2} - 2(4)^{1/2}$

$= 2(3) - 2(2) = 2$ square units

Exercises 5.3

25. $\int_0^8 (8 - 4\sqrt[3]{x}) \, dx = \int_0^8 (8 - 4x^{1/3}) \, dx = \left[8x - 4\left(\frac{x^{4/3}}{\frac{4}{3}}\right) \right]\Big|_0^8$

$= (8x - 3x^{4/3})\Big|_0^8 = 8(8) - 3(8)^{4/3} - \left[8(0) - 3(0)^{4/3} \right]$

$= 64 - 48 - (0 - 0) = 16$ square units

27. $\int_1^5 \frac{1}{x} \, dx = \ln x \Big|_1^5 = \ln 5 - \ln 1 = \ln 5 - 0 = \ln 5$ square units

29. $\int_1^2 (x^{-1} - x^2) \, dx = \left(\ln x - \frac{x^3}{3} \right)\Big|_1^2$

$= \ln 2 - \frac{8}{3} - \left(\ln 1 - \frac{1}{3} \right) = \ln 2 - \frac{7}{3}$ square units

31. $\int_0^{\ln 3} 2e^x \, dx = 2 \int_0^{\ln 3} e^x \, dx = 2e^x \Big|_0^{\ln 3} = 2e^{\ln 3} - 2e^0 = 2(3) - 2 = 4$ square units

33. $\int_0^2 e^{\frac{1}{2}x} \, dx = \frac{1}{\frac{1}{2}} e^{\frac{1}{2}x} \Big|_0^2 = 2e^{\frac{1}{2}x} \Big|_0^2 = 2e^{\frac{1}{2}(2)} - 2e^{\frac{1}{2}(0)} = 2e - 2$ square units

35. a. $\int_1^2 (12 - 3x^2) \, dx = \left[12x - 3\left(\frac{x^3}{3}\right) \right]\Big|_1^2 = (12x - x^3)\Big|_1^2$

$= 12(2) - (2)^3 - \left[12(1) - (1)^3 \right]$

$= 24 - 8 - 12 + 1 = 5$ square units

b. Using FnInt, the definite integral is 5 square units.

37. a. $\int_1^4 \frac{1}{x^3} \, dx = \int_1^4 x^{-3} \, dx = \frac{x^{-2}}{-2} \Big|_1^4 = -\frac{1}{2x^2} \Big|_1^4 = -\frac{1}{2(4)^2} - \left[-\frac{1}{2(1)^2} \right]$

$= -\frac{1}{32} + \frac{1}{2} = \frac{15}{32}$ square unit

b. Using FnInt, the definite integral is $\frac{15}{32}$.

39. a. $\int_1^2 (2x + 1 + x^{-1}) \, dx = \left[2\left(\frac{x^2}{2}\right) + x + \ln x \right]\Big|_1^2 = (x^2 + x + \ln x)\Big|_1^2$

$= (2)^2 + 2 + \ln 2 - \left[(1)^2 + 1 + \ln 1 \right]$

$= 4 + 2 + \ln 2 - 1 - 1 - 0 = 4 + \ln 2$ square units ≈ 4.6931 square units

b. Using FnInt, the definite integral is approximately 4.6931.

41. $\int_0^1 (x^{99} + x^9 + 1) \, dx = \left(\frac{x^{100}}{100} + \frac{x^{10}}{10} + x \right)\Big|_0^1 = \left[\frac{(1)^{100}}{100} + \frac{(1)^{10}}{10} + 1 \right] - \left[\frac{(0)^{100}}{100} + \frac{(0)^{10}}{10} + 0 \right]$

$= \frac{1}{100} + \frac{1}{10} + 1 - 0 - 0 - 0 = \frac{111}{100}$

43. $\int_1^2 (6t^2 - 2t^{-2}) \, dt = \left[6\left(\frac{t^3}{3}\right) - 2\left(\frac{t^{-1}}{-1}\right) \right]\Big|_1^2 = \left(2t^3 + \frac{2}{t} \right)\Big|_1^2$

$= 2(2)^3 + \frac{2}{2} - \left[2(1)^3 + \frac{2}{1} \right] = 16 + 1 - 2 - 2 = 13$

45. $\int_1^4 \frac{1}{y^2} \, dy = \int_1^4 y^{-2} \, dy = \left(\frac{y^{-1}}{-1}\right)\Big|_1^4 = -\frac{1}{y}\Big|_1^4 = -\frac{1}{4} + 1 = \frac{3}{4}$

47. $\int_1^e \frac{dx}{x} = \int_1^e \frac{1}{x} \, dx = \ln x \, |_1^e = 1 - 0 = 1$

49. $\int_1^3 (9x^2 + x^{-1}) \, dx = \left[9\left(\frac{x^3}{3}\right) + \ln x \right]\Big|_1^3$

$= (3x^3 + \ln x)\Big|_1^3$

$= 3(3)^3 + \ln 3 - (3(1)^3 + \ln 1) = 78 + \ln 3$

51. $\int_{-2}^{-1} 3x^{-1} \, dx = 3\int_{-2}^{-1} x^{-1} \, dx = 3\ln|x| \, |_{-2}^{-1} = 3\ln|-1| - 3\ln|-2| = -3\ln 2$

53. $\int_0^1 12e^{3x} \, dx = 12\int_0^1 e^{3x} \, dx = 12\left(\frac{1}{3}e^{3x}\right)\Big|_0^1 = 4e^{3x}\Big|_0^1 = 4e^3 - 4e^0 = 4e^3 - 4$

55. $\int_{-1}^1 5e^{-x} \, dx = 5\int_{-1}^1 e^{-x} \, dx = 5\left(\frac{1}{-1}e^{-x}\right)\Big|_{-1}^1 = -5e^{-x}\Big|_{-1}^1 = -5e^{-1} - (-5e^{-(-1)}) = 5e - 5e^{-1}$

57. $\int_{\ln 2}^{\ln 3} e^x \, dx = e^x \, |_{\ln 2}^{\ln 3} = e^{\ln 3} - e^{\ln 2} = 3 - 2 = 1$

59. $\int_1^2 \frac{(x+1)^2}{x} = \int_1^2 \left(\frac{x^2 + 2x + 1}{x}\right) dx = \int_1^2 \left(x + 2 + \frac{1}{x}\right) dx = \left(\frac{x^2}{2} + 2x + \ln x\right)\Big|_1^2$

$= \frac{(2)^2}{2} + 2(2) + \ln 2 - \left[\frac{(1)^2}{2} + 2(1) + \ln 1\right] = 2 + 4 + \ln 2 - \frac{1}{2} - 2 - 0 = \frac{7}{2} + \ln 2$

61. Using the FnInt function, the definite integral is about 1.107.

63. Using the FnInt function, the definite integral is about 2.925.

Exercises 5.3

65. Using the FnInt function, the definite integral is about 92.744.

67.
a. $\int_0^3 x^2 \, dx = \frac{x^3}{3} \Big|_0^3 = \frac{(3)^3}{3} - \frac{(0)^3}{3} = 9$

b. $\int_0^3 x^2 \, dx = \left(\frac{1}{3}x^3 + C\right)\Big|_0^3$
$= \frac{(3)^3}{3} + C - \left[\frac{(0)^3}{3} + C\right]$
$= 9 + C - 0 - C = 9$

c. C always cancels because it is always added and subtracted in the evaluation.

69. $\int_1^a \frac{1}{x} \, dx = \ln x \Big|_1^a = \ln a - \ln 1 = \ln a - 0 = \ln a$

71. We calculate the area under the curve. The area of the quarter circle with radius 1 is $\frac{\pi(1)^2}{4} = \frac{\pi}{4}$ square units. The area of the rectangle is $3 \cdot 1 = 3$ square units. The area of the triangle is $\frac{1}{2}(1)(1) = \frac{1}{2}$ square unit. Thus,
$\int_0^4 f(x) \, dx = \frac{\pi}{4} + 3 + \frac{1}{2} = \frac{7}{2} + \frac{\pi}{4}$

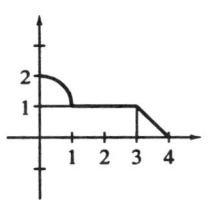

73. To find the total consumption of electricity, integrate the rate.

$\int_1^5 \left(-3t^2 + 18t + 10\right) dt = \left[-3\left(\frac{t^3}{3}\right) + 18\left(\frac{t^2}{2}\right) + 10t\right]\Big|_1^5$

$= \left(-t^3 + 9t^2 + 10t\right)\Big|_1^5 = -(5)^3 + 9(5)^2 + 10(5) - \left[-(1)^3 + 9(1)^2 + 10(1)\right]$

$= -125 + 225 + 50 + 1 - 9 - 10 = 132$ units

75. To find the total number of checks processed, integrate $r(t)$.

$\int_0^3 \left(-t^2 + 90t + 5\right) dt = \left[-\left(\frac{t^3}{3}\right) + 90\left(\frac{t^2}{2}\right) + 5t\right]\Big|_0^3 = \left(-\frac{t^3}{3} + 45t^2 + 5t\right)\Big|_0^3$

$= -\frac{(3)^3}{3} + 45(3)^2 + 5(3) - \left[-\frac{(0)^3}{3} + 45(0)^2 + 5(0)\right]$

$= -9 + 405 + 15 = 411$ checks

77. To find the total cost of the first 100 units, integrate $MC(x)$ of 0 to 100.

$$\int_0^{100} MC(x)\, dx = \int_0^{100} 6e^{-0.02x}\, dx = 6\int_0^{100} e^{-0.02x}\, dx$$

$$= 6\left(\frac{1}{-0.02} e^{-0.02x}\right)\Big|_0^{100} = -300e^{-0.02x}\Big|_0^{100}$$

$$= -300e^{-0.02(100)} - \left(-300e^{-0.02(0)}\right) = -300e^{-2} + 300 \approx \$259.40$$

79. To find the total price change, integrate the rate from $t = 0$ (the year 1995) to $t = 10$.

$$\int_0^{10} 13e^{0.08t}\, dt = 13\int_0^{10} e^{0.08t}\, dt = 13\left(\frac{1}{0.08} e^{0.08t}\right)\Big|_0^{10}$$

$$= 162.5 e^{0.08t}\Big|_0^{10} = 162.5 e^{0.08(10)} - 162.5 e^{0.08(0)}$$

$$= 162.5 e^{0.8} - 162.5 \approx 199 \text{ cents}$$

The total price change between the years 1995 and 2005 is $1.99.

81. To find the total consumption of tin, integrate the rate from 0 (year 1995) to 10 (year 2005).

$$\int_0^{10} 0.23 e^{0.01t}\, dt = 0.23\left(\frac{1}{0.01} e^{0.01t}\right)\Big|_0^{10} = 23 e^{0.01t}\Big|_0^{10}$$

$$= 23 e^{0.01(10)} - 23 e^{0.01(0)} = 23 e^{0.1} - 23 \approx 2.4 \text{ million tons}$$

83. To find the number of words, integrate the rate from $t = 0$ to $t = 10$.

$$\int_0^{10} 6 e^{-t/5}\, dt = 6\left(\frac{1}{-\frac{1}{5}} e^{-t/5}\right)\Big|_0^{10} = -30 e^{-t/5}\Big|_0^{10}$$

$$= -30 e^{-10/5} - \left(-30 e^{-0/5}\right) = -30 e^{-2} + 30 \approx 26 \text{ words}$$

85. $N = \int_A^B a x^{-b}\, dx = \frac{a}{-b+1} x^{-b+1}\Big|_A^B = \frac{a}{-b+1} B^{-b+1} - \frac{a}{-b+1} A^{-b+1} = \frac{a}{1-b}\left(B^{1-b} - A^{1-b}\right)$

87. For interest rate $i = 0.06$ and $r(t) = 240{,}000$, the capital value for $T = 10$ years is

$$(\text{Capital value}) = \int_0^{10} 240{,}000 e^{-0.06t}\, dt = \frac{240{,}000}{-0.06} e^{-0.06t}\Big|_0^{10}$$

$$= -4{,}000{,}000 e^{-0.06t}\Big|_0^{10} = -4{,}000{,}000 e^{-0.06(10)} - \left(-4{,}000{,}000 e^{-0.06(0)}\right)$$

$$= -4{,}000{,}000 e^{-0.6} + 4{,}000{,}000 \approx \$1{,}804{,}753$$

Exercises 5.4

89. a. Using the FnInt function,

$\int_0^1 x\, dx = 0.5 = \frac{1}{2}$ square unit

$\int_0^1 x^2\, dx = 0.333 = \frac{1}{3}$ square unit

$\int_0^1 x^3\, dx = 0.25 = \frac{1}{4}$ square unit

$\int_0^1 x^4\, dx = 0.2 = \frac{1}{5}$ square unit

b. $\int_0^1 x^n\, dx = \frac{1}{n+1}$ square unit

c. $\int_0^1 x^n\, dx = \frac{x^{n+1}}{n+1}\Big|_0^1 = \frac{(1)^{n+1}}{n+1} - \frac{(0)^{n+1}}{n+1} = \frac{1}{n+1}$

91. $\int_0^{30} 5e^{-0.04t}\, dt = 5\int_0^{30} e^{-0.04t}\, dt$

$= 5\left(\frac{1}{-0.04}\right)e^{-0.04t}\Big|_0^{30}$

$= -125e^{-0.04(30)} - (-125e^{-0.04(0)})$

$= -125e^{-1.2} + 125$

≈ 87.4 mg

93. To find the total sales in the first half year, integrate from $x = 0$ to $x = 26$.

$\int_0^{26} 8xe^{-0.1x}\, dx \approx 586$ cars

95. To find the total number of arrivals in the first two weeks, integrate $100e^{0.4\sqrt{x}}$ from $t = 0$ to $t = 14$.

$\int_0^{14} 100e^{0.4\sqrt{x}}\, dx \approx 4023$ arrivals

EXERCISES 5.4

1. (Average Value) $= \frac{1}{3-0}\int_0^3 x^2\, dx = \frac{1}{3}\int_0^3 x^2\, dx = \frac{1}{3}\left(\frac{x^3}{3}\right)\Big|_0^3$

$= \frac{1}{3}\left[\frac{(3)^3}{3}\right] - \frac{1}{3}\left[\frac{(0)^3}{3}\right] = \frac{27}{9} = 3$

3. (Average Value) $= \frac{1}{4-0}\int_0^4 3\sqrt{x}\, dx = \frac{3}{4}\int_0^4 x^{1/2}\, dx = \frac{3}{4}\left(\frac{2}{3}x^{3/2}\right)\Big|_0^4$

$= \frac{1}{2}x^{3/2}\Big|_0^4 = \frac{1}{2}(4)^{3/2} - \frac{1}{2}(0)^{3/2} = \frac{1}{2}(8) = 4$

5. (Average Value) $= \frac{1}{5-1}\int_1^5 \frac{1}{x^2}\, dx = \frac{1}{4}\int_1^5 x^{-2}\, dx = \frac{1}{4}\left(\frac{x^{-1}}{-1}\right)\Big|_1^5 = -\frac{1}{4x}\Big|_1^5$

$= -\frac{1}{4(5)} - \left[-\frac{1}{4(1)}\right] = -\frac{1}{20} + \frac{1}{4} = -\frac{1}{20} + \frac{5}{20} = \frac{4}{20} = \frac{1}{5}$

7. (Average Value) $= \frac{1}{4-0}\int_0^4 (2x+1)\, dx = \frac{1}{4}\left(2\frac{x^2}{2} + x\right)\Big|_0^4 = \frac{1}{4}(x^2 + x)\Big|_0^4$

$= \frac{1}{4}\left[(4)^2 + 4\right] - \frac{1}{4}\left[(0)^2 + 0\right] = \frac{1}{4}(20) = 5$

9. (Average Value) $= \frac{1}{2-(-2)} \int_{-2}^{2} (36 - x^2) \, dx = \frac{1}{4}\left(36x - \frac{x^3}{3}\right)\Big|_{-2}^{2}$

$= \frac{1}{4}\left[36(2) - \frac{(2)^3}{3}\right] - \frac{1}{4}\left[36(-2) - \frac{(-2)^3}{3}\right] = \frac{1}{4}\left(72 - \frac{8}{3}\right) - \frac{1}{4}\left(-72 + \frac{8}{3}\right)$

$= 18 - \frac{2}{3} + 18 - \frac{2}{3} = \frac{104}{3}$

11. (Average Value) $= \frac{1}{50-10} \int_{10}^{50} 3 \, dx = \frac{1}{40}(3x)\Big|_{10}^{50}$

$= \frac{1}{40}(3 \cdot 50 - 3 \cdot 10) = \frac{1}{40}(150 - 30) = 3$

13. (Average Value) $= \frac{1}{2-0} \int_{0}^{2} e^{\frac{1}{2}x} \, dx = \frac{1}{2}(2e^{\frac{1}{2}x})\Big|_{0}^{2}$

$= e^{2/2} - e^{\frac{1}{2}(0)} = e - 1$

15. (Average Value) $= \frac{1}{2-1} \int_{1}^{2} \frac{1}{x} \, dx = \ln x\Big|_{0}^{2} = \ln 2 - \ln 1 = \ln 2$

17. (Average Value) $= \frac{1}{1-0} \int_{0}^{1} x^n \, dx$

$= \frac{x^{n+1}}{n+1}\Big|_{0}^{1}$

$= \frac{(1)^{n+1}}{n+1} - \frac{(0)^{n+1}}{n+1} = \frac{1}{n+1}$

19. (Average Value) $= \frac{1}{2-0} \int_{0}^{2} (ax + b) \, dx = \frac{1}{2}\left(\frac{ax^2}{2} + bx\right)\Big|_{0}^{2}$

$= \frac{1}{2}\left[\frac{a(2)^2}{2} + b(2)\right] - \frac{1}{2}\left[\frac{a(0)^2}{2} + b(0)\right]$

$= \frac{1}{2}(2a + 2b) = a + b$

21. (Average Value) $= \frac{1}{1-(-1)} \int_{-1}^{1} e^{-x^4} \, dx$

$\approx \frac{1}{2}(1.690)$

$= 0.845$

23. To find the average sales during the first 3 days, calculate the average value of $S(x)$ for $x = 0$ to $x = 3$.

$\frac{1}{3-0} \int_{0}^{3} S(x) \, dx = \frac{1}{3} \int_{0}^{3} (200x + 6x^2) \, dx = \frac{1}{3}\left(200 \cdot \frac{x^2}{2} + 6 \cdot \frac{x^3}{3}\right)\Big|_{0}^{3}$

$= \frac{1}{3}(100x^2 + 2x^3)\Big|_{0}^{3} = \frac{1}{3}\left[100(3)^2 + 2(3)^3\right] - \frac{1}{3}\left[100(0)^2 + 2(0)^3\right]$

$= \frac{1}{3}(900 + 54) = 318$

Exercises 5.4

25. To find the average temperature, calculate the average value of $T(t)$ for $t = 0$ to $t = 10$.

$$\frac{1}{10-0}\int_0^{10} T(t)\, dt = \frac{1}{10}\int_0^{10}\left(-0.3t^2 + 4t + 60\right) dt = \frac{1}{10}\left(-0.1t^3 + 2t^2 + 60t\right)\Big|_0^{10}$$
$$= \frac{1}{10}\left[-0.1(10)^3 + 2(10)^2 + 60(10)\right] - \frac{1}{10}\left[-0.1(0)^3 + 2(0)^2 + 60(0)\right]$$
$$= \frac{1}{10}(-100 + 200 + 600) = 70$$

27. To find the average amount of pollution, calculate the average value of $P(x)$ from $x = 1$ to $x = 10$.

$$\frac{1}{10-1}\int_1^{10} P(x)\, dx = \frac{1}{9}\int_1^{10} \frac{100}{x}\, dx = \frac{100}{9}\ln x\Big|_1^{10} = \frac{100}{9}\ln 10 - \frac{100}{9}\ln 1 = \frac{100}{9}\ln 10 \approx 25.6 \text{ tons}$$

29. To find the average value, calculate the average value of $V(t)$ from $t = 0$ to $t = 40$.

$$\frac{1}{40-0}\int_0^{40} V(t)\, dt = \frac{1}{40}\int_0^{50} 1000e^{0.05t}\, dt = \frac{1000}{40(0.05)} e^{0.05t}\Big|_0^{40}$$
$$= 500e^{0.05t}\Big|_0^{40} = 500e^2 - 500e^0 = 500e^2 - 500 \approx \$3194.53$$

31. To find the average profit, calculate the average value of $1.4e^{0.05x^2}$, from $x = 0$ to $x = 10$.

$$\frac{1}{10-0}\int_0^{10} 1.4e^{0.05x^2}\, dx \approx \frac{1}{10}(240.4) = \$24.04 \text{ million}$$

33. We integrate the "upper" curve minus the "lower" curve.

$$\int_0^3 [(x^2 + 1) - (2x - 1)]\, dx = \int_0^3 (x^2 - 2x + 2)\, dx = \left(\frac{x^3}{3} - x^2 + 2x\right)\Big|_0^3$$
$$= \frac{(3)^3}{3} - (3)^2 + 2(3) - \left[\frac{(0)^3}{3} - (0)^2 + 2(0)\right] = 6 \text{ square units}$$

35. $\int_0^2 (e^{2x} - e^x)\, dx = \left(\frac{1}{2}e^{2x} - e^x\right)\Big|_0^2 = \frac{1}{2}e^4 - e^2 - \left(\frac{1}{2}e^0 - e^0\right) = \frac{1}{2}e^4 - e^2 + \frac{1}{2}$ square units

37. a.

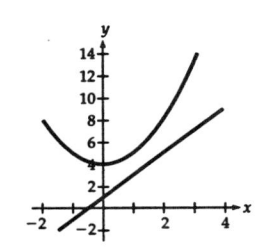

b. $\int_0^3 [(x^2 + 4) - (2x + 1)]\, dx = \int_0^3 (x^2 - 2x + 3)\, dx = \left(\frac{x^3}{3} - x^2 + 3x\right)\Big|_0^3$
$$= \frac{(3)^3}{3} - (3)^2 + 3(3) - \left[\frac{(0)^3}{3} - (0)^2 + 3(0)\right] = 9 \text{ square units}$$

39. a.

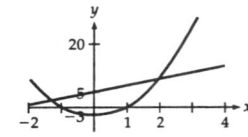

[Graph showing two curves intersecting, with y-axis marked at 20 and 5, x-axis marked at -2, -3, 1, 2, 4]

b. $\int_0^2 [2x+5-(3x^2-3)]\,dx + \int_2^3 [3x^2-3-(2x+5)]\,dx$

$= \int_0^2 (-3x^2+2x+8)\,dx + \int_2^3 (3x^2-2x-8)\,dx$

$= (-x^3+x^2+8x)\Big|_0^2 + (x^3-x^2-8x)\Big|_2^3$

$= -(2)^3+(2)^2+8(2)-[(0)^3-(0)^2-8(0)]+[(3)^3-(3)^2-8(3)]-[(2)^3-(2)^2-8(2)]$

$= -8+4+16+27-9-24-8+4+16 = 18$ square units

41. Set the functions equal to each other and solve to find the points of intersection.

$x^2-1 = 2-2x^2$

$3x^2-3 = 0$

$3(x-1)(x+1) = 0$

$x = -1, 1$

Substitute a value between -1 and 1 to determine the upper and lower curves. Use $x = 0$.

$(0)^2-1 = -1$

$2-2(0)^2 = 2$

Thus, $y = 2-2x^2$ is the upper curve and $y = x^2-1$ is the lower curve.

Area $= \int_{-1}^{1}[2-2x^2-(x^2-1)]\,dx = \int_{-1}^{1}(3-3x^2)\,dx = (3x-x^3)\Big|_{-1}^{1}$

$= 3(1)-(1)^3-[3(-1)-(-1)^3] = 3-1+3-1 = 4$ square units

43. Set the functions equal to each other and solve.

$6x^2-10x-8 = 3x^2+8x-23$

$3x^2-18x+15 = 0$

$3(x^2-6x+5) = 0$

$3(x-5)(x-1) = 0$

$x = 5, 1$

Substitute a value in the interval between 1 and 5 to determine the upper and lower curves. Use $x = 2$.

$6(2)^2-10(2)-8 = -4$

$3(2)^2+8(2)-23 = 5$

Thus, $y = 3x^2+8x-23$ is the upper curve and $y = 6x^2-10x-8$ is the lower curve.

Area $= \int_1^5 [(3x^2+8x-23)-(6x^2-10x-8)]\,dx$

$= \int_1^5 (-3x^2+18x-15)\,dx = (-x^3-9x^2-15x)\Big|_1^5$

$= (-125+225-75)-(-1+9-15) = 25+7 = 32$ square units

Exercises 5.4

45. Set the functions equal to each other and solve.
$$x^2 = x^3$$
$$x^3 - x^2 = 0$$
$$x^2(x-1) = 0$$
$$x = 0, 1$$

Substitute $x = \frac{1}{2}$ to determine the upper and lower curves.

$$\left(\frac{1}{2}\right)^2 = \frac{1}{4}$$

$$\left(\frac{1}{2}\right)^3 = \frac{1}{8}$$

Thus, $y = x^2$ is the upper curve and $y = x^3$ is the lower curve.

$$\text{Area} = \int_0^1 (x^2 - x^3)\, dx = \left(\frac{x^3}{3} - \frac{x^4}{4}\right)\bigg|_0^1 = \frac{1}{3} - \frac{1}{4} - \left(\frac{0^3}{3} - \frac{0^4}{4}\right) = \frac{1}{12} \text{ square unit}$$

47. Set the functions equal to each other and solve.
$$7x^3 - 36x = 3x^3 + 64x$$
$$4x^3 - 100x = 0$$
$$4x(x-5)(x+5) = 0$$
$$x = 0, -5, 5$$

Substitute $x = -1$ to determine the upper and lower curves on $[-5, 0]$.
$$7(-1)^3 - 36(-1) = -7 + 36 = 29$$
$$3(-1)^3 + 64(-1) = -3 - 64 = -67$$

Thus, $y = 7x^3 - 36x$ is the upper curve and $y = 3x^3 + 64x$ is the lower curve on $[-5, 0]$.

Substitute $x = 1$ to determine the upper and lower curves on $[0, 5]$.
$$7(1)^3 - 36(1) = 7 - 36 = -29$$
$$3(1)^3 + 64(1) = 3 + 64 = 67$$

Thus, $y = 3x^3 + 64x$ is the upper curve and $y = 7x^3 - 36x$ is the lower curve on $[0, 5]$.

$$\text{Area} = \int_{-5}^0 [7x^3 - 36x - (3x^3 + 64x)]\, dx + \int_0^5 [3x^3 + 64x - (7x^3 - 36x)]\, dx$$
$$= \int_{-5}^0 (4x^3 - 100x)\, dx + \int_0^5 (-4x^3 + 100x)\, dx = (x^4 - 50x^2)\bigg|_{-5}^0 + (-x^4 + 50x^2)\bigg|_0^5$$
$$= -[(-5)^4 - 50(-5)^2] + [-(5)^4 + 50(5)^2] = -625 + 1250 - 625 + 1250 = 1250 \text{ square units}$$

49. The points of intersection are -2.95 and 1.51, and $y = x + 3$ is the upper curve and $y = e^x$ is the lower curve.

$$\text{Area} = \int_{-2.95}^{1.51} (x + 3 - e^x)\, dx \approx 5.694 \text{ square unit}$$

51. To find the total increase in population, calculate the area between the curves $15e^{0.02t}$ and $20e^{0.02t}$ from $t = 0$ to $t = 20$.

$$\text{Area} = \int_0^{20} (20e^{0.02t} - 15e^{0.02t})\, dt = \int_0^{20} 5e^{0.02t}\, dt$$
$$= 250e^{0.02t}\bigg|_0^{20} = 250e^{0.4} - 250 \approx 123 \text{ million}$$

53. **a.** To find the year x when $C(x) = S(x)$, set the functions equal to each other and solve.

$100x = 1200 - 20x$

$120x = 1200$

$x = 10$ years after installation

b. To find the accumulated net savings, integrate $S(x) - C(x)$ from $x = 0$ to $x = 10$.

$$\int_0^{10} [S(x) - C(x)] \, dx = \int_0^{10} (1200 - 20x - 100x) \, dx = \int_0^{10} (1200 - 120x) \, dx$$

$$= (1200x - 60x^2) \Big|_0^{10} = 12{,}000 - 60(10)^2$$

$$= \$6000$$

55. Imports: $I(t) = 30e^{0.2t}$; Exports: $E(t) = 25e^{0.1t}$ (billion dollars)

(Accumulated trade deficit) $= \int_{t=0}^{t=10} [I(t) - E(t)] \, dt$

$$= \int_0^{10} (30e^{0.2t} - 25e^{0.1t}) \, dt$$

$$= (150e^{0.2t} - 250e^{0.1t}) \Big|_0^{10}$$

$$= (150e^2 - 250e^1) - (150 - 250)$$

$$\approx (1108.4 - 679.6) - (150 - 250)$$

$$\approx 429 + 100 \approx 529$$

Therefore, the country's accumulated trade deficit is about $529 billion.

57. (Total profit) $= \int_{100}^{200} [MR(x) - MC(x)] \, dx$

$$= \int_{100}^{200} \left(\frac{700}{x} - \frac{500}{x} \right) dx$$

$$= (700 \ln x - 500 \ln x) \Big|_{100}^{200} = 200 \ln x \Big|_{100}^{200}$$

$$= 200(\ln 200 - \ln 100) \approx \$139 \text{ thousand}$$

59. **a-e.** For part (b), the linear regression formula is $y = 956.7x + 40{,}933.2$.
For part (d), the linear regression formula is $y = 850x + 36{,}150$.

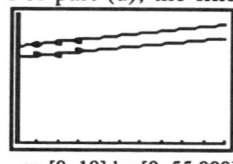

on [0, 10] by [0, 55,000]

f. The lives saved by 100% seat belt use would be about 53,167, which is the area between the curves.

61. $\frac{d}{dx}(e^{x^2+5x}) = e^{x^2+5x}(2x+5)$

63. $\frac{d}{dx}[\ln(x^2+5x)] = \frac{1}{x^2+5x}(2x+5) = \frac{2x+5}{x^2+5x}$

Exercises 5.5

EXERCISES 5.5

1. (Consumers' surplus) $= \int_0^A [d(x)-B]\, dx$, where A is the demand level and $B = d(A)$. Since the demand level is $x = 100$, $B = d(100) = 4000 - 12(100) = 2800$.

$$\text{(Consumers' surplus)} = \int_0^{100}(4000 - 12x - 2800)\, dx = \int_0^{100}(1200 - 12x)\, dx$$

$$= (1200x - 6x^2)\Big|_0^{100} = 120,000 - 60,000$$

$$= \$60,000$$

3. $B = d(200) = 300 - \frac{1}{2}(200) = 200$

$$\text{(Consumers' surplus)} = \int_0^{200}(300 - \tfrac{1}{2}x - 200)\, dx = \int_0^{200}\left(100 - \tfrac{1}{2}x\right) dx$$

$$= (100x - \tfrac{x^2}{4})\Big|_0^{200} = 20,000 - \tfrac{40,000}{4} = \$10,000$$

5. $B = d(50) = 350 - 0.09(50)^2 = 350 - 225 = 125$

$$\text{(Consumers' surplus)} = \int_0^{50}(350 - 0.09x^2 - 125)\, dx = \int_0^{50}(225 - 0.09x^2)\, dx$$

$$= (225x - 0.03x^3)\Big|_0^{50} = 11,250 - 3750 = \$7500$$

7. $B = d(100) = 200e^{-0.01(100)} = 200e^{-1}$

$$\text{(Consumers' surplus)} = \int_0^{100}(200e^{-0.01x} - 200e^{-1})\, dx = (-20,000e^{-0.01x} - 200e^{-1}x)\Big|_0^{100}$$

$$= -20,000e^{-1} - 20,000e^{-1} + 20,000e^0 \approx \$5285$$

9. The market price $B = s(x)$ for $x = 100$. Thus, $B = s(100) = 0.02(100) = 2$.

$$\text{(Producers' surplus)} = \int_0^{100}[B - s(x)]\, dx = \int_0^{100}(2 - 0.02x)\, dx$$

$$= (2x - 0.01x^2)\Big|_0^{100} = 200 - 0.01(100)^2 = \$100$$

11. $B = s(200) = 0.03(200)^2 = 1200$

$$\text{(Producers' surplus)} = \int_0^{200}(1200 - 0.03x^2)\, dx = (1200x - 0.01x^3)\Big|_0^{200}$$

$$= 240,000 - 80,000 = \$160,000$$

13. **a.** To find the market demand, solve $d(x) = s(x)$.

$$300 - 0.4x = 0.2x$$
$$0.6x = 300$$
$$x = 500$$

b. At $x = 500$, the market price is $d(500) = 300 - 0.4(500) = 100$.

$$\text{(Consumers' surplus)} = \int_0^{500}(300 - 0.4x - 100)\,dx = \int_0^{500}(200 - 0.4x)\,dx$$
$$= (200x - 0.2x^2)\Big|_0^{500} = 100,000 - 0.2(500)^2 = \$50,000$$

c. Since $d(500) = s(500) = 100$,

$$\text{(Producers' surplus)} = \int_0^{500}(100 - 0.2x)\,dx = (100x - 0.1x^2)\Big|_0^{500} = 50,000 - 25,000 = \$25,000$$

15. **a.** To find the market demand, solve $d(x) = s(x)$.

$$300 - 0.03x^2 = 0.09x^2$$
$$0.12x^2 - 300 = 0$$
$$0.12(x^2 - 2500) = 0$$
$$0.12(x + 50)(x - 50) = 0$$

Since $x \neq -50$, the market demand occurs at $x = 50$.

b. At $x = 50$, the market price is $d(50) = s(50) = 0.09(50)^2 = 225$.

$$\text{(Consumers' surplus)} = \int_0^{50}[d(x) - \text{market price}]\,dx$$
$$= \int_0^{50}(300 - 0.03x^2 - 225)\,dx$$
$$= \int_0^{50}(75 - 0.03x^2)\,dx = (75x - 0.01x^3)\Big|_0^{50}$$
$$= 3750 - 1250 = \$2500$$

c. $\text{(Producers' surplus)} = \int_0^{50}[\text{market price} - s(x)]\,dx$

$$= \int_0^{50}(225 - 0.09x^2)\,dx = (225x - 0.03x^3)\Big|_0^{50}$$
$$= 11,250 - 3750 = \$7500$$

17. **a.** To find the market demand, solve $d(x) = s(x)$.

$$300e^{-0.01x} = 100 - 100e^{-0.02x}$$

Using the intersection function, the functions intersect at $x \approx 119.48$. The market demand is $x = 119.48$.

b. At $x = 119.48$, the market price is $d(119.48) = 300e^{-0.01(119.48)} \approx 90.83$

$$\text{(Consumers' surplus)} = \int_0^{119.48}(300e^{-0.01x} - 90.83)\,dx$$
$$= \left(-\frac{300}{0.01}e^{-0.01x} - 90.83x\right)\Big|_0^{119.48} = -30,000e^{-0.01(119.48)} - 90.83(119.48) + 30,000$$
$$\approx -30,000e^{-1.1948} - 10,852.4 + 30,000 \approx \$10,065$$

c. Since $d(119.48) = s(119.48) = 90.83$,

$$\text{(Producers' surplus)} = \int_0^{119.48}[90.83 - (100 - 100e^{-0.02x})]\,dx$$
$$= (-9.17x - 5000e^{-0.01x})\Big|_0^{119.48} \approx -1095.6 - 458.3 + 5000 \approx \$3446$$

Exercises 5.5

19. (Gini index) $= 2\int_0^1 [x - L(x)]\, dx$

$= 2\int_0^1 [x - x^{3.2}]\, dx$

$= 2\left(\frac{x^2}{2} - \frac{x^{4.2}}{4.2}\right)\Big|_0^1 = 2\left(\frac{1}{2} - \frac{1}{4.2}\right)$

≈ 0.52

21. $L(x) = x^{2.1}$

(Gini index) $= 2\int_0^1 [x - L(x)]\, dx$

$= 2\int_0^1 (x - x^{2.1})\, dx$

$= 2\left(\frac{x^2}{2} - \frac{x^{3.1}}{3.1}\right)\Big|_0^1$

$= 2\left[\left(\frac{1}{2}\right) - \frac{1}{3.1} - 0\right]$

$= 2(0.177) = 0.355$

23. (Gini index) $= 2\int_0^1 [x - (0.4x + 0.6x^2)]\, dx$

$= 2\int_0^1 (0.6x - 0.6x^2)\, dx$

$= 2(0.3x^2 - 0.2x^3)\Big|_0^1 = 2(0.3 - 0.2) = 0.2$

25. $L(x) = x^n$ (for $n > 1$)

(Gini index) $= 2\int_0^1 [x - L(x)]\, dx$

$= 2\int_0^1 (x - x^n)\, dx = 2\left(\frac{x^2}{2} - \frac{x^{n+1}}{n+1}\right)\Big|_0^1$

$= 2\left[\frac{1}{2} - \frac{1^{n+1}}{n+1} - 0\right] = 2\left(\frac{1}{2} - \frac{1}{n+1}\right)$

$= 1 - \frac{2}{n+1} = \frac{n-1}{n+1}$

27. (Gini index) $= 2\int_0^1 \left(x - \frac{e^{x^2}-1}{e-1}\right) dx \approx 0.46$

(using FnInt)

29. (Gini index) $= 2\int_0^1 \left(x - \frac{x+x^2+x^3}{3}\right) dx \approx 0.28$

(using FnInt)

31.

on [0, 5] by [0, 1]
The minimum occurs at $x \approx 2.13$, and the Lorenz function for this income distribution is $L(x) = x^{2.13}$.

(Gini index) $= 2\int_0^1 (x - x^{2.13})\, dx \approx 0.36$

(using FnInt)

33. $\frac{d}{dx}(x^5 - 3x^3 + x - 1)^4$

$= 4(x^5 - 3x^3 + x - 1)^3(5x^4 - 9x^2 + 1)$

35. $\frac{d}{dx}\ln(x^4 + 1) = \frac{1}{x^4+1}(4x^3) = \frac{4x^3}{x^4+1}$

37. $\frac{d}{dx}(e^{x^3}) = e^{x^3}(3x^2) = 3x^2 e^{x^3}$

EXERCISES 5.6

1. Use the formula 5 with $u = x^2 + 1$ and $n = 9$. For $u = x^2 + 1$, the differential is $du = 2x\, dx$.

$$\int (x^2 + 1)^9\, 2x\, dx = \int u^9\, du = \frac{u^{10}}{10} + C$$

Substituting $u = x^2 + 1$,

$$\int (x^2 + 1)^9\, 2x\, dx = \frac{(x^2 + 1)^{10}}{10} + C$$

3. $\int (x^2 + 1)^9 x\, dx = \frac{1}{2}\int (x^2 + 1)^9\, 2x\, dx$ Let $u = x^2 + 1$

$\qquad = \frac{1}{2}\int u^9\, du$ $du = 2x\, dx$

$\qquad = \frac{1}{2}\left(\frac{u^{10}}{10}\right) + C$

$\qquad = \frac{u^{10}}{20} + C = \frac{(x^2+1)^{10}}{20} + C$

5. $\int e^{x^5} x^4\, dx = \frac{1}{5}\int e^{x^5} 5x^4\, dx$ Let $u = x^5$

$\qquad = \frac{1}{5}\int e^u\, du = \frac{1}{5}e^u + C$ $du = 5x^4\, dx$

$\qquad = \frac{1}{5}e^{x^5} + C$

7. $\int \frac{x^5\, dx}{x^6 + 1} = \frac{1}{6}\int \frac{1}{u}\, du$ Let $u = x^6 + 1$

$\qquad = \frac{1}{6}\ln|u| + C$ $du = 6x^5\, dx$

$\qquad = \frac{1}{6}\ln|x^6 + 1| + C$

9. $\int \sqrt{x^3 + 1}\, x\, dx$

If $u = x^3 + 1$, then $du = 3x^2\, dx$. To use the substitution formula $\int u^n\, du = \frac{1}{n+1}u^{n+1} + C$, du must contain a variable raised to a power of 2, not 1.

11. $\int e^{x^4} x^5\, dx$

If $u = x^4$, $du = 4x^3$. To use the formula $\int e^u\, du = e^u + C$, du must contain a variable raised to a power of 3, not 5.

13. $\int (x^4 - 16)^5 x^3\, dx = \frac{1}{4}\int u^5\, du = \frac{1}{4} \cdot \frac{u^6}{6} + C$ Let $u = x^4 - 16$

$\qquad = \frac{1}{24}u^6 + C = \frac{1}{24}(x^4 - 16)^6 + C$ $du = 4x^3\, dx$

15. $\int e^{-x^2} x\, dx = -\frac{1}{2}\int e^u\, du$ Let $u = -x^2$

$\qquad = -\frac{1}{2}e^u + C$ $du = -2x\, dx$

$\qquad = -\frac{1}{2}e^{-x^2} + C$

17. $\int e^{3x}\, dx = \frac{1}{3}\int e^u\, du$ Let $u = 3x$

$\qquad = \frac{1}{3}e^u + C$ $du = 3\, dx$

$\qquad = \frac{1}{3}e^{3x} + C$

Exercises 5.6

19. $\int e^{x^2} x^2 \, dx$

The integral cannot be found by the substitution formulas. If $u = x^2$, then du must contain a variable raised to a power of 1, not 2, to use the formula $\int e^u \, du = e^u + C$.

21. $\int \frac{dx}{1+5x} = \frac{1}{5} \int \frac{du}{u} = \frac{1}{5} \ln|u| + C$

$= \frac{1}{5} \ln|1+5x| + C$

Let $u = 1 + 5x$
$du = 5 \, dx$

23. $\int (x^2+1)^9 \, 5x \, dx = \frac{5}{2} \int u^9 \, du$

$= \frac{5}{2} \left(\frac{u^{10}}{10} \right) + C$

$= \frac{(x^2+1)^{10}}{4} + C$

Let $u = x^2 + 1$
$du = 2x \, dx$

25. $\int \sqrt[4]{z^4 + 16} \, z^3 \, dz = \frac{1}{4} \int u^{1/4} \, du$

$= \left(\frac{1}{4} \right) \left(\frac{4}{5} \right) u^{5/4} + C$

$= \frac{1}{5} (z^4 + 16)^{5/4} + C$

Let $u = z^4 + 16$
$du = 4z^3 \, dz$

27. The integral cannot be found by the substitution formulas. If $u = x^4 + 16$, then du must contain a variable raised to a power of 3, not 2, to use the formula $\int u^n \, du = \frac{u^{n+1}}{n+1} + C$.

29. $\int (2y^2 + 4y)^5 (y+1) \, dy = \int u^5 \frac{du}{4}$

$= \frac{1}{4} \int u^5 \, du$

$= \frac{1}{4} \left(\frac{u^6}{6} \right) + C$

$= \frac{1}{24} (2y^2 + 4y)^6 + C$

Let $u = 2y^2 + 4y$
$du = (4y+4) \, dy$
$= 4(y+1) \, dy$

31. $\int e^{x^2 + 2x + 5} (x+1) \, dx = \frac{1}{2} \int e^u \, du$

$= \frac{1}{2} e^u + C$

$= \frac{1}{2} e^{x^2 + 2x + 5} + C$

Let $u = x^2 + 2x + 5$
$du = (2x+2) \, dx$
$= 2(x+1) \, dx$

33. $\int \frac{x^3 + x^2}{3x^4 + 4x^3} \, dx = \frac{1}{12} \int \frac{1}{u} \, du$

$= \frac{1}{12} \ln|u| + C$

$= \frac{1}{12} \ln|3x^4 + 4x^3| + C$

Let $u = 3x^4 + 4x^3$
$du = (12x^3 + 12x^2) \, dx$
$= 12(x^3 + x^2) \, dx$

35. $\int \frac{x^3+x^2}{(3x^4+4x^3)^2} dx = \frac{1}{12} \int \frac{1}{u^2} du$

$= \frac{1}{12}\left(-\frac{1}{u}\right) + C$

$= -\frac{1}{12}\left(\frac{1}{3x^4+4x^3}\right) + C$

Let $u = 3x^4 + 4x^3$
$du = (12x^3 + 12x^2) dx$
$= 12(x^3 + x^2) dx$

37. $\int \frac{x}{1-x^2} dx = -\frac{1}{2} \int \frac{du}{u} = -\frac{1}{2} \ln|u| + C$

$= -\frac{1}{2} \ln|1-x^2| + C$

Let $u = 1 - x^2$
$du = -2x \, dx$

39. $\int (2x-3)^7 dx = \frac{1}{2} \int u^7 du$

$= \frac{1}{2}\left(\frac{u^8}{8}\right) + C$

$= \frac{1}{16}(2x-3)^8 + C$

Let $u = 2x - 3$
$du = 2 \, dx$

41. $\int \frac{e^{2x}}{e^{2x}+1} dx = \frac{1}{2} \int \frac{du}{u} = \frac{1}{2} \ln|u| + C$

$= \frac{1}{2} \ln|e^{2x}+1| + C$

Let $u = e^{2x} + 1$
$du = 2e^{2x} dx$

43. $\int \frac{\ln x}{x} dx = \int u \, du = \frac{u^2}{2} + C$

$= \frac{1}{2}(\ln x)^2 + C$

Let $u = \ln x$
$du = \frac{1}{x} dx$

45. $\int \frac{e^{\sqrt{x}}}{\sqrt{x}} dx = 2 \int e^u du = 2e^u + C$

$= 2e^{\sqrt{x}} + C$

Let $u = x^{1/2}$
$du = \frac{1}{2} x^{-1/2} dx$

47. $\int (x+1)x^2 dx = \int (x^3 + x^2) dx = \frac{x^4}{4} + \frac{x^3}{3} + C$

49. $\int (x+1)^2 x^3 dx = \int (x^2 + 2x + 1)x^3 dx$

$= \int (x^5 + 2x^4 + x^3) dx$

$= \frac{x^6}{6} + \frac{2x^5}{5} + \frac{x^4}{4} + C$

51. a. $\int_0^3 e^{x^2} x \, dx = \frac{1}{2} \int_0^9 e^u du$

$= \frac{1}{2} e^u \Big|_0^9 = \frac{1}{2} e^9 - \frac{1}{2} e^0 = \frac{1}{2} e^9 - \frac{1}{2}$

≈ 4051.04

Let $u = x^2$
$du = 2x \, dx$
For $x = 0$, $u = 0$
$x = 3$, $u = 9$

b. Using FnInt, the integral is about 4051.04.

53. a. $\int_0^1 \frac{x}{x^2+1} dx = \frac{1}{2} \int_1^2 \frac{du}{u} = \frac{1}{2} \ln u \Big|_1^2$

$= \frac{1}{2}(\ln 2 - \ln 1) = \frac{1}{2} \ln 2$

≈ 0.347

Let $u = x^2 + 1$
$du = 2x \, dx$
For $x = 0$, $u = 1$
$x = 1$, $u = 2$

b. Using FnInt, the integral is about 0.347.

Exercises 5.6

55. a. $\int_0^4 \sqrt{x^2+9}\, x\, dx = \frac{1}{2}\int_9^{25} \sqrt{u}\, du$ Let $u = x^2 + 9$

$\qquad\qquad = \frac{1}{2}\left(\frac{2}{3}u^{3/2}\right)\Big|_9^{25}$ $du = 2x\, dx$

$\qquad\qquad\qquad\qquad\qquad\qquad\qquad$ For $x = 0$, $u = 9$

$\qquad\qquad = \frac{1}{3}(125) - \frac{1}{3}(27) \approx 32.667$ $x = 4$, $u = 25$

b. Using FnInt, the integral is about 32.667.

57. a. $\int_2^3 \frac{dx}{1-x} = -\int_{-1}^{-2}\frac{du}{u} = -\ln|u|\,\Big|_{-1}^{-2}$ Let $u = 1 - x$

$\qquad\qquad = -\ln 2 \approx -0.693$ $du = -dx$

$\qquad\qquad\qquad\qquad\qquad\qquad\qquad$ For $x = 2$, $u = -1$

$\qquad\qquad\qquad\qquad\qquad\qquad\qquad\qquad$ $x = 3$, $u = -2$

b. Using FnInt, the integral is about −0.693.

59. a. $\int_1^8 \frac{e^{\sqrt[3]{x}}}{\sqrt[3]{x^2}}\, dx = 3\int_1^2 e^u\, du = 3e^u\,\Big|_1^2$ Let $u = \sqrt[3]{x}$

$\qquad\qquad = 3e^2 - 3e \approx 14.0123$ $du = \frac{1}{3}x^{-2/3}\, dx$

$\qquad\qquad\qquad\qquad\qquad\qquad\qquad$ For $x = 1$, $u = 1$

$\qquad\qquad\qquad\qquad\qquad\qquad\qquad\qquad$ $x = 8$, $u = 2$

b. Using FnInt, the integral is about 14.0123.

61. a. $\frac{d}{dx}\left(\frac{1}{n+1}u^{n+1} + C\right) = \frac{n+1}{n+1}u^{(n+1)-1}\frac{du}{dx} + 0$

$\qquad\qquad\qquad\qquad\qquad\quad = u^n\frac{du}{dx} = u^n u'$

b. $du = u'\, dx$ Thus, $\int u^n\, du = \int u^n u'\, dx = \frac{1}{n+1}u^{n+1} + C$

63. a. $\frac{d}{dx}(\ln u + C) = \frac{1}{u}\frac{du}{dx} = \frac{1}{u}u'$

b. $\frac{du}{u} = \frac{1}{u}u'\, dx$. Thus, $\int \frac{du}{u} = \ln u + C$.

65. $MC(x) = \frac{1}{2x+1}$ Let $u = 2x + 1$

$C(x) = \int MC(x)\, dx = \int \left(\frac{1}{2x+1}\right) dx$ $du = 2\, dx$

$C(u) = \frac{1}{2}\int \frac{du}{u} = \frac{1}{2}\ln|u| + K$

$C(x) = \frac{1}{2}|2x+1| + K$

To find K, let $x = 0$. $C(0) = 50$, so

$50 = \frac{1}{2}\ln|2x+1| + K$ for $x = 0$

$50 = \frac{1}{2}\ln|0+1| + K$

$50 = K$

Thus, $C(x) = \frac{1}{2}\ln|2x+1| + 50$

67. To find the average population, calculate the average value of $P(x)$ between $x = 0$ and $x = 8$.

(Average population) $= \dfrac{1}{8-0}\int_0^8 P(x)\,dx = \dfrac{1}{8}\int_0^8 x(x^2+36)^{-1/2}\,dx$ 　　Let $u = x^2 + 36$
　　　　　　　　　　　　　　　　　　　　　　　　　　　　　　$du = 2x\,dx$
$= \dfrac{1}{16}\int_{36}^{100} u^{-1/2}\,du = \dfrac{1}{8}u^{1/2}\Big|_{36}^{100}$ 　　　　For $x = 0$, $u = 36$
　　　　　　　　　　　　　　　　　　　　　　　　　　　　　　　$x = 8$, $u = 100$
$= \dfrac{1}{8}(10 - 6) = \dfrac{4}{8} = \dfrac{1}{2}$ million

69. $S(x) = \dfrac{1}{x+1}$

Average sales $= \dfrac{1}{4-1}\int_1^4 \left(\dfrac{1}{x+1}\right)dx$

$\dfrac{1}{3}\int_2^5 \dfrac{du}{u} = \dfrac{1}{3}\ln u\Big|_2^5$ 　　　　　　　　Let $u = x + 1$
　　　　　　　　　　　　　　　　　　　　$du = 1\,dx$
$= \dfrac{1}{3}\ln 5 - \dfrac{1}{3}\ln 2 = \dfrac{1}{3}(\ln 5 - \ln 2) \approx 0.305$ million 　　For $x = 1$, $u = 2$
　　　　　　　　　　　　　　　　　　　　　　　　　　　　　　$x = 4$, $u = 5$

71. To find the total change during the first 3 days, integrate the rate from $t = 0$ to $t = 3$.

$\int_0^3 \sqrt{25 - t^2}\,dt$ 　　　　　　　　Let $u = 25 - t^2$
　　　　　　　　　　　　　　　　$du = -2t\,dt$
$= -\dfrac{1}{2}\int_{25}^{16} u^{1/2}\,du = -\dfrac{1}{3}u^{3/2}\Big|_{25}^{16}$ 　　For $t = 0$, $u = 25$
　　　　　　　　　　　　　　　　　　　　$t = 3$, $u = 16$
$= -\dfrac{1}{3}(64 - 125) \approx \dfrac{61}{3}$ units

73. To find the number sold, integrate the rate from 0 to 8.

$\int_0^8 100e^{-x/4}\,dx$

$-4\int_0^{-2} 100e^u\,du$ 　　　　　　　　Let $u = -\dfrac{1}{4}x$
　　　　　　　　　　　　　　　　$du = -\dfrac{1}{4}\,dx$
$= -400e^u\Big|_0^{-2} = -400e^{-2} - (-400)$ 　　For $x = 0$, $u = 0$
　　　　　　　　　　　　　　　　　　　　$x = 8$, $u = -2$
$\approx -54.13 + 400 \approx 346$

75. To find the amount of pollution in the first 3 years, integrate $r(t)$ from $t = 0$ to $t = 3$.

$\int_0^3 r(t)\,dt = \int_0^3 \dfrac{t}{t^2+1}\,dx$ 　　　　Let $u = t^2 + 1$
　　　　　　　　　　　　　　　　　　$du = 2t\,dt$
$= \dfrac{1}{2}\int_1^{10} \dfrac{1}{u}\,du = \dfrac{1}{2}\ln u\Big|_1^{10}$ 　　For $t = 0$, $u = 1$
　　　　　　　　　　　　　　　　　　　$t = 3$, $u = 10$
$= \dfrac{1}{2}\ln 10 \approx 1.15$ tons

REVIEW EXERCISES FOR CHAPTER 5

1. $\int (24x^2 - 8x + 1)\,dx = \int 24x^2\,dx - \int 8x\,dx + \int dx$
　　　　　　　　　　　　$= 8x^3 - 4x^2 + x + C$

Review Exercises for Chapter 5

147

2. $\int (12x^3 + 6x - 3)\, dx = \int 12x^3\, dx + \int 6x\, dx - \int 3\, dx$
$= 3x^4 + 3x^2 - 3x + C$

3. $\int (6\sqrt{x} - 5)\, dx = \int 6\sqrt{x}\, dx - \int 5\, dx = 6\int x^{1/2}\, dx - 5\int dx$
$= (6)\left(\frac{2}{3}\right)x^{3/2} - 5x + C = 4x^{3/2} - 5x + C$

4. $\int (8\sqrt[3]{x} - 2)\, dx = \int 8x^{1/3}\, dx - \int 2\, dx$
$= 6x^{4/3} - 2x + C$

5. $\int (10\sqrt[3]{x^2} - 4x)\, dx = 6x^{5/3} - 2x^2 + C$

6. $\int (5\sqrt{x^3} - 6x)\, dx = 2x^{5/2} - 3x^2 + C$

7. $\int (x+4)(x-4)\, dx = \int (x^2 - 16)\, dx$
$= \frac{x^3}{3} - 16x + C$

8. $\int \frac{3x^3 + 2x^2 + 4x}{x}\, dx = \int (3x^2 + 2x + 4)\, dx$
$= x^3 + x^2 + 4x + C$

9. To find the cost function, integrate $MC(x)$.
$C(x) = \int MC(x)\, dx = \int (x^{-1/2} + 4)\, dx = 2x^{1/2} + 4x + K$
To find K, let $x = 0$ because $C(0) = 20{,}000$ (fixed costs).
$20{,}000 = 2(0)^{1/2} + 4(0) + K$
$K = 20{,}000$
Thus, $C(x) = 2x^{1/2} + 4x + 20{,}000$

10. **a.** The population t years from now is the integral of the rate.
$\int 300\sqrt{t}\, dt$
$= 300\left(\frac{2}{3}t^{3/2}\right) + C$
$= 200t^{3/2} + C$
To find C, let $t = 0$, because $r(0) = 40{,}000$.
$40{,}000 = 200(0)^{3/2} + C$
$C = 40{,}000$
The formula for the population of the town is $200t^{3/2} + 40{,}000$.
b. The population 16 years from now will be
$200(16)^{3/2} + 40{,}000 = 200(64) + 40{,}000$
$= 52{,}800$ people

11. $\int e^{\frac{1}{2}x}\, dx = \frac{1}{\frac{1}{2}} e^{\frac{1}{2}x} + C = 2e^{\frac{1}{2}x} + C$

12. $\int e^{-2x}\, dx = -\frac{1}{2}e^{-2x} + C$

13. $\int 4x^{-1}\, dx = 4\int \frac{1}{x}\, dx = 4\ln|x| + C$

14. $\int \frac{2}{x}\, dx = 2\ln|x| + C$

Copyright © Houghton Mifflin Company. All rights reserved.

15. $\int \left(6e^{3x} - \dfrac{6}{x}\right) dx = \int 6e^{3x} dx - \int \dfrac{6}{x} dx = 6\int e^{3x} dx - 6\int \dfrac{1}{x} dx$

$= 6\left(\dfrac{1}{3}\right)e^{3x} - 6\ln|x| + C = 2e^{3x} - 6\ln|x| + C$

16. $\int (x - x^{-1}) dx = \int \left(x - \dfrac{1}{x}\right) dx = \dfrac{x^2}{2} - \ln|x| + C$

17. $\int (9x^2 + 2x^{-1} + 6e^{3x}) dx = \int 9x^2 dx + \int \dfrac{2}{x} dx + \int 6e^{3x} dx$

$= 9\left(\dfrac{x^3}{3}\right) + 2\ln|x| + 6\left(\dfrac{1}{3}e^{3x}\right) + C$

$= 3x^3 + 2\ln|x| + 2e^{3x} + C$

18. $\int \left(\dfrac{1}{x^2} + \dfrac{1}{x} + e^{-x}\right) dx = \dfrac{x^{-1}}{-1} - \ln|x| + \dfrac{1}{-1}e^{-x} + C$

$= -x^{-1} + \ln|x| - e^{-x} + C$

19. **a.** To find to formula the total amount of aluminum consumed, integrate the rate.

$\int 40e^{0.05t} dt = \dfrac{40}{0.05}e^{0.05t} + C = 800e^{0.05t} + C$

Since consumption since 1995 is 0 at $t = 0$ (the year 1995),

$0 = 800e^{0.05(0)} + C$

$0 = 800 + C$

$C = -800$

The formula is $800e^{0.05t} - 800$.

b. To find the year when the known resources will be exhausted, solve $800e^{0.05t} - 800 = 7800$.

$800e^{0.05t} - 800 = 7800$

$800e^{0.05t} = 8600$

$e^{0.05t} = \dfrac{8600}{800}$

$t = \dfrac{1}{0.05}\ln\left(\dfrac{8600}{800}\right) \approx 47$ years

Current supplies will be exhausted in 47 years from 1995, that is, in 2042.

20. **a.** To find the formula for total savings, integrate the rate.

$\int 200e^{0.1t} dt = 2000e^{0.1t} + C$

Since savings is 0 at $t = 0$,

$0 = 2000e^{0.1(0)} + C$

$0 = 2000 + C$

$C = -2000$

The formula is $2000e^{0.1t} - 2000$.

b. $1500 = 2000e^{0.1t} - 2000$

$e^{0.1t} = 1.75$

$t = 10\ln 1.75 \approx 5.6$ years

Review Exercises for Chapter 5

21. a. To find the formula for the total amount of zinc consumed, integrate the rate.
$$\int 8e^{0.02t}\, dt = \frac{8}{0.02} e^{0.02t} + C = 400 e^{0.02t} + C$$
Since consumption is 0 at $t = 0$ (the year 1995),
$$0 = 400 e^{0.02(0)} + C$$
$$0 = 400 + C$$
$$C = -400$$
The formula is $400 e^{0.02t} - 400$.

b. To find the year when the known resources will be exhausted, solve
$$400 e^{0.02t} - 400 = 140$$
$$e^{0.02t} = \frac{540}{400}$$
$$t = 50 \ln\left(\frac{540}{400}\right) \approx 15.0 \text{ years}$$
Current supplies will be exhausted in 15.0 years from 1995, that is, in 2010.

22. a. To find total growth in profit, integrate the rate.
$$\int 200 x^{-1}\, dx = 200 \ln x + C$$
Since growth in profit since month 1 is 0 at $t = 1$ (month 1)
$$200 \ln 1 + C = 0$$
$$C = 0$$
The formula is $200 \ln x$.

b. Growth in profit will be 600 when $200 \ln x = 600$.
$$200 \ln x = 600$$
$$\ln x = 3$$
$$x = e^3 \approx 20 \text{ months}$$

23. $\int_1^9 \left(x - \frac{1}{\sqrt{x}} \right) dx = \int_1^9 (x - x^{-1/2})\, dx = \left(\frac{x^2}{2} - 2 x^{1/2} \right)\Big|_1^9$
$$= \frac{(9)^2}{2} - 2(9)^{1/2} - \left[\frac{(1)^2}{2} - 2(1)^{1/2} \right] = \frac{81}{2} - 6 - \frac{1}{2} + 2 = 36$$

24. $\int_2^5 (3x^2 - 4x + 5)\, dx = \left[3\left(\frac{x^3}{3}\right) - 4\left(\frac{x^2}{2}\right) + 5x \right]\Big|_2^5 = (x^3 - 2x^2 + 5x)\Big|_2^5$
$$= 125 - 50 + 25 - (8 - 8 + 10) = 90$$

25. $\int_1^{e^4} \frac{dx}{x} = \ln x \Big|_1^{e^4} = \ln e^4 - \ln 1 = 4 - 0 = 4$

26. $\int_1^5 \frac{dx}{x} = \ln x \Big|_1^5 = \ln 5$

27. $\int_0^2 e^{-x}\, dx = \frac{1}{-1} e^{-x} \Big|_0^2 = -e^{-x}\Big|_0^2 = -e^{-2} - (-e^0)$
$$= 1 - e^{-2}$$

28. $\int_0^2 e^{\frac{1}{2}x}\, dx = 2 e^{\frac{1}{2}x} \Big|_0^2 = 2e - 2$

29. $\int_0^{100} (e^{0.05x} - e^{0.01x})\, dx = \left(\frac{1}{0.05} e^{0.05x} - \frac{1}{0.01} e^{0.01x} \right)\Big|_0^{100} = (20 e^{0.05x} - 100 e^{0.01x})\Big|_0^{100}$
$$= 20 e^5 - 100 e^1 - (20 e^0 - 100 e^0) = 20 e^5 - 100 e + 80$$

30. $\int_0^{10} (e^{0.04x} - e^{0.02x})\, dx = \left(\dfrac{1}{0.04} e^{0.04x} - \dfrac{1}{0.02} e^{0.02x}\right)\Big|_0^{10}$

$= (25 e^{0.04x} - 50 e^{0.02x})\Big|_0^{10}$

$= 25 e^{0.4} - 50 e^{0.2} - (25 e^0 - 50 e^0) = 25 e^{0.4} - 50 e^{0.2} + 25$

31. a. Area $= \int_1^2 (6x^2 - 1)\, dx = \left[6\left(\dfrac{x^3}{3}\right) - x\right]\Big|_1^2$

$= (2x^3 - x)\Big|_1^2 = 16 - 2 - (2 - 1)$

$= 13$ square units

b. Using FnInt, Area $= 13$ square units.

32. a. Area $= \int_{-3}^3 (9 - x^2)\, dx$

$= \left(9x - \dfrac{x^3}{3}\right)\Big|_{-3}^3$

$= 27 - 9 - (-27 + 9) = 36$ square units

b. Using FnInt, Area $= 36$ square units.

33. a. Area $= \int_0^3 12 e^{2x}\, dx = \dfrac{12}{2} e^{2x}\Big|_0^3 = 6 e^{2x}\Big|_0^3$

$= 6 e^6 - 6 \approx 2414.6$ square units

b. Using FnInt, Area ≈ 2414.6 square units.

34. a. Area $= \int_0^4 e^{x/2}\, dx = 2 e^{x/2}\Big|_0^4 = 2 e^2 - 2$

≈ 12.8 square units

b. Using FnInt, Area ≈ 12.8 square units.

35. a. Area $= \int_1^{100} \dfrac{1}{x}\, dx = \ln x\Big|_1^{100} = \ln 100$

≈ 4.6 square units

b. Using FnInt, Area ≈ 4.6 square units.

36. a. Area $= \int_1^{1000} x^{-1}\, dx = \ln x\Big|_1^{1000} = \ln 1000$

≈ 6.9 square units

b. Using FnInt, Area ≈ 6.9 square units.

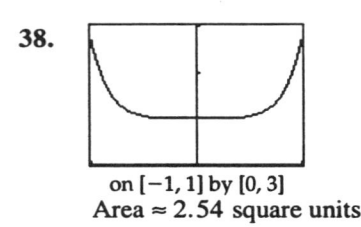

37.

on $[-2, 2]$ by $[0, 10]$
Area ≈ 21.4 square units

38.

on $[-1, 1]$ by $[0, 3]$
Area ≈ 2.54 square units

39. To find the total weight gain, integrate the rate from $t = 1$ to $t = 9$.

$\int_1^9 1.7 t^{1/2}\, dt = 1.7\left(\dfrac{2}{3} t^{3/2}\right)\Big|_1^9$

$= \dfrac{3.4}{3} t^{3/2}\Big|_1^9$

$= \dfrac{3.4}{3}(9)^{3/2} - \dfrac{3.4}{3}(1)^{3/2}$

$= 3.4(9) - \dfrac{3.4}{3} \approx 29.5$ kilograms

40. To find the number of words memorized from time $t = 1$ to time $t = 8$, integrate the rate from $t = 0$ to $t = 8$.

$\int_1^8 \dfrac{2}{\sqrt[3]{t}}\, dt = \int_1^8 2 t^{-1/3}\, dt = 3 t^{2/3}\Big|_1^8$

$= 3(8)^{2/3} - 3(1)^{2/3} = 9$ words

41. To find the rise in temperature over the next 10 years, integrate the rate from $t = 0$ to $t = 10$.

$\int_0^{10} 0.15 e^{0.1t}\, dt = \left(\dfrac{0.15}{0.1} e^{0.1t}\right)\Big|_0^{10} = 1.5 e^{0.1t}\Big|_0^{10}$

$= 1.5 e^1 - 1.5 e^0 = 1.5 e - 1.5 \approx 2.6$ degrees

Review Exercises for Chapter 5

42. To find the cost of the first 400 units, integrate $MC(x)$ from $x = 0$ to $x = 400$.
$$\int_0^{400} MC(x)\, dx = \int_0^{400} (x^{-1/2} + 4)\, dx = (2x^{1/2} + 4x)\Big|_0^{400}$$
$$= 2(400)^{1/2} + 4(400) = \$1640$$

43. To find the cost of the first 100 units, integrate $MC(x)$ from $x = 0$ to $x = 100$.
$$\int_0^{100} MC(x)\, dx = \int_0^{100} 22e^{-\sqrt{x}/5}\, dx$$
$$\approx \$653.39 \quad \text{(using FnInt)}$$

44. To find the number of pages proofread in 8 hours, integrate the rate from $x = 0$ to $x = 8$.
$$\int_0^8 15xe^{-0.25x}\, dx \approx 143 \text{ pages} \quad \text{(using FnInt)}$$

45. a. For 10 rectangles, divide the distance from 0 to 2 into 10 equal parts, so that each width is
$$\Delta x = \frac{2-0}{10} = 0.2$$
Mark the points 0, 0.2, 0.4, 0.6, 0.8, 1.0, 1.2, 1.4, 1.6, 1.8, and 2.0 and draw rectangles.
Area $\approx (0)^2(0.2) + (0.2)^2(0.2) + (0.4)^2(0.2) + (0.6)^2(0.2) + (0.8)^2(0.2) + (1.0)^2(0.2) + (1.2)^2(0.2)$
$+ (1.4)^2(0.2) + (1.6)^2(0.2) + (1.8)^2(0.2) = 2.28$ square units

b. $\int_0^2 x^2\, dx = \frac{x^3}{3}\Big|_0^2 = \frac{(2)^3}{3} = \frac{8}{3}$ square units

46. a. Divide the distance from 0 to 4 into 10 equal parts, so that each width is
$$\Delta x = \frac{4-0}{10} = 0.4$$
Mark the points 0, 0.4, 0.8, 1.2, 1.6, 2.0, 2.4, 2.8, 3.2, 3.6, and 4.0.
Area $\approx \sqrt{0}(0.4) + \sqrt{0.4}(0.4) + \sqrt{0.8}(0.4) + \sqrt{1.2}(0.4) + \sqrt{1.6}(0.4) + \sqrt{2.0}(0.4) + \sqrt{2.4}(0.4)$
$+ \sqrt{2.8}(0.4) + \sqrt{3.2}(0.4) + \sqrt{3.6}(0.4) = 4.884$ square units

b. $\int_0^4 \sqrt{x}\, dx = \frac{2}{3}x^{3/2}\Big|_0^4 = \frac{2}{3}(4)^{3/2}$
$= \frac{2}{3}(8) = \frac{16}{3}$ square units

47. Using left rectangles:

a.

n	Area
10	5.899
100	7.110
1000	7.239

b. $\int_{-2}^{2} e^x\, dx = e^x\Big|_{-2}^{2} = e^2 - e^{-2} \approx 7.254$ square units

48. Using left rectangles:

a.

n	Area
10	1.506
100	1.398
1000	1.387

b. $\int_1^4 \frac{1}{x}\, dx = \ln x\Big|_1^4 = \ln 4 \approx 1.386$ square units

49. To find the points of intersection, equate the two functions and solve.
$$x^2 + 3x = 3x + 1$$
$$x^2 - 1 = 0$$
$$x = -1, 1$$
Substitute a value between -1 and 1 to find the upper and lower curves.
$$(0)^2 + 3(0) = 0$$
$$3(0) + 1 = 1$$
Thus, $y = 3x + 1$ is the upper curve and $y = x^2 + 3x$ is the lower curve.
$$\int_{-1}^{1}[3x+1-(x^2+3x)]\,dx = \int_{-1}^{1}(-x^2+1)\,dx = \left(-\frac{x^3}{3}+x\right)\Big|_{-1}^{1}$$
$$= -\frac{1}{3}+1-\left[-\frac{(-1)}{3}-1\right] = \frac{4}{3} \text{ square units}$$

50. To find the points of intersection, equate the two functions and solve.
$$12x - 3x^2 = 6x - 24$$
$$3x^2 - 6x - 24 = 0$$
$$3(x^2 - 2x - 8) = 0$$
$$3(x-4)(x+2) = 0$$
$$x = 4, -2$$
To find the upper and lower curves, substitute $x = 0$.
$$12(0) - 3(0) = 0$$
$$6(0) - 24 = -24$$
Thus, $y = 12x - 3x^2$ is the upper curve and $y = 6x - 24$ is the lower curve.
$$\int_{-2}^{4}[12x-3x^2-(6x-24)]\,dx = \int_{-2}^{4}(-3x^2+6x+24)\,dx = \left(-x^3+3x^2+24x\right)\Big|_{-2}^{4}$$
$$= -(4)^3 + 3(4)^2 + 24(4) - [-(-2)^3 + 3(-2)^2 + 24(-2)]$$
$$= -64 + 48 + 96 - (8 + 12 - 48) = 108 \text{ square units}$$

51. To find the points of intersection, equate the two functions and solve.
$$x^2 = x$$
$$x(x-1) = 0$$
$$x = 0, 1$$
To find the upper and lower curves, substitute $x = \frac{1}{2}$.
$$\left(\frac{1}{2}\right)^2 = \frac{1}{4}$$
$$\frac{1}{2} = \frac{1}{2}$$
Thus, $y = x$ is the upper curve and $y = x^2$ is the lower curve.
$$\int_{0}^{1}(x-x^2)\,dx = \left(\frac{x^2}{2}-\frac{x^3}{3}\right)\Big|_{0}^{1} = \frac{1}{2}-\frac{1}{3}$$
$$= \frac{1}{6} \text{ square units}$$

52. To find the points of intersection, equate the two functions and solve.
$$x^4 = x$$
$$x(x^3-1) = 0$$
$$x = 0, 1$$
To find the upper and lower curves, substitute $x = \frac{1}{2}$.
$$\left(\frac{1}{2}\right)^4 = \frac{1}{16}$$
$$\frac{1}{2} = \frac{1}{2}$$
Thus, $y = x$ is the upper curve and $y = x^4$ is the lower curve.
$$\int_{0}^{1}(x-x^4)\,dx = \left(\frac{x^2}{2}-\frac{x^5}{5}\right)\Big|_{0}^{1} = \frac{1}{2}-\frac{1}{5}$$
$$= \frac{3}{10} \text{ square units}$$

Review Exercises for Chapter 5

53. To find the points of intersection, equate the two functions and solve.
$$4x^3 = 12x^2 - 8x$$
$$4x^3 - 12x^2 + 8x = 0$$
$$4x(x-1)(x-2) = 0$$
$$x = 0, 1, 2$$

To find the upper and lower curves in [0, 1], substitute $x = \frac{1}{2}$.
$$4\left(\tfrac{1}{2}\right)^3 = \tfrac{1}{2}$$
$$12\left(\tfrac{1}{2}\right)^2 - 8\left(\tfrac{1}{2}\right) = -1$$

Thus, $y = 4x^3$ is the upper curve and $y = 12x^2 - 8x$ is the lower curve in [0, 1].

To find the upper and lower curves in [1, 2], substitute $x = \frac{3}{2}$.
$$4\left(\tfrac{3}{2}\right)^3 = 13.5$$
$$12\left(\tfrac{3}{2}\right)^2 - 8\left(\tfrac{3}{2}\right) = 15$$

Thus, $y = 12x^2 - 8x$ is the upper curve and $y = 4x^3$ is the lower curve in [1, 2].

$$\text{Area} = \int_0^1 [4x^3 - (12x^2 - 8x)]\,dx + \int_1^2 (12x^2 - 8x - 4x^3)\,dx$$
$$= (x^4 - 4x^3 + 4x^2)\Big|_0^1 + \left(4x^3 - 4x^2 - x^4\right)\Big|_1^2$$
$$= 2 \text{ square units}$$

54. To find the points of intersection, equate the two functions and solve.
$$x^3 + x^2 = x^2 + x$$
$$x^3 - x = 0$$
$$x(x^2 - 1) = 0$$
$$x = 0, -1, 1$$

To find the upper and lower curves in $[-1, 0]$, substitute $x = -\frac{1}{2}$.

$$\left(-\frac{1}{2}\right)^3 + \left(-\frac{1}{2}\right)^2 = -\frac{1}{8} + \frac{1}{4} = \frac{1}{8}$$

$$\left(-\frac{1}{2}\right)^2 + \left(-\frac{1}{2}\right) = \frac{1}{4} - \frac{1}{2} = -\frac{1}{4}$$

Thus, $y = x^3 + x^2$ is the upper curve and $y = x^2 + x$ is the lower curve in $[-1, 0]$.

For $[0, 1]$, substitute $x = \frac{1}{2}$.

$$\left(\frac{1}{2}\right)^3 + \left(\frac{1}{2}\right)^2 = \frac{1}{8} + \frac{1}{4} = \frac{3}{8}$$

$$\left(\frac{1}{2}\right)^2 + \left(\frac{1}{2}\right) = \frac{1}{4} + \frac{1}{2} = \frac{3}{4}$$

Thus, $y = x^2 + x$ is the upper curve and $y = x^3 + x^2$ is the lower curve in $[0, 1]$.

$$\text{Area} = \int_{-1}^{0} [x^3 + x^2 - (x^2 + x)] \, dx + \int_{0}^{1} [x^2 + x - (x^3 + x^2)] \, dx$$

$$= \int_{-1}^{0} (x^3 - x) \, dx + \int_{0}^{1} (x - x^3) \, dx$$

$$= \left(\frac{x^4}{4} - \frac{x^2}{2}\right)\Big|_{-1}^{0} + \left(\frac{x^2}{2} - \frac{x^4}{4}\right)\Big|_{0}^{1}$$

$$= \frac{(0)^4}{4} - \frac{(0)^2}{2} - \left(\frac{(-1)^4}{4} - \frac{(-1)^2}{2}\right) + \left(\frac{1^2}{2} - \frac{1^4}{4}\right) - \left(\frac{(0)^2}{2} - \frac{(0)^4}{4}\right)$$

$$= -\left(\frac{1}{4} - \frac{1}{2}\right) + \left(\frac{1}{2} - \frac{1}{4}\right) = \frac{1}{4} + \frac{1}{4} = \frac{1}{2} \text{ square unit}$$

$$\text{Area} = \int_{-1}^{0} [x^3 + x^2 - (x^2 + x)] \, dx + \int_{0}^{1} [x^2 + x - (x^3 + x^2)] \, dx$$

$$= \int_{-1}^{0} (x^3 - x) \, dx + \int_{0}^{1} (x - x^3) \, dx$$

$$= \left(\frac{x^4}{4} - \frac{x^2}{2}\right)\Big|_{-1}^{0} + \left(\frac{x^2}{2} - \frac{x^4}{4}\right)\Big|_{0}^{1}$$

$$= \frac{(0)^4}{4} - \frac{(0)^2}{2} - \left(\frac{(-1)^4}{4} - \frac{(-1)^2}{2}\right) + \left(\frac{1^2}{2} - \frac{1^4}{4}\right) - \left(\frac{(0)^2}{2} - \frac{(0)^4}{4}\right)$$

$$= -\left(\frac{1}{4} - \frac{1}{2}\right) + \left(\frac{1}{2} - \frac{1}{4}\right) = \frac{1}{4} + \frac{1}{4} = \frac{1}{2} \text{ square units}$$

55. Equating the two functions, we get $e^x = x + 5$. Using the intersection function, the points of intersection are -4.993 and 1.937. Using FnInt,

$$\text{Area} = \int_{-4.993}^{1.937} (x + 5 - e^x) \, dx \approx 17.13 \text{ square units}$$

56. Equating the two functions, we get $\ln x = \frac{x^2}{10}$. Using the intersection function, the points of intersection are 1.138 and 3.566. Using FnInt,

$$\text{Area} = \int_{1.138}^{3.566} \left(\ln x - \frac{x^2}{10}\right) dx \approx 0.496 \text{ square unit}$$

Review Exercises for Chapter 5

57. (Average value) $= \frac{1}{4-1}\int_1^4 \frac{1}{x^2}\,dx$

$= \frac{1}{3}\ln x \Big|_1^4 = \frac{1}{3}(\ln 4 - \ln 1) = \frac{1}{3}\ln 4$

58. (Average value) $= \frac{1}{4-1}\int_1^4 6\sqrt{x}\,dx = \frac{1}{3}(4x^{3/2})\Big|_1^4 = \frac{1}{3}(32-4) = \frac{28}{3}$

59. (Average value) $= \frac{1}{5-0}\int_0^5 \sqrt{x^3+1}\,dx \approx \frac{1}{5}(23.596) \approx 4.72$ (using FnInt)

60. Average value $= \frac{1}{2-(-2)}\int_{-2}^2 \ln(e^{x^2}+10)\,dx \approx 2.77$ (using FnInt)

61. To find the average population between 2000 and 2100, the find average value of $P(t)$ between $t = 0$ and $t = 100$.

$\frac{1}{100-0}\int_0^{100} P(t)\,dt = \frac{1}{100}\int_0^{100} 6e^{0.01t}\,dt$

$= \frac{6}{100(0.01)}e^{0.01t}\Big|_0^{100}$

$= 6e - 6$

≈ 10.3 billion

62. To find the average value during the first 20 years, find the average value of $V(t)$ between $t = 0$ and $t = 20$.

$\frac{1}{20-0}\int_0^{20} V(t)\,dt = \frac{1}{20}\int_0^{20} 3000e^{0.06t}\,dt$

$= \frac{3000}{20(0.06)}e^{0.06t}\Big|_0^{20}$

$= 2500e^{1.2} - 2500 \approx \$5800$

63. To find the average value, use FnInt to find the average value of the function from $x = 0$ to $x = 10$.

$\frac{1}{10-0}\int_0^{10} 4.3e^{0.01x^2}\,dx \approx 6.29$ hundred thousand $= \$629,000$

64. To find the average price, use FnInt to find the average value of the function between $x = 0$ and $x = 52$.

$\frac{1}{52-0}\int_0^{52} 28e^{0.01x^{1.2}}\,dx \approx \$49.95$

65. Area $= \int_0^9 (3\sqrt{x} - \frac{1}{9}x^2)\,dx = \left(2x^{3/2} - \frac{x^3}{27}\right)\Big|_0^9$

$= 2(27) - 27 = 27$ square meters

66. (Accumulated surplus) $= \int_0^{10}(40e^{0.2t} - 20e^{0.1t})\,dt$

$= 200e^{0.2t} - 200e^{0.1t}\Big|_0^{10}$

$= 200e^2 - 200e^1 - (200 - 200) \approx \$934$ billion

67. (Cumulative profit) $= \int_0^8 [R(t) - C(t)]\, dt$
$= \int_0^8 (50e^{0.08t} - 20e^{0.04t})\, dt$
$\approx \$372$ million

68. a.

on [−1, 6] by [15, 25]

b. $y = -0.974x + 23.486$

on [−1, 6] by [15, 25]

f.

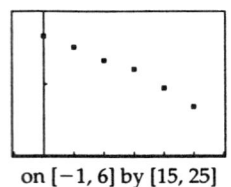

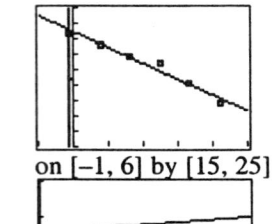

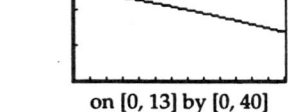

on [0, 13] by [0, 40]

g. About 96.8 million people

69. First, we must find the market price B at $x = 200$.
$B = d(200) = 8000 - 24(200)$
$= 8000 - 4800 = 3200$
(Consumers' surplus) $= \int_0^{200} (8000 - 24x - 3200)\, dx$
$= \int_0^{200} (4800 - 24x)\, dx$
$= 4800x - 12x^2 \Big|_0^{200}$
$= 4800(200) - 12(200)^2$
$\approx \$480{,}000$

70. Find the market price at $x = 200$.
$B = d(200) = 1800 - 0.03(200)^2 = 600$
(Consumers' surplus) $= \int_0^{200} (1800 - 0.03x^2 - 600)\, dx$
$= \int_0^{200} (1200 - 0.03x^2)\, dx$
$= (1200x - 0.01x^3) \Big|_0^{200}$
$= 1200(200) - 0.01(200)^3$
$\approx \$160{,}000$

71. Find the market price at $x = 120$.
$B = d(120) = 300e^{-0.2\sqrt{120}} \approx 33.545$
(Consumers' surplus) $= \int_0^{120} (300e^{-0.2\sqrt{x}} - 33.545)\, dx$
$\approx \$5623$

72. Find the market price at $x = 100$.
$B = d(100) = \dfrac{100}{1+\sqrt{100}} = \dfrac{100}{11}$
(Consumers' surplus) $= \int_0^{100} \left(\dfrac{100}{1+\sqrt{x}} - \dfrac{100}{11} \right) dx$
$\approx \$611$

Review Exercises for Chapter 5

73. $\text{(Gini Index)} = 2\int_0^1 [x - L(x)]\, dx$

$= 2\int_0^1 (x - x^{3.5})\, dx$

$= 2\left(\dfrac{x^2}{2} - \dfrac{x^{4.5}}{4.5}\right)\bigg|_0^1$

$= 2\left[\left(\dfrac{1}{2} - \dfrac{1}{4.5}\right) - 0\right] \approx 0.56$

74. $\text{(Gini Index)} = 2\int_0^1 (x - x^{2.5})\, dx$

$= 2\left(\dfrac{x^2}{2} - \dfrac{x^{3.5}}{3.5}\right)\bigg|_0^1$

$= 2\left(\dfrac{1}{2} - \dfrac{1}{3.5}\right) \approx 0.43$

75. $\text{(Gini Index)} = 2\int_0^1 \left(x - \dfrac{x}{2-x}\right) dx \approx 0.23$

76. $\text{(Gini Index)} = 2\int_0^1 \left(x - \dfrac{e^{x^4} - 1}{x - 1}\right) dx \approx 0.68$

77. $\displaystyle\int x^2 \sqrt[3]{x^3 - 1}\, dx = \dfrac{1}{3}\int u^{1/3}\, du$ Let $u = x^3 - 1$

$= \dfrac{1}{3}\left(\dfrac{3}{4}u^{4/3}\right) + C$ $du = 3x^2\, dx$

$= \dfrac{1}{4}(x^3 - 1)^{4/3} + C$

78. $\displaystyle\int x^3 \sqrt{x^4 - 1}\, dx = \dfrac{1}{4}\int u^{1/2}\, du$ Let $u = x^4 - 1$

$= \dfrac{1}{4}\left(\dfrac{2}{3}u^{3/2}\right) + C$ $du = 4x^3\, dx$

$= \dfrac{1}{6}(x^4 - 1)^{3/2} + C$

79. Cannot be found using substitution formulas.

80. Cannot be found using substitution formulas.

81. $\displaystyle\int \dfrac{dx}{9 - 3x} = -\dfrac{1}{3}\int \dfrac{du}{u} = -\dfrac{1}{3}\ln|u| + C$ Let $u = 9 - 3x$

$= -\dfrac{1}{3}\ln|9 - 3x| + C$ $du = -3\, dx$

82. $\displaystyle\int \dfrac{dx}{1 - 2x} = -\dfrac{1}{2}\int \dfrac{du}{u}$ Let $u = 1 - 2x$

$= -\dfrac{1}{2}\ln|u| + C$ $du = -2\, dx$

$= -\dfrac{1}{2}\ln|1 - 2x| + C$

83. $\displaystyle\int \dfrac{dx}{(9 - 3x)^2} = -\dfrac{1}{3}\int \dfrac{1}{u^2}\, du$ Let $u = 9 - 3x$

$= -\dfrac{1}{3}(-u^{-1}) + C$ $du = -3\, dx$

$= \dfrac{1}{3}\left(\dfrac{1}{9 - 3x}\right) + C$

84. $\int \frac{dx}{(1-2x)^2} = -\frac{1}{2}\int \frac{1}{u^2}\,du$ Let $u = 1-2x$
$\qquad du = -2\,dx$

$\qquad\qquad = -\frac{1}{2}(-u^{-1}) + C$

$\qquad\qquad = \frac{1}{2}\left(\frac{1}{1-2x}\right) + C$

85. $\int \frac{x^2}{\sqrt[3]{8+x^3}}\,dx = \frac{1}{3}\int \frac{1}{u^{1/3}}\,du = \frac{1}{3}\int u^{-1/3}\,du$ Let $u = 8 + x^3$
$\qquad du = 3x^2\,dx$

$\qquad\qquad = \frac{1}{3}\left(\frac{3}{2}u^{2/3}\right) + C$

$\qquad\qquad = \frac{1}{2}(8+x^3)^{2/3} + C$

86. $\int \frac{x}{\sqrt{9+x^2}}\,dx = \frac{1}{2}\int u^{-1/2}\,du$ Let $u = 9 + x^2$
$\qquad du = 2x\,dx$

$\qquad\qquad = \frac{1}{2}(2u^{1/2}) + C$

$\qquad\qquad = (9+x^2)^{1/2} + C$

87. $\int \frac{w+3}{(w^2+6w-1)^2}\,dw = \frac{1}{2}\int \frac{1}{u^2}\,du = \frac{1}{2}\int u^{-2}\,du$ Let $u = w^2 + 6w - 1$
$\qquad du = (2w+6)\,dw$
$\qquad\quad = 2(w+3)\,dw$

$\qquad\qquad = \frac{1}{2}(-u^{-1}) + C$

$\qquad\qquad = -\frac{1}{2}\left(\frac{1}{w^2+6w-1}\right) + C$

88. $\int \frac{t-2}{(t^2-4t+1)^2}\,dw = \frac{1}{2}\int \frac{1}{u^2}\,du$ Let $u = t^2 - 4t + 1$
$\qquad du = (2t-4)\,dt$
$\qquad\quad = 2(t-2)\,dt$

$\qquad\qquad = \frac{1}{2}(-u^{-1}) + C$

$\qquad\qquad = -\frac{1}{2}\left(\frac{1}{t^2-4t+1}\right) + C$

89. $\int \frac{(1+\sqrt{x})^2}{\sqrt{x}}\,dx = 2\int u^2\,du = 2 \cdot \frac{u^3}{3} + C$ Let $u = 1 + x^{1/2}$
$\qquad du = \frac{1}{2}x^{-1/2}\,dx$

$\qquad\qquad = \frac{2}{3}(1+\sqrt{x})^3 + C$

90. $\int \frac{(1+\sqrt[3]{x})^2}{\sqrt[3]{x^2}}\,dx = 3\int u^2\,du$ Let $u = 1 + \sqrt[3]{x}$
$\qquad du = \frac{1}{3}x^{-2/3}\,dx$

$\qquad\qquad = u^3 + C$

$\qquad\qquad = (1+\sqrt[3]{x})^3 + C$

91. $\int \frac{e^x}{e^x-1}\,dx = \int \frac{1}{u}\,du$ Let $u = e^x - 1$
$\qquad du = e^x\,dx$

$\qquad\qquad = \ln|u| + C$

$\qquad\qquad = \ln|e^x - 1| + C$

Review Exercises for Chapter 5

92. $\int \frac{1}{x \ln x} dx = \int \frac{1}{u} du$ Let $u = \ln x$

$\phantom{\int \frac{1}{x \ln x} dx} = \ln|u| + C$ $du = \frac{1}{x} dx$

$\phantom{\int \frac{1}{x \ln x} dx} = \ln|\ln x| + C$

93. a. $\int_0^3 x\sqrt{x^2 + 16}\, dx = \frac{1}{2}\int_{16}^{25} u^{1/2}\, du$ Let $u = x^2 + 16$

$\phantom{\int_0^3 x\sqrt{x^2 + 16} dx} = \frac{1}{2}\left(\frac{2}{3}u^{3/2}\right)\Big|_{16}^{25}$ $du = 2x\, dx$

$\phantom{\int_0^3 x\sqrt{x^2 + 16} dx} = \frac{1}{3}(25^{3/2} - 16^{3/2})$ For $x = 0$, $u = 16$

$\phantom{\int_0^3 x\sqrt{x^2 + 16} dx} = \frac{125 - 64}{3} = \frac{61}{3} \approx 20.33$ $x = 3$, $u = 25$

b. Using FnInt, the integral is 20.33.

94. a. $\int_0^4 \frac{dz}{\sqrt{2z+1}} = \frac{1}{2}\int_1^9 u^{-1/2}\, du$ Let $u = 2z + 1$

$\phantom{\int_0^4 \frac{dz}{\sqrt{2z+1}}} = \frac{1}{2}(2u^{1/2})\Big|_1^9$ $du = 2\, dz$

$\phantom{\int_0^4 \frac{dz}{\sqrt{2z+1}}} = 9^{1/2} - 1^{1/2} = 2$ For $z = 0$, $u = 1$

     $z = 4$, $u = 9$

b. Using FnInt, the integral is 2.

95. a. $\int_0^4 \frac{w}{\sqrt{25 - w^2}}\, dw = -\frac{1}{2}\int_{25}^9 u^{-1/2}\, du$ Let $u = 25 - w^2$

$\phantom{\int_0^4 \frac{w}{\sqrt{25 - w^2}} dw} = -\frac{1}{2}(2u^{1/2})\Big|_{25}^9$ $du = -2w\, dw$

$\phantom{\int_0^4 \frac{w}{\sqrt{25 - w^2}} dw} = -(9^{1/2} - 25^{1/2}) = -(-2) = 2$ For $w = 0$, $u = 25$

     $w = 4$, $u = 9$

b. Using FnInt, the integral is 2.

96. a. $\int_1^2 \frac{x+1}{(x^2+2x-2)^2}\, dx = \frac{1}{2}\int_1^6 u^{-2}\, du$ Let $u = x^2 + 2x - 2$

$\phantom{\int_1^2 \frac{x+1}{(x^2+2x-2)^2} dx} = \frac{1}{2}\left(\frac{1}{-1}u^{-1}\right)\Big|_1^6$ $du = 2x + 2\, dx$

$\phantom{\int_1^2 \frac{x+1}{(x^2+2x-2)^2} dx} = -\frac{1}{2}\left(\frac{1}{6} - 1\right) = \frac{5}{12} \approx 0.417$ $= 2(x+1)\, dx$

     For $x = 1$, $u = 1$

     $x = 2$, $u = 6$

b. Using FnInt, the integral is 0.417.

97. a. $\int_3^9 \frac{dx}{x-2} = \ln|x-2|\Big|_3^9$

$\phantom{\int_3^9 \frac{dx}{x-2}} = \ln 7 - \ln 1 = \ln 7 \approx 1.95$

b. Using FnInt, the integral is 1.95.

98. a. $\int_4^5 \frac{dx}{x-6} = \ln|x-6|\Big|_4^5$

$\phantom{\int_4^5 \frac{dx}{x-6}} = \ln 1 - \ln 2 = -\ln 2 \approx -0.69$

b. Using FnInt, the integral is -0.69.

99. a. $\int_0^1 x^3 e^{x^4}\, dx = \frac{1}{4}\int_0^1 e^u\, du$ Let $u = x^4$

$\phantom{\int_0^1 x^3 e^{x^4} dx} = \frac{1}{4}e^u\Big|_0^1$ $du = 4x^3\, dx$

$\phantom{\int_0^1 x^3 e^{x^4} dx} = \frac{1}{4}e - \frac{1}{4} \approx 0.430$ For $x = 0$, $u = 0$

     $x = 1$, $u = 1$

b. Using FnInt, the integral is 0.430.

100. a. $\int_0^1 x^4 e^{x^5} \, dx = \frac{1}{5} \int_0^1 e^u \, du$

    Let $u = x^5$
    $du = 5x^4 \, dx$
    For $x = 0$, $u = 0$
    $x = 1$, $u = 1$

    $= \frac{1}{5} e^u \Big|_0^1 = \frac{1}{5} e - \frac{1}{5} \approx 0.34$

   b. Using FnInt, the integral is 0.34.

101. Area $= \int_1^3 \frac{x^2 + 6x}{\sqrt[3]{x^3 + 9x^2 + 17}} \, dx$

    Let $u = x^3 + 9x^2 + 17$
    $du = (3x^2 + 18x) \, dx$
    $= 3(x^2 + 6x) \, dx$
    For $x = 1$, $u = 27$
    $x = 3$, $u = 125$

    $= \frac{1}{3} \int_{27}^{125} u^{-1/3} \, du$

    $= \frac{1}{3} \left(\frac{3}{2} u^{2/3} \right) \Big|_{27}^{125}$

    $= \frac{1}{2} [(125)^{2/3} - (27)^{2/3}]$

    $= \frac{1}{2}(25 - 9) = 8$ square units

102. Area $= \int_0^3 \frac{x + 6}{\sqrt{x^2 + 12x + 4}} \, dx = \frac{1}{2} \int_4^{49} u^{-1/2} \, du$

    Let $u = x^2 + 12x + 4$
    $du = (2x + 12) \, dx$
    $= 2(x + 6) \, dx$
    For $x = 0$, $u = 4$
    $x = 3$, $u = 49$

    $= \frac{1}{2}(2u^{1/2}) \Big|_4^{49}$

    $= 7 - 2 = 5$ square units

103. (Average Value) $= \frac{1}{2-0} \int_0^2 x e^{-x^2} \, dx$

    Let $u = -x^2$
    $du = -2x \, dx$
    For $x = 0$, $u = 0$
    $x = 2$, $u = -4$

    $= \frac{1}{2} \left(-\frac{1}{2} \right) \int_0^{-4} e^u \, du$

    $= -\frac{1}{4}(e^{-4} - 1)$

104. (Average Value) $= \frac{1}{4-2} \int_2^4 \frac{x}{x^2 - 3} \, dx$

    Let $u = x^2 - 3$
    $du = 2x \, dx$
    For $x = 2$, $u = 1$
    $x = 4$, $u = 13$

    $= \frac{1}{2} \left(\frac{1}{2} \right) \int_1^{13} \frac{1}{u} \, du$

    $= \frac{1}{4} \ln u \Big|_1^{13} = \frac{1}{4} \ln 13$

105. $C(x) = \int MC(x) \, dx = \int \frac{1}{\sqrt{2x + 9}} \, dx$

    Let $u = 2x + 9$
    $du = 2 \, dx$

    $= \frac{1}{2} \int_1^{13} u^{-1/2} \, du = \frac{1}{2}(2u^{1/2}) + K$

    $= (2x + 9)^{1/2} + K$

    Since fixed costs are 100, $c(0) = 100$.
    Thus
    $100 = [2(0) + 9]^{1/2} + K$
    $= 3 + K$
    $K = 97$
    Thus, $C(x) = (2x + 9)^{1/2} + 97$.

Review Exercises for Chapter 5

106. (Total change in temperature) $= \int_1^3 \frac{3x^2}{x^3+1}\, dx$

$= \int_1^{28} \frac{1}{u}\, du = \ln u \Big|_1^{28} = \ln 28$

≈ 3.33 degrees

Let $u = x^3 + 1$
$du = 3x^2\, dx$
For $x = 0,\ u = 1$
$x = 3,\ u = 28$

Chapter 6: Integration Techniques

EXERCISES 6.1

1. $\int e^{2x} dx = \frac{1}{2} e^{2x} + C$

3. $\int (x+2) dx = \frac{x^2}{2} + 2x + C$

5. $\int \sqrt{x}\, dx = \int x^{1/2} dx = \frac{2}{3} x^{3/2} + C$

7. $\int (x+3)^4 dx = \frac{(x+3)^5}{5} + C$

9. $\int xe^{2x} dx$ Let $u = x$ and $dv = e^{2x} dx$. Then $du = dx$ and $v = \int e^{2x} dx = \frac{1}{2} \int e^{2x} 2\, dx \frac{1}{2} e^{2x}$. Therefore,

   $\int xe^{2x} dx = \frac{1}{2} xe^{2x} - \int \frac{1}{2} e^{2x} dx$

   $= \frac{1}{2} xe^{2x} - \frac{1}{2}\left(\frac{1}{2}\right) \int e^{2x} 2\, dx = \frac{1}{2} xe^{2x} - \frac{1}{4} e^{2x} + C$

11. $\int x^5 \ln x\, dx$ Let $u = \ln x$ and $dv = x^5 dx$. Then $du = \frac{1}{x} dx$ and $v = \int x^5 dx = \frac{x^6}{6}$.

    $\int x^5 \ln x\, dx = \frac{x^6}{6} \ln x - \int \frac{x^6}{6}\left(\frac{1}{x}\right) dx = \frac{x^6}{6} \ln x - \int \frac{x^5}{6} dx$

    $= \frac{x^6}{6} \ln x - \frac{1}{6}\left(\frac{x^6}{6}\right) + C = \frac{x^6}{6} \ln x - \frac{x^6}{36} + C$

13. $\int (x+2) e^x dx$ Let $u = x+2$ and $dv = e^x dx$. Then $du = dx$ and $v = \int e^x dx = e^x$.

    $\int (x+2) e^x dx = (x+2) e^x - \int e^x dx = (x+2) e^x - e^x + C$

15. $\int \sqrt{x} \ln x\, dx$ Let $u = \ln x$ and $dv = \sqrt{x}\, dx$. Then $du = \frac{1}{x} dx$ and $v = \int \sqrt{x}\, dx = \frac{2}{3} x^{3/2}$.

    $\int \sqrt{x} \ln x\, dx = \frac{2}{3} x^{3/2} \ln x - \int \frac{2}{3} x^{3/2} \left(\frac{1}{x}\right) dx = \frac{2}{3} x^{3/2} \ln x - \frac{2}{3} \int x^{1/2} dx$

    $= \frac{2}{3} x^{3/2} \ln x - \frac{2}{3}\left(\frac{2}{3} x^{3/2}\right) + C = \frac{2}{3} x^{3/2} \ln x - \frac{4}{9} x^{3/2} + C$

17. $\int (x-3)(x+4)^5 dx$ Let $u = x-3$ and $dv = (x+4)^5 dx$. Then $du = dx$ and $v = \int (x+4)^5 dx = \frac{(x+4)^6}{6}$.

    $\int (x-3)(x+4)^5 dx = (x-3)\frac{(x+4)^6}{6} - \int \frac{(x+4)^6}{6} dx$

    $= (x-3)\frac{(x+4)^6}{6} - \frac{1}{6}\left[\frac{(x+4)^7}{7}\right] + C$

    $= (x-3)\frac{(x+4)^6}{6} - \frac{1}{42}(x+4)^7 + C$

19. $\int t e^{-0.5t} dt$ Let $u = t$ and $dv = e^{-0.5t} dt$. Then $du = dt$ and $v = \int e^{-0.5t} dt = \frac{1}{-0.5} e^{-0.5t} = -2 e^{-0.5t}$.

    $\int t e^{-0.5t} dx = t(-2e^{-0.5t}) - \int (-2e^{-0.5t}) dt = -2te^{-0.5t} + 2 \int e^{-0.5t} dt$

    $= -2te^{-0.5t} + 2\left(\frac{1}{-0.5} e^{-0.5t}\right) + C = -2te^{-0.5t} - 4e^{-0.5t} + C$

Exercises 6.1

21. $\int \frac{\ln t}{t^2} dt$ Let $u = \ln t$ and $\frac{1}{t^2} dt = t^{-2} dt$. Then $du = \frac{1}{t} dt$ and $v = \int t^{-2} dt = \frac{t^{-1}}{-1} = -t^{-1}$.

$$\int \frac{\ln t}{t^2} dt = -t^{-1} \ln t - \int (-t^{-1})\left(\frac{1}{t}\right) dt = -t^{-1} \ln t + \int t^{-2} dt$$

$$= -t^{-1} \ln t + \left(\frac{t^{-1}}{-1}\right) + C = -t^{-1} \ln t - t^{-1} + C$$

23. $\int s(2s+1)^4 ds$ Let $u = s$ and $dv = (2s+1)^4 ds$. Then $du = ds$ and $v = \int (2s+1)^4 ds$.

$$v = \int (2s+1)^4 ds = \frac{1}{2} \int w^4 dw = \frac{1}{2}\left(\frac{w^5}{5}\right) \quad \text{Let } w = 2s+1$$
$$= \frac{(2s+1)^5}{10} \qquad\qquad dw = 2ds$$

$$\int s(2s+1)^4 ds = \frac{s(2s+1)^5}{10} - \int \frac{(2s+1)^5}{10} ds = \frac{s(2s+1)^5}{10} - \frac{1}{10} \int (2s+1)^5 ds$$

$$= \frac{s(2s+1)^5}{10} - \frac{1}{10}\left[\frac{(2s+1)^6}{12}\right] + C$$

$$= \frac{s(2s+1)^5}{10} - \frac{1}{120}(2s+1)^6 + C$$

25. $\int \frac{x}{e^{2x}} dx$ Let $u = x$ and $dv = \frac{1}{e^{2x}} dx = e^{-2x} dx$. Then $du = dx$ and $v = \int e^{-2x} dx = -\frac{1}{2} e^{-2x}$.

$$\int \frac{x}{e^{2x}} dx = -\frac{1}{2} xe^{-2x} - \int \left(-\frac{1}{2} e^{-2x}\right) dx = -\frac{1}{2} xe^{-2x} + \frac{1}{2} \int e^{-2x} dx$$

$$= -\frac{1}{2} xe^{-2x} + \frac{1}{2}\left(-\frac{1}{2} e^{-2x}\right) = -\frac{1}{2} xe^{-2x} - \frac{1}{4} e^{-2x} + C$$

27. $\int \frac{x}{\sqrt{x+1}} dx$ Let $u = x$ and $dv = \frac{1}{\sqrt{x+1}} dx = (x+1)^{-1/2} dx$. Then $du = dx$ and
$v = \int (x+1)^{-1/2} dx = 2(x+1)^{1/2}$.

$$\int \frac{x}{\sqrt{x+1}} dx = 2x(x+1)^{1/2} - \int 2(x+1)^{1/2} dx = 2x(x+1)^{1/2} - 2\left[\frac{2}{3}(x+1)^{3/2}\right] + C$$

$$= 2x(x+1)^{1/2} - \frac{4}{3}(x+1)^{3/2} + C$$

29. $\int xe^{ax} dx$ Let $u = x$ and $dv = e^{ax} dx$. Then $du = dx$ and $v = \int e^{ax} dx = \frac{1}{a} e^{ax}$.

$$\int xe^{ax} dx = \frac{1}{a} xe^{ax} - \int \frac{1}{a} e^{ax} dx = \frac{1}{a} xe^{ax} - \frac{1}{a} \int e^{ax} dx$$

$$= \frac{1}{a} xe^{ax} - \frac{1}{a}\left(\frac{1}{a} e^{ax}\right) + C = \frac{1}{a} xe^{ax} - \frac{1}{a^2} e^{ax} + C$$

31. $\int x^n \ln ax \, dx$ Let $u = \ln ax$ and $dv = x^n dx$. Then $\frac{d}{dx}(\ln a + \ln x) = \frac{1}{x} dx$ and $v = \int x^n dx = \frac{x^{n+1}}{n+1}$.

$$\int x^n \ln ax \, dx = \frac{x^{n+1}}{n+1} \ln ax - \int \frac{x^{n+1}}{n+1}\left(\frac{1}{x} dx\right) = \frac{x^{n+1}}{n+1} \ln ax - \frac{1}{n+1} \int x^n dx$$

$$= \frac{x^{n+1}}{n+1} \ln ax - \frac{1}{n+1}\left(\frac{x^{n+1}}{n+1}\right) + C$$

$$= \frac{x^{n+1}}{n+1} \ln ax - \frac{1}{(n+1)^2} x^{n+1} + C$$

33. $\int \ln x \, dx$ Let $u = \ln x$ and $dv = dx$. Then $du = \frac{1}{x} dx$ and $v = \int dx = x$.

$\int \ln x \, dx = x \ln x - \int x \left(\frac{1}{x}\right) dx = x \ln x - \int dx = x \ln x - x + C$

35. $\int x^3 e^{x^2} dx$ Let $u = x^2$ and $dv = xe^{x^2} dx$. Then $du = 2x \, dx$ and

$v = \int xe^{x^2} dx = \frac{1}{2} \int e^w dw = \frac{1}{2} e^w$ Let $w = x^2$

$= \frac{1}{2} e^{x^2}$ $dw = 2x \, dx$

$\int x^3 e^{x^2} dx = \frac{1}{2} x^2 e^{x^2} - \int \frac{1}{2} e^{x^2} (2x \, dx)$

$= \frac{1}{2} x^2 e^{x^2} - \frac{1}{2} \int e^{x^2} (2x \, dx)$

$= \frac{1}{2} x^2 e^{x^2} - \frac{1}{2} e^{x^2} + C$ (using the substitution $w = x^2$ as before)

37.
a. $\int xe^{x^2} dx = \frac{1}{2} \int e^u du = \frac{1}{2} e^u + C = \frac{1}{2} e^{x^2} + C$ Let $u = x^2$
$du = 2x \, dx$

b. $\int \frac{(\ln x)^3}{x} dx = \int u^3 du = \frac{u^4}{4} + C = \frac{(\ln x)^4}{4} + C$ Let $u = \ln x$
$du = \frac{1}{x} dx$

c. $\int x^2 \ln 2x \, dx$ Let $u = \ln 2x$ and $dv = x^2 dx$. Then $du = \frac{d}{dx}(\ln 2 + \ln x) = \frac{1}{x} dx$ and $v = \int x^2 dx = \frac{x^3}{3}$.

$\int x^2 \ln 2x \, dx = \frac{1}{3} x^3 \ln 2x - \int \frac{x^3}{3} \left(\frac{1}{x} dx\right) = \frac{1}{3} x^3 \ln 2x - \frac{1}{3} \int x^2 dx$

$= \frac{1}{3} x^3 \ln 2x - \frac{1}{9} x^3 + C$

d. $\int \frac{e^x}{e^x + 4} dx = \int \frac{1}{u} du = \ln|u| + C$ Let $u = e^x + 4$

$= \ln|e^x + 4| + C$ $du = e^x dx$

39. $\int_0^2 xe^x dx$ Let $u = x$ and $dv = e^x dx$. Then $du = dx$ and $v = \int e^x dx = e^x$.

$\int xe^x dx = xe^x - \int e^x dx = xe^x - e^x + C$

$\int_0^2 xe^x dx = (xe^x - e^x)\Big|_0^2 = 2e^2 - e^2 - (0e^0 - e^0) = e^2 + 1$

41. $\int_1^3 x^2 \ln x \, dx$ Let $u = \ln x$ and $dv = x^2 dx$. Then $du = \frac{dx}{x}$ and $v = \frac{1}{3} x^3$.

$\int x^2 \ln x \, dx = \frac{1}{3} x^3 \ln x - \int \frac{1}{3} x^3 \left(\frac{dx}{x}\right) = \frac{1}{3} x^3 \ln x - \frac{1}{3} \int x^2 dx$

$= \frac{1}{3} x^3 \ln x - \frac{1}{9} x^3 + C$

$\int_1^3 x^2 \ln x \, dx = \frac{1}{3} x^3 \ln x - \frac{1}{9} x^3 \Big|_1^3$

$= \left(\frac{27}{3} \ln 3 - \frac{27}{9}\right) - \left(\frac{1}{3} \ln 1 - \frac{1}{9}\right)$

$= 9 \ln 3 - \frac{27}{9} - 0 + \frac{1}{9} = 9 \ln 3 - \frac{26}{9}$

Exercises 6.1

43. $\int_0^2 z(z-2)^4 \, dz$ Let $u = z$ and $dv = (z-2)^4 \, dz$. Then $du = dz$ and $v = \int (z-2)^4 \, dz = \frac{(z-2)^5}{5}$.

$$\int z(z-2)^4 \, dz = \frac{z(z-2)^5}{5} - \int \frac{(z-2)^5}{5} \, dz = \frac{z(z-2)^5}{5} - \frac{(z-2)^6}{30} + C$$

$$\int_0^2 z(z-2)^4 \, dz = \left[\frac{z(z-2)^5}{5} - \frac{(z-2)^6}{30} \right]\Big|_0^2 = \frac{2(0)^5}{5} - \frac{(0)^6}{30} - \left[\frac{0(-2)^5}{5} - \frac{(-2)^6}{30} \right]$$

$$= \frac{64}{30} = \frac{32}{15}$$

45. $\int_0^{\ln 4} t e^t \, dt$ Let $u = t$ and $dv = e^t \, dt$. Then $du = dt$ and $v = \int e^t \, dt = e^t$.

$$\int t e^t \, dt = t e^t - \int e^t \, dt = t e^t - e^t + C$$

$$\int_0^{\ln 4} t e^t \, dt = (t e^t - e^t)\Big|_0^{\ln 4} = (e^{\ln 4} \ln 4 - e^{\ln 4}) - (0 e^0 - e^0)$$

$$= 4 \ln 4 - 4 + 1 = 4 \ln 4 - 3$$

47. a. $\int x(x-2)^5 \, dx$ Let $u = x$ and $dv = (x-2)^5 \, dx$. Then $du = dx$ and $v = \int (x-2)^5 \, dx = \frac{(x-2)^6}{6}$

$$\int x(x-2)^5 \, dx = \frac{x(x-2)^6}{6} - \int \frac{(x-2)^6}{6} \, dx$$

$$= \frac{x(x-2)^6}{6} - \frac{1}{6} \int (x-2)^2 \, dx$$

$$= \frac{x(x-2)^6}{6} - \frac{1}{42}(x-2)^7 + C$$

b. $\int x(x-2)^5 \, dx = \int (u+2)u^5 \, du = \int (u^6 + 2u^5) \, du$

$$= \frac{u^7}{7} + 2\left(\frac{u^6}{6}\right) + C \qquad \text{Let } u = x - 2$$
$$\qquad\qquad\qquad\qquad\qquad\qquad du = dx$$

$$= \frac{(x-2)^7}{7} + \frac{(x-2)^6}{3} + C$$

49. $\int x^n e^x \, dx$ Let $u = x^n$ and $dv = e^x \, dx$. Then $du = nx^{n-1} \, dx$ and $v = \int e^x \, dx = e^x$.

$$\int x^n e^x \, dx = x^n e^x - \int nx^{n-1} e^x \, dx = x^n e^x - n \int x^{n-1} e^x \, dx$$

51. Using the formula in Exercise 49 with $n = 2$, we obtain

$$\int x^2 e^x \, dx = x^2 e^x - 2 \int x^{2-1} e^x \, dx = x^2 e^x - 2 \int x e^x \, dx$$

Using the formula on the remaining integral with $n = 1$, we obtain

$$\int x^2 e^x \, dx = x^2 e^x - 2(x e^x - \int e^x \, dx)$$

$$= x^2 e^x - 2x e^x + 2 e^x + C$$

53. a. $\int x^{-1} \, dx$ Let $u = x^{-1}$ and $dv = dx$. Then $du = -x^{-2} \, dx$ and $v = \int dx = x$

$$\int x^{-1} \, dx = x^{-1} x - \int (-x^{-2}) x \, dx + 1 + \int x^{-1} \, dx.$$

b. Since $\int f(x) \, dx = F(x) + C$, integrating $\int x^{-1} \, dx$ on each side of the equation $\int x^{-1} \, dx = 1 + \int x^{-1} \, dx$ produces constants C_1 and C_2 such that $C_1 = 1 + C_2$.

55. $R(x) = \int MR(x)\, dx = \int xe^{\frac{1}{4}x}\, dx$ Let $u = x$ and $dv = e^{\frac{1}{4}x} dx$. Then $du = dx$ and $v = 4e^{\frac{1}{4}x}$.

$R(x) = \int xe^{\frac{1}{4}x}\, dx = 4xe^{\frac{1}{4}x} - \int 4e^{\frac{1}{4}x}\, dx = 4xe^{\frac{1}{4}x} - 4(4e^{\frac{1}{4}x}) + C$

$= 4xe^{\frac{1}{4}x} - 16e^{\frac{1}{4}x} + C$

Since $R(0) = 0$,

$R(0) = 4(0)e^{\frac{1}{4}(0)} - 16e^{\frac{1}{4}(0)} + C = 0$

$0 - 16(1) + C = 0$

$C = 16$

Thus, $R(x) = 4xe^{\frac{1}{4}x} - 16e^{\frac{1}{4}x} + 16$.

57. The present value of a continuous stream of income over T years is $\int_0^T C(t)e^{-rt}\, dt$; here $C(t) = 4$ million dollars per year, $T = 10$ years, and $r = 10\% = 0.10$.

$\int_0^{10} 4te^{-0.1t}\, dt$ Let $u = 4t$ and $dv = e^{-0.1t}dt$. Then $du = 4\, dt$ and $v = \int e^{-0.1t}\, dt = -10e^{-0.1t}$.

Therefore $\int 4te^{-0.1t}\, dt = -40te^{-0.1t} - \int -10e^{-0.1t}(4\, dt)$

$= -40te^{-0.1t} + 40\int e^{-0.1t}\, dt$

$= -40te^{-0.1t} - 400e^{-0.1t} + K$

and $\int_0^{10} 4te^{-0.1t}\, dt = (-40te^{-0.1t} - 400e^{-0.1t})\Big|_0^{10}$

$= \left[-40(10)e^{-1} - 400e^{-1} \right] - (0 - 400e^0)$

$= -800e^{-1} + 400 \approx 106$

The present value of the continuous stream of income over the first ten years is approximately $106 million.

59. a. To find the amount absorbed in the first 5 hours, integrate the rate from 0 to 5.

$\int_0^5 te^{-0.5t}\, dt$ Let $u = t$ and $dv = e^{-0.5t}dt$.

Then $du = dt$ and $v = \int e^{-0.5t}dt = \frac{1}{-0.5}e^{-0.5t} = -2e^{-0.5t}$.

$\int te^{-0.5t}\, dt = -2te^{-0.5t} - \int -2e^{-0.5t}\, dt$

$= -2te^{-0.5t} + 2(-2e^{-0.5t}) + C$

$= -2te^{-0.5t} - 4e^{-0.5t} + C$

Since none is absorbed at $t = 0$,

$-2(0)e^{-0.5(0)} - 4e^{-0.5t(0)} + C = 0$

$-4 + C = 0$

$C = 4$

$\int_0^5 te^{-0.5t}dt = (-2te^{-0.5t} - 4e^{-0.5t} + 4)\Big|_0^5$

$= -2(5)e^{-0.5(5)} - 4e^{-0.5(5)} + 4 - [-2(0e^{-0.5(0)} - 4e^{-0.5(0)} + 4]$

$= -10e^{-2.5} - 4e^{-2.5} + 4 \approx 2.85$

The total amount of the drug absorbed during the first 5 hours is about 2.85 mg.

b. Using FnInt, the integral is about 2.85.

Exercises 6.1

61. a. The area under the curve is $\int_1^2 x \ln x \, dx$.

$\int x \ln x \, dx$ Let $u = \ln x$ and $dv = x \, dx$. Then $du = \frac{dx}{x}$ and $v = \int x \, dx = \frac{1}{2}x^2$.

$\int x \ln x \, dx = \frac{1}{2}x^2 \ln x - \int \frac{1}{2}x^2 \left(\frac{dx}{x}\right) = \frac{1}{2}x^2 \ln x - \frac{1}{2}\int x \, dx$

$\qquad = \frac{1}{2}x^2 \ln x - \frac{1}{4}x^2 + C$

$\left(\frac{1}{2}x^2 \ln x - \frac{1}{4}x^2\right)\Big|_1^2 = (2\ln 2 - 1) - \left(\frac{1}{2}\ln 1 - \frac{1}{4}\right)$

and the area is $\qquad = 2\ln 2 - \frac{3}{4} = \ln 4 - \frac{3}{4}$

$\qquad = 2\ln 2 - \frac{3}{4} \approx 0.64$ square unit

b. Usint FnInt, the integral is about 0.64.

63. a. To find the total gain in recognition between $t=1$ and $t=6$, integrate the rate from $t=1$ to $t=6$.

$\int_1^6 t^2 \ln t \, dt$ Let $u = \ln t$ and $dv = t^2 \, dt$. Then $du = \frac{1}{t} \, dt$ and $v = \int t^2 \, dt = \frac{t^3}{3}$.

$\int t^2 \ln t \, dt = \frac{t^3}{3}\ln t - \int \frac{t^3}{3}\left(\frac{1}{t}\right) dt = \frac{t^3}{3}\ln t - \int \frac{t^2}{3} \, dt$

$\qquad = \frac{t^3}{3}\ln t - \frac{1}{3}\left(\frac{t^3}{3}\right) + C = \frac{t^3}{3}\ln t - \frac{t^3}{9} + C$

Now evaluate from $t=1$ to $t=6$.

$\int_1^6 t^2 \ln t \, dt = \left(\frac{t^3}{3}\ln t - \frac{t^3}{9}\right)\Big|_1^6$

$\qquad = \frac{(6)^3}{3}\ln 6 - \frac{6^3}{9} - \left[\frac{(1)^3}{3}\ln 1 - \frac{1^3}{9}\right]$

$\qquad = 72\ln 6 - 24 - 0 + \frac{1}{9} \approx 105$

The total gain in customer recognition is 105 thousand customers.

b. Using FnInt, the integral is about 105.

65. $\int x^2 e^{-x} dx$ Let $u = x^2$ and $dv = e^{-x} dx$. Then $du = 2x \, dx$ and $v = \int e^{-x} dx = -e^{-x}$.

Therefore, $\int x^2 e^{-x} dx = -x^2 e^{-x} - \int (-e^{-x})2x \, dx$

$\qquad = -x^2 e^{-x} + \int 2xe^{-x} \, dx$

Let $u = 2x$ and $dv = e^{-x} dx$. Then $du = 2 \, dx$ and $v = -e^{-x}$

$\int x^2 e^{-x} dx = -x^2 e^{-x} + \left(-2xe^{-x} - \int (-e^{-x})2 \, dx\right)$

$\qquad = -x^2 e^{-x} - 2xe^{-x} + 2\int e^{-x} \, dx$

$\qquad = -x^2 e^{-x} - 2xe^{-x} - 2e^{-x} + C$

67. $\int (x+1)^2 e^x\,dx$ Let $u=(x+1)^2$ and $dv=e^x\,dx$. Then $du=2(x+1)\,dx$ and $v=\int e^x\,dx=e^x$.

$\int (x+1)^2 e^x\,dx = (x+1)^2 e^x - \int 2(x+1)e^x\,dx$.

Let $u=2(x+1)$ and $dv=e^x\,dx$. Then $du=2\,dx$ and $v=\int e^x\,dx=e^x$

$\int (x+1)^2 e^x\,dx = (x+1)^2 e^x - \left[2(x+1)e^x - \int 2e^x\,dx\right]$

$= (x+1)^2 e^x - 2(x+1)e^x + 2e^x + C$

69. $\int x^2 (\ln x)^2\,dx$ Let $u=(\ln x)^2$ and $dv=x^2\,dx$. Then $du=2\ln x\left(\frac{dx}{x}\right)$ and $v=\int dx = \frac{1}{3}x^3$.

$\int x^2(\ln x)^2\,dx = \frac{1}{3}x^3(\ln x)^2 - \int \frac{2}{3}x^3\left(\frac{\ln x}{x}\right)dx$

$= \frac{1}{3}x^3(\ln x)^2 - \int \frac{2}{3}x^2 \ln x\,dx$

Let $u=\ln x$ and $dv=\frac{2}{3}x^2\,dx$. Then $du=\frac{dx}{x}$ and $v=\frac{2}{9}x^3$

$\int x^2(\ln x)^2\,dx = \frac{1}{3}x^3(\ln x)^2 - \left[\frac{2}{9}x^3 \ln x - \int \frac{2}{9}x^3\left(\frac{dx}{x}\right)\right]$

$= \frac{1}{3}x^3(\ln x)^2 - \frac{2}{9}x^3 \ln x + \frac{2}{9}\int x^2\,dx$

$= \frac{1}{3}x^3(\ln x)^2 - \frac{2}{9}x^3 \ln x + \frac{2}{27}x^3 + C$

71. a. From the explanation preceding Exercise 65, we know

$\int x^2 e^x\,dx = x^2 e^x - 2(xe^x - e^x) + C$

Evaluate the definite integral.

$\int_0^2 x^2 e^x\,dx = (x^2 e^x - 2xe^x + 2e^x)\Big|_0^2$

$= (2)^2 e^2 - 2(2)e^2 + 2e^2 - [(0)^2 e^0 - 2(0)e^0 + 2e^0]$

$= 4e^2 - 4e^2 + 2e^2 - [2(1)]$

$= 2e^2 - 2 \approx 12.78$

b. Using FnInt, the integral is about 12.78.

73. $\int x^2 e^{-x}\,dx$ Let $u=x^2$ and $dv=e^{-x}\,dx$. We make a table of u and $dv=v'$.

Alternating Signs	$u=x^2$ and Its Derivatives	$v'=e^{-x}$ and Its Antiderivatives
+	x^2	e^{-x}
−	$2x$	$-e^{-x}$
+	2	e^{-x}
−	0	$-e^{-x}$

$\int x^2 e^{-x}\,dx = -x^2 e^{-x} - 2xe^{-x} + 2(-e^{-x}) + C$

$= -x^2 e^{-x} - 2xe^{-x} - 2e^{-x} + C$

Exercises 6.2

75. $\int x^3 e^{2x} dx$ Let $u = x^3$ and $dv = v' = e^{2x} dx$. We make a table of u and v'.

Alternating Signs	$u = x^3$ and Its Derivatives	$v' = e^{2x}$ and Its Antiderivatives
+	x^3	e^{2x}
−	$3x^2$	$\frac{1}{2}e^{2x}$
+	$6x$	$\frac{1}{4}e^{2x}$
−	6	$\frac{1}{8}e^{2x}$
+	0	$\frac{1}{16}e^{2x}$

$$\int x^3 e^{2x} dx = \frac{1}{2}x^3 e^{2x} - 3x^2\left(\frac{1}{4}e^{2x}\right) + 6x\left(\frac{1}{8}e^{2x}\right) - 6\left(\frac{1}{16}e^{2x}\right) + C$$
$$= \frac{1}{2}x^3 e^{2x} - \frac{3}{4}x^2 e^{2x} + \frac{3}{4}xe^{2x} - \frac{3}{8}e^{2x} + C$$

77. $\int (x-1)^3 e^{3x} dx$ Let $u = (x-1)^3$ and $dv = v' = e^{3x} dx$.

Alternating Signs	$u = (x-1)^3$ and Its Derivatives	$v' = e^{3x}$ and Its Antiderivatives
+	$(x-1)^3$	e^{3x}
−	$3(x-1)^2$	$\frac{1}{3}e^{3x}$
+	$6(x-1)$	$\frac{1}{9}e^{3x}$
−	6	$\frac{1}{27}e^{3x}$
+	0	$\frac{1}{81}e^{3x}$

$$\int (x-1)^3 e^{3x} dx = \frac{1}{3}(x-1)^3 e^{3x} - \frac{1}{3}(x-1)^2 e^{3x} + \frac{6}{27}(x-1)e^{3x} - \frac{6}{81}e^{3x} + C$$
$$= \frac{1}{3}(x-1)^3 e^{3x} - \frac{1}{3}(x-1)^2 e^{3x} + \frac{2}{9}(x-1)e^{3x} - \frac{2}{27}e^{3x} + C$$

EXERCISES 6.2

1. Formula 12 is $\int \frac{1}{x^2(ax+b)} dx = -\frac{1}{b}\left(\frac{1}{x} + \frac{a}{b}\ln\left|\frac{x}{ax+b}\right|\right) + C.$
Here let $a = 5$ and $b = -1$.

3. Use Formula 14 and let $a = -1$ and $b = 7$.

5. Use Formula 9 with $a = -1$ and $b = 1$.

7. Using Formula 16 with $a = 3$, we obtain
$$\int \frac{1}{9-x^2} dx = \frac{1}{2(3)}\ln\left|\frac{3+x}{3-x}\right| + C$$
$$= \frac{1}{6}\ln\left|\frac{3+x}{3-x}\right| + C$$

9. Use Formula 12 with $a = 2$, $b = 1$.
$$\int \frac{1}{x^2(2x+1)} dx = -\frac{1}{1}\left(\frac{1}{x} + \frac{2}{1}\ln\left|\frac{x}{2x+1}\right|\right) + C = -\frac{1}{x} - 2\ln\left|\frac{x}{2x+1}\right| + C$$

11. Use Formula 9 with $a = -1$, $b = 1$.
$$\int \frac{x}{1-x} dx = \frac{x}{-1} - \frac{1}{(-1)^2}\ln|1-x| + C = -x - \ln|1-x| + C$$

13. Use Formula 10 with $a=2$, $b=1$, $c=1$, $d=1$.
$$\int \frac{1}{(2x+1)(x+1)}\,dx = \frac{1}{2-1}\ln\left|\frac{2x+1}{x+1}\right|+C = \ln\left|\frac{2x+1}{x+1}\right|+C$$

15. Use Formula 17 with $a=2$.
$$\int \sqrt{x^2-4}\,dx = \frac{x}{2}\sqrt{x^2-4} - \frac{4}{2}\ln\left|x+\sqrt{x^2-4}\right|+C$$
$$= \frac{x}{2}\sqrt{x^2-4} - 2\ln\left|x+\sqrt{x^2-4}\right|+C$$

17. Use Formula 20 with $x=z$ and $a=1$.
$$\int \frac{1}{z\sqrt{1-z^2}}\,dz = -\ln\left|\frac{1+\sqrt{1-z^2}}{z}\right|+C$$

19. Use Formula 21 with $n=3$ and $a=2$.
$$\int x^3 e^{2x}\,dx = \frac{1}{2}x^3 e^{2x} - \frac{3}{2}\int x^{3-1} e^{2x}\,dx = \frac{1}{2}x^3 e^{2x} - \frac{3}{2}\int x^2 e^{2x}\,dx$$
Use Formula 21 again with $n=2$ and $a=2$.
$$\int x^3 e^{2x}\,dx = \frac{1}{2}x^3 e^{2x} - \frac{3}{2}\left(\frac{1}{2}x^2 e^{2x} - \int x e^{2x}\,dx\right)$$
Use Formula 21 again with $n=1$ and $a=2$.
$$\int x^3 e^{2x}\,dx = \frac{1}{2}x^3 e^{2x} - \frac{3}{2}\left[\frac{1}{2}x^2 e^{2x} - \left(\frac{1}{2}x e^{2x} - \frac{1}{2}\int x^0 e^{2x}\,dx\right)\right]$$
$$= \frac{1}{2}x^3 e^{2x} - \frac{3}{4}x^2 e^{2x} + \frac{3}{4}x e^{2x} - \frac{3}{4}\int e^{2x}\,dx$$
$$= \frac{1}{2}x^3 e^{2x} - \frac{3}{4}x^2 e^{2x} + \frac{3}{4}x e^{2x} - \frac{3}{4}\left(\frac{1}{2}e^{2x}\right)+C$$
$$= \frac{1}{2}x^3 e^{2x} - \frac{3}{4}x^2 e^{2x} + \frac{3}{4}x e^{2x} - \frac{3}{8}e^{2x}+C$$

21. Use Formula 23 with $n=-101$.
$$\int x^{-101}\ln x\,dx = \frac{1}{-100}x^{-100}\ln x - \frac{1}{(-100)^2}x^{-100}+C$$
$$= -\frac{1}{100}x^{-100}\ln x - \frac{1}{10{,}000}x^{-100}+C$$

23. Use Formula 10 with $a=1$, $b=0$, $c=1$, $d=3$.
$$\int \frac{1}{x(x+3)}\,dx = \frac{1}{1(3)-(0)(1)}\ln\left|\frac{x}{x+3}\right|+C$$
$$= \frac{1}{3}\ln\left|\frac{x}{x+3}\right|+C$$

25. Use Formula 15 with $x=z^2$ and $a=2$. Then $dx = 2z\,dz$.
$$\int \frac{z}{z^4-4}\,dz = \int \frac{\frac{1}{2}dx}{x^2-4} = \frac{1}{2}\left[\frac{1}{2(2)}\right]\ln\left|\frac{x-2}{x+2}\right|+C$$
$$= \frac{1}{8}\ln\left|\frac{x-2}{x+2}\right|+C = \frac{1}{8}\ln\left|\frac{z^2-2}{z^2+2}\right|+C$$

Exercises 6.2

27. Use Formula 17 with $u = 3x$ and $a = 4$. Then $du = 3\, dx$.

$$\int \sqrt{9x^2 + 16}\, dx = \int \sqrt{u^2 + 16}\, \frac{du}{3} = \frac{1}{3}\int \sqrt{u^2 + 16}\, du$$

$$= \frac{1}{3}\left(\frac{u}{2}\sqrt{u^2 + 16} + \frac{16}{2}\ln\left|u + \sqrt{u^2 + 16}\right|\right) + C$$

$$= \frac{1}{3}\left(\frac{3x}{2}\sqrt{9x^2 + 16} + 8\ln\left|3x + \sqrt{9x^2 + 16}\right|\right) + C$$

$$= \frac{1}{2}x\sqrt{9x^2 + 16} + \frac{8}{3}\ln\left|3x + \sqrt{9x^2 + 16}\right| + C$$

29. First, we write the integral in a form such that we can use a formula involving $\frac{1}{\sqrt{a^2 - x^2}}$.

$$\int \frac{1}{\sqrt{4 - e^{2t}}}\, dt = \int \frac{e^t}{e^t\sqrt{4 - e^{2t}}}\, dt$$

Now we let $x = e^t$ and use Formula 20 with $a = 2$.

$$\int \frac{1}{\sqrt{4 - e^{2t}}}\, dt = \int \frac{e^t}{e^t\sqrt{4 - e^{2t}}}\, dt = \int \frac{1}{x\sqrt{4 - x^2}}\, dx$$

$$= -\frac{1}{2}\ln\left|\frac{2 + \sqrt{4 - x^2}}{x}\right| + C = -\frac{1}{2}\ln\left|\frac{2 + \sqrt{4 - e^{2t}}}{e^t}\right| + C$$

31. Use Formula 15 with $x = e^t$ and $a = 1$. Then $dx = e^t\, dt$.

$$\int \frac{e^t}{e^{2t} - 1}\, dt = \int \frac{1}{x^2 - 1}\, dx = \frac{1}{2}\ln\left|\frac{x-1}{x+1}\right| + C = \frac{1}{2}\ln\left|\frac{e^t - 1}{e^t + 1}\right| + C$$

33. Use Formula 18 with $u = x^4$, $a = 1$. Then $du = 4x^3\, dx$.

$$\int \frac{x^3}{\sqrt{x^8 - 1}}\, dx = \int \frac{\frac{1}{4}du}{\sqrt{u^2 - 1}} = \frac{1}{4}\ln\left|u + \sqrt{u^2 - 1}\right| + C$$

$$= \frac{1}{4}\ln\left|x^4 + \sqrt{x^8 - 1}\right| + C$$

35. First, we write the integral so that we can use a formula involving $\frac{1}{u\sqrt{u+1}}$.

$$\int \frac{1}{x\sqrt{x^3 + 1}}\, dx = \int \frac{x^2}{x^3\sqrt{x^3 + 1}}\, dx$$

Let $u = x^3$ and $a = 1$. Then $du = 3x^2\, dx$. Use Formula 14 with $b = 1$.

$$\int \frac{1}{x\sqrt{x^3 + 1}}\, dx = \int \frac{1}{u\sqrt{u+1}}\, \frac{du}{3} = \frac{1}{3}\left(\frac{1}{\sqrt{1}}\ln\left|\frac{\sqrt{u+1} - \sqrt{1}}{\sqrt{u+1} + \sqrt{1}}\right|\right) + C$$

$$= \frac{1}{3}\ln\left|\frac{\sqrt{x^3 + 1} - 1}{\sqrt{x^3 + 1} + 1}\right| + C$$

37. Use Formula 15 with $x = e^t$ and $a = 1$. Then $dx = e^t\, dt$.

$$\int \frac{e^t}{(e^t - 1)(e^t + 1)}\, dt = \int \frac{e^t}{e^{2t} - 1}\, dt = \int \frac{1}{x^2 - 1}\, dx = \frac{1}{2}\ln\left|\frac{x-1}{x+1}\right| + C$$

$$= \frac{1}{2}\ln\left|\frac{e^t - 1}{e^t + 1}\right| + C$$

39. Use Formula 21 with $n = 1$ and $a = \frac{1}{2}$.

$$\int xe^{x/2} = \frac{1}{\frac{1}{2}} xe^{x/2} - \frac{1}{\frac{1}{2}} \int x^{1-1} e^{x/2} dx$$

$$= 2xe^{x/2} - 2\int e^{x/2} dx$$

$$= 2xe^{x/2} - 2\left(\frac{1}{\frac{1}{2}} e^{x/2}\right) + C$$

$$= 2xe^{x/2} - 4e^{x/2} + C$$

41. First, rewrite the integral as

$$\int \frac{1}{e^{-x}+4} dx = \int \frac{e^x}{1+4e^x} dx$$

Use Formula 6 with $u = 1 + 4e^x$ and $du = 4e^x dx$.

$$\int \frac{1}{e^{-x}+4} dx = \int \frac{1}{u} \frac{du}{4} = \frac{1}{4} \ln|1 + 4e^x| + C$$

43. a. Use Formula 17 with $a = 4$.

$$\int_4^5 \sqrt{x^2 - 16}\, dx = \left(\frac{x}{2}\sqrt{x^2-16} - \frac{16}{2}\ln\left|x + \sqrt{x^2-16}\right|\right)\Big|_4^5$$

$$= \frac{5}{2}\sqrt{25-16} - 8\ln\left|5+\sqrt{25-16}\right| - \left(\frac{4}{2}\sqrt{16-16} - 8\ln\left|4+\sqrt{16-16}\right|\right)$$

$$= \frac{5}{2}(3) - 8\ln(5+3) - 2(0) + 8\ln(4+0)$$

$$= \frac{15}{2} - 8\ln 8 + 8\ln 4 \approx 1.95$$

b. Using FnInt, the integral is about 1.95.

45. a. Use Formula 15 with $a = 1$.

$$\int_2^3 \frac{1}{x^2-1}\, dx = \frac{1}{2}\ln\left|\frac{x-1}{x+1}\right|\Big|_2^3 = \frac{1}{2}\left(\ln \frac{2}{4} - \ln \frac{1}{3}\right)$$

$$= \frac{1}{2}\left(\ln \frac{1}{2} - \ln \frac{1}{3}\right) = \frac{1}{2} \ln \frac{\frac{1}{2}}{\frac{1}{3}} = \frac{1}{2} \ln \frac{3}{2} \approx 0.203$$

b. Using FnInt, the integral is about 0.203.

47. a. Use Formula 19 with $a = 5$.

$$\int_3^5 \frac{\sqrt{25-x^2}}{x}\, dx = \sqrt{25-x^2} - 5\ln\left|\frac{5+\sqrt{25-x^2}}{x}\right|\Big|_3^5$$

$$= \sqrt{25-25} - 5\ln \frac{5+\sqrt{25-25}}{5} - \left(\sqrt{25-9} - 5\ln \frac{5+\sqrt{25-9}}{3}\right)$$

$$= 0 - 5\ln 1 - \sqrt{16} + 5\ln \frac{5+\sqrt{16}}{3}$$

$$= -4 + 5\ln 3 \approx 1.49$$

b. Using FnInt, the integral is about 1.49.

Exercises 6.2

49. $\int \frac{1}{2x+6}\,dx$ Let $u=2x+6$.
Then $du=2\,dx$.
$\int \frac{1}{2x+6}\,dx = \frac{1}{2}\int \frac{du}{u} = \frac{1}{2}\ln|u|+C$
$\phantom{\int \frac{1}{2x+6}\,dx} = \frac{1}{2}\ln|2x+6|+C$

51. Use Formula 9 with $a=2$, $b=6$.
$\int \frac{1}{2x+6}\,dx = \frac{x}{2} - \frac{6}{(2)^2}\ln|2x+6|+C = \frac{x}{2} - \frac{3}{2}\ln|2x+6|+C$

53. $\int x\sqrt{1-x^2}\,dx$ Let $u=x^2$. Then $du=2x\,dx$.
$\int x\sqrt{1-x^2}\,dx = \int (1-u)^{1/2}\left(\frac{1}{2}du\right) = -\frac{1}{2}\int (1-u)^{1/2}(-du)$
$\phantom{\int x\sqrt{1-x^2}\,dx} = -\frac{1}{2}\left(\frac{2}{3}\right)(1-u)^{3/2}+C = -\frac{1}{3}(1-u)^{3/2}+C = -\frac{1}{3}(1-x^2)^{3/2}+C$

55. Use Formula 19 with $a=1$.
$\int \frac{\sqrt{1-x^2}}{x}\,dx = \sqrt{1-x^2} - 1\ln\left|\frac{1+\sqrt{1-x^2}}{x}\right|+C = \sqrt{1-x^2} - \ln\left|\frac{1+\sqrt{1-x^2}}{x}\right|+C$

57. $\int \frac{x-1}{(3x+1)(x+1)}\,dx = \int \frac{x}{(3x+1)(x+1)}\,dx - \int \frac{1}{(3x+1)(x+1)}\,dx$
Formula 11 is $\int \frac{x}{(ax+b)(cx+d)}\,dx = \frac{1}{ad-bc}\left(\frac{d}{c}\ln|cx+d| - \frac{b}{a}\ln|ax+b|\right)+C$
Here $a=3$, $b=1$, $c=1$, $d=1$.
So, $\int \frac{x}{(3x+1)(x+1)}\,dx = \frac{1}{3-1}\left(\ln|x+1| - \frac{1}{3}\ln|3x+1|\right)+C_1$
$\phantom{\text{So, }\int \frac{x}{(3x+1)(x+1)}\,dx} = \frac{1}{2}\left(\ln|x+1| - \frac{1}{3}\ln|3x+1|\right)+C_1$
Formula 10 is $\int \frac{1}{(ax+b)(cx+d)}\,dx = \frac{1}{ad-bc}\ln\left|\frac{ax+b}{cx+d}\right|+C$.
So, $\int \frac{1}{(3x+1)(x+1)}\,dx = \frac{1}{3-1}\ln\left|\frac{3x+1}{x+1}\right|+C_2$
$\phantom{\text{So, }\int \frac{1}{(3x+1)(x+1)}\,dx} = \frac{1}{2}\ln\left|\frac{3x+1}{x+1}\right|+C_2$
and
$\int \frac{x-1}{(3x+1)(x+1)}\,dx = \frac{1}{2}\left(\ln|x+1| - \frac{1}{3}\ln|3x+1|\right) - \frac{1}{2}\ln\left|\frac{3x+1}{x+1}\right|+C$
$\phantom{\int \frac{x-1}{(3x+1)(x+1)}\,dx} = \frac{1}{2}\ln|x+1| - \frac{1}{6}\ln|3x+1| - \frac{1}{2}\ln|3x+1| + \frac{1}{2}\ln|x+1|+C$
$\phantom{\int \frac{x-1}{(3x+1)(x+1)}\,dx} = -\frac{2}{3}\ln|3x+1| + \ln|x+1|+C = \ln\left|\frac{x+1}{(3x+1)^{2/3}}\right|+C$

59. $\int \dfrac{x+1}{x\sqrt{1+x^2}}\,dx = \int \dfrac{x}{x\sqrt{1+x^2}}\,dx + \int \dfrac{1}{x\sqrt{1+x^2}}\,dx = \int \dfrac{1}{\sqrt{1+x^2}}\,dx + \int \dfrac{1}{x\sqrt{1+x^2}}\,dx$

For the first integral, use Formula 18 with $a = 1$.
For the second integral, use Formula 20 with $a = 1$.

$\int \dfrac{x+1}{x\sqrt{1+x^2}}\,dx = \ln\left|x + \sqrt{1+x^2}\right| + \left(-\dfrac{1}{1}\ln\left|\dfrac{1+\sqrt{1+x^2}}{x}\right|\right) + C$

$\qquad = \ln\left|x + \sqrt{1+x^2}\right| - \ln\left|\dfrac{1+\sqrt{1+x^2}}{x}\right| + C$

61. $\int \dfrac{x+1}{x-1}\,dx = \int \dfrac{x}{x-1}\,dx + \int \dfrac{1}{x-1}\,dx$

Formula 9 is $\int \dfrac{x}{ax+b}\,dx = \dfrac{x}{a} - \dfrac{b}{a^2}\ln|ax+b| + C$.

Here $a = 1$ and $b = -1$, so $\int \dfrac{x}{x-1}\,dx = x + \ln|x-1| + C_1$.

For $\int \dfrac{1}{x-1}\,dx$, Let $\begin{array}{l} u = x - 1 \\ du = dx \end{array}$

$\int \dfrac{1}{x-1}\,dx = \int \dfrac{du}{u} = \ln|u| + C = \ln|x-1| + C_2$

So $\int \dfrac{x+1}{x-1}\,dx = x + \ln|x-1| + \ln|x-1| + C$

$\qquad = x + 2\ln|x-1| + C = x + \ln(x-1)^2 + C$

63. To find the total sales, integrate the rate.
Use Formula 21 with $n = 2$ and $a = -1$.

$\int x^2 e^{-x}\,dx = \dfrac{1}{-1}x^2 e^{-x} - \dfrac{2}{-1}\int x^{2-1}e^{-x}\,dx = -x^2 e^{-x} + 2\int xe^{-x}\,dx$

Now, use Formula 21 again with $a = -1$ and $n = 1$.

$\int x^2 e^{-x}\,dx = -x^2 e^{-x} + 2\int xe^{-x}\,dx = -x^2 e^{-x} + 2\left(\dfrac{1}{-1}xe^{-x} - \dfrac{1}{-1}\int x^{1-1}e^{-x}\,dx\right)$

$\qquad = -x^2 e^{-x} + 2\left(-xe^{-x} + \int e^{-x}\,dx\right)$

$\qquad = -x^2 e^{-x} + 2\left(-xe^{-x} - e^{-x}\right) + C = -x^2 e^{-x} - 2xe^{-x} - 2e^{-x} + C$

Since total sales are 0 at $x = 0$,
$-(0)^2 e^0 - 2(0)e^0 - 2e^0 + C = 0$
$\qquad\qquad\qquad -2 + C = 0$
$\qquad\qquad\qquad\quad\; C = 2$

The total sales in the first x months are $-x^2 e^{-x} - 2xe^{-x} - 2e^{-x} + 2$.

Exercises 6.3

65. $n = 3\int_{0.1}^{0.3} \frac{1}{q^2(1-q)}\,dq$ generations

Formula 12 is $\int \frac{x}{x^2(ax+b)}\,dx = -\frac{1}{b}\left(\frac{1}{x} + \frac{a}{b}\ln\left|\frac{x}{ax+b}\right|\right) + C$.

Here $a = -1$ and $b = 1$.

So, $\int \frac{1}{q^2(1-q)}\,dq = -\left(\frac{1}{q} - \ln\left|\frac{q}{1-q}\right|\right) + C$

and $3\int_{0.1}^{0.3} \frac{1}{q^2(1-q)}\,dq = -3\left[\frac{1}{q} - \ln\left(\frac{q}{1-q}\right)\right]\Big|_{0.1}^{0.3}$

$= -3\left\{\left[\frac{1}{0.3} - \ln\left(\frac{0.3}{0.7}\right)\right] - \left[\frac{1}{0.1} - \ln\left(\frac{0.1}{0.9}\right)\right]\right\} \approx 24$

It takes about 24 generations to increase the frequency of a gene from 0.1 to 0.3.

67. $C(x) = \int MC(x)\,dx = \int \frac{1}{\sqrt{x^2+1}}\,dx$

Use Formula 18 with $a = 1$.

$C(x) = \int \frac{1}{\sqrt{x^2+1}}\,dx = \ln\left|x + \sqrt{x^2+1}\right| + K$

Since fixed costs are \$2000, $C(0) = 2000$. Thus,

$C(0) = \ln\left|0 + \sqrt{(0)^2+1}\right| + K = 2000$

$\ln 1 + K = 2000$

$K = 2000$

The cost function is $C(x) = \ln\left|x + \sqrt{x^2+1}\right| + 2000$

EXERCISES 6.3

1. $\lim\limits_{x \to \infty} \frac{1}{x^2} = 0$

3. $\lim\limits_{b \to \infty} (1 - 2e^{-5b}) = 1 - 0 = 1$

5. $\lim\limits_{x \to \infty} (2 - e^{x/2})$ does not exist because $\frac{x}{2} > 0$.

7. $\lim\limits_{b \to \infty} (3 + \ln b)$ does not exist because $\lim\limits_{b \to \infty} \ln b$ does not exist.

9. First integrate over the interval from $x = 1$ to $x = b$.

$\int_1^b \frac{1}{x^3}\,dx = \int_1^b x^{-3}\,dx = \frac{x^{-2}}{-2}\Big|_1^b = -\frac{1}{2x^2}\Big|_1^b$

$= -\frac{1}{2b^2} - \left(-\frac{1}{2}\right)$

$= -\frac{1}{2b^2} + \frac{1}{2}$

Now take the limit as $b \to \infty$.

$\lim\limits_{b \to \infty}\left(-\frac{1}{2b^2} + \frac{1}{2}\right) = 0 + \frac{1}{2} = \frac{1}{2}$

Thus, $\int_1^\infty \frac{1}{x^3}\,dx = \frac{1}{2}$

11. Integrate from $x = 2$ to $x = b$.

$\int_2^b 3x^{-4}\,dx = 3\left(\frac{x^{-3}}{-3}\right)\Big|_2^b = -\frac{1}{x^3}\Big|_2^b$

$= -\frac{1}{b^3} - \left(-\frac{1}{2^3}\right) = -\frac{1}{b^3} + \frac{1}{8}$

Now take the limit as $b \to \infty$.

$\int_2^\infty 3x^{-4}\,dx = \lim\limits_{b \to \infty}\left(-\frac{1}{b^3} + \frac{1}{2^3}\right) = \left(0 + \frac{1}{8}\right)$

$= \frac{1}{8}$

13. $\int_2^\infty \frac{1}{x}\,dx = \lim_{b\to\infty}\int_2^b \frac{1}{x}\,dx = \lim_{b\to\infty} \ln x \Big|_2^b$

    $\lim_{b\to\infty} \ln x$ does not exist, so the integral is divergent.

15. $\int_1^\infty \frac{1}{x^{1.01}}\,dx = \int_1^b \frac{1}{x^{1.01}}\,dx = \lim_{b\to\infty}\int_1^b x^{-1.01}\,dx$

    $= \lim_{b\to\infty} \frac{x^{-0.01}}{-0.01}\Big|_1^b = \lim_{b\to\infty}\left[\frac{b^{-0.01}}{-0.01} - \frac{(1)^{-0.01}}{-0.01}\right]$

    $= 0 + 100 = 100$

17. $\int_0^\infty e^{-0.05t}\,dt = \lim_{b\to\infty}\int_0^b e^{-0.05t}\,dt = \lim_{b\to\infty} -\frac{1}{0.05}e^{-0.05t}\Big|_0^b$

    $= \lim_{b\to\infty}[-20e^{-0.05b} + (20e^{-0.05(0)})] = 0 + 20(1) = 20$

19. $\int_5^\infty \frac{1}{(x-4)^3}\,dx = \int_5^b \frac{1}{(x-4)^3}\,dx = \lim_{b\to\infty} -\frac{1}{2}(x-4)^{-2}\Big|_5^b$

    $= \lim_{b\to\infty} -\frac{1}{2}\left[\frac{1}{(b-4)^2} - \frac{1}{(5-4)^2}\right] = -\frac{1}{2}(0-1) = \frac{1}{2}$

21. $\int_0^\infty \frac{x}{x^2+1}\,dx = \lim_{b\to\infty}\int_0^b \frac{x}{x^2+1}\,dx$

    Let $u = x^2 + 1$

    $du = 2x\,dx$

    $\int \frac{x}{x^2+1}\,dx = \int \frac{1}{u}\left(\frac{du}{2}\right) = \frac{1}{2}\ln|u| + C$

    $= \frac{1}{2}\ln|x^2+1| + C$

    Thus, $\lim_{b\to\infty}\int_0^b \frac{x}{x^2+1}\,dx = \lim_{b\to\infty}\left[\frac{1}{2}\ln(x^2+1)\right]\Big|_0^b$

    $= \lim_{b\to\infty}\left[\frac{1}{2}\ln(b^2+1) - \frac{1}{2}\ln(0^2+1)\right]$

    $= \lim_{b\to\infty}\left[\frac{1}{2}\ln(b^2+1) - 0\right]$

    Since $\lim_{b\to\infty} \ln(b^2+1)$ does not exist, the integral is divergent.

23. $\int_0^\infty x^2 e^{-x^3}\,dx = \lim_{b\to\infty}\int_0^b x^2 e^{-x^3}\,dx$

    Let $u = -x^3$

    $du = -3x^2\,dx$

    Then $\int x^2 e^{-x^3}\,dx = \int -\frac{1}{3}e^u\,du = -\frac{1}{3}e^u + C = -\frac{1}{3}e^{-x^3} + C$

    and $\lim_{b\to\infty}\int_0^b x^2 e^{-x^3}\,dx = \lim_{b\to\infty} -\frac{1}{3}e^{-x^3}\Big|_0^b = \lim_{b\to\infty} -\frac{1}{3}\left(\frac{1}{e^{b^3}} - \frac{1}{e^0}\right)$

    $= -\frac{1}{3}(0-1) = \frac{1}{3}$

25. $\int_{-\infty}^0 e^{3x}\,dx = \lim_{b\to-\infty}\int_b^0 e^{3x}\,dx = \lim_{b\to-\infty} \frac{1}{3}e^{3x}\Big|_b^0$

    $= \lim_{b\to-\infty} \frac{1}{3}e^0 - \frac{1}{3}e^{3b} = \frac{1}{3} - 0 = \frac{1}{3}$

Exercises 6.3

27. $\int_{-\infty}^{1} \frac{1}{2-x} dx = \lim_{a \to -\infty} \int_{a}^{1} \frac{1}{2-x} dx$ $\quad$ Let $u = 2 - x$
$\qquad du = -dx$

Then $\int \frac{1}{2-x} dx = \int -\frac{du}{u} = -\ln|u| + C = -\ln|2 - x| + C$

$\lim_{a \to -\infty} \int_{a}^{1} \frac{1}{2-x} dx = \lim_{a \to -\infty} -\ln|2 - x|\Big|_{a}^{1} = \lim_{a \to -\infty} -(\ln 1 - \ln|2 - a|)$

$\lim_{a \to -\infty} \ln|2 - a|$ does not exist, so the integral is divergent.

29. $\int_{-\infty}^{\infty} \frac{e^x}{(1+e^x)^2} dx = \lim_{b \to -\infty} \int_{b}^{0} \frac{e^x}{(1+e^x)^2} dx + \lim_{a \to \infty} \int_{0}^{a} \frac{e^x}{(1+e^x)^2} dx$

$\int \frac{e^x}{(1+e^x)^2} dx = \int \frac{1}{u^2} du = -u^{-1} + C$ $\quad$ Let $u = 1 + e^x$. Then $du = e^x dx$

$\qquad\qquad\quad = -(1+e^x)^{-1} + C$
$\qquad\qquad\quad = (-e^x - 1)^{-1} + C$

Thus,

$\lim_{b \to -\infty} \int_{b}^{0} \frac{e^x}{(1+e^x)^2} dx + \lim_{a \to \infty} \int_{0}^{a} \frac{e^x}{(1+e^x)^2} dx$

$= \lim_{b \to -\infty} (-e^x - 1)^{-1} \Big|_{b}^{0} + \lim_{a \to \infty} (-e^x - 1)^{-1} \Big|_{0}^{a}$

$= \lim_{b \to -\infty} \left[(-e^0 - 1)^{-1} + (e^b + 1)^{-1}\right] + \lim_{a \to \infty} \left[(-e^a - 1)^{-1} + (e^0 + 1)^{-1}\right]$

$= \lim_{b \to -\infty} \left(-\frac{1}{2} + \frac{1}{e^b + 1}\right) + \lim_{a \to \infty} \frac{1}{-e^a - 1} + \frac{1}{2}$

$= -\frac{1}{2} + \frac{1}{0+1} + 0 + \frac{1}{2}$ $\quad$ (Since $\lim_{x \to -\infty} e^x = 0$)

$= 1$

31. $\int_{-\infty}^{\infty} \frac{e^x}{1+e^x} dx = \lim_{a \to -\infty} \int_{a}^{0} \frac{e^x}{1+e^x} dx + \lim_{b \to \infty} \int_{0}^{b} \frac{e^x}{1+e^x} dx$

To evaluate the integral, let $u = 1 + e^x$
$\qquad\qquad\qquad\qquad\quad du = e^x dx$

Then $\int \frac{e^x}{1+e^x} dx = \int \frac{du}{u} = \ln|u| + C = \ln|1 + e^x| + C$

$\lim_{a \to -\infty} \int_{a}^{0} \frac{e^x}{1+e^x} dx = \lim_{a \to -\infty} \ln(1 + e^x) \Big|_{a}^{0} = \lim_{a \to -\infty} \left[\ln 2 - \ln(1 + e^a)\right]$
$\qquad\qquad\qquad\qquad = \ln 2 - \ln 1 = \ln 2$

$\lim_{b \to \infty} \int_{0}^{b} \frac{e^x}{1+e^x} dx = \lim_{b \to \infty} \ln(1 + e^x) \Big|_{0}^{b} = \lim_{b \to \infty} \left[\ln(1 + e^b) - \ln(1 + e^0)\right]$

$\lim_{b \to \infty} \ln(1 + e^b)$ does not exist, so $\int_{0}^{\infty} \frac{e^x}{1+e^x} dx$ and $\int_{-\infty}^{\infty} \frac{e^x}{1+e^x} dx$ are divergent.

33. c.

x	y_1	y_2
1	2	0.74682
10	104.16	0.88623
100	396,478	0.88623
1000	3.3×10^{15}	1.4×10^{-7}

$\int_0^\infty e^{\sqrt{x}}\,dx$ diverges and

$\int_0^\infty e^{-x^2}\,dx$ converges to 0.88623.
Note: The calculator gives misleading results for large values of x (870 or above).

35. The size of the permanent endowment needed to generate an annual $12,000 forever at 6% is

$$\int_0^\infty 12{,}000 e^{-0.06t}\,dt = \lim_{b\to\infty} \int_0^b 12{,}000 e^{-0.06t}\,dt$$

$$= \lim_{b\to\infty} \left(\frac{12{,}000}{-0.06} e^{-0.06t}\right)\Big|_0^b$$

$$= \lim_{b\to\infty} (-200{,}000 e^{-0.06b} + 200{,}000 e^{-0.06(0)})$$

$$= \lim_{b\to\infty} (-200{,}000 e^{-0.06b} + 200{,}000)$$

$$= \$200{,}000$$

since $\lim_{b\to\infty} e^{-0.06b} = 0$

37. a. The size of the permanent endowment needed to generate an annual $1000 forever at 10% is

$\int_0^\infty 1000 e^{-0.1t}\,dt$, since $r = 10\% = 0.1$.

$$\lim_{b\to\infty} \int_0^b 1000 e^{-0.1t}\,dt = \lim_{b\to\infty} -10{,}000 e^{-0.1t}\Big|_0^b$$

$$\lim_{b\to\infty} -10{,}000\left(\frac{1}{e^{0.1b}} - \frac{1}{e^0}\right) = -10{,}000(0-1) = 10{,}000.$$

The amount needed is $10,000.

b. $\int_0^{100} 1000 e^{-0.1t}\,dt = -10{,}000 e^{-0.1t}\Big|_0^{100}$

$$= -10{,}000\left(\frac{1}{e^{10}} - \frac{1}{e^0}\right) \approx 9999.55$$

The fund needed to provide an endowment for 100 years is $9999.55, which is practically the same as one needed to provide an endowment forever.

39. $C(t) = 50\sqrt{t}$ thousand dollars and $r = 0.05$.

(Capital value) $= \int_0^\infty 50\sqrt{t}\, e^{-0.05t}\,dt = \lim_{b\to\infty} 50\sqrt{t}\, e^{-0.05t}\,dt$

≈ 3963

The capital value is about 3963 thousand dollars, or $3,963,000.

Exercises 6.3

41. To find the total output, integrate from 0 to ∞.

$$\int_0^\infty 50e^{-0.05t}\,dt = \lim_{b\to\infty}\int_0^b 50e^{-0.05t}\,dt = \lim_{b\to\infty}\left(-\frac{50}{0.05}e^{-0.05t}\right)\Big|_0^b$$
$$= \lim_{b\to\infty}(-1000e^{-0.05b} + 1000e^{-0.05(0)})$$
$$= 0 + 1000 = 1000$$

The total lifetime output of the well is 1,000,000 barrels.

43. The area under the curve $y = \frac{1}{x^{3/2}}$ from $x = 1$ to ∞ (above the x-axis) is

$$\int_1^\infty \frac{1}{x^{3/2}} = \lim_{b\to\infty}\int_1^b x^{-3/2}\,dx$$
$$= \lim_{b\to\infty}\frac{x^{-1/2}}{-\frac{1}{2}}\Big|_1^b = \lim_{b\to\infty}-2x^{-1/2}\Big|_1^b$$
$$= \lim_{b\to\infty}-2\left(\frac{1}{b^{1/2}} - 1\right)$$
$$= -2(0 - 1) = 2 \text{ square units}$$

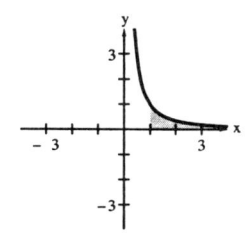

45. Area $= \int_0^\infty e^{-ax}\,dx = \lim_{b\to\infty}\int_0^\infty e^{-ax}\,dx = \lim_{b\to\infty}\left(-\frac{1}{a}e^{-ax}\right)\Big|_0^b$

$$= \lim_{b\to\infty}\left(-\frac{1}{a}e^{-ab} + \frac{1}{a}e^0\right) = 0 + \frac{1}{a} = \frac{1}{a} \text{ square units}$$

47. The proportion of rats who needed more than 10 seconds to reach the end of the maze is

$$\int_{10}^\infty 0.05e^{-0.05s}\,ds = \lim_{b\to\infty}\int_{10}^b 0.05e^{-0.05s}\,ds = \lim_{b\to\infty}-e^{-0.05s}\Big|_{10}^b$$
$$= \lim_{b\to\infty}-\left(\frac{1}{e^{0.05b}} - \frac{1}{e^{0.5}}\right) = -\left(0 - \frac{1}{e^{0.5}}\right)$$
$$\approx 0.607 = 60.7\%$$

49. The proportion of light bulbs that last longer than 1200 hours is

$$\int_{1200}^\infty 0.001e^{-0.001s}\,ds = \lim_{b\to\infty}\int_{1200}^b 0.001e^{-0.001s}\,ds$$
$$= \lim_{b\to\infty}\left(-\frac{0.001}{0.001}e^{-0.001s}\right)\Big|_{1200}^b$$
$$= \lim_{b\to\infty}\left(-e^{-0.001b} + e^{-0.001(1200)}\right)$$
$$= 0 + e^{-1.2} \approx 0.30 = 30\%$$

51. $\int_0^\infty 16{,}000e^{-0.8t}\,dt = \lim_{b\to\infty}\int_0^b 16{,}000e^{-0.8t}\,dt$

$$= \lim_{b\to\infty}\frac{16{,}000}{-0.8}e^{-0.8t}\Big|_0^b$$
$$= \lim_{b\to\infty}-20{,}000\left(\frac{1}{e^{0.8b}} - \frac{1}{e^0}\right)$$
$$= -20{,}000(0 - 1) = 20{,}000$$

The total number of books sold is 20,000 books.

53. $\int_0^\infty 2000 \cdot 1.05^{-x} dx = \lim_{b\to\infty}\left(2000\int_0^b 1.05^{-x} dx\right)$

$= \lim_{b\to\infty}\left[2000\left(\frac{1}{(-1)\ln 1.05}\right)1.05^{-x}\Big|_0^b\right]$

$\approx \lim_{b\to\infty}\left(-40{,}992 \cdot 1.05^{-b} + 40{,}992 \cdot 1.05^0\right)$

$= \$40{,}992$

EXERCISES 6.4

1. $\int_1^3 x^2 dx$

a. $n = 4$ trapezoids, so $\Delta x = \frac{b-a}{n} = \frac{3-1}{4} = \frac{1}{2} = 0.5$

x	$f(x) = x^2$
1	$1 \to 0.5$
1.5	2.25
2	4
2.5	6.25
3	$9 \to 4.5$

Adding, $0.5 + 2.25 + 4 + 6.25 + 4.5 = 17.5$

and $\int_1^3 x^2 dx \approx 17.5(\Delta x) = 17.5(0.5) = 8.75$

b. $\int_1^3 x^2 dx = \frac{1}{3}x^3\Big|_1^3 = \frac{1}{3}(27-1) = \frac{26}{3} \approx 8.667$

c. Actual error $= \left|8.75 - \frac{26}{3}\right| \approx 0.083$

d. Relative error $= \frac{0.083}{\frac{26}{3}}(100\%) \approx 0.958\% \approx 1\%$

3. $\int_2^4 \frac{1}{x} dx$

a. $n = 4$ trapezoids, so $\Delta x = \frac{4-2}{4} = \frac{1}{2} = 0.5$

x	$f(x) = \frac{1}{x}$
2.0	$\frac{1}{2} \to \frac{1}{4}$
2.5	0.4
3.0	0.333
3.5	0.286
4.0	$0.25 \to 0.125$

Adding, $0.25 + 0.4 + 0.333 + 0.286 + 0.125 = 1.394$

and $\int_2^4 \frac{1}{x} dx \approx 1.394(\Delta x) = 1.394(0.5) = 0.697$

b. $\int_2^4 \frac{1}{x} dx = \ln x\Big|_2^4 = \ln 4 - \ln 2 \approx 0.693$

c. Actual error $= |0.697 - 0.693| = 0.004$

d. Relative error $= \frac{0.004}{0.693} \approx 0.006 \approx 0.6\%$

5. $\int_0^1 \sqrt{1+x^2}\, dx;\; n = 3$

a. $\Delta x = \frac{b-a}{n} = \frac{1-0}{3} = \frac{1}{3}$

x	$f(x) = \sqrt{1+x^2}$
0	$1 \to 0.5$
$\frac{1}{3}$	1.054
$\frac{2}{3}$	1.202
1	$1.414 \to 0.707$

Adding, $0.5 + 1.054 + 1.202 + 0.707 = 3.463$

and $\int_0^1 \sqrt{1+x^2}\, dx \approx 3.463\left(\frac{1}{3}\right) = 1.154$

Exercises 6.4

7. $\int_0^1 e^{-x^2} dx$ $\Delta x = \frac{1-0}{4} = 0.25$

x	$f(x) = e^{-x^2}$
0	$1 \to 0.5$
0.25	0.939
0.5	0.779
0.75	0.570
1.0	$0.368 \to 0.184$

Adding, $0.5 + 0.939 + 0.779 + 0.570 + 0.184 = 2.972$

$\int_0^1 e^{-x^2} dx \approx 2.972(\Delta x) = 2.972(0.25) = 0.743$

9.

n	$\int_1^2 \sqrt{\ln x}\, dx$
10	0.586287
50	0.592013
100	0.592385
200	0.592518
500	0.592572

$\int_1^2 \sqrt{\ln x}\, dx \approx 0.593$

11.

n	$\int_{-1}^1 \sqrt{16+9x^2}\, dx$
10	8.70879
50	8.69726
100	8.69690
200	8.69681
500	8.69679

$\int_{-1}^1 \sqrt{16+9x^2}\, dx \approx 8.6968$

13.

n	$\int_{-1}^1 e^{x^2} dx$
10	2.96131
50	2.92675
100	2.92567
200	2.92539
500	2.92532

$\int_{-1}^1 e^{x^2} dx \approx 2.925$

15. The proportion of people in the United States with IQs between A and B is

$\int_{\frac{A-100}{15}}^{\frac{B-100}{15}} \frac{1}{\sqrt{2\pi}} e^{-\frac{1}{2}x^2} dx$; here $A = 100$ and $B = 130$.

$\int_{\frac{100-100}{15}}^{\frac{130-100}{15}} \frac{1}{\sqrt{2\pi}} e^{-\frac{1}{2}x^2} dx = \int_0^2 \frac{1}{\sqrt{2\pi}} e^{-\frac{1}{2}x^2} dx$

n	$\int_0^2 \frac{1}{\sqrt{2\pi}} e^{-\frac{1}{2}x^2} dx$
10	0.4769
100	0.4772
500	0.4772

Approximately 0.4772 or 47.22% of the U.S. population have IQs between 100 and 130.

17. The total growth of the investment is the integral from $t = 0$ to $t = 2$.

$\int_0^2 r(t)\, dt = \int_0^2 3.2 e^{\sqrt{t}}\, dt$

n	$\int_0^2 3.2 e^{\sqrt{t}}\, dt$
10	17.254
100	17.302
200	17.303

The total growth in the investment in the first 2 years is $17,300.

19. $\int_1^3 x^2\,dx; \ n = 4$

$\Delta x = \frac{3-1}{4} = \frac{1}{2}$

x	$f(x) = x^2$	Weight	$f(x) \cdot$ weight
1	1	1	1
1.5	2.25	4	9
2.0	4.0	2	8
2.5	6.25	4	25
3.0	9.0	1	9
			52

$\int_1^3 x^2\,dx \approx 52\left(\frac{\Delta x}{3}\right) \approx 52\left(\frac{1}{6}\right) \approx 8.667$

Simpson's rule is exact for quadratics; the answer obtained in Exercise 1 using 4 trapezoids had about a 1% error.

21. $\int_2^4 \frac{1}{x}\,dx; \ n = 4$

$\Delta x = \frac{4-2}{4} = \frac{1}{2} = 0.5$

x	$f(x) = \frac{1}{x}$	Weight	$f(x) \cdot$ weight
2	0.5	1	0.5
2.5	0.4	4	1.6
3.0	0.333	2	0.666
3.5	0.286	4	1.144
4	0.25	1	0.25

$0.5 + 1.6 + 0.666 + 1.144 + 0.25 = 4.16$

$\int_2^4 \frac{1}{x}\,dx \approx 4.16\left(\frac{\Delta x}{3}\right) = 4.16\left(\frac{0.5}{3}\right) \approx 0.693$

Simpson's rule produces an estimate that is within 0.001 of the exact answer. The trapezoidal rule had about a 0.6% error (within 0.004).

23. $\int_0^1 \sqrt{1+x^2}\,dx; \ n = 4 \quad \Delta x = \frac{1-0}{4} = \frac{1}{4}$

x	$f(x) = \sqrt{1+x^2}$	Weight	$f(x) \cdot$ weight
0	1	1	1
0.25	1.031	4	4.124
0.50	1.118	2	2.236
0.75	1.250	4	5.0
1.0	1.414	1	1.414

$1 + 4.124 + 2.236 + 5.0 + 1.414 = 13.774$

$\int_0^1 \sqrt{1+x^2}\,dx \approx 13.774\left(\frac{\Delta x}{3}\right)$

$\qquad = 13.774\left(\frac{1}{12}\right) \approx 1.148$

25. $\int_0^1 e^{-x^2}\,dx; \ n = 4 \quad \Delta x = \frac{1-0}{4} = 0.25$

x	$f(x)$	Weight	$f(x) \cdot$ weight
0	1	1	1
0.25	0.939	4	3.56
0.5	0.779	2	1.558
0.75	0.570	4	2.280
1	0.368	1	0.368

$1 + 3.756 + 1.558 + 2.280 + 0.368 = 8.962$

$\int_0^1 e^{-x^2}\,dx \approx 8.962\left(\frac{\Delta x}{3}\right) = 8.962\left(\frac{0.25}{3}\right)$

$\qquad \approx 0.747$

Exercises 6.4

27.

n	$\int_1^2 \sqrt{\ln x}\, dx$
10	0.59001145
20	0.59168072
50	0.59236060
100	0.59250920
200	0.59256171

$\int_1^2 \sqrt{\ln x}\, dx \approx 0.593$

29.

n	$\int_{-1}^1 \sqrt{16+9x^2}\, dx$
10	8.6967628
20	8.6967836
50	8.6967849
100	8.6967850
200	8.6967850

$\int_{-1}^1 \sqrt{16+9x^2}\, dx \approx 8.6967850$

31.

n	$\int_{-1}^1 e^{x^2}\, dx$
10	2.9262039
20	2.9253628
50	2.9253050
100	2.9253036
200	2.9253035

$\int_{-1}^1 e^{x^2}\, dx \approx 2.925304$

33. Let $x = \frac{1}{t}$. Then $dx = -\frac{dt}{t^2}$.

$$\int_1^\infty \frac{1}{x^3+1}\, dx = \int_1^0 \frac{1}{\left(\frac{1}{t}\right)^3 + 1}\left(-\frac{dt}{t^2}\right) = \int_1^0 \frac{-t}{1+t^3}\, dt = \int_1^0 \frac{t}{1+t^3}\, dt$$

t	$f(t) = \frac{t}{1+t^3}$	Weight	$f(t) \cdot$ weight
0	0	1	0
0.25	0.2462	4	0.9848
0.5	0.4444	2	0.8888
0.75	0.5275	4	2.1100
1	0.5	1	0.5

$0 + 0.9848 + 0.8888 + 2.1100 + 0.5 = 4.4836$

$\int_1^\infty \frac{1}{x^3+1}\, dx \approx 4.4836\left(\frac{\Delta x}{3}\right) = 4.4836\left(\frac{0.25}{3}\right) \approx 0.374$

35. The length of the cable is

$\int_{-400}^{400} \sqrt{1+\left(\frac{x}{100}\right)^2}\, dx$

For $n = 10$, the integral is about 820.8.
For $n = 50$, the integral is about 820.8.

$\int_{-400}^{400} \sqrt{1+\left(\frac{x}{100}\right)^2}\, dx \approx 821$

The length of the cable is about 821 feet.

37. **i.** For the 3 points on the parabola, the following equations hold:
$$a(-d)^2 + b(-d) + c = y_1$$
$$a(0)^2 + b(0) + c = y_2$$
$$a(d)^2 + b(d) + c = y_3$$

ii. Simplifying gives
$$ad^2 - bd + c = y_1$$
$$c = y_2$$
$$ad^2 + bd + c = y_3$$

iii. Add the first and last equations and 4 times the middle equation.
$$ad^2 - bd + c + \left(ad^2 + bd + c\right) + 4c = y_1 + y_3 + 4y_2$$
$$2ad^2 + 6c = y_1 + 4y_2 + y_3$$

vi. Since $y_1 = f(-d)$, $y_2 = f(0)$, $y_3 = f(d)$, and Δx is equal to d,
Area = $[f(-d) + 4f(0) + f(d)]\frac{\Delta x}{3}$
which is Simpson's rule using one parabola ($n = 2$).

v. From step iii: $2ad^2 + 6c = y_1 + 4y_2 + y_3$
Thus, Area = $\left(2ad^2 + 6c\right)\frac{d}{3} = \left(y_1 + 4y_2 + y_3\right)\frac{d}{3}$

iv. Now the area under the parabola is
$$\text{Area} = \int_{-d}^{d}\left(ax^2 + bx + c\right)dx = \left(\frac{ax^3}{3} + \frac{bx^2}{2} + cx\right)\Big|_{-d}^{d} = \frac{ad^3}{3} + \frac{bd^2}{2} + cd - \left[\frac{a(-d)^3}{3} + \frac{b(-d)^2}{2} + c(-d)\right]$$
$$= \frac{ad^3}{3} + \frac{bd^2}{2} + cd + \frac{ad^3}{3} - \frac{bd^2}{2} + cd = \frac{2}{3}ad^3 + 2cd = \left(2ad^2 + 6c\right)\frac{d}{3}$$

REVIEW EXERCISES FOR CHAPTER 6

1. $\int xe^{2x}dx$ Let $u = x$ and $dv = e^{2x}dx$. Then $du = dx$ and $v = \int e^{2x}dx = \frac{1}{2}e^{2x}$.
$$\int xe^{2x}dx = \frac{1}{2}xe^{2x} - \int \frac{1}{2}e^{2x}dx = \frac{1}{2}xe^{2x} - \frac{1}{2}\left(\frac{1}{2}e^{2x}\right) + C$$
$$= \frac{1}{2}xe^{2x} - \frac{1}{4}e^{2x} + C$$

2. $\int xe^{-x}dx$ Let $u = x$ and $dv = e^{-x}dx$. Then $du = dx$ and $v = \int e^{-x}dx = -e^{-x}$.
$$\int xe^{-x}dx = -xe^{-x} - \int\left(-e^{-x}\right)dx = -xe^{-x} + \int e^{-x}dx$$
$$= -xe^{-x} - e^{-x} + C$$

3. $\int x^8 \ln x\, dx$ Let $u = \ln x$ and $dv = x^8 dx$. Then $du = \frac{1}{x}dx$ and $v = \int x^8 dx = \frac{x^9}{9}$.
$$\int x^8 \ln x\, dx = \frac{x^9}{9}\ln x - \int \frac{x^9}{9}\cdot\frac{1}{x}dx = \frac{x^9}{9}\ln x - \frac{1}{9}\int x^8 dx$$
$$= \frac{x^9}{9}\ln x - \frac{1}{81}x^9 + C$$

Review Exercises for Chapter 6

4. $\int \sqrt[4]{x} \ln x \, dx$ \qquad Let $u = \ln x$ and $dv = \sqrt[4]{x}\,dx$. Then $du = \frac{1}{x}dx$ and $v = \int \sqrt[4]{x}\,dx = \int x^{1/4}\,dx = \frac{4}{5}x^{5/4}$.

$\int \sqrt[4]{x}\,dx = \frac{4}{5}x^{5/4}\ln x - \int \frac{4}{5}x^{5/4}\left(\frac{1}{x}\right)dx = \frac{4}{5}x^{5/4}\ln x - \frac{4}{5}\int x^{1/4}\,dx$

$= \frac{4}{5}x^{5/4}\ln x - \frac{16}{25}x^{5/4} + C$

5. Let $u = (x-2)$ and $dv = (x+1)^5\,dx$. Then $du = dx$ and $v = \int (x+1)^5\,dx = \frac{(x+1)^6}{6}$.

$\int (x-2)(x+1)^5\,dx = \frac{1}{6}(x-2)(x+1)^6 - \int \frac{(x+1)^6}{6}\,dx$

$= \frac{1}{6}(x-2)(x+1)^6 - \frac{1}{42}(x+1)^7 + C$

6. Let $u = (x+3)$ and $dv = (x-1)^4\,dx$. Then $du = dx$ and $v = \int (x-1)^4\,dx = \frac{(x-1)^5}{5}$.

$\int (x+3)(x-1)^4\,dx = \frac{1}{5}(x+3)(x-1)^5 - \int \frac{(x-1)^5}{5}\,dx$

$= \frac{1}{5}(x+3)(x-1)^5 - \frac{1}{30}(x-1)^6 + C$

7. Let $u = \ln t$ and $dv = \frac{1}{\sqrt{t}}\,dt$. Then $du = \frac{1}{t}dt$ and $v = \int \frac{1}{\sqrt{t}}\,dt = \int t^{-1/2}\,dt = 2t^{1/2}$.

$\int \frac{\ln t}{\sqrt{t}}\,dt = 2t^{1/2}\ln t - \int 2t^{1/2}\left(\frac{1}{t}\right)dt = 2t^{1/2}\ln t - 2\int t^{-1/2}\,dt$

$= 2t^{1/2}\ln t - 2(2t^{1/2}) + C = 2t^{1/2}\ln t - 4t^{1/2} + C$

8. Let $u = x^4$. Then $du = 4x^3\,du$.

$\int x^7 e^{x^4}\,dx = \int x^4 e^{x^4}(x^3\,dx) = \int u e^u\left(\frac{du}{4}\right) = \frac{1}{4}\int u e^u\,du$

Now, let $w = u$ and $dv = e^u\,du$. Then $dw = du$ and $v = \int e^u\,du = e^u$.

$\frac{1}{4}\int u e^u\,du = \frac{1}{4}\left(u e^u - \int e^u\,du\right) = \frac{1}{4}u e^u - \frac{1}{4}e^u + C$

Since $u = x^4$,

$\int x^7 e^{x^4}\,dx = \frac{1}{4}x^4 e^{x^4} - \frac{1}{4}e^{x^4} + C$

9. Let $u = x^2$ and $dv = e^x\,dx$. Then $du = 2x\,dx$ and $v = \int e^x\,dx = e^x$.

$\int x^2 e^x\,dx = x^2 e^x - \int 2x e^x\,dx = x^2 e^x - 2\int x e^x\,dx$

Now, do another integration by parts with $u = x$ and $dv = e^x\,dx$. Then $du = dx$ and $v = \int e^x\,dx = e^x$.

$\int x^2 e^x\,dx = x^2 e^x - 2\int x e^x\,dx = x^2 e^x - 2\left(x e^x - \int e^x\,dx\right)$

$= x^2 e^x - 2x e^x + 2e^x + C$

10. Let $u = (\ln x)^2$ and $dv = dx$. Then $du = 2\ln x \cdot \frac{1}{x}dx$ and $v = \int dx = x$.

$$\int (\ln x)^2 dx = x(\ln x)^2 - \int x\left(\frac{1}{x}\right)(2\ln x)dx$$
$$= x(\ln x)^2 - 2\int \ln x \, dx$$

Now let $u = \ln x$ and $dv = dx$. Then $du = \frac{1}{x}dx$ and $v = \int dx = x$.

$$\int (\ln x)^2 dx = x(\ln x)^2 - 2\int \ln x \, dx = x(\ln x)^2 - 2\left[x\ln x - \int \frac{1}{x}(x)dx\right]$$
$$= x(\ln x)^2 - 2x\ln x + 2x + C$$

11. Let $u = x$ and $dv = (x+a)^n$. Then $du = dx$ and $v = \int (x+a)^n dx = \frac{(x+a)^{n+1}}{n+1}$.

$$\int x(x+a)^n dx = x \frac{(x+a)^{n+1}}{n+1} - \int \frac{(x+a)^{n+1}}{n+1}dx$$
$$= \frac{1}{n+1} x(x+a)^{n+1} - \frac{1}{(n+1)(n+2)}(x+a)^{n+2} + C$$

12. Let $u = x$ and $dv = (1-x)^n dx$. Then $du = dx$ and $v = \int (1-x)^n dx = -\frac{(1-x)^{n+1}}{n+1}$.

$$\int x(1-x)^n dx = -x \frac{(1-x)^{n+1}}{n+1} - \int -\frac{(1-x)^{n+1}}{n+1}dx$$
$$= -\frac{1}{n+1} x(1-x)^{n+1} + \frac{1}{(n+1)(n+2)}(1-x)^{n+2}(-1) + C$$
$$= -\frac{1}{n+1} x(1-x)^{n+1} - \frac{1}{(n+1)(n+2)}(1-x)^{n+2} + C$$

13. $\int_0^5 xe^x dx$

Let $u = x$ and $dv = e^x dx$. Then $du = dx$ and $v = e^x$.

$$\int xe^x dx = xe^x - \int e^x dx = xe^x - e^x + C$$
$$\int_0^5 xe^x dx = \left(xe^x - e^x\right)\Big|_0^5 = (5e^5 - e^5) - (0 - e^0) = 4e^5 + 1$$

14. Let $u = \ln x$ and $dv = x \, dx$. Then $du = \frac{1}{x}dx$ and $v = \int x \, dx = \frac{x^2}{2}$.

$$\int x \ln x \, dx = \frac{x^2}{2}\ln x - \int \frac{x^2}{2}\left(\frac{1}{x}\right)dx = \frac{x^2}{2}\ln x - \frac{1}{2}\left(\frac{x^2}{2}\right) + C = \frac{x^2}{2}\ln x - \frac{x^2}{4} + C$$

$$\int_1^e x\ln x \, dx = \left(\frac{x^2}{2}\ln x - \frac{x^2}{4}\right)\Big|_1^e = \frac{e^2}{2}\ln e - \frac{e^2}{4} - \left[\frac{(1)^2}{2}\ln 1 - \frac{(1)^2}{4}\right] = \frac{e^2}{2} - \frac{e^2}{4} + \frac{1}{4} = \frac{e^2}{4} + \frac{1}{4}$$

15. Let $u = 1 - x$. Then $du = -dx$.

$$\int \frac{dx}{1-x} = \int \frac{1}{u}(-du) = -\int \frac{1}{u}du = -\ln|u| + C = -\ln|1-x| + C$$

16. Let $u = -x^2$. Then $du = -2x \, dx$.

$$\int xe^{-x^2} dx = \int e^u \left(-\frac{du}{2}\right) = -\frac{1}{2}e^u + C = -\frac{1}{2}e^{-x^2} + C$$

17. $\int x^3 \ln 2x \, dx$

Let $u = \ln 2x$ and $dv = x^3 dx$. Then $du = \frac{2dx}{2x} = \frac{dx}{x}$ and $v = \frac{1}{4}x^4$.

$$\int x^3 \ln 2x \, dx = \frac{1}{4}x^4 \ln 2x - \int \frac{1}{4}x^4 \left(\frac{dx}{x}\right) = \frac{1}{4}x^4 \ln 2x - \frac{1}{4}\int x^3 dx$$
$$= \frac{1}{4}x^4 \ln 2x - \frac{1}{16}x^4 + C = \frac{1}{4}x^4\left(\ln 2x - \frac{1}{4}\right) + C$$

Review Exercises for Chapter 6

18. Let $u = 1 - x$. Then $du = -dx$.

$$\int \frac{dx}{(1-x)^2} = \int \frac{1}{u^2}(-du) = -\int u^{-2} du = -\left(\frac{u^{-1}}{-1}\right) + C = u^{-1} + C = \frac{1}{1-x} + C$$

19. Let $u = \ln x$. Then $du = \frac{1}{x} dx$.

$$\int \frac{\ln x}{x} dx = \int u \, du = \frac{u^2}{2} + C = \frac{(\ln x)^2}{2} + C$$

20. Let $u = e^{2x} + 1$. Then $du = 2e^{2x} dx$.

$$\int \frac{e^{2x}}{e^{2x}+1} dx = \int \frac{1}{u}\left(\frac{du}{2}\right) = \frac{1}{2}\ln|u| + C = \frac{1}{2}\ln\left|e^{2x}+1\right| + C$$

21. $\int \frac{e^{\sqrt{x}}}{\sqrt{x}} dx$ Let $u = \sqrt{x}$. Then $du = \frac{dx}{2\sqrt{x}}$.

$$\int \frac{e^{\sqrt{x}}}{\sqrt{x}} dx = \int e^u 2 \, du = 2e^u + C = 2e^{\sqrt{x}} + C$$

22. Let $u = e^{2x} + 1$. Then $du = 2e^{2x} dx$.

$$\int \left(e^{2x}+1\right)^3 e^{2x} dx = \int u^3 \left(\frac{du}{2}\right) = \frac{1}{2}\left(\frac{u^4}{4}\right) + C = \frac{1}{8}\left(e^{2x}+1\right)^4 + C$$

23. **a.** The present value of a continuous stream of income over 10 years is

$$\int_0^{10} C(t)e^{-rt} dt, \; C(t) = 25t, \; r = 0.05$$

$$\int_0^{10} 25te^{-0.05t} dt$$

Let $u = 25t$ and $dv = e^{-0.05t} dt$. Then $du = 25 \, dt$ and $v = \int e^{-0.05t} dt = \frac{1}{-0.05} e^{-0.05t} = -20e^{-0.05t}$.

$$\int 25te^{-0.05t} dt = 25t\left(-20e^{-0.05t}\right) - \int 25\left(-20e^{-0.05t}\right) dt$$

$$= -500te^{-0.05t} + 500\int e^{-0.05t} dt$$

$$= -500te^{-0.05} + 500\left(-20e^{-0.05t}\right) + K$$

$$= -500te^{-0.05t} - 10,000e^{-0.05t} + K$$

$$\int_0^{10} 25te^{-0.05t} dt = \left(-500te^{-0.05t} - 10,000e^{-0.05t}\right)\Big|_0^{10}$$

$$= -500(10)e^{-0.05(10)} - 10,000e^{-0.05(10)} - \left[500(0)e^{-0.05(0)} - 10,000e^{-0.05(0)}\right]$$

$$= -5000e^{-0.5} - 10,000e^{-0.5} + 10,000$$

$$= -15,000e^{-0.5} + 10,000 \approx 902$$

The present value is about $902 million

b. Using FnInt, the integral is about 902.

24. a. To find the total leakage during the first 3 months, integrate $te^{0.2t}$ from 0 to 3.
Let $u = t$ and $dv = e^{0.2t} dt$. Then $du = dt$ and $v = \int e^{0.2t} dt = \frac{1}{0.2} e^{0.2t} = 5e^{0.2t}$.

$$\int te^{0.2t} dt = 5te^{0.2t} - 5\int e^{0.2t} dt = 5te^{0.2t} - 25e^{0.2t} + C$$

$$\int_0^3 te^{0.2t} dt = \left(5te^{0.2t} - 25e^{0.2t}\right)\Big|_0^3$$

$$= 5(3)e^{0.2(3)} - 25e^{0.2(3)} - \left[5(0)e^{0.2(0)} - 25e^{0.2(0)}\right]$$

$$= 15e^{0.6} - 25e^{0.6} - 0 + 25e^0 = -10e^{0.6} + 25 \approx 6.78$$

The total leakage is about 678 gallons.

b. Using FnInt, the integral is approximately 6.78.

25. Use Formula 16 with $a = 5$.

$$\int \frac{1}{25-x^2} dx = \frac{1}{2(5)} \ln\left|\frac{5+x}{5-x}\right| + C = \frac{1}{10} \ln\left|\frac{5+x}{5-x}\right| + C$$

26. Use Formula 15 with $a = 2$.

$$\int \frac{1}{x^2-4} dx = \frac{1}{4} \ln\left|\frac{x-2}{x+2}\right| + C$$

27. Use Formula 11 with $a = 1$, $b = -1$, $c = 1$, $d = -2$.

$$\int \frac{x}{(x-1)(x-2)} dx = \frac{1}{(1)(-2)-(-1)(1)} \left(\frac{-2}{1} \ln|x-2| - \frac{-1}{1} \ln|x-1|\right) + C$$

$$= \frac{1}{-1}(-2\ln|x-2| + \ln|x-1|) + C$$

$$= 2\ln|x-2| - \ln|x-1| + C$$

28. Use Formula 10 with $a = 1$, $b = -1$, $c = 1$, $d = -2$.

$$\int \frac{1}{(x-1)(x-2)} dx = \frac{1}{(1)(-2)-(-1)(1)} \ln\left|\frac{x-1}{x-2}\right| + C = -\ln\left|\frac{x-1}{x-2}\right| + C$$

29. Use Formula 14 with $b = 1$, $a = 1$.

$$\int \frac{1}{x\sqrt{x+1}} dx = \frac{1}{\sqrt{1}} \ln\left|\frac{\sqrt{x+1}-\sqrt{1}}{\sqrt{x+1}+\sqrt{1}}\right| + C = \ln\left|\frac{\sqrt{x+1}-1}{\sqrt{x+1}+1}\right| + C$$

30. Use Formula 13 with $a = 1$, $b = 1$.

$$\int \frac{x}{\sqrt{x+1}} dx = \frac{2(1)x - 4(1)}{3(1)^2} \sqrt{x+1} + C = \frac{2x-4}{3} \sqrt{x+1} + C$$

31. Use Formula 18 with $a = 3$.

$$\int \frac{1}{\sqrt{x^2+9}} dx = \ln\left|x + \sqrt{x^2+9}\right| + C$$

32. Use Formula 18 with $a = 4$.

$$\int \frac{1}{\sqrt{x^2+16}} dx = \ln\left|x + \sqrt{x^2+16}\right| + C$$

Review Exercises for Chapter 6

33. Let $x = z^2$. Then $dx = 2z\, dz$; $dz = \frac{dx}{2z} = \frac{dx}{2\sqrt{x}}$. Also $z^3 = x^{3/2}$.

So $\int \frac{z^3}{\sqrt{z^2+1}}\, dz = \int \frac{x^{3/2}}{\sqrt{x+1}}\left(\frac{dx}{2x^{1/2}}\right) = \frac{1}{2}\int \frac{x}{\sqrt{x+1}}\, dx$

Now, use Formula 13 with $a = 1$, $b = 1$.

$\frac{1}{2}\int \frac{x}{\sqrt{x+1}}\, dx = \frac{1}{2} \cdot \frac{2x-4}{3}\sqrt{x+1} + C$

$\quad = \frac{1}{3}(x-2)\sqrt{x+1} + C$

So, $\int \frac{z^3}{\sqrt{z^2+1}}\, dz = \frac{1}{3}\left(z^2 - 2\right)\sqrt{z^2+1} + C$.

34. Let $u = e^t$. Then $du = e^t\, dt$.

$\int \frac{e^{2t}}{e^t + 2}\, dt = \int \frac{u}{u+2}\, du$

Now, use Formula 9 with $a = 1$, $b = 2$.

$\int \frac{u}{u+2}\, du = \frac{u}{1} - \frac{2}{(1)^2}\ln|u+2| + C = u - 2\ln|u+2| + C$

So, $\int \frac{e^{2t}}{e^t+2}\, dt = e^t - 2\ln\left|e^t + 2\right| + C$

35. Use Formula 21 with $n = 2$, $a = 2$.

$\int x^2 e^{2x}\, dx = \frac{1}{2}x^2 e^{2x} - \frac{2}{2}\int x^{2-1} e^{2x}\, dx = \frac{1}{2}x^2 e^{2x} - \int xe^{2x}\, dx$

Use Formula 21 again with $n = 1$, $a = 2$.

$\int x^2 e^{2x}\, dx = \frac{1}{2}x^2 e^{2x} - \int xe^{2x}\, dx = \frac{1}{2}x^2 e^{2x} - \left(\frac{1}{2}xe^{2x} - \frac{1}{2}\int x^{1-1} e^{2x}\, dx\right)$

$\quad = \frac{1}{2}x^2 e^{2x} - \frac{1}{2}xe^{2x} + \frac{1}{2}\int e^{2x}\, dx$

$\quad = \frac{1}{2}x^2 e^{2x} - \frac{1}{2}xe^{2x} + \frac{1}{4}e^{2x} + C$

36. Use Formula 22 with $n = 4$.

$\int (\ln x)^4\, dx = x(\ln x)^4 - 4\int (\ln x)^{4-1}\, dx = x(\ln x)^4 - 4\int (\ln x)^3\, dx$

Use Formula 22 with $n = 3$.

$\int (\ln x)^4\, dx = x(\ln x)^4 - 4\left[x(\ln x)^3 - 3\int (\ln x)^2\, dx\right]$

Use Formula 22 with $n = 2$.

$\int (\ln x)^4\, dx = x(\ln x)^4 - 4x(\ln x)^3 + 12\left[x(\ln x)^2 - 2\int (\ln x)\, dx\right]$

$\quad = x(\ln x)^4 - 4x(\ln x)^3 + 12x(\ln x)^2 - 24\int \ln x\, dx$

Use Formula 22 with $n = 1$.

$\int (\ln x)^4\, dx = x(\ln x)^4 - 4x(\ln x)^3 + 12x(\ln x)^2 - 24\left[x \ln x - 1\int (\ln x)^0\, dx\right]$

$\quad = x(\ln x)^4 - 4x(\ln x)^3 + 12x(\ln x)^2 - 24x \ln x + 24\int dx$

$\quad = x(\ln x)^4 - 4x(\ln x)^3 + 12x(\ln x)^2 - 24x \ln x + 24x + C$

37. To find the cost function, integrate $MC(x)$.

$$\int MC(x)\, dx = \int \frac{1}{(2x+1)(x+1)}\, dx$$

Use Formula 10 with $a = 2, b = 1, c = 1, d = 1$.

$$C(x) = \int \frac{1}{(2x+1)(x+1)}\, dx = \frac{1}{2-1}\ln\left|\frac{2x+1}{x+1}\right| + K = \ln\left|\frac{2x+1}{x+1}\right| + K$$

Since fixed costs are 1000, $C(0) = 1000$. So

$$1000 = \ln\left|\frac{0+1}{0+1}\right| + K$$

$$K = 1000$$

The company's cost function is $C(x) = \ln\left|\frac{2x+1}{x+1}\right| + 1000$.

38. a. The total increase in population is

$$\int_0^{30} \sqrt{t^2 + 1600}\, dt$$

Use formula 17 with $a = 40$.

$$\int_0^{30} \sqrt{t^2 + 1600}\, dt = \left(\frac{t}{2}\sqrt{t^2+1600} + \frac{1600}{2}\ln\left|t + \sqrt{t^2+1600}\right|\right)\Big|_0^{30}$$

$$= \frac{30}{2}\sqrt{(30)^2 + 1600} + 800\ln\left|30 + \sqrt{(30)^2 + 1600}\right|$$

$$- \left(\frac{0}{2}\sqrt{(0)^2 + 1600} + 800\ln\left|0 + \sqrt{(0)^2 + 1600}\right|\right)$$

$$= 15\sqrt{2500} + 800\ln\left|30 + \sqrt{2500}\right| - (0 + 800\ln 40)$$

$$= 750 + 800\ln 80 - 800\ln 40 \approx 1305$$

The town's population will increase by a total of 1305 people.

b. Using FnInt, the integral is about 1305.

39. $\int_1^{\infty} \frac{1}{x^5}\, dx = \lim_{b \to \infty} \int_1^b \frac{1}{x^5}\, dx = \lim_{b \to \infty} \frac{x^{-4}}{-4}\Big|_1^b = \lim_{b \to \infty}\left\{-\frac{1}{4b^4} - \left[-\frac{1}{4(1)^4}\right]\right\}$

$= 0 + \frac{1}{4} = \frac{1}{4}$

40. $\int_1^{\infty} \frac{1}{x^6}\, dx = \lim_{b \to \infty} \int_1^b x^{-6}\, dx = \lim_{b \to \infty} \frac{x^{-5}}{-5}\Big|_1^b = \lim_{b \to \infty}\left\{-\frac{1}{5b^5} - \left[-\frac{1}{5(1)^5}\right]\right\}$

$= 0 + \frac{1}{5} = \frac{1}{5}$

41. $\int_1^{\infty} \frac{1}{\sqrt[5]{x}}\, dx = \int_1^{\infty} x^{-1/5}\, dx = \lim_{b \to \infty} \int_1^b x^{-1/5}\, dx = \lim_{b \to \infty} \frac{5}{4} x^{4/5}\Big|_1^b = \lim_{b \to \infty} \frac{5}{4}\left(b^{4/5} - 1\right)$

Since $\lim_{b \to \infty} \frac{5}{4} b^{4/5}$ does not exist, the integral is divergent.

42. $\int_1^{\infty} \frac{1}{\sqrt[6]{x}}\, dx = \lim_{b \to \infty} \int_1^b x^{-1/6}\, dx = \lim_{b \to \infty} \frac{6}{5} x^{5/6}\Big|_1^b = \lim_{b \to \infty}\left[\frac{6}{5}\left(b^{5/6} - 1\right)\right]$

Since $\lim_{b \to \infty} \frac{6}{5} b^{5/6}$ does not exist, the integral is divergent.

43. $\int_0^{\infty} e^{-2x}\, dx = \lim_{b \to \infty} \int_0^b e^{-2x}\, dx = \lim_{b \to \infty} -\frac{1}{2}e^{-2x}\Big|_0^b = \lim_{b \to \infty}\left[-\frac{1}{2}e^{-2b} - \left(-\frac{1}{2}e^0\right)\right]$

$= 0 + \frac{1}{2} = \frac{1}{2}$

Review Exercises for Chapter 6

44. $\int_4^\infty e^{-0.5x}\,dx = \lim_{b\to\infty}\int_4^b e^{-0.5x}\,dx = \lim_{b\to\infty} -2e^{-0.5x}\Big|_4^b$

$= \lim_{b\to\infty}\left[-2e^{-0.5b} - \left(-2e^{-2}\right)\right] = 0 + 2e^{-2} = 2e^{-2}$

45. $\int_0^\infty e^{2x}\,dx = \lim_{b\to\infty}\int_0^b e^{2x}\,dx = \lim_{b\to\infty}\tfrac{1}{2}e^{2x}\Big|_0^b = \lim_{b\to\infty}\tfrac{1}{2}\left(e^{2b}-1\right)$

Since $\lim_{b\to\infty}\tfrac{1}{2}e^{2b}$ does not exist, the integral is divergent.

46. $\int_4^\infty e^{0.5x}\,dx = \lim_{b\to\infty}\int_4^b e^{0.5x}\,dx = \lim_{b\to\infty} 2e^{0.5x}\Big|_4^b = \lim_{b\to\infty}\left(2e^{0.5b}-2e^2\right)$

Since $\lim_{b\to\infty} 2e^{0.5b}$ does not exist, the integral is divergent.

47. $\int_0^\infty e^{-t/5}\,dt = \lim_{b\to\infty}\int_0^b e^{-t/5}\,dt = \lim_{b\to\infty} -5e^{-t/5}\Big|_0^b$

$= \lim_{b\to\infty}\left[-5e^{-b/5} - \left(-5e^0\right)\right] = 0 + 5 = 5$

48. $\int_{100}^\infty e^{-t/10}\,dt = \lim_{b\to\infty}\int_{100}^b e^{-t/10}\,dt = \lim_{b\to\infty} -10e^{-t/10}\Big|_{100}^b$

$= \lim_{b\to\infty}\left[-10e^{-b/10} - \left(-10e^{-10}\right)\right] = 10e^{-10}$

49. $\int_0^\infty \dfrac{x^3}{(x^4+1)^2}\,dx = \lim_{b\to\infty}\int_0^b \dfrac{x^3}{(x^4+1)^2}\,dx = \lim_{b\to\infty}\tfrac{1}{4}\int_0^b \dfrac{4x^3}{(x^4+1)^2}\,dx$

$= \lim_{b\to\infty} -\tfrac{1}{4}(x^4+1)^{-1}\Big|_0^b = \lim_{b\to\infty} -\tfrac{1}{4}\left(\dfrac{1}{b^4+1}-\dfrac{1}{0+1}\right) = -\tfrac{1}{4}(0-1) = \tfrac{1}{4}$

50. $\int_0^\infty \dfrac{x^4}{(x^5+1)^2}\,dx = \lim_{b\to\infty}\int_0^b \dfrac{x^4}{(x^5+1)^2}\,dx = \lim_{b\to\infty}\tfrac{1}{5}\int_0^b \dfrac{5x^4}{(x^5+1)^2}\,dx$

$= \lim_{b\to\infty} -\tfrac{1}{5}(x^5+1)^{-1}\Big|_0^b = \lim_{b\to\infty}\left\{-\tfrac{1}{5}(b^5+1)^{-1} - \left[-\tfrac{1}{5}(0+1)^{-1}\right]\right\}$

$= 0 + \tfrac{1}{5}(1) = \tfrac{1}{5}$

51. $\int_{-\infty}^0 e^{2t}\,dt = \lim_{b\to-\infty}\int_b^0 e^{2t}\,dt = \lim_{b\to-\infty}\tfrac{1}{2}e^{2t}\Big|_b^0 = \lim_{b\to-\infty}\left(\tfrac{1}{2}e^0 - \tfrac{1}{2}e^{2b}\right)$

$= \tfrac{1}{2} - 0 = \tfrac{1}{2}$

52. $\int_{-\infty}^0 e^{4t}\,dt = \lim_{b\to-\infty}\int_b^0 e^{4t}\,dt = \lim_{b\to-\infty}\tfrac{1}{4}e^{4t}\Big|_b^0 = \lim_{b\to-\infty}\left(\tfrac{1}{4}e^0 - \tfrac{1}{4}e^{4b}\right)$

$= \tfrac{1}{4} - 0 = \tfrac{1}{4}$

53. $\int_{-\infty}^4 \dfrac{1}{(5-x)^2}\,dx = \lim_{b\to-\infty}\int_b^4 \dfrac{1}{(5-x)^2}\,dx = \lim_{b\to-\infty}(5-x)^{-1}\Big|_b^4$

$= \lim_{b\to-\infty}\left(\dfrac{1}{5-4} - \dfrac{1}{5-b}\right) = 1 - 0 = 1$

54. $\displaystyle\int_{-\infty}^{8}\frac{1}{(9-x)^2}\,dx = \lim_{b\to-\infty}\int_{b}^{8}\frac{1}{(9-x)^2}\,dx = \lim_{b\to-\infty}(9-x)^{-1}\Big|_{b}^{8}$

$= \lim_{b\to-\infty}\left(\frac{1}{9-8}-\frac{1}{9-b}\right) = 1-0 = 1$

55. $\displaystyle\int_{-\infty}^{\infty}\frac{e^{-x}}{(1+e^{-x})^4}\,dx = \lim_{a\to-\infty}\int_{a}^{0}\frac{e^{-x}}{(1+e^{-x})^4}\,dx + \lim_{b\to\infty}\int_{0}^{b}\frac{e^{-x}}{(1+e^{-x})^4}\,dx$

$= \lim_{a\to-\infty}\tfrac{1}{3}(1+e^{-x})^{-3}\Big|_{a}^{0} + \lim_{b\to\infty}\tfrac{1}{3}(1+e^{-x})^{-3}\Big|_{0}^{b}$

$= \lim_{a\to-\infty}\left[\tfrac{1}{3}(1+e^{-0})^{-3} - \tfrac{1}{3}(1+e^{-a})^{-3}\right] + \lim_{b\to\infty}\left[\tfrac{1}{3}(1+e^{-b})^{-3} - \tfrac{1}{3}(1+e^{-0})^{-3}\right]$

$= \tfrac{1}{24} - 0 + \tfrac{1}{3} - \tfrac{1}{24} = \tfrac{1}{3}$

56. $\displaystyle\int_{-\infty}^{\infty}\frac{e^{-x}}{(1+e^{-x})^3}\,dx = \lim_{a\to-\infty}\int_{a}^{0}\frac{e^{-x}}{(1+e^{-x})^3}\,dx + \lim_{b\to\infty}\int_{0}^{b}\frac{e^{-x}}{(1+e^{-x})^3}\,dx$

$= \lim_{a\to-\infty}\tfrac{1}{2}(1+e^{-x})^{-2}\Big|_{a}^{0} + \lim_{b\to\infty}\tfrac{1}{2}(1+e^{-x})^{-2}\Big|_{0}^{b}$

$= \lim_{a\to-\infty}\left[\tfrac{1}{2}(1+e^{-0})^{-2} - \tfrac{1}{2}(1+e^{-a})^{-2}\right] + \lim_{b\to\infty}\left[\tfrac{1}{2}(1+e^{-b})^{-2} - \tfrac{1}{2}(1+e^{-0})^{-2}\right]$

$= \tfrac{1}{8} - 0 + \tfrac{1}{2} - \tfrac{1}{8} = \tfrac{1}{2}$

57. $\displaystyle\int_{0}^{\infty}6000e^{-rt}\,dt = \int_{0}^{\infty}6000e^{-0.1t}\,dt = \lim_{b\to\infty}\int_{0}^{b}6000e^{-0.1t}\,dt$

$= \lim_{b\to\infty}-10(6000)e^{-0.1t}\Big|_{0}^{b} = \lim_{b\to\infty}-60{,}000\left(e^{-0.1b}-e^{0}\right)$

$= -60{,}000(0-1) = 60{,}000$

The permanent endowment needed to generate an annual $6000 forever at 10% continuously compounded interest is $60,000.

58. The proportion of cars on the road more than 5 years old is

$\displaystyle\int_{5}^{\infty}0.21e^{-0.21t}\,dt = \lim_{b\to\infty}\int_{5}^{b}0.21e^{-0.21t}\,dt$

$= \lim_{b\to\infty}-e^{-0.21t}\Big|_{5}^{b} = \lim_{b\to\infty}\left[-e^{-0.21b} - \left(-e^{-1.05}\right)\right]$

$= 0 + e^{-1.05} \approx 0.35 = 35\%$

59. The total number of books sold is

$\displaystyle\int_{0}^{\infty}12e^{-0.05t}\,dt = \lim_{b\to\infty}\int_{0}^{b}12e^{-0.05t}\,dt = \lim_{b\to\infty}-240e^{-0.05t}\Big|_{0}^{b}$

$= \lim_{b\to\infty}\left[-240e^{-0.05b} - \left(-240e^{0}\right)\right]$

$= 0 + 240 = 240$ thousand

The total number of books sold will be about 240,000.

60. The total amount of the mineral consumed is

$\displaystyle\int_{0}^{\infty}300e^{-0.04t}\,dt = \lim_{b\to\infty}\int_{0}^{b}300e^{-0.04t}\,dt = \lim_{b\to\infty}-7500e^{-0.04t}\Big|_{0}^{b}$

$= \lim_{b\to\infty}\left[-7500e^{-0.04b} - \left(-7500e^{0}\right)\right]$

$= 0 + 7500 = 7500$ million tons

Review Exercises for Chapter 6

61. b.

b	$\int_1^b \frac{1}{x^3} dx$
1	0
10	0.495
100	0.49995
1000	0.4999995

The integral converges to 0.5.

c. $\int_1^\infty \frac{1}{x^3} dx = \lim_{b\to\infty} \int_1^b x^{-3} dx = \lim_{b\to\infty} -\frac{1}{2} x^{-2} \Big|_1^b$
$= \lim_{b\to\infty} -\frac{1}{2}(b)^{-2} - \left[-\frac{1}{2}(1)\right] = \frac{1}{2}$

62. b.

b	$\int_1^b \frac{1}{\sqrt[3]{x}} dx$
1	0
10	5.424
100	30.817
1000	148.5

The integral diverges.

c. $\int_1^\infty \frac{1}{\sqrt[3]{x}} dx = \lim_{b\to\infty} \int_1^b x^{-1/3} dx = \lim_{b\to\infty} \frac{3}{2} x^{2/3} \Big|_1^b$
$= \lim_{b\to\infty} \left[\frac{3}{2} b^{2/3} - \frac{3}{2}(1)^{2/3}\right]$

Since $\lim_{b\to\infty} \frac{3}{2} b^{2/3}$ does not exist, the integral diverges.

63. $\int_0^1 \sqrt{1+x^4} \, dx$, $n = 3$ $\quad \Delta x = \frac{1-0}{3} = \frac{1}{3} = 0.333$

x	$f(x) = \sqrt{1+x^4}$
0	$1 \to 0.5$
0.333	1.006
0.667	1.094
1	$1.414 \to 0.707$

$0.5 + 1.006 + 1.094 + 0.707 = 3.307$

$\int_0^1 \sqrt{1+x^4} \, dx \approx 3.307\left(\frac{1}{3}\right) \approx 1.102$

64. $\int_0^1 \sqrt{1+x^5} \, dx$, $n = 3$ $\quad \Delta x = \frac{1-0}{3} = \frac{1}{3} = 0.333$

x	$f(x) = \sqrt{1+x^5}$
0	$1 \to 0.5$
0.333	1.002
0.667	1.064
1	$1.414 \to 0.707$

$0.5 + 1.002 + 1.064 + 0.707 = 3.273$

$\int_0^1 \sqrt{1+x^5} \, dx \approx 3.273\left(\frac{1}{3}\right) \approx 1.091$

65. $\int_0^1 e^{(1/2)x^2} dx$, $n = 4$ $\quad \Delta x = \frac{1-0}{4} = \frac{1}{4} = 0.25$

x	$f(x) = e^{(1/2)x^2}$
0	$1 \to 0.5$
0.25	1.032
0.50	1.133
0.75	1.325
1	$1.648 \to 0.824$

$0.5 + 1.032 + 1.133 + 1.325 + 0.824 = 4.814$

$\int_0^1 e^{(1/2)x^2} dx \approx 4.814\left(\frac{1}{4}\right) \approx 1.204$

66. $\int_0^1 e^{-(1/2)x^2} dx$, $n = 4$ $\quad \Delta x = \frac{1-0}{4} = \frac{1}{4} = 0.25$

x	$f(x) = e^{(1/2)x^2}$
0	$1 \to 0.5$
0.25	0.969
0.50	0.882
0.75	0.755
1	$0.607 \to 0.304$

$0.5 + 0.969 + 0.882 + 0.755 + 0.304 = 3.410$

$\int_0^1 e^{-(1/2)x^2} dx \approx 3.41\left(\frac{1}{4}\right) \approx 0.853$

67. $\int_{-1}^1 \ln(1+x^2) dx$, $n = 4$ $\quad \Delta x = \frac{1-(-1)}{4} = \frac{1}{2} = 0.5$

x	$f(x) = \ln(1+x^2)$
-1	$0.693 \to 0.347$
-0.5	0.223
0	0
0.5	0.223
1	$0.693 \to 0.347$

$0.347 + 0.223 + 0 + 0.223 + 0.347 = 1.140$

$\int_{-1}^1 \ln(1+x^2) dx \approx (1.140)\left(\frac{1}{2}\right) = 0.570$

68. $\int_{-1}^1 \ln(x^3+2) dx$, $n = 4$ $\quad \Delta x = \frac{1-(-1)}{4} = \frac{1}{2} = 0.5$

x	$f(x) = \ln(x^3+2)$
-1	$0 \to 0$
-0.5	0.629
0	0.693
0.5	0.754
1	$1.099 \to 0.550$

$0 + 0.629 + 0.693 + 0.754 + 0.550 = 2.626$

$\int_{-1}^1 \ln(x^3+2) dx \approx (2.626)\left(\frac{1}{2}\right) = 1.313$

69.

n	$\int_0^1 \sqrt{1+x^4}\,dx$
10	1.0906
50	1.0895
100	1.0894

$\int_0^1 \sqrt{1+x^4}\,dx \approx 1.089$

70.

n	$\int_0^1 \sqrt{1+x^5}\,dx$
50	1.0747
100	1.0747

$\int_0^1 \sqrt{1+x^5}\,dx \approx 1.075$

71.

n	$\int_0^1 e^{(1/2)x^2}\,dx$
50	1.1950
100	1.1950

$\int_0^1 e^{(1/2)x^2}\,dx \approx 1.195$

72.

n	$\int_0^1 e^{-(1/2)x^2}\,dx$
50	0.8556
100	0.8556

$\int_0^1 e^{-(1/2)x^2}\,dx \approx 0.856$

73.

n	$\int_{-1}^1 \ln(1+x^2)\,dx$
50	0.5282
100	0.5280
200	0.5279

$\int_{-1}^1 \ln(1+x^2)\,dx \approx 0.528$

74.

n	$\int_{-1}^1 \ln(x^3+2)\,dx$
50	1.3476
100	1.3478

$\int_{-1}^1 \ln(x^3+2)\,dx \approx 1.348$

75. $\int_0^1 \sqrt{1+x^4}\,dx$, $n=4$ $\quad \Delta x = \frac{1-0}{4} = \frac{1}{4} = 0.25$

x	$f(x)$	Weight	$f(x) \cdot$ weight
0	1	1	1
0.25	1.002	4	4.008
0.5	1.0308	2	2.0616
0.75	1.1473	4	4.5892
1	1.4142	1	1.4142

$1 + 4.008 + 2.0616 + 4.5892 + 1.4142 = 13.0730$

$\int_0^1 \sqrt{1+x^4}\,dx \approx 13.0730\left(\frac{0.25}{3}\right) \approx 1.0894$

76. $\int_0^1 \sqrt{1+x^5}\,dx$, $n=4$ $\quad \Delta x = \frac{1-0}{4} = \frac{1}{4} = 0.25$

x	$f(x)$	Weight	$f(x) \cdot$ weight
0	1	1	1
0.25	1.0005	4	4.002
0.5	1.0155	2	2.0310
0.75	1.1123	4	4.4492
1	1.4142	1	1.4142

$1 + 4.002 + 2.0310 + 4.4492 + 1.4142 = 12.8964$

$\int_0^1 \sqrt{1+x^5}\,dx \approx 12.8964\left(\frac{0.25}{3}\right) \approx 1.0747$

77. $\int_0^1 e^{x^2/2}\,dx$, $n=4$ $\quad \Delta x = \frac{1-0}{4} = \frac{1}{4} = 0.25$

x	$f(x)$	Weight	$f(x) \cdot$ weight
0	1	1	1
0.25	1.0317	4	4.1268
0.5	1.1331	2	2.2662
0.75	1.3248	4	5.2992
1	1.6487	1	1.6487

$1 + 4.1268 + 2.2662 + 5.2992 + 1.6487 = 14.3409$

$\int_0^1 e^{x^2/2}\,dx \approx 14.3409\left(\frac{0.25}{3}\right) \approx 1.1951$

78. $\int_0^1 e^{-x^2/2}\,dx$, $n=4$ $\quad \Delta x = \frac{1-0}{4} = \frac{1}{4} = 0.25$

x	$f(x)$	Weight	$f(x) \cdot$ weight
0	1	1	1
0.25	0.9692	4	3.8768
0.5	0.8825	2	1.7650
0.75	0.7548	4	3.0192
1	0.6065	1	0.6065

$1 + 3.8768 + 1.765 + 3.0192 + 0.6065 = 10.2675$

$\int_0^1 e^{-x^2/2}\,dx \approx 10.2675\left(\frac{0.25}{3}\right) \approx 0.8556$

Review Exercises for Chapter 6

79. $\int_{-1}^{1} \ln(1+x^2)dx$, $n=4$ $\Delta x = \frac{1-(-1)}{4} = \frac{1}{2} = 0.5$

x	$f(x)$	Weight	$f(x) \cdot$ weight
−1	0.6931	1	0.6931
−0.5	0.2231	4	0.8924
0	0	2	0
0.5	0.2231	4	0.8924
1	0.6932	1	0.6931

$0.6931 + 0.8924 + 0 + 0.8924 + 0.6931 = 3.1710$

$\int_{-1}^{1} \ln(1+x^2)dx \approx 3.1710\left(\frac{0.5}{3}\right) \approx 0.5285$

80. $\int_{-1}^{1} \ln(x^3+2)dx$, $n=4$ $\Delta x = \frac{1-(-1)}{4} = \frac{1}{2} = 0.5$

x	$f(x)$	Weight	$f(x) \cdot$ weight
−1	0	1	0
−0.5	0.6286	4	2.5144
0	0.6931	2	1.3862
0.5	0.7538	4	3.0152
1	1.0986	1	1.0986

$0 + 2.5144 + 1.3862 + 3.0152 + 1.0986 = 8.0144$

$\int_{-1}^{1} \ln(x^3+2)dx \approx 8.0144\left(\frac{0.5}{3}\right) \approx 1.3357$

81.

n	$\int_{0}^{1}\sqrt{1+x^4}\,dx$
200	1.0894294
300	1.0894294

$\int_{0}^{1}\sqrt{1+x^4}\,dx \approx 1.089429$

82.

n	$\int_{0}^{1}\sqrt{1+x^5}\,dx$
200	1.0746692
300	1.0746692

$\int_{0}^{1}\sqrt{1+x^5}\,dx \approx 1.074669$

83.

n	$\int_{0}^{1}e^{x^2/2}dx$
100	1.1949577
200	1.1949577

$\int_{0}^{1}e^{x^2/2}dx \approx 1.194958$

84.

n	$\int_{0}^{1}e^{-x^2/2}dx$
100	0.8556244
200	0.8556244

$\int_{0}^{1}e^{-x^2/2}dx \approx 0.855624$

85.

n	$\int_{-1}^{1}\ln(1+x^2)dx$
100	0.5278870
200	0.5278870

$\int_{-1}^{1}\ln(1+x^2)dx \approx 0.527887$

86.

n	$\int_{-1}^{1}\ln(x^3+2)dx$
100	1.3478553
200	1.3478554

$\int_{-1}^{1}\ln(x^3+2)dx \approx 1.347855$

87. a. $\int_1^\infty \frac{1}{x^2+1}\,dx$ Let $x = \frac{1}{t} = t^{-1}$. Then $dx = -t^{-2}\,dt$. When $x = 1$, $t = 1$; when $x \to \infty$, $t \to 0$.

$$\int_1^\infty \frac{1}{x^2+1}\,dx = \int_1^0 \frac{1}{\left(\frac{1}{t}\right)^2 + 1}\left(\frac{-1}{t^2}\right)dt$$

$$= \int_1^0 \frac{1}{\frac{1+t^2}{t^2}}\left(\frac{-1}{t^2}\right)dt$$

$$= -\int_1^0 \frac{1}{1+t^2}\,dt = \int_0^1 \frac{1}{1+t^2}\,dt$$

b. $\Delta t = \frac{1-0}{4} = \frac{1}{4}$

t	$f(t) = \frac{1}{1+t^2}$
0	$1 \to 0.5$
0.25	0.941
0.50	0.8
0.75	0.64
1.0	$0.5 \to 0.25$

$0.5 + 0.941 + 0.8 + 0.64 + 0.25 = 3.131$

$\int_0^1 \frac{1}{1+t^2}\,dt \approx 3.131(\Delta t) = 3.131\left(\frac{1}{4}\right) \approx 0.783$

88. a. $\int_1^\infty \frac{x^2}{x^4+1}\,dx$ Let $x = \frac{1}{t} = t^{-1}$. Then $dx = -t^{-2}\,dt$. When $x = 1$, $t = 1$; when $x \to \infty$, $t \to 0$.

$$\int_1^\infty \frac{x^2}{x^4+1}\,dx = \int_1^0 \frac{\left(\frac{1}{t}\right)^2}{\left(\frac{1}{t}\right)^4 + 1}\left(-\frac{1}{t^2}\,dt\right)$$

$$= \int_1^0 \frac{1}{\frac{1}{t^4}+1}\left(-\frac{1}{t^4}\right)dt$$

$$= \int_0^1 \frac{1}{t^4+1}\,dt$$

b. $\Delta t = \frac{1-0}{4} = \frac{1}{4}$

t	$f(t) = \frac{1}{t^4+1}$
0	$1 \to 0.5$
0.25	0.996
0.50	0.941
0.75	0.760
1.0	$0.5 \to 0.25$

$0.5 + 0.996 + 0.941 + 0.760 + 0.25 = 3.447$

$\int_0^1 \frac{1}{t^4+1}\,dt \approx 3.447(\Delta t) = 3.447\left(\frac{1}{4}\right) \approx 0.862$

Chapter 7: Calculus of Several Variables

EXERCISES 7.1

1. The domain is $\{(x,y) | x \neq 0, y \neq 0\}$.

3. The domain is $\{(x,y) | x \neq y\}$.

5. Since the logarithm is defined only for positive values, the domain is $\{(x,y) | x > 0, y \neq 0\}$.

7. Since the logarithm is defined only for positive values, the domain is
$\{(x,y,z) | x \neq 0, y \neq 0, z > 0\}$.

9. $f(3,-9) = \sqrt{99-(3)^2-(-9)^2} = \sqrt{99-9-81}$
$= \sqrt{9} = 3$

11. $g(0,e) = \ln\left[(0)^2 + (e)^4\right] = \ln e^4 = 4$

13. $w(-1,1) = \dfrac{1+2(-1)+3(1)}{(-1)(1)} = \dfrac{1-2+3}{-1} = -2$

15. $h(1,-2) = e^{(1)(-2)+(-2)^2-2} = e^{-2+4-2} = e^0 = 1$

17. $f(1,-1) = (1)e^{-1} - (-1)e^{1} = e^{-1} + e$

19. $f(1,-1,1) = (1)e^{-1} + (-1)e^{1} + 1e^{1}$
$= e^{-1} - e + e = e^{-1}$

21. $f(-1,-1,5) = 5\ln\sqrt{(-1)(-1)}$
$= 5\ln\sqrt{1} = 5\ln 1 = 0$

23. Yield $= Y(d,p) = \dfrac{d}{p}$. For $p = 140$ and $d = 2.2$,
$Y(2.2, 140) = \dfrac{2.2}{140} \approx 0.0157$

25. $T(90,33) = \dfrac{33(90)}{33+33} = \dfrac{33}{66}(90) = \tfrac{1}{2}(90)$
$= 45$ minutes

27. $P(320, 150) = 2(320)^{0.6}(150)^{0.4} \approx 472.7$

29. $P(2L, 2K) = a(2L)^b (2K)^{1-b} = a2^b L^b 2^{1-b} K^{1-b}$
$= a2^b 2^{1-b} L^b K^{1-b} = a2^{b+1-b} L^b K^{1-b}$
$= a2^1 L^b K^{1-b} = 2\left(aL^b K^{1-b}\right) = 2P(L,K)$

31. If the cities have population 40,000 and 60,000 respectively, and if they are 600 miles apart, $x = 40{,}000$,
$y = 60{,}000$, and $d = 600$.
$f(40{,}000,\ 60{,}000,\ 600) = \dfrac{3(40{,}000)(60{,}000)}{600^{2.4}}$
$= \dfrac{7{,}200{,}000{,}000}{600^{2.4}} \approx 1548$ calls

33. Let x = the number of washers and y = the number of dryers. The cost of making x washers is $210x$, and the cost of making y dryers is $180y$. If fixed costs are $4000, then
$C(x,y) = 210x + 180y + 4000$

35. a. Volume = length times width times height. Thus, $V = xyz$.
b. Bottom area = xy
2 side areas = $2yz$
Front and back areas = $2xz$
Total area = $xy + 2yz + 2xz$

37. a.

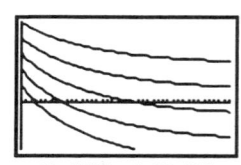

on [4, 45] by [–30, 50]

b. A given wind speed will lower the wind chill further on a cold day than on a warmer day.
c. For the lowest curve, $dy/dx \approx -2$, meaning that at 10 degrees and 10 mph of wind, wind chill drops by about 2 degrees for each additional 1 mph of wind.
For the highest curve, $dy/dx \approx -1.1$, meaning that at 50 degrees and 10 mph of wind, wind chill drops by only about 1.1 degrees for each additional 1 mph of wind.
d. Yes, the effect of wind on the wind chill index is greater on a colder day.

EXERCISES 7.2

1. a. $f(x,y) = x^3 + 3x^2y^2 - 2y^3 - x + y$
   $f_x(x,y) = 3x^2 + 2 \cdot 3xy^2 - 1 = 3x^2 + 6xy^2 - 1$
   b. $f_y(x,y) = 2 \cdot 3x^2y - 3 \cdot 2y^2 + 1$
   $= 6x^2y - 6y^2 + 1$

3. $f(x,y) = 12x^{1/2}y^{1/3} + 8$
   a. $f_x(x,y) = \frac{1}{2}(12)x^{-1/2}y^{1/3}$
   $= 6x^{-1/2}y^{1/3}$
   b. $f_y(x,y) = \frac{1}{3}(12)x^{1/2}y^{-2/3}$
   $= 4x^{1/2}y^{-2/3}$

5. $f(x,y) = 100x^{0.05}y^{0.02}$
   a. $f_x(x,y) = 0.05 \cdot 100x^{-.95}y^{0.02}$
   $= 5x^{-.95}y^{0.02}$
   b. $f_y(x,y) = 0.02 \cdot 100x^{0.05}y^{-0.98}$
   $= 2x^{0.05}y^{-0.98}$

7. $f(x,y) = (x+y)^{-1}$
   a. $f_x(x,y) = -(x+y)^{-2}$
   b. $f_y(x,y) = -(x+y)^{-2}$

9. $f(x,y) = \ln(x^3 + y^3)$
   a. $f_x(x,y) = \frac{1}{x^3+y^3}(3x^2)$
   $= \frac{3x^2}{x^3+y^3}$
   b. $f_y(x,y) = \frac{1}{x^3+y^3}(3y^2)$
   $= \frac{3y^2}{x^3+y^3}$

11. $f(x,y) = 2x^3e^{-5y}$
    a. $f_x(x,y) = 3 \cdot 2x^2e^{-5y} = 6x^2e^{-5y}$
    b. $f_y(x,y) = 2x^3e^{-5y}(-5) = -10x^3e^{-5y}$

Exercises 7.2

13. $f(x,y) = e^{xy}$
    a. $f_x(x,y) = e^{xy}(y) = ye^{xy}$
    b. $f_y(x,y) = e^{xy}(x) = xe^{xy}$

15. $f(x,y) = \ln\sqrt{x^2+y^2}$
    a. $f_x(x,y) = \dfrac{1}{\sqrt{x^2+y^2}}\left[\dfrac{1}{2}(x^2+y^2)^{-1/2}(2x)\right] = \dfrac{x}{\sqrt{x^2+y^2}\cdot\sqrt{x^2+y^2}} = \dfrac{x}{x^2+y^2}$
    b. $f_y(x,y) = \dfrac{1}{\sqrt{x^2+y^2}}\left[\dfrac{1}{2}(x^2+y^2)^{-1/2}(2y)\right] = \dfrac{y}{\sqrt{x^2+y^2}\cdot\sqrt{x^2+y^2}} = \dfrac{y}{x^2+y^2}$

17. $w = (uv-1)^3$
    a. $\dfrac{\partial w}{\partial u} = 3(uv-1)^2(v) = 3v(uv-1)^2$
    b. $\dfrac{\partial w}{\partial v} = 3(uv-1)^2(u) = 3u(uv-1)^2$

19. $w = e^{\frac{1}{2}(u^2-v^2)}$
    a. $\dfrac{\partial w}{\partial u} = e^{\frac{1}{2}(u^2-v^2)}\left(\dfrac{1}{2}\cdot 2u\right) = ue^{\frac{1}{2}(u^2-v^2)}$
    b. $\dfrac{\partial w}{\partial v} = e^{\frac{1}{2}(u^2-v^2)}\left[\dfrac{1}{2}(-2v)\right] = -ve^{\frac{1}{2}(u^2-v^2)}$

21. $f(x,y) = 4x^3 - 3x^2y^2 - 2y^2$
    $f_x(x,y) = 12x^2 - 6xy^2$
    $f_x(-1,1) = 12(-1)^2 - 6(-1)(1)^2$
    $= 12 + 6 = 18$
    $f_y(x,y) = -6x^2y - 4y$
    $f_y(-1,1) = -6(-1)^2(1) - 4(1)$
    $= -6 - 4 = -10$

23. $f(x,y) = e^{x^2+y^2}$
    $f_x(x,y) = e^{x^2+y^2}(2x) = 2xe^{x^2+y^2}$
    $f_x(0,1) = 2(0)e^{(0)^2+(1)^2} = 0$
    $f_y(x,y) = e^{x^2+y^2}(2y) = 2ye^{x^2+y^2}$
    $f_y(0,1) = 2(1)e^{(0)^2+(1)^2} = 2e$

25. $h(x,y) = x^2y - \ln(x+y)$
    $h_x(x,y) = 2xy - \dfrac{1}{x+y}$
    $h_x(1,1) = 2(1)(1) - \dfrac{1}{1+1}$
    $= 2 - \dfrac{1}{2} = \dfrac{3}{2}$

27. $f(x,y) = 5x^3 - 2x^2y^3 + 3y^4$
    $f_x(x,y) = 15x^2 - 4xy^3$
    $f_y(x,y) = -6x^2y^2 + 12y^3$
    a. $f_{xx}(x,y) = 30x - 4y^3$
    b. $f_{xy}(x,y) = -12xy^2$
    c. $f_{yx}(x,y) = -12xy^2$
    d. $f_{yy}(x,y) = -12x^2y + 36y^2$

29. $f(x,y) = 9x^{1/3}y^{2/3} - 4xy^3$
$f_x(x,y) = 9 \cdot \frac{1}{3}x^{-2/3}y^{2/3} - 4y^3 = 3x^{-2/3}y^{2/3} - 4y^3$
$f_y(x,y) = \frac{2}{3} \cdot 9x^{1/3}y^{-1/3} - 3 \cdot 4xy^2$
$\quad = 6x^{1/3}y^{-1/3} - 12xy^2$

a. $f_{xx}(x,y) = 3 \cdot -\frac{2}{3}x^{-5/3}y^{2/3} - 0$
$\quad = -2x^{-5/3}y^{2/3}$

b. $f_{xy}(x,y) = \frac{2}{3} \cdot 3x^{-2/3}y^{-1/3} - 4 \cdot 3y^2$
$\quad = 2x^{-2/3}y^{-1/3} - 12y^2$

c. $f_{yx}(x,y) = 6 \cdot \frac{1}{3}x^{-2/3}y^{-1/3} - 12y^2$
$\quad = 2x^{-2/3}y^{-1/3} - 12y^2$

d. $f_{yy}(x,y) = -\frac{1}{3} \cdot 6x^{1/3}y^{-4/3} - 2 \cdot 12xy$
$\quad = -2x^{1/3}y^{-4/3} - 24xy$

31. $f(x,y) = ye^x - x\ln y$
$f_x(x,y) = ye^x - \ln y$
$f_y(x,y) = e^x - \frac{x}{y}$

a. $f_{xx}(x,y) = ye^x$

b. $f_{xy}(x,y) = e^x - \frac{1}{y}$

c. $f_{yx}(x,y) = e^x - \frac{1}{y}$

d. $f_{yy}(x,y) = \frac{x}{y^2}$

33. $f(x,y) = x^4y^3 - e^{2x}$
$f_x(x,y) = 4x^3y^3 - 2e^{2x}$
$f_y(x,y) = 3x^4y^2 - 0 = 3x^4y^2$

a. $f_{xx}(x,y) = 4 \cdot 3x^2y^3 - 2 \cdot 2e^{2x} = 12x^2y^3 - 4e^{2x}$
$f_{xxy}(x,y) = 3 \cdot 12x^2y^2 - 0 = 36x^2y^2$

b. $f_{xy}(x,y) = 3 \cdot 4x^3y^2 - 0 = 12x^3y^2$
$f_{xyx}(x,y) = 12 \cdot 3x^2y^2 = 36x^2y^2$

c. $f_{yx}(x,y) = 3 \cdot 4x^3y^2 = 12x^3y^2$
$f_{yxx}(x,y) = 12 \cdot 3x^2y^2 = 36x^2y^2$

35. $f = xy^2z^3$

a. $f_x = y^2z^3$

b. $f_y = 2xyz^3$

c. $f_z = 3xy^2z^2$

37. $f = (x^2 + y^2 + z^2)^4$

a. $f_x = 4(x^2+y^2+z^2)^3(2x) = 8x(x^2+y^2+z^2)^3$

b. $f_y = 4(x^2+y^2+z^2)^3(2y) = 8y(x^2+y^2+z^2)^3$

c. $f_z = 4(x^2+y^2+z^2)^3(2z) = 8z(x^2+y^2+z^2)^3$

39. $f = e^{x^2+y^2+z^2}$

a. $f_x = e^{x^2+y^2+z^2}(2x) = 2xe^{x^2+y^2+z^2}$

b. $f_y = e^{x^2+y^2+z^2}(2y) = 2ye^{x^2+y^2+z^2}$

c. $f_z = e^{x^2+y^2+z^2}(2z) = 2ze^{x^2+y^2+z^2}$

41. $f = 3x^2y - 2xz^2$
$f_x(x,y,z) = 3 \cdot 2xy - 2z^2 = 6xy - 2z^2$
So $f_x(2,-1,1) = 6(2)(-1) - 2(1)^2$
$\quad = -12 - 2 = -14$

43. $f = e^{x^2+2y^2+3z^2}$
$f_y = 4ye^{x^2+2y^2+3z^2}$
$f_y(-1,1,-1) = 4(1)e^{(-1)^2+2(1)^2+3(-1)^2}$
$\quad = 4e^{1+2+3} = 4e^6$

Exercises 7.2

45. $P(x,y) = 2x^2 - 3xy + 3y^2 + 150x + 75y + 200$ (in dollars)
   a. The marginal profit function for tape decks is
   $P_x(x,y) = 2 \cdot 2x - 3y + 0 + 150 + 0 + 0 = 4x - 3y + 150$
   b. $P_x(200, 300) = 4(200) - 3(300) + 150 = 800 - 900 + 150 = 50$
   Profit increases by about $50 per additional tape deck when 200 tape decks and 300 compact disk players are produced each day.
   c. The marginal profit function for compact disk players is
   $P_y(x,y) = 0 - 3x + 2 \cdot 3y + 0 + 75 + 0 = -3x + 6y + 75$
   d. $P_y(200, 100) = -3(200) + 6(100) + 75 = -600 + 600 + 75 = 75$
   Profit increases by about $75 per additional compact disk player when 200 tape decks and 100 compact disk players are produced each day.

47. $P(L,K) = 270L^{1/3}K^{2/3}$
   a. $P_L(L,K) = 90L^{-2/3}K^{2/3} = 90\left(\frac{K}{L}\right)^{2/3}$
   $P_L(27, 125) = 90\left(\frac{125}{27}\right)^{2/3} = 90\left(\frac{5}{3}\right)^2 = 90\left(\frac{25}{9}\right) = 250$
   Production increases by 250 for each additional unit of labor.
   b. $P_K(L,K) = 180L^{1/3}K^{-1/3} = 180\left(\frac{L}{K}\right)^{1/3}$
   $P_K(27, 125) = 180\left(\frac{27}{125}\right)^{1/3} = 180\left(\frac{3}{5}\right) = 108$
   Production increases by 108 for each additional unit of capital.
   c. An additional unit of labor increases production more.

49. $S(x,y) = 200 - 0.1x + 0.2y^2$
   $S_x = 0 - 0.1 + 0 = -0.1$
   Sales decrease by 0.1 unit for each dollar increase in the price of televisions.
   $S_y = 0 - 0 + 2 \cdot 0.2y = 0.4y$
   Sales increase by $0.4y$ units for each y dollars spent on advertising.

51. a. $S(x,y) = 7x^{1/3}y^{1/2}$
   $S_x(x,y) = \frac{7}{3}x^{-2/3}y^{1/2}$
   $S_x(27, 4) = \frac{7}{3}(27)^{-2/3}(4)^{1/2} = \frac{7}{3 \cdot 9}(2) \approx 0.52$
   Status increases by about 0.52 unit for each additional $1000 of income.
   b. $S_y(x,y) = \frac{7}{2}x^{1/3}y^{-1/2}$
   $S_y(27, 4) = \frac{7}{2}(27)^{1/3}(4)^{-1/2} = \frac{7}{2}(3)\left(\frac{1}{2}\right) = 5.25$
   Status increases by 5.25 units for each additional year of education.

53. $S(w,v) = 0.027wv^2$
   a. $S_w(4, 60) = 0.027v^2\big|_{(4,60)} = 0.027(60)^2 = 97.2$
   For a 4-ton truck traveling at 60 miles per hour, increasing the weight by 1 ton will increase the skid length by 97.2 units.
   b. $S_v(4, 60) = 2(0.027)wv\big|_{(4,60)} = 0.054(4)(60) = 12.96$
   For a 4-ton truck traveling at 60 miles per hour, increasing the speed by 1 mile per hour will increase the skid length by about 13 units.

55. **a.** $B_b(b,m)$ is the rate at which the sales of butter change for each price increase of butter.
   b. $B_b(b,m)$ is negative because sales will decrease as the price of butter increases.
   c. $B_m(b,m)$ is the rate at which the sales of butter change for each price increase of margarine.
   d. $B_m(b,m)$ is positive because sales of butter will increase as the price of margarine increases.

EXERCISES 7.3

1. $f(x,y) = x^2 + 2y^2 + 2xy + 2x + 4y + 7$
   $f_x(x,y) = 2x + 0 + 2y + 2 + 0 + 0 = 2x + 2y + 2 = 0$
   $f_y(x,y) = 0 + 4y + 2x + 0 + 4 + 0 = 2x + 4y + 4 = 0$
   Solving these equations simultaneously gives $x = 0$, $y = -1$.
   $f_{xx} = 2$, $f_{yy} = 4$, and $f_{xy} = 2$.
   $D = f_{xx}(a,b) \cdot f_{yy}(a,b) - [f_{xy}(a,b)]^2 = (2)(4) - 2^2$
   $= 4 > 0$
   and $f_{xx} > 0$. Therefore f has a relative minimum at $(0,-1)$. This minimum is
   $0^2 + 2(-1)^2 + 2(0)(-1) + 2(0) + 4(-1) + 7$
   $= 2 - 4 + 7 = 5$

3. $f(x,y) = 2x^2 + 3y^2 + 2xy + 4x - 8y$
   $f_x(x,y) = 4x + 2y + 4 = 0$
   $f_y(x,y) = 6y + 2x - 8 = 0$
   Solving this system of equations gives $x = -2$, $y = 2$.
   $f_{xx} = 4$, $f_{yy} = 6$, and $f_{xy} = 2$. Thus,
   $D = 4 \cdot 6 - (2)^2 = 24 - 4 = 20 > 0$
   and $f_{xx} > 0$. Therefore f has a relative minimum at $(-2,2)$ and
   $f(-2,2)$
   $= 2(-2)^2 + 3(2)^2 + 2(-2)(2) + 4(-2) - 8(2)$
   $= 8 + 12 - 8 - 8 - 16 = -12$

5. $f(x,y) = 3xy - 2x^2 - 2y^2 + 14x - 7y - 5$
   $f_x(x,y) = 3y - 4x - 0 + 14 - 0 - 0$
   $= -4x + 3y + 14 = 0$
   $f_y(x,y) = 3x - 0 - 4y + 0 - 7 - 0 = 3x - 4y - 7 = 0$
   Solving these equations simultaneously gives $x = 5$, $y = 2$.
   $f_{xx} = -4$, $f_{yy} = -4$, and $f_{xy} = 3$. Thus,
   $D = (-4)(-4) - 3^2 = 7 > 0$
   and $f_{xx} < 0$. Therefore f has a relative maximum at $(5,2)$. This maximum is
   $3(5)(2) + 2(5)^2 + 2(2)^2 + 14(5) - 7(2) - 5 = 23$

7. $f(x,y) = xy + 4x - 2y + 1$
   $f_x(x,y) = y + 4 = 0 \quad y = -4$
   $f_y(x,y) = x - 2 = 0 \quad x = 2$
   $f_{xx} = 0$, $f_{yy} = 0$, and $f_{xy} = 1$. Thus,
   $D = (0)(0) - (1)^2 = -1 < 0$
   Since $D < 0$, f has a saddle point at $(2,-4)$. There are no relative extrema.

9. $f(x,y) = 3x - 2y - 6$
   $f_x = 3$ and $f_y = -2$, so there are no relative extrema, since $f_x \neq 0$ and $f_y \neq 0$. Note that this is the equation of a plane.

Exercises 7.3

11. $f(x,y) = e^{\frac{1}{2}(x^2+y^2)}$

$f_x(x,y) = xe^{\frac{1}{2}(x^2+y^2)} = 0$

$f_y(x,y) = ye^{\frac{1}{2}(x^2+y^2)} = 0$,

Only $(0,0)$ is a solution of these equations.

$f_{xx} = xe^{\frac{1}{2}(x^2+y^2)}(x) + e^{\frac{1}{2}(x^2+y^2)} = x^2 e^{\frac{1}{2}(x^2+y^2)} + e^{\frac{1}{2}(x^2+y^2)}$ $f_{xx}(0,0) = (0)^2 e^0 + 1 = 1$

$f_{yy} = ye^{\frac{1}{2}(x^2+y^2)}(y) + e^{\frac{1}{2}(x^2+y^2)} = y^2 e^{\frac{1}{2}(x^2+y^2)} + e^{\frac{1}{2}(x^2+y^2)}$ $f_{yy}(0,0) = (0)^2 e^0 + 1 = 1$

$f_{xy} = xe^{\frac{1}{2}(x^2+y^2)}(y) = xye^{\frac{1}{2}(x^2+y^2)}$ $f_{xy}(0,0) = (0)(0)e^0 = 0$

$D = (1)(1) - (0)^2 = 1 > 0$ and $f_{xx} > 0$.

Thus, f has a relative minimum at $(0,0)$ and

$f(0,0) = e^{\frac{1}{2}((0)^2 + (0)^2)} = e^0 = 1$

13. $f(x,y) = \ln(x^2 + y^2 + 1)$

$f_x = \frac{2x}{x^2 + y^2 + 1} = 0$

$f_y = \frac{2y}{x^2 + y^2 + 1} = 0$

The only solution to the equation is $x = 0$ and $y = 0$. At $(0,0)$, $f = \ln(0+0+1) = \ln 1 = 0$. This must be a relative minimum, since $x^2 + y^2 + 1 \geq 1$ for all x and y, and so $\ln(x^2 + y^2 + 1)$ must be ≥ 0 for all x and y.

15. $f(x,y) = -x^3 - y^2 + 3x - 2y$

$f_x(x,y) = -3x^2 + 3 = 0$

$-3(x^2 - 1) = 0$ so $x = -1, 1$

$f_y(x,y) = -2y - 2 = 0$

$y = -1$

$f_{xx}(x,y) = -6x, f_{yy}(x,y) = -2, f_{xy}(x,y) = 0.$

At $(-1, -1)$, $D = -6(-1)(-2) - (0)^2 = -12$ so there is a saddle point.

At $(1, -1)$, $D = -6(1)(-2) - (0)^2 = 12$ and $f_{xx}(1,-1) = -6(1) = -6$

so $(1, -1)$ is a relative maximum and

$f(1,-1) = -(1)^3 - (-1)^2 + 3(1) - 2(-1)$
$= -1 - 1 + 3 + 2 = 3$

17. $f(x,y) = y^3 - x^2 - 2x - 12y$
$f_x = 0 - 2x - 2 - 0 = -2x - 2 = 0$
$f_y = 3y^2 - 0 - 0 - 12 = 3y^2 - 12 = 0$
The solutions are $x = -1$ and $y = \pm 2$.
$f_{xx} = -2, f_{yy} = 6y,$ and $f_{xy} = 0.$
At $(-1, 2)$
$D = (-2)(6)(2) - 0 = -24 < 0$
so there is a saddle point. At $(-1, -2)$,
$D = (-2)(6)(-2) - 0 = 24 > 0$
and $f_{xx} < 0$, so there is a relative maximum of
$(-2)^3 - (-1)^2 - 2(-1) - 12(-2) = 17$

19. $f(x,y) = x^3 - 2xy + 4y$
$f_x(x,y) = 3x^2 - 2y = 0$
$f_y(x,y) = -2x + 4 = 0$
$x = 2$
Substituting $x = 2$ into the first equation gives
$3(2)^2 - 2y = 0$
$2y = 12$
$y = 6$
$f_{xx}(x, y) = 6x, f_{yy}(x, y) = 0, f_{xy}(x, y) = -2.$
Thus
$D = 6(2)(0) - (-2)^2 = -4$ at $(2, 6)$
There is a saddle point at $(2, 6)$. There are no relative extreme values.

21. Product A: $p = 12 - \frac{1}{2}x$ $(x \le 24)$
    Product B: $q = 20 - y$ $(y \le 20)$
    $C(x, y) = 9x + 16y - xy + 7$
    The profit function for the two products x and y is
    $$P(x,y) = \left(12 - \tfrac{1}{2}x\right)x + (20-y)y - (9x + 16y - xy + 7)$$
    $$= 12x - \tfrac{1}{2}x^2 + 20y - y^2 - 9x - 16y + xy - 7$$
    $$= -\tfrac{1}{2}x^2 + xy - y^2 + 3x + 4y - 7$$
    Profit will be maximized only when $P_x = P_y = 0$.
    $P_x = -x + y + 3 = 0$ $P_y = x - 2y + 4 = 0$
    Solving these equations simultaneously gives $x = 10$ and $y = 7$; thus, to maximize profit, 10 units of x at $\left[12 - \tfrac{1}{2}(10)\right] = 7$ thousand dollars each and 7 units of y at $(20 - 7) = 13$ thousand dollars each should be produced. The maximum profit is
    $12(10) - \tfrac{1}{2}(100) + 20(7) - 49 - 9(10) - 16(7) + (10)(7) - 7 = 22$ thousand dollars
    The D test will show that this is indeed a maximum.

23. a. America: $p = 20 - 0.2x$ $(x \le 100)$
       Europe: $q = 16 - 0.1y$ $(y \le 160)$
       $C(x, y) = 20 + 4(x + y)$
       The profit function for the company is
       $$P(x,y) = (20 - 0.2x)x + (16 - 0.1y)y - [20 + 4(x+y)]$$
       $$= 20x - 0.2x^2 + 16y - 0.1y^2 - 20 - 4x - 4y$$
       $$= 16x - 0.2x^2 + 12y - 0.1y^2 - 20$$
    b. To maximize profit, maximize $P(x, y)$.
       $P_x = 16 - 0.4x = 0$
       $\qquad x = 40$
       $P_y = 12 - 0.2y = 0$
       $\qquad y = 60$
       To maximize profit, 40 cars should be sold in America at $20 - 0.2(40) = 12$ thousand dollars and 60 cars should be sold in Europe at $16 - 0.1(60) = 10$ thousand dollars.
       The D test shows that this is a relative maximum.

25. $f(x,y) = xy - x^2 - y^2 + 11x - 4y + 120$ $(x \le 10, y \le 4)$
    $f_x(x,y) = y - 2x + 11 = 0$
    $f_y(x,y) = x - 2y - 4 = 0$
    Solving the equations simultaneously gives $x = 6$ and $y = 1$; thus to maximize the score, the subject should practice for 6 hours and rest for 1 hour. The D test shows that $(x, y) = (6, 1)$ does maximize f.

Exercises 7.3

27. a. To maximize revenue, find the maximum of the revenue function $R(x) = x \cdot p(x)$, where $p = 12 - 0.005x$ ($x \le 2400$).

$R(x) = x(12 - 0.005x) = 12x - 0.005x^2$

$R'(x) = 12 - 0.005(2x) = 12 - 0.01x$

$x = \frac{12}{0.01} = 1200$

$R''(x) = -0.01$; thus R has a maximum at 1200. The price is $12 - 0.005(1200) = \$6$ at $x = 1200$, and the revenue $= 1200(6) = \$7200$.

b. If the first duopolist (d_1) sells x units and the second duopolist (d_2) sells y units, the price at which they must sell their products is
$p = 12 - 0.005(x + y) = 12 - 0.005x - 0.005y$
Now calculate the revenues of d_1 and d_2.

Revenue of $d_1 = x(12 - 0.005x - 0.005y)$

$\qquad = 12x - 0.005x^2 - 0.005xy$

Revenue of $d_2 = y(12 - 0.005x - 0.005y)$

$\qquad = 12y - 0.005xy - 0.005y^2$

To maximize revenue, set the partial of the revenue of d_1 with respect to x equal to zero and set the partial of the revenue of d_2 with respect to y equal to zero.

$12 - 0.01x - 0.005y = 0$
$12 - 0.005x - 0.01y = 0$

Solving the equations simultaneously gives
$x = 800$ and $y = 800$. Each duopolist sells 800 units to maximize their revenues. The price at $x = 800$ is $12 - 0.005(800 + 800) = \$4$ and

Revenue of d_1

$= 12(800) - 0.005(800)^2 - 0.005(800)(800)$

$= \$3200$

Revenue of d_2

$= 12(800) - 0.005(800)(800) - 0.005(800)^2$

$= \$3200$

The D test shows that this is a maximum.

c. More goods are produced under a duopoly.

d. The price is lower under a duopoly.

29. America: $p = 20 - 0.2x$ ($x \le 100$)
Europe: $q = 16 - 0.1y$ ($y \le 160$)
Asia: $r = 12 - 0.1z$ ($z \le 120$)

a. The revenue from America is $(20 - 0.2x)x$, that from Europe is $(16 - 0.1y)y$, and that from Asia is $(12 - 0.1z)z$; the cost function is $22 + 4(x + y + z)$, all in thousands of dollars. The profit function is thus

$P(x, y, z) = (20 - 0.2x)x + (16 - 0.1y)y + (12 - 0.1z)z - [22 + 4(x + y + z)]$

$= 20x - 0.2x^2 + 16y - 0.1y^2 + 12z - 0.1z^2 - 22 - 4x - 4y - 4z$

$= -0.2x^2 - 0.1y^2 - 0.1z^2 + 16x + 12y + 8z - 22$

b. Profit will be maximized when $P_x = P_y = P_z = 0$:

$P_x = -0.4x + 16 = 0 \qquad P_y = -0.2y + 12 = 0 \qquad P_z = -0.2z + 8 = 0$
$\qquad x = 40 \qquad\qquad\qquad y = 60 \qquad\qquad\qquad z = 40$

Thus for maximum profit 40 cars should be sold in America, 60 in Europe, and 40 in Asia.

31. $f(x, y) = x^3 + y^3 - 3xy$
$f_x(x, y) = 3x^2 - 3y = 0$
$f_y(x, y) = 3y^2 - 3x = 0$
$$x = \frac{3y^2}{3} = y^2$$
Substituting in the first equation,
$3(y^2)^2 - 3y = 0$
$3y^4 - 3y = 0$
$3y(y^3 - 1) = 0$
$y = 0, 1$
At $y = 0$, $x = 0^2 = 0$. At $y = 1$, $x = 1^2 = 1$.
$f_{xx} = 6x$, $f_{yy} = 6y$, $f_{xy} = -3$.
At $(0, 0)$, $D = 6(0) \cdot 6(0) - (-3)^2 = -9$. Saddle point
At $(1, 1)$, $D = 6(1) \cdot 6(1) - (-3)^2 = 27$. Since $D \geq 0$ and $f_{xx}(1, 1) = 6 > 0$, there is a relative minimum at $(1, 1)$ and
$f(1, 1) = (1)^3 + (1)^3 - 3(1)(1) = -1$

33. $f(x, y) = 12xy - x^3 - 6y^2$
$f_x = 12y - 3x^2 = 0$
$f_y = 12x - 12y = 0$
Solving the second equation gives $x = y$; substituting in the first equation gives $12x = 3x^2$; $x = 0$ or 4. Thus relative extrema will possibly be found at $(0, 0)$ or $(4, 4)$.
$f_{xx} = -6x$, $f_{yy} = -12$, $f_{xy} = 12$.
At $(0, 0)$, $D = -6(0)(-12) - 12^2 = -144$. Saddle point. At $(4, 4)$,
$D = -6(4)(-12) - 12^2 = 144 > 0$, and $f_{xx} < 0$, so there is a relative (and absolute) maximum at this point of $12(4)(4) - 4^3 - 6(4)^2 = 32$

Exercises 7.4

35. $f(x, y) = 2x^4 + y^2 - 12xy$
$f_x(x, y) = 8x^3 - 12y = 0$
$f_y(x, y) = 2y - 12x = 0$
$x = \frac{1}{6}y$

Substituting into the first equation gives
$8\left(\frac{1}{6}y\right)^3 - 12y = 0$
$\frac{y^3}{27} - 12y = 0$
$y^3 - 324y = 0$
$y(y^2 - 324) = 0$
$y = 0, 18, -18$

At $y = 0$, $x = \frac{1}{6}(0) = 0$. At $y = 18$,
$x = \frac{1}{6}(18) = 3$. At $y = -18$, $x = \frac{1}{6}(-18) = -3$.
$f_{xx} = 24x^2, f_{yy} = 2, f_{xy} = -12$.

At (0, 0), $D = 24(0)^2(2) - (-12)^2 = -144$.
Saddle point.

At (3, 18), $D = 24(3)^2(2) - (-12)^2 = 288$. Since $f_{xx}(3,18) = 24(3)^2 = 432$, (3, 18) is a relative minimum.

At (–3, –18), $D = 24(-3)^2(2) - (-12)^2 = 288$.
Since $f_{xx}(-3,-18) = 24(-3)^2 = 432$, (–3, –18) is a relative minimum.

$f(3,18) = 2(3)^4 + (18)^2 - 12(3)(18) = -162$
$f(-3,-18) = 2(-3)^4 + (-18)^2 - 12(-3)(-18) = -162$

EXERCISES 7.4

1.

x	y	xy	x^2
1	2	2	1
2	5	10	4
3	9	27	9
$\Sigma x = 6$	$\Sigma y = 16$	$\Sigma xy = 39$	$\Sigma x^2 = 14$

$a = \frac{n\Sigma xy - (\Sigma x)(\Sigma y)}{n\Sigma x^2 - (\Sigma x)^2} = \frac{3(39) - (6)(16)}{3(14) - (6)^2} = 3.5$

$b = \frac{1}{n}(\Sigma y - a\Sigma x) = \frac{1}{3}[16 - (3.5)(6)] \approx -1.67$

The least squares line is $y = 3.5x - 1.67$.

3.

x	y	xy	x^2
1	6	6	1
3	4	12	9
6	2	12	36
$\Sigma x = 10$	$\Sigma y = 12$	$\Sigma xy = 30$	$\Sigma x^2 = 46$

$a = \frac{n\Sigma xy - (\Sigma x)(\Sigma y)}{n\Sigma x^2 - (\Sigma x)^2} = \frac{3(30) - (10)(12)}{3(46) - (10)^2} \approx -0.79$

$b = \frac{1}{n}(\Sigma y - a\Sigma x) = \frac{1}{3}[12 + 0.79(10)] \approx 6.63$

The least squares line is $y = -0.79x + 6.63$.

5.

x	y	xy	x^2
0	7	0	0
1	10	10	1
2	10	20	4
3	15	45	9
$\Sigma x = 6$	$\Sigma y = 42$	$\Sigma xy = 75$	$\Sigma x^2 = 14$

$a = \dfrac{n\Sigma xy - (\Sigma x)(\Sigma y)}{n\Sigma x^2 - (\Sigma x)^2} = \dfrac{4(75) - (6)(42)}{4(14) - (6)^2} = 2.4$

$b = \dfrac{1}{n}(\Sigma y - a\Sigma x) = \dfrac{1}{4}[42 - (2.4)(6)] = 6.9$

The least squares line is $y = 2.4x + 6.9$.

7.

x	y	xy	x^2
-1	10	-10	1
0	8	0	0
1	5	5	1
3	0	0	9
5	-2	-10	25
$\Sigma x = 8$	$\Sigma y = 21$	$\Sigma xy = -15$	$\Sigma x^2 = 36$

$a = \dfrac{n\Sigma xy - (\Sigma x)(\Sigma y)}{n\Sigma x^2 - (\Sigma x)^2} = \dfrac{5(-15) - (8)(21)}{5(36) - (8)^2} \approx -2.1$

$b = \dfrac{1}{n}(\Sigma y - a\Sigma x) = \dfrac{1}{5}[21 + (2.1)(8)] \approx 7.6$

The least squares line is $y = -2.1x + 7.6$.

9. Let x = year and let y = sales (in millions).

x	y	xy	x^2
1	7	7	1
2	10	20	4
3	11	33	9
4	14	56	16
$\Sigma x = 10$	$\Sigma y = 42$	$\Sigma xy = 116$	$\Sigma x^2 = 30$

$a = \dfrac{n\Sigma xy - (\Sigma x)(\Sigma y)}{n\Sigma x^2 - (\Sigma x)^2} = \dfrac{4(116) - (10)(42)}{4(30) - (10)^2} = 2.2$

$b = \dfrac{1}{n}(\Sigma y - a\Sigma x) = \dfrac{1}{4}[42 - (2.2)(10)] = 5$

The least squares line is $y = 2.2x + 5$. There will be about $(2.2)(5) + 5 = 16$ million sales in the fifth year.

11. Let x = year and let y = number of arrests.

x	y	xy	x^2
1	120	120	1
2	110	220	4
3	90	270	9
4	100	400	16
$\Sigma x = 10$	$\Sigma y = 420$	$\Sigma xy = 1010$	$\Sigma x^2 = 30$

$a = \dfrac{n\Sigma xy - (\Sigma x)(\Sigma y)}{n\Sigma x^2 - (\Sigma x)^2} = \dfrac{4(1010) - (10)(420)}{4(30) - (10)^2} = -8$

$b = \dfrac{1}{n}(\Sigma y - a\Sigma x) = \dfrac{1}{4}[420 + 8(10)] = 125$

The least squares line is $y = -8x + 125$.
For year 5, $x = 5$ and $y = -8(5) + 125 = 85$ arrests

13. Let x = the time period (a span of 20 years) and y = the high average minus league average for the period.

x	y	xy	x^2
1	82	82	1
2	76	152	4
3	68	204	9
4	59	236	16
$\Sigma x = 10$	$\Sigma y = 285$	$\Sigma xy = 674$	$\Sigma x^2 = 30$

$a = \dfrac{n\Sigma xy - (\Sigma x)(\Sigma y)}{n\Sigma x^2 - (\Sigma x)^2} = \dfrac{4(674) - (10)(285)}{4(30) - (10)^2} = -7.7$

$b = \dfrac{1}{n}(\Sigma y - a\Sigma x) = \dfrac{1}{4}[285 + 7.7(10)] = 90.5$

The least squares line is $y = -7.7x + 90.5$.
For $x = 5$ (the period 1981–2000), the difference between high and league averages should be about $-7.7(5) + 90.5 = 52$.

15. Let y = percent of males who smoke

x	y	xy	x^2
1	38	38	1
2	32	64	4
3	28	84	9
4	27	108	16
$\Sigma x = 10$	$\Sigma y = 125$	$\Sigma xy = 294$	$\Sigma x^2 = 30$

$a = \dfrac{n\Sigma xy - (\Sigma x)(\Sigma y)}{n\Sigma x^2 - (\Sigma x)^2} = \dfrac{4(294) - (10)(125)}{4(30) - (10)^2} = -3.7$

$b = \dfrac{1}{n}(\Sigma y - a\Sigma x) = \dfrac{1}{4}[125 + 3.7(10)] = 40.5$

The least squares line is $y = -3.7x + 40.5$.
In the year 2005, $-3.7(6) + 40.5 = 18.3\%$ of males will smoke.

Exercises 7.4

17. Let x be the number of cigarettes smoked daily and y the resultant life expectancy.

x	y	xy	x^2
0	73.6	0	0
5	69.0	345.0	25
15	68.1	1021.5	225
30	67.4	2022.0	900
40	65.3	2612.0	1600
$\Sigma x = 90$	$\Sigma y = 343.4$	$\Sigma xy = 6000.5$	$\Sigma x^2 = 2750$

$a = \dfrac{n\Sigma xy - (\Sigma x)(\Sigma y)}{n\Sigma x^2 - (\Sigma x)^2} = \dfrac{5(6000.5) - (90)(343.4)}{5(2750) - (90)^2} \approx -0.160$

$b = \dfrac{1}{n}(\Sigma y - a\Sigma x) = \dfrac{1}{5}[343.4 + (0.160)(90)] \approx 71.6$

The least squares line is $y = -0.16x + 71.6$.
For each cigarette smoked per day, life expectancy is decreased by about 0.16 year, or a little over 8 weeks.

19.

x	y	$Y = \ln y$	xY	x^2
1	2	0.69	0.69	1
2	4	1.39	2.78	4
3	7	1.95	5.85	9
$\Sigma x = 6$		$\Sigma Y = 4.03$	$\Sigma xY = 9.32$	$\Sigma x^2 = 14$

$A = \dfrac{n\Sigma xY - (\Sigma x)(\Sigma Y)}{n\Sigma x^2 - (\Sigma x)^2} = \dfrac{3(9.32) - (6)(4.03)}{3(14) - (6)^2} \approx 0.63$

$b = \dfrac{1}{n}(\Sigma Y - A\Sigma x) = \dfrac{1}{3}[4.03 - (0.63)(6)] \approx 0.08$

$B = e^b = e^{0.08} \approx 1.08$, and the least squares curve is $y = 1.08e^{0.63x}$.

21.

x	y	$Y = \ln y$	xY	x^2
1	10	2.30	2.30	1
3	5	1.61	4.83	9
6	1	0	0	36
$\Sigma x = 10$		$\Sigma Y = 3.91$	$\Sigma xY = 7.13$	$\Sigma x^2 = 46$

$A = \dfrac{n\Sigma xY - (\Sigma x)(\Sigma Y)}{n\Sigma x^2 - (\Sigma x)^2} = \dfrac{3(7.13) - (10)(3.91)}{3(46) - (10)^2} \approx -0.466$

$b = \dfrac{1}{n}(\Sigma Y - A\Sigma x) = \dfrac{1}{3}[3.91 + (0.466)(10)] \approx 2.86$

$B = e^b = e^{2.86} \approx 17.46$, and the least squares curve is $y = 17.46e^{-0.47x}$.

23.

x	y	$Y = \ln y$	xY	x^2
0	1	0	0	0
1	2	0.69	0.69	1
2	5	1.61	3.22	4
3	10	2.30	6.90	9
$\Sigma x = 6$		$\Sigma Y = 4.60$	$\Sigma xY = 10.81$	$\Sigma x^2 = 14$

$A = \dfrac{n\Sigma xY - (\Sigma x)(\Sigma Y)}{n\Sigma x^2 - (\Sigma x)^2} = \dfrac{4(10.81) - (6)(4.6)}{4(14) - (6)^2} \approx 0.78$

$b = \dfrac{1}{n}(\Sigma Y - A\Sigma x) = \dfrac{1}{3}[4.6 - (0.78)(6)] = -0.02$

$B = e^b = e^{-0.02} \approx 0.98$, and the least squares curve is $y = 0.98e^{0.78x}$.

25.

x	y	$Y = \ln y$	xY	x^2
-1	20	3.00	-3.00	1
0	18	2.89	0	0
1	15	2.71	2.71	1
3	4	1.39	4.17	9
5	1	0	0	25
$\Sigma x = 8$		$\Sigma Y = 9.99$	$\Sigma xY = 3.88$	$\Sigma x^2 = 36$

$A = \dfrac{n\Sigma xY - (\Sigma x)(\Sigma Y)}{n\Sigma x^2 - (\Sigma x)^2} = \dfrac{5(3.88) - (8)(9.99)}{5(36) - (8)^2} \approx -0.521$

$b = \dfrac{1}{n}(\Sigma Y - A\Sigma x) = \dfrac{1}{5}[9.99 + (0.521)(8)] = 2.83$

$B = e^b = e^{2.83} \approx 16.95$, and the least squares curve is $y = 16.95e^{-0.52x}$.

27. Let y = cost in thousands of dollars

x	y	$Y = \ln y$	xY	x^2
1	408	6.01	6.01	1
2	544	6.30	12.6	4
3	516	6.25	18.75	9
4	674	6.51	26.04	16
$\Sigma x = 10$		$\Sigma Y = 25.07$	$\Sigma xY = 63.4$	$\Sigma x^2 = 30$

$A = \dfrac{n\Sigma xY - (\Sigma x)(\Sigma Y)}{n\Sigma x^2 - (\Sigma x)^2} = \dfrac{4(63.4) - 10(25.07)}{4(30) - 10^2} \approx 0.145$

$b = \dfrac{1}{n}(\Sigma Y - A\Sigma x) = \dfrac{1}{4}[25.07 - (0.145)(10)] = 5.905$

$B = e^b = e^{5.905} \approx 367.0$. The least squares curve is $y = 367e^{0.145}$.

In the year 2000 ($x = 7$), $y = 367e^{0.145(7)} \approx \$1{,}012{,}686$.

29. Let y = cost of advertising.

x	y	$Y = \ln y$	xY	x^2
1	11	2.4	2.4	1
2	20	3.0	6.0	4
3	28.3	3.34	10.02	9
4	40	3.69	14.76	16
$\Sigma x = 10$		$\Sigma Y = 12.43$	$\Sigma xY = 33.18$	$\Sigma x^2 = 30$

$A = \dfrac{n\Sigma xY - (\Sigma x)(\Sigma Y)}{n\Sigma x^2 - (\Sigma x)^2} = \dfrac{4(33.18) - (10)(12.43)}{4(30) - (10)^2} \approx 0.422$

$b = \dfrac{1}{n}(\Sigma Y - A\Sigma x) = \dfrac{1}{4}[12.43 - (0.422)(10)] \approx 2.05$

$B = e^b = e^{2.05} \approx 7.78$, and the least squares curve is $y = 7.78e^{0.422x}$. In the year 2002 ($x = 5$),

$y = 7.78e^{0.422(5)} \approx 64.17$. The cost of advertising will be about $64,200.

31. Let y = cost of tuition.

x	y	$Y = \ln y$	xY	x^2
1	12.2	2.50	2.5	1
2	13.0	2.56	5.12	4
3	13.8	2.62	7.86	9
4	14.5	2.67	10.68	16
$\Sigma x = 10$		$\Sigma Y = 10.35$	$\Sigma xY = 26.16$	$\Sigma x^2 = 30$

$A = \dfrac{n\Sigma xY - (\Sigma x)(\Sigma Y)}{n\Sigma x^2 - (\Sigma x)^2} = \dfrac{4(22.16) - (10)(10.35)}{4(30) - (10)^2} \approx 0.057$

$b = \dfrac{1}{n}(\Sigma Y - A\Sigma x) = \dfrac{1}{4}[10.35 - (0.057)(10)] \approx 2.445$

$B = e^b = e^{2.445} \approx 11.53$, and the least squares curve is $y = 11.53e^{0.057}$. In the year 2005–6 ($x = 11$),

$y = 11.53e^{0.057(11)} \approx 21.58$. The cost of tuition will be about $21,580 in the academic year 2005–6.

EXERCISES 7.5

1. Maximize $f(x, y) = 3xy$ subject to $x + 3y = 12$.
$F(x, y, \lambda) = 3xy + \lambda(x + 3y - 12)$
$F_x = 3y + \lambda = 0$
$F_y = 3x + 3\lambda = 0$
$F_\lambda = x + 3y - 12 = 0$
From the first two equations, $\lambda = -3y = -x$; thus $x = 3y$. Substituting in the third equation,
$3y + 3y - 12 = 0$
$y = 2$
$x = 3(2) = 6$
The maximum constrained value of f occurs at $(6, 2)$, and its value is $3(6)(2) = 36$.

3. Maximize $f(x, y) = 6xy$ subject to $2x + 3y = 24$.
$F(x, y, \lambda) = 6xy + \lambda(2x + 3y - 24)$
$F_x = 6y + 2\lambda = 0$ or $y = -\frac{1}{3}\lambda$
$F_y = 6x + 3\lambda = 0$ or $x = -\frac{1}{2}\lambda$
Since $y = -\frac{1}{3}\lambda$ and $x = -\frac{1}{2}\lambda$,
$\frac{3}{2}y = -\frac{1}{3}\left(\frac{3}{2}\right)\lambda = -\frac{1}{2}\lambda = x$ Thus, $F_\lambda = 0$ gives
$2x + 3y - 24 = 0$
$2\left(\frac{3}{2}y\right) + 3y - 24 = 0$
$6y = 24$
$y = 4$
$x = \frac{3}{2}(4) = 6$
Thus, the maximum constrained value of f occurs at $(6, 4)$, and its value is $6(6)(4) = 144$.

5. Maximize $f(x, y) = xy - 2x^2 - y^2$ subject to $x + y = 8$.
$F(x, y, \lambda) = xy - 2x^2 - y^2 + \lambda(x + y - 8)$
$F_x = y - 4x + \lambda = 0$
$F_y = x - 2y + \lambda = 0$
$F_\lambda = x + y - 8 = 0$
The first two equations give $\lambda = 4x - y = 2y - x$.
So, $5x = 3y$, or $x = \frac{3}{5}y$. Substituting in the third equation gives
$\frac{3}{5}y + y = 8$
$\frac{8}{5}y = 8$
$y = 5$
$x = \frac{3}{5}(5) = 3$
Thus, the maximum constrained value of f occurs at $(3, 5)$, and its value is
$(3)(5) - 2(3)^2 - (5)^2 = -28$.

7. Maximize $f(x, y) = x^2 - y^2 + 3$ subject to $2x + y = 3$.
$F(x, y, \lambda) = x^2 - y^2 + 3 + \lambda(2x + y - 3)$
$F_x = 2x + 2\lambda = 0$ or $x = -\lambda$
$F_y = -2y + \lambda = 0$ or $y = \frac{1}{2}\lambda$
Thus, $y = \frac{1}{2}\lambda = \frac{1}{2}(-x) = -\frac{1}{2}x$. $F_\lambda = 0$ gives
$2x + y - 3 = 0$
$2x + \left(-\frac{1}{2}x\right) - 3 = 0$
$\frac{3}{2}x = 3$
$x = 2$
$y = -\frac{1}{2}(2) = -1$
Thus, the maximum constrained value of f occurs at $(2, -1)$, and its value is
$(2)^2 - (-1)^2 + 3 = 6$.

9. Maximize $f(x, y) = \ln(xy)$ subject to $x + y = 2e$.
$F(x, y, \lambda) = \ln(xy) + \lambda(x + y - 2e)$
$F_x = \frac{y}{xy} + \lambda = \frac{1}{x} + \lambda = 0$
$F_y = \frac{x}{xy} + \lambda = \frac{1}{y} + \lambda = 0$
$F_\lambda = x + y - 2e = 0$
From the first two equations, $\lambda = -\frac{1}{x} = -\frac{1}{y}$; thus $x = y$. Substituting in the third equation,
$x + x = 2e$
$2x = 2e$
$x = e$
Since $x = y$, $y = e$. The maximum constrained value of f occurs at (e, e), and its value is $\ln(e \cdot e) = \ln e^2 = 2$.

11. Minimize $f(x, y) = x^2 + y^2$ subject to $2x + y = 15$.
$F(x, y, \lambda) = x^2 + y^2 + \lambda(2x + y - 15)$
$F_x = 2x + 2\lambda = 0$ or $x = -\lambda$
$F_y = 2y + \lambda = 0$ or $y = -\frac{1}{2}\lambda$
Thus, $y = -\frac{1}{2}\lambda = \frac{1}{2}(-\lambda) = \frac{1}{2}x$. $F_\lambda = 0$ gives
$2x + y - 15 = 0$
$2x + \left(\frac{1}{2}x\right) - 15 = 0$
$\frac{5}{2}x = 15$
$x = 6$
$y = \frac{1}{2}(6) = 3$
Thus, the minimum constrained value of f occurs at $(6, 3)$, and its value is
$(6)^2 + (3)^2 = 45$.

13. Minimize $f(x, y) = xy$ subject to $y = x + 8$.
$F(x, y, \lambda) = xy + \lambda(x - y + 8)$
$F_x = y + \lambda = 0$ or $y = -\lambda$
$F_y = x - \lambda = 0$ or $x = \lambda$
Thus, $\lambda = -y = x$. $F_\lambda = 0$ gives
$x - y + 8 = 0$
$(-y) - y + 8 = 0$
$-2y = -8$
$y = 4$
$x = -(4) = -4$
Thus, the minimum constrained value of f occurs at $(-4, 4)$, and its value is $(-4)(4) = -16$.

15. Minimize $f(x, y) = x^2 + y^2$ subject to $2x + 3y = 26$.
$F(x, y, \lambda) = x^2 + y^2 + \lambda(2x + 3y - 26)$
$F_x = 2x + 2\lambda = 0$ or $x = -\lambda$
$F_y = 2y + 3\lambda = 0$ or $y = -\frac{3}{2}\lambda$
Thus, $y = -\frac{3}{2}\lambda = -\frac{3}{2}(-x) = \frac{3}{2}x$. $F_\lambda = 0$ gives
$2x + 3y - 26 = 0$
$2x + 3\left(\frac{3}{2}x\right) = 26$
$\frac{13}{2}x = 26$
$x = 4$
$y = \frac{3}{2}(4) = 6$
Thus, the minimum constrained value of f occurs at $(4, 6)$, and its value is
$(4)^2 + (6)^2 = 52$.

Exercises 7.5

17. Minimize $f(x,y) = \ln(x^2 + y^2)$ subject to $2x + y = 25$.
$F(x,y,\lambda) = \ln(x^2 + y^2) + \lambda(2x + y - 25)$
$F_x = \frac{2x}{x^2+y^2} + 2\lambda = 0$ or $\lambda = -\frac{x}{x^2+y^2}$
$F_y = \frac{2y}{x^2+y^2} + \lambda = 0$ or $\lambda = -\frac{2y}{x^2+y^2}$
Equating expressions for λ gives
$\frac{-x}{x^2+y^2} = \frac{-2y}{x^2+y^2}$
$x = 2y$
$F_\lambda = 0$ gives
$2x + y - 25 = 0$
$2(2y) + y - 25 = 0$
$5y = 25$
$y = 5$
$x = 2(5) = 10$
Thus, the minimum constrained value of f occurs at (10, 5), and its value is
$\ln\left[(10)^2 + (5)^2\right] = \ln 125$.

19. Minimize $f(x,y) = e^{x^2+y^2}$ subject to $x + 2y = 10$.
$F(x,y,\lambda) = e^{x^2+y^2} + \lambda(x + 2y - 10)$
$F_x = 2xe^{x^2+y^2} + \lambda = 0$ or $\lambda = -2xe^{x^2+y^2}$
$F_y = 2ye^{x^2+y^2} + 2\lambda = 0$ or $\lambda = -ye^{x^2+y^2}$
Equating expressions for λ gives
$-2xe^{x^2+y^2} = -ye^{x^2+y^2}$
$2x = y$
$F_\lambda = 0$ gives
$x + 2y - 10 = 0$
$x + 2(2x) - 10 = 0$
$5x = 10$
$x = 2$
$y = 2(2) = 4$
Thus, the minimum constrained value of f occurs at (2, 4), and its value is $e^{4+16} = e^{20}$.

21. Maximize $f(x,y) = 2xy$ subject to $x^2 + y^2 = 8$.
$F(x,y,\lambda) = 2xy + \lambda(x^2 + y^2 - 8)$
$F_x = 2y + 2x\lambda = 0$
$F_y = 2x + 2y\lambda = 0$
$F_\lambda = x^2 + y^2 - 8 = 0$
From the first two equations, $\lambda = -\frac{2y}{2x} = -\frac{2x}{2y}$; so $\frac{y}{x} = \frac{x}{y}$, and $x^2 = y^2$; $x = \pm y$.
Substituting $x = y$ in the third equation,
$x^2 + y^2 = 8$
$2x^2 = 8$
$x = \pm 2$
$y = \pm 2$
Substituting $x = -y$ in the third equation again gives $x = \pm 2$, but now $y = \mp 2$; thus there are 4 points at which constrained extrema may occur, (2, 2), (2, –2), (–2, 2) and (–2, –2). At (2, 2) and (–2, –2), $f = 8$, and at (2, –2) and (–2, 2), $f = -8$; thus the constrained maximum is 8 at (2, 2) and (–2, –2), and the constrained minimum is –8 at (2, –2) and (–2, 2)

23. Maximize $f(x,y) = x + 2y$ subject to $2x^2 + y^2 = 72$.
$F(x,y,\lambda) = x + 2y + \lambda(2x^2 + y^2 - 72)$
$F_x = 1 + 4\lambda x = 0$ or $\lambda = -\frac{1}{4x}$
$F_y = 2 + 2\lambda y = 0$ or $\lambda = -\frac{1}{y}$
Equating expressions for λ gives
$-\frac{1}{4x} = -\frac{1}{y}$
$y = 4x$
$F_\lambda = 0$ gives
$2x^2 + y^2 - 72 = 0$
$2x^2 + (4x)^2 - 72 = 0$
$2x^2 + 16x^2 = 72$
$x^2 = 4$
$x = \pm 2$
$y = \pm 8$
$f(2, 8) = 2 + 2(8) = 18$
$f(-2, -8) = -2 + 2(-8) = -18$
Thus, the maximum constrained value of f occurs at (2, 8) where $f = 18$. The minimum constrained value of f occurs at (–2, –8), where $f = -18$.

25. a. Call the horizontal strip of fence x and the three vertical strips of fence y. Then maximize the area xy subject to $x + 3y = 6000$.

$F(x, y, \lambda) = xy + \lambda(x + 3y - 6000)$

$F_x = y + \lambda = 0 \quad$ or $\quad \lambda = -y$

$F_y = x + 3\lambda = 0 \quad$ or $\quad \lambda = -\frac{1}{3}x$

Thus, $-y = -\frac{1}{3}x$ or $x = 3y$. $F_\lambda = 0$ gives

$x + 3y - 6000 = 0$
$3y + 3y = 6000$
$6y = 6000$
$y = 1000$
$x = 3(1000) = 3000$

The largest area that can be enclosed under the given conditions is $(3000)(1000) = 3$ million square feet. The dimensions are 1000 feet perpendicular to the building and 3000 feet parallel to the building.

b. Since $\lambda = -y$, $\lambda = -1000$. $|\lambda| = 1000$, which is the number of additional objective units per additional constraint unit; thus each extra foot of fence will enclose about 1000 additional square feet in area.

27. Let x = radius of the bottom and let h = height of the cylinder. We must minimize surface area = $\pi x^2 + 2\pi x h$ subject to volume = $\pi x^2 h = 160$.

$F(x, y, \lambda) = \pi x^2 + 2\pi x h + \lambda(\pi x^2 h - 160)$

$F_x = 2\pi x + 2\pi h + 2\pi \lambda x h = 0$
$\quad x + h + \lambda h x = 0$
$\quad \lambda = -\frac{x+h}{hx}$

$F_h = 2\pi x + \lambda \pi x^2 = 0$
$\quad 2x + \lambda x^2 = 0$
$\quad \lambda = -\frac{2}{x}$

Equating expressions for λ gives

$-\frac{x+h}{hx} = -\frac{2}{x}$

$-\frac{x+h}{h} = -2$

$-x - h = -2h$

$h = x$

$F_\lambda = 0$ gives

$\pi x^2 h - 160 = 0$
$\pi x^3 = 160$
$x = \sqrt[3]{\frac{160}{\pi}} \approx 3.7 = h$

The least amount of materials is used when the radius of the bottom is about 3.7 feet and the height is 3.7 feet.

Exercises 7.5

29. Call the sides of the square base x and the length of the box y. Maximize x^2y subject to $4x + y = 84$ (note that the full allowed 84 inches of length plus girth needs to be used, since, for a given square base, increasing the length of the box so that the full 84 inches are used will always increase the volume of the box).

$F(x, y, \lambda) = x^2 y + \lambda(4x + y - 84)$
$F_x = 2xy + 4\lambda$
$F_y = x^2 + \lambda$
$F_\lambda = 4x + y - 84$

From the first two equations,
$\lambda = -\frac{2xy}{4} = -\frac{xy}{2} = -x^2$. Since $x \neq 0$, $\frac{y}{2} = x$, or $y = 2x$. Substituting into the third equation gives,
$4x + 2x = 84$
$6x = 84$
$x = 14$
$y = 2(14) = 28$

The largest box with a square base whose length plus girth does not exceed 84 inches has dimensions 14 inches by 14 inches by 28 inches and volume $(28)(14)(14) = 5488$ cubic inches.

31. a. To maximize production, maximize $P = 200L^{3/4}K^{1/4}$ subject to the cost $50L + 100K = 8000$.

$F(L, K, \lambda) = 200L^{3/4}K^{1/4} + \lambda(50L + 100K - 8000)$
$F_L = 150L^{-1/4}K^{1/4} + 50\lambda = 0$
$\qquad \lambda = -3L^{-1/4}K^{1/4} = -3\frac{K^{1/4}}{L^{1/4}}$
$F_K = 50L^{3/4}K^{-3/4} + 100\lambda = 0$
$\qquad \lambda = -\frac{1}{2}L^{3/4}K^{-3/4} = -\frac{L^{3/4}}{2K^{3/4}}$

Equation expressions for λ gives
$-3\frac{K^{1/4}}{L^{1/4}} = -\frac{L^{3/4}}{2K^{3/4}}$
$-3K^{1/4+3/4} = -\frac{1}{2}L^{1/4+3/4}$
$\qquad 6K = L$

$F_\lambda = 0$ gives
$50L + 100K - 8000 = 0$
$50(6K) + 100K - 8000 = 0$
$\qquad 400K = 8000$
$\qquad K = 20$
$\qquad L = 6(20) = 120$

The company should use 120 units of labor and 20 units of capital to maximize production.

b. $|\lambda| = \left|-3\frac{K^{1/4}}{L^{1/4}}\right| = \left|-3\left(\frac{K}{L}\right)^{1/4}\right| = \left|-3\left(\frac{20}{120}\right)^{1/4}\right| \approx 1.9$

Production increases by about 1.9 for each additional dollar.

33. To minimize the cost, minimize
$(50)(2)x^2 + (30)(4)xy = 100x^2 + 120xy$ subject to $x^2y = 45$.
$$F(x, y, \lambda) = 100x^2 + 120xy + \lambda(x^2y - 45)$$
$$F_x = 200x + 120y + 2xy\lambda = 0$$
$$F_y = 120x + x^2\lambda = 0$$
$$F_\lambda = x^2y - 45 = 0$$
From the first two equations,
$\lambda = -\frac{200x+120y}{2xy} = -\frac{100x+60y}{xy}$ and
$\lambda = -\frac{120x}{x^2} = -\frac{120}{x}$, since x and $y \neq 0$. Thus,
$$\frac{100x+60y}{xy} = \frac{120}{x}$$
$$100x + 60y = 120y$$
$$y = \frac{100}{60}x = \frac{5}{3}x$$
Substituting in the third equation gives
$$x^2\left(\frac{5}{3}x\right) = 45$$
$$x^3 = 27$$
$$x = 3$$
$$y = \frac{5}{3}(3) = 5$$
The box of minimum cost subject to the conditions given will have dimensions 3 inches by 3 inches by 5 inches.

35. Minimize $f(x, y, z) = x^2 + y^2 + z^2$ subject to $2x + y - z = 12$.
$$F(x, y, z, \lambda) = x^2 + y^2 + z^2 + \lambda(2x + y - z - 12)$$
$F_x = 2x + 2\lambda = 0$ or $\lambda = -x$
$F_y = 2y + \lambda = 0$ or $\lambda = -2y$
$F_z = 2z - \lambda = 0$ or $\lambda = 2z$
Equating the first and third equations gives $-x = 2z$ or $x = -2z$. Equating the second and third equations gives $-2y = 2z$ or $y = -z$.
$F_\lambda = 0$ gives
$$2x + y - z - 12 = 0$$
$$2(-2z) + (-z) - z - 12 = 0$$
$$-6z = 12$$
$$z = -2$$
$$y = -(-2) = 2$$
$$x = -2(-2) = 4$$
Thus, the minimum constrained value of f occurs at $(4, 2, -2)$, where
$f = 4^2 + 2^2 + (-2)^2 = 24$.

Exercises 7.6

37. Maximize $f(x, y, z) = x + y + z$, subject to $x^2 + y^2 + z^2 = 12$.

$F(x,y,z,\lambda) = x + y + z + \lambda(x^2 + y^2 + z^2 - 12)$
$F_x = 1 + 2x\lambda$
$F_y = 1 + 2y\lambda$
$F_z = 1 + 2z\lambda$
$F_\lambda = x^2 + y^2 + z^2 - 12 = 0$

So, $\lambda = -\frac{1}{2x} = -\frac{1}{2y} = -\frac{1}{2z}$ and $x = y = z$.

Substituting in the fourth equation,
$x^2 + x^2 + x^2 = 12$
$3x^2 = 12$
$x = \pm 2$ so $y = z = \pm 2$

The maximum constrained value of f occurs at (2, 2, 2), where $f = 2 + 2 + 2 = 6$. Note that $f(-2, -2, -2) = -6$ which is less than $f(2, 2, 2)$.

39. Area of roof = xy, and cost of roof is $32xy$. Area of each side wall = yz, and each costs $10yz$. Area of front and back walls = xz, and each costs $10xz$. Area of floor = xy, and cost of floor is $8xy$.

Cost of building = $32xy + 2(10yz) + 2(10xz) + 8xy$
$= 40xy + 20yz + 20xz$

Maximize cost function subject to $xyz = 250{,}000$.

$F(x,y,z,\lambda) =$
$\qquad 40xy + 20yz + 20xz + \lambda(xyz - 250{,}000)$
$F_x = 40y + 20z + \lambda yz = 0$
$F_y = 40x + 20z + \lambda xz = 0$
$F_z = 20y + 20x + \lambda xy = 0$

Multiplying F_x by x and F_y by y gives
$40xy + 20xz + \lambda xyz = 0$
$-(40xy + 20yz + \lambda xyz) = 0$
_____
$\qquad\quad 20xz - 20yz = 0$
$\qquad\qquad 20xz = 20yz$
$\qquad\qquad\quad x = y$

Substituting into F_y and F_z gives
$F_y = 40y + 20z + \lambda yz = 0$
$F_z = 20y + 20y + \lambda y^2 = 0$
$\qquad\qquad \lambda = -\frac{40y}{y^2} = -\frac{40}{y}$

Thus, $40y + 20z - \left(\frac{40}{y}\right)yz = 0$
$40y + 20z - 40z = 0$
$z = 2y$

Thus, using $x = y$, $z = 2y$, and $F_\lambda = 0$ gives
$xyz - 250{,}000 = 0$
$(y)y(2y) = 250{,}000$
$y^3 = 125{,}000$
$y = 50$
$x = 50$
$z = 2(50) = 100$

The dimensions that minimize cost are $x = 50$ feet, $y = 50$ feet, and $z = 100$ feet.

EXERCISES 7.6

1. $f(x, y) = x^2 y^3$
$f_x = 2xy^3$
$f_y = 3x^2 y^2$
$df = 2xy^3 \cdot dx + 3x^2 y^2 \cdot dy$

3. $f(x, y) = 6x^{1/2} y^{1/3} + 8$
$f_x = 3x^{-1/2} y^{1/3}$
$f_y = 2x^{1/2} y^{-2/3}$
$df = 3x^{-1/2} y^{1/3} \cdot dx + 2x^{1/2} y^{-2/3} \cdot dy$

5. $g(x,y) = \frac{x}{y}$

   $g_x = \frac{1}{y}$

   $g_y = -\frac{x}{y^2}$

   $dg = \frac{1}{y} \cdot dx - \frac{x}{y^2} \cdot dy$

7. $g(x,y) = (x-y)^{-1}$

   $g_x = -(x-y)^{-2}$

   $g_y = -(x-y)^{-2}(-1) = (x-y)^{-2}$

   $dg = -(x-y)^{-2} \cdot dx + (x-y)^{-2} \cdot dy$

9. $z = \ln(x^3 - y^2)$

   $z_x = \frac{3x^2}{x^3 - y^2}$ $z_y = \frac{-2y}{x^3 - y^2}$

   $dz = \frac{3x^2}{x^3 - y^2} \cdot dx - \frac{2y}{x^3 - y^2} \cdot dy$

11. $z = xe^{2y}$

    $z_x = e^{2y}$ $z_y = 2xe^{2y}$

    $dz = e^{2y} \cdot dx + 2xe^{2y} \cdot dy$

13. $w = 2x^3 + xy + y^2$

    $w_x = 6x^2 + y$ $w_y = x + 2y$

    $dw = (6x^2 + y) \cdot dx + (x + 2y) \cdot dy$

15. $f(x,y,z) = 2x^2 y^3 z^4$

    $f_x = 4xy^3 z^4$ $f_y = 6x^2 y^2 z^4$ $f_z = 8x^2 y^3 z^3$

    $df = 4xy^3 z^4 \cdot dx + 6x^2 y^2 z^4 \cdot dy + 8x^2 y^3 z^3 \cdot dz$

17. $f(x,y,z) = \ln(xyz)$

    $f_x = \frac{yz}{xyz} = \frac{1}{x}$ $f_y = \frac{xz}{xyz} = \frac{1}{y}$ $f_z = \frac{xy}{xyz} = \frac{1}{z}$

    $df = \frac{1}{x} \cdot dx + \frac{1}{y} \cdot dy + \frac{1}{z} \cdot dz$

19. $f(x,y,z) = e^{xyz}$

    $df = yze^{xyz} \cdot dx + xze^{xyz} \cdot dy + xye^{xyz} \cdot dz$

21. **a.** $x + \Delta x = 4 + 0.2 = 4.2$ $y + \Delta y = 2 + (-0.1) = 1.9$

    $\Delta f = f(4.2, 1.9) - f(4,2) = (4.2)^2 + (4.2)(1.9) + (1.9)^3 - [4^2 + (4)(2) + 2^3]$

    $= 32.479 - 32 = 0.479$

    b. $df = (2x + y) \cdot dx + (x + 3y^2) \cdot dy$. Evaluate df at $x = 4$, $y = 2$, $dx = 0.2$, $dy = -0.1$.

    $df = [2(4) + 2](0.2) + [4 + 3(2)^2](-0.1) = 2 + (-0.1)(16) = 2 - 1.6 = 0.4$

23. **a.** $x + \Delta x = 0 + 0.05 = 0.05$ $y + \Delta y = 1 + 0.01 = 1.01$

    $\Delta f = f(0.05, 1.01) - f(0,1) = e^{0.05} + (0.05)(1.01) + \ln 1.01 - [e^0 + (0)1 + \ln 1]$

    $\approx 1.112 - 1 = 0.112$

    b. $df = (e^x + y) \cdot dx + (x + \frac{1}{y}) \cdot dy$. Evaluate df at $x = 0$, $y = 1$, $dx = 0.05$, $dy = 0.01$.

    $df = (e^0 + 1)(0.05) + (0 + \frac{1}{1})(0.01) = 0.1 + 0.01 = 0.11$

25. **a.** $x + \Delta x = 3 + 0.03 = 3.03$ $y + \Delta y = 2 + 0.02 = 2.02$ $z + \Delta z = 1 + 0.01 = 1.01$

    $\Delta f = f(3.03, 2.02, 1.01) - f(3,2,1) = 3.03(2.02) + (1.01)^2 - [3(2) + 1^2]$

    $= 7.1407 - 7 = 0.1407$

    b. $df = y \cdot dx + x \cdot dy + 2z \cdot dz$. Evaluate df at $x = 3$, $y = 2$, $z = 1$, $dx = 0.03$, $dy = 0.02$, $dz = 0.01$.

    $df = 2(0.03) + 3(0.02) + 2(1)(0.01) = 0.14$

Exercises 7.6

27. Let x = length of rectangle and let y = width of rectangle.
$x = 150, y = 100, \Delta x = 0.5, \Delta y = 0.5$
$A = xy$
$dA = y \cdot dx + x \cdot dy$
$= 100(0.5) + 150(0.5) = 50 + 75$
$= 125$ square feet

29. Let x = 200 tape decks and y = 300 compact disk players, and $\Delta x = 5, \Delta y = 4$. To estimate the change in profit $P(x, y)$, find dP.
$dP = (4x - 3y) \cdot dx + (-3x + 6y) \cdot dy$
$= (4x - 3y) \cdot dx - (3x - 6y) \cdot dy$
Evaluate at $x = 200, y = 300, \Delta x = 5, \Delta y = 4$.
$dP = [4(200) - 3(300)](5) - [3(200) - 6(300)](4)$
$= -500 + 4800 = 4300$
The extra profit is $4300.

31. For a truck weighing 4 tons and usually driven at 60 mph, $w = 4$, and $v = 60$. Find dS for $dw = 0.5$ and $dv = 5$.
$S = 0.027wv^2$
$dS = 0.027v^2 \cdot dw + 0.054wv \cdot dv$
Evaluate dS at $w = 4, v = 60, dw = 0.5, dv = 5$.
$dS = 0.027(60)^2(0.5) + 0.054(4)(60)(5) \approx 113$ feet
The extra stopping distance is about 113 feet.

33. Since the error of each measurement is 1%,
$\Delta x = 0.01x$
$\Delta y = 0.01y$
Area $A = xy$ and the differential is
$dA = y \cdot dx + x \cdot dy$
$= y(0.01x) + x(0.01y)$
$= 0.01xy + 0.01xy = 0.02xy = 0.02A$
The percentage error in calculating the area is 0.02 or 2%.

35. $x = 250, y = 160, z = 150, \Delta x = \Delta y = \Delta z = 5$.
The differential dC is
$dC = \frac{1}{y-z} \cdot dx - \frac{x}{(y-z)^2} \cdot dy + \frac{x}{(y-z)^2} \cdot dz$
$= \frac{1}{160-150}(5) - \frac{250}{(160-150)^2}(5) + \frac{250}{(160-150)^2}(5)$
$= \frac{5}{10} - 2.5(5) + 2.5(5) = 0.5$ unit
The error in calculating C is 0.5 unit.

37.
a. Since $f(x, y) = c$,
$f(x + \Delta x, F(x + \Delta x)) - f(x, F(x)) = c - c = 0$
b. Adding $-F(x) + F(x) = 0$ gives
$f(x + \Delta x, F(x + \Delta x)) - F(x) + F(x) - f(x, F(x)) = 0$
c. Using the differential approximation formula we know that
$f(x + \Delta x, F + \Delta F) - f(x, F) \approx f_x \cdot \Delta x + f_y \cdot \Delta F$
Thus, $f_x \cdot \Delta x + f_y \cdot \Delta F \approx 0$
d. $f_x \cdot \Delta x \approx -f_y \cdot \Delta F$
$\frac{\Delta F}{\Delta x} \approx -\frac{f_x}{f_y}$
e. As Δx and ΔF approach 0, $f(x + \Delta x, F + \Delta F) - f(x, F)$ approaches $f_x \cdot dx + f_y \cdot dF$. Thus,
$f_x \cdot dx + f_y \cdot dF = 0$
$\frac{dF}{dx} = -\frac{f_x}{f_y}$

EXERCISES 7.7

1. $\displaystyle\int_1^{x^2} 8xy^3\,dy = 8x\left(\frac{y^4}{4}\right)\Big|_1^{x^2} = 2xy^4\Big|_1^{x^2}$
$= 2x\left[(x^2)^4 - 1\right]$
$= 2x(x^8 - 1)$
$= 2x^9 - 2x$

3. $\displaystyle\int_{-y}^{y} 9x^2 y\,dx = 9y\left(\frac{x^3}{3}\right)\Big|_{-y}^{y}$
$= 3yx^3\Big|_{-y}^{y} = 3y(y^3) - 3y(-y)^3$
$= 3y^4 + 3y^4 = 6y^4$

5. $\displaystyle\int_0^{x} (6y - x)\,dy = \left[6\left(\frac{y^2}{2}\right) - xy\right]\Big|_0^{x}$
$= (3y^2 - xy)\Big|_0^{x}$
$= 3x^2 - x(x) - [3(0)^2 - x(0)]$
$= 3x^2 - x^2 = 2x^2$

7. $\displaystyle\int_0^2\int_0^1 4xy\,dx\,dy = \int_0^2 4y\left(\frac{x^2}{2}\right)\Big|_0^1 dy = \int_0^2 2yx^2\Big|_0^1 dy$
$= \int_0^2\left[2y(1)^2 - 2y(0)^2\right]dy = \int_0^2 2y\,dy$
$= 2\left(\frac{y^2}{2}\right)\Big|_0^2 = y^2\Big|_0^2$
$= (2)^2 - (0)^2 = 4$

9. $\displaystyle\int_0^2\int_0^1 x\,dy\,dx = \int_0^2 x(y)\Big|_0^1 dx$
$= \int_0^2 x(1 - 0)\,dx$
$= \frac{x^2}{2}\Big|_0^2 = \frac{2^2}{2} - 0 = 2$

11. $\displaystyle\int_0^1\int_0^2 x^3 y^7\,dx\,dy = \int_0^1 y^7\left(\frac{x^4}{4}\right)\Big|_0^2 dy$
$= \int_0^1 y^7\left(\frac{2^4}{4} - \frac{0^4}{4}\right)dy = \int_0^1 4y^7\,dy$
$= 4\left(\frac{y^8}{8}\right)\Big|_0^1 = 4\left(\frac{1^8}{8} - \frac{0^8}{8}\right) = \frac{1}{2}$

13. $\displaystyle\int_1^3\int_0^2 (x + y)\,dy\,dx = \int_1^3\left(xy + \frac{y^2}{2}\right)\Big|_0^2 dx$
$= \int_1^3 [(2x + 2) - (0 + 0)]\,dx$
$= (x^2 + 2x)\Big|_1^3$
$= (9 + 6) - (1 + 2) = 12$

15. $\displaystyle\int_{-1}^1\int_0^3 (x^2 - 2y^2)\,dx\,dy = \int_{-1}^1 \left(\frac{x^3}{3} - 2y^2 x\right)\Big|_0^3 dy$
$= \int_{-1}^1 \left[\frac{3^3}{3} - 2y^2(3) - (0)\right]dy$
$= \int_{-1}^1 (9 - 6y^2)\,dy = \left[9y - 6\left(\frac{y^3}{3}\right)\right]\Big|_{-1}^1 = (9y - 2y^3)\Big|_{-1}^1$
$= 9(1) - 2(1)^3 - [9(-1) - 2(-1)^3]$
$= 9 - 2 - (-9 + 2) = 7 + 7 = 14$

Exercises 7.7

17. $\int_{-3}^{3}\int_{0}^{3} y^2 e^{-x} dy\, dx = \int_{-3}^{3}\left(\frac{y^3}{3}e^{-x}\right)\Big|_0^3 dx$
$= \int_{-3}^{3}(9e^{-x} - 0)dx$
$= -9e^{-x}\Big|_{-3}^{3} = -9(e^{-3} - e^3)$
$= 9(e^3 - e^{-3})$

19. $\int_{-2}^{2}\int_{-1}^{1} ye^{xy} dx\, dy = \int_{-2}^{2} y\left(\frac{1}{y}e^{xy}\right)\Big|_{-1}^{1} dy$
$= \int_{-2}^{2} e^{xy}\Big|_{-1}^{1} dy = \int_{-2}^{2}(e^y - e^{-y})dy$
$= (e^y + e^{-y})\Big|_{-2}^{2}$
$= e^2 + e^{-2} - (e^{-2} + e^2) = 0$

21. $\int_{0}^{2}\int_{x}^{1} 12xy\, dy\, dx = \int_{0}^{2}\left[12x\left(\frac{y^2}{2}\right)\right]\Big|_x^1 dx$
$= \int_{0}^{2} 6xy^2\Big|_x^1 dx = \int_{0}^{2} 6x(1-x^2)dx$
$= \int_{0}^{2}(6x - 6x^3)dx = \left(3x^2 - \frac{3}{2}x^4\right)\Big|_0^2$
$= \left[3(4) - \frac{3}{2}(16)\right] - (0-0)$
$= 12 - 24 = -12$

23. $\int_{3}^{5}\int_{0}^{y}(2x - y)dx\, dy = \int_{3}^{5}(x^2 - yx)\Big|_0^y dy$
$= \int_{3}^{5}(y^2 - y^2)dy = \int_{3}^{5} 0\, dy = 0$

25. $\int_{-3}^{3}\int_{0}^{4x}(y - x)dy\, dx = \int_{-3}^{3}\left(\frac{y^2}{2} - xy\right)\Big|_0^{4x} dx = \int_{-3}^{3}\left[\frac{(4x)^2}{2} - x(4x) - (0-0)\right]dx$
$= \int_{-3}^{3}(8x^2 - 4x^2)dx = \int_{-3}^{3} 4x^2 dx = \frac{4}{3}x^3\Big|_{-3}^{3} = \frac{4}{3}[27 - (-27)]$
$= \frac{4}{3}(54) = 72$

27. $\int_{0}^{1}\int_{-y}^{y}(x + y^2)dx\, dy = \int_{0}^{1}\left(\frac{x^2}{2} + y^2 x\right)\Big|_{-y}^{y} dy = \int_{0}^{1}\left\{\frac{y^2}{2} + y^3 - \left[\frac{(-y)^2}{2} + y^2(-y)\right]\right\}dy$
$= \int_{0}^{1}\left[\frac{y^2}{2} + y^3 - \left(\frac{y^2}{2} - y^3\right)\right]dy = \int_{0}^{1} 2y^3 dy$
$= \frac{1}{2}y^4\Big|_0^1 = \frac{1}{2}(1)^4 - \frac{1}{2}(0)^4 = \frac{1}{2}$

29. a. $\int_0^2 \int_1^3 3xy^2\,dy\,dx$ and $\int_1^3 \int_0^2 3xy^2\,dx\,dy$

b. $\int_0^2 \int_1^3 3xy^2\,dy\,dx = \int_0^2 \left[3x\left(\frac{y^3}{3}\right)\right]_1^3 dx$

$= \int_0^2 xy^3\Big|_1^3 dx$

$= \int_0^2 x(27-1)\,dx = \int_0^2 26x\,dx$

$= 13x^2\Big|_0^2 = 13(4-0) = 52$

$\int_1^3 \int_0^2 3xy^2\,dx\,dy = \int_1^3 \left(\frac{3}{2}x^2y^2\right)\Big|_0^2 dy$

$= \int_1^3 \frac{3}{2}y^2(4-0)\,dy$

$= \int_1^3 6y^2\,dy = 2y^3\Big|_1^3$

$= 2(27-1) = 2(26) = 52$

31. a. $\int_{-1}^1 \int_0^2 ye^x\,dy\,dx$ and $\int_0^2 \int_{-1}^1 ye^x\,dx\,dy$

b. $\int_{-1}^1 \int_0^2 ye^x\,dy\,dx = \int_{-1}^1 \frac{e^x y^2}{2}\Big|_0^2 dx = \int_{-1}^1 2e^x\,dx$

$= 2e^x\Big|_{-1}^1 = 2e - 2e^{-1}$

$\int_0^2 \int_{-1}^1 ye^x\,dx\,dy = \int_0^2 ye^x\Big|_{-1}^1 dy$

$= \int_0^2 (ey - e^{-1}y)\,dy$

$= e\left(\frac{y^2}{2}\right) - e^{-1}\left(\frac{y^2}{2}\right)\Big|_0^2$

$= 2e - 2e^{-1}$

33. $f(x,y) = x + y; R = \{(x,y) | 0 \le x \le 2, 0 \le y \le 2\}$

The volume under the surface f and above the region R is

$\iint_R (x+y)\,dx\,dy = \int_0^2 \int_0^2 (x+y)\,dx\,dy$

$= \int_0^2 \left(\frac{x^2}{2} + xy\right)\Big|_0^2 dy$

$= \int_0^2 [(2+2y) - (0+0)]\,dy$

$= (2y + y^2)\Big|_0^2$

$= 2(2) + 4 - 0 = 8$ cubic units

35. $f(x,y) = 2 - x^2 - y^2; R = \{(x,y) | 0 \le x \le 1, 0 \le y \le 1\}$

The volume under the surface f and above the region R is

$\iint_R (2 - x^2 - y^2)\,dx\,dy = \int_0^1 \int_0^1 (2 - x^2 - y^2)\,dx\,dy$

$= \int_0^1 \left(2x - \frac{x^3}{3} - y^2 x\right)\Big|_0^1 dy$

$= \int_0^1 \left[2 - \frac{(1)^3}{3} - y^2\right]dy = \int_0^1 \left(\frac{5}{3} - y^2\right)dy$

$= \left(\frac{5}{3}y + \frac{y^3}{3}\right)\Big|_0^1 = \frac{5}{3} - \frac{1}{3} = \frac{4}{3}$ cubic units

Exercises 7.7

37. $f(x, y) = 2xy; R = \{(x, y) | 0 \le x \le 1, x^2 \le y \le \sqrt{x}\}$

The volume under the surface f and above the region R is

$$\iint_R 2xy \, dx \, dy = \int_0^1 \int_{x^2}^{\sqrt{x}} 2xy \, dy \, dx = \int_0^1 (xy^2)\Big|_{x^2}^{\sqrt{x}} dx = \int_0^1 x\left[\left(\sqrt{x}\right)^2 - \left(x^2\right)^2\right] dx$$

$$= \int_0^1 x(x - x^4) \, dx = \int_0^1 (x^2 - x^5) \, dx$$

$$= \left(\frac{x^3}{3} - \frac{x^6}{6}\right)\Big|_0^1 = \left(\frac{1}{3} - \frac{1}{6}\right) - 0 = \frac{1}{6} \text{ cubic unit}$$

39. $f(x, y) = e^y; R = \{(x, y) | 0 \le x \le 1, x \le y \le 2x\}$

The volume under the surface f and above the region R is

$$\iint_R e^y \, dx \, dy = \int_0^1 \int_x^{2x} e^y \, dy \, dx = \int_0^1 e^y \Big|_x^{2x} dx = \int_0^1 (e^{2x} - e^x) \, dx$$

$$= \left(\frac{1}{2} e^{2x} - e^x\right)\Big|_0^1 = \frac{1}{2} e^{2(1)} - e^1 - \left(\frac{1}{2} e^{2(0)} - e^0\right) = \frac{1}{2} e^2 - e + \frac{1}{2} \text{ cubic units}$$

41. $f(x, y) = 48 + 4x - 2y$

The average temperature over the region is $\frac{1}{\text{area of } R} \iint_R (48 + 4x - 2y) \, dx \, dy$, where

$R = \{(x, y) | -2 \le x \le 2, 0 \le y \le 3\}$.

(Average temperature) $= \frac{1}{(4)(3)} \int_{-2}^2 \int_0^3 (48 + 4x - 2y) \, dy \, dx$

$$= \frac{1}{12} \int_{-2}^2 (48y + 4xy - y^2)\Big|_0^3 dx = \frac{1}{12} \int_{-2}^2 [48(3) + 4x(3) - 9] \, dx = \frac{1}{12} \int_{-2}^2 (135 + 12x) \, dx$$

$$= \frac{1}{12} (135x + 6x^2)\Big|_{-2}^2 = \frac{1}{12}[135(2) + 6(4) - 135(-2) - 6(4)] = \frac{1}{12}(540) = 45$$

43. The total population is equal to the integral of $P(x, y) = 12000e^{x-y}$ over R for $R = \{(x, y) | 0 \le x \le 2, -1 \le y \le 1\}$

(Total population) $= \int_{-1}^1 \int_0^2 12000 e^{x-y} \, dx \, dy$

$$= 12000 \left(\int_{-1}^1 e^{x-y} \Big|_0^2 dy \right) = 12000 \left(\int_{-1}^1 e^{2-y} + e^{-y} \, dy \right)$$

$$= 12000 \left(-e^{2-y} + e^{-y} \Big|_{-1}^1 \right) = 12000(-e^1 + e^{-1} - (e^3 + e^1))$$

$$= 12000(e^3 - 2e + e^{-1}) \approx 180,202 \text{ people}$$

45. The volume of the building is the volume under the surface $f(x,y) = 40 - 0.006x^2 + 0.003y^2$ and above the region $R = \{(x,y) | -50 \le x \le 50, -100 \le y \le 100\}$.

$$\iint_R (40 - 0.006x^2 + 0.003y^2) dx\, dy = \int_{-50}^{50} \int_{-100}^{100} (40 - 0.006x^2 + 0.003y^2) dy\, dx$$

$$= \int_{-50}^{50} (40y - 0.006x^2 y + 0.001 y^3) \Big|_{-100}^{100} dx$$

$$= \int_{-50}^{50} \left[40(100) - 0.006x^2(100) + 0.001(100)^3 - 40(-100) + 0.006x^2(-100) - 0.001(-100)^3 \right] dx$$

$$= \int_{-50}^{50} (4000 - 0.6x^2 + 1000 + 4000 - 0.6x^2 + 1000) dx$$

$$= \int_{-50}^{50} (10{,}000 - 1.2x^2) dx$$

$$= (10{,}000x - 0.4x^3) \Big|_{-50}^{50}$$

$$= (10{,}000)(50) - 0.4(50)^3 - (10{,}000)(-50) + (0.4)(-50)^3 = 900{,}000 \text{ cubic units}$$

47.
$$\int_1^2 \int_0^3 \int_0^1 (2x + 4y - z^2) dx\, dy\, dz = \int_1^2 \int_0^3 (x^2 + 4yx - z^2 x) \Big|_0^1 dy\, dz$$

$$= \int_1^2 \int_0^3 [(1)^2 + 4y(1) - z^2(1)] dy\, dz = \int_1^2 \int_0^3 (1 + 4y - z^2) dy\, dz$$

$$= \int_1^2 (y + 2y^2 - z^2 y) \Big|_0^3 dz = \int_1^2 [3 + 2(3)^2 - 3z^2] dz$$

$$= \int_1^2 (21 - 3z^2) dz = (21z - z^3) \Big|_1^2 = (42 - 8) - (21 - 1)$$

$$= 34 - 20 = 14$$

49.
$$\int_1^2 \int_0^2 \int_0^1 2xy^2 z^3 dx\, dy\, dz = \int_1^2 \int_0^2 (x^2 y^2 z^3) \Big|_0^1 dy\, dz$$

$$= \int_1^2 \int_0^2 y^2 z^3 (1 - 0) dy\, dz = \int_1^2 \int_0^2 y^2 z^3 dy\, dz$$

$$= \int_1^2 \left(\frac{y^3}{3} z^3 \right) \Big|_0^2 dz = \int_1^2 z^3 \left(\frac{8}{3} - 0 \right) dz$$

$$= \int_1^2 \frac{8}{3} z^3 dz = \frac{8}{3} \left(\frac{z^4}{4} \right) \Big|_1^2 = \frac{2}{3} z^4 \Big|_1^2 = \frac{2}{3}(16 - 1) = \frac{2}{3}(15) = 10$$

REVIEW EXERCISES FOR CHAPTER 7

1. The domain of f is $\{(x, y) \mid x \ge 0, y \ne 0\}$.

2. The domain of f is $\{(x, y) \mid y > 0\}$.

3. The domain of f is $\{(x, y) \mid x \ne 0, y > 0\}$.

4. The domain of f is $\{(x, y) \mid x \ne 0, y > 0\}$.

Review Exercises for Chapter 7 225

5. $f(x,y) = 2x^5 - 3x^2y^3 + y^4 - 3x + 2y + 7$
    a. $f_x = 10x^4 - 6xy^3 - 3$
    b. $f_y = -3x^2(3y^2) + 4y^3 + 2$
        $= -9x^2y^2 + 4y^3 + 2$
    c-d. $f_{xy} = f_{yx} = -18xy^2$

6. $f(x,y) = 3x^4 + 5x^3y^2 - y^6 - 6x + y - 9$
    a. $f_x = 12x^3 + 15x^2y^2 - 6$
    b. $f_y = 10x^3y - 6y^5 + 1$
    c-d. $f_{xy} = f_{yx} = 30x^2y$

7. $f(x,y) = 18x^{2/3}y^{1/3}$
    a. $f_x = 12x^{-1/3}y^{1/3}$
    b. $f_y = 6x^{2/3}y^{-2/3}$
    c-d. $f_{xy} = f_{yx} = 4x^{-1/3}y^{-2/3}$

8. $f(x,y) = \ln(x^2 + y^3)$
    a. $f_x = \frac{2x}{x^2+y^3}$
    b. $f_y = \frac{3y^2}{x^2+y^3}$
    c-d. $f_{xy} = f_{yx} = -\frac{6xy^2}{(x^2+y^3)^2}$

9. $f(x,y) = e^{x^3 - 2y^3}$
    a. $f_x = 3x^2 e^{x^3 - 2y^3}$
    b. $f_y = -6y^2 e^{x^3 - 2y^3}$
    c-d. $f_{xy} = f_{yx} = -18x^2y^2 e^{x^3 - 2y^3}$

10. $f(x,y) = 3x^2 e^{-5y}$
    a. $f_x = 6xe^{-5y}$
    b. $f_y = -15x^2 e^{-5y}$
    c-d. $f_{xy} = f_{yx} = -30xe^{-5y}$

11. $f(x,y) = ye^{-x} - x \ln y$
    a. $f_x = -ye^{-x} - \ln y$
    b. $f_y = e^{-x} - \frac{x}{y}$
    c-d. $f_{xy} = f_{yx} = -e^{-x} - \frac{1}{y}$

12. $f(x,y) = x^2 e^y + y \ln x$
    a. $f_x = 2xe^y + \frac{y}{x}$
    b. $f_y = x^2 e^y + \ln x$
    c-d. $f_{xy} = f_{yx} = 2xe^y + \frac{1}{x}$

13. $f(x,y) = \frac{x+y}{x-y}$
    a. $f_x = \frac{x-y-(x+y)}{(x-y)^2} = \frac{-2y}{(x-y)^2}$
        $f_x(1,-1) = \frac{2}{(2)^2} = \frac{1}{2}$
    b. $f_y = \frac{x-y-(-1)(x+y)}{(x-y)^2} = \frac{2x}{(x-y)^2}$
        $f_y(1,-1) = \frac{2}{(2)^2} = \frac{1}{2}$

14. $f(x,y) = \frac{x}{x^2+y^2}$
    a. $f_x = \frac{x^2+y^2-2x(x)}{(x^2+y^2)^2} = \frac{y^2-x^2}{(x^2+y^2)^2}$
        $f_x(1,-1) = \frac{1-1}{(2)^2} = 0$
    b. $f_y = \frac{-2y(x)}{(x^2+y^2)^2} = -\frac{2xy}{(x^2+y^2)^2}$
        $f_y(1,-1) = -\frac{2(1)(-1)}{2^2} = \frac{1}{2}$

15. $f(x,y) = (x^3 + y^2)^3$
   a. $f_x = 3(x^3+y^2)^2(3x^2) = 9x^2(x^3+y^2)^2$
   $f_x(1,-1) = 9(1+1)^2 = 36$
   b. $f_y = 6y(x^3+y^2)^2$
   $f_y(1,-1) = 6(-1)(1+1)^2 = -24$

16. $f(x,y) = (2xy-1)^4$
   a. $f_x = 4(2xy-1)^3(2y) = 8y(2xy-1)^3$
   $f_x(1,-1) = 8(-1)[2(1)(-1)-1]^3$
   $= -8(-3)^3 = 216$
   b. $f_y = 8x(2xy-1)^3$
   $f_y(1,-1) = 8(1)[2(1)(-1)-1]^3$
   $= 8(-3)^3 = -216$

17. $P(L,K) = 160L^{3/4}K^{1/4}$
   a. $P_L(L,K) = 120L^{-1/4}K^{1/4}$
   $P_L(81,16) = 120(81)^{-1/4}(16)^{1/4}$
   $= 120(\tfrac{1}{3})(2) = 80$
   Production increases by 80 for each additional unit of labor.
   b. $P_K(L,K) = 40L^{3/4}K^{-3/4}$
   $P_K(81,16) = 40(81)^{3/4}(16)^{-3/4}$
   $= 40\left(\tfrac{27}{8}\right) = 135$
   Production increases by 135 for each additional unit of capital.
   c. An additional unit of capital is more effective.

18. $S(x,y) = 60x^2 + 90y^2 - 6xy + 200$
   $S_x = 120x - 6y$
   $S_x(2,3) = 120(2) - 6(3) = 222$
   $S_y = 180y - 6x$
   $S_y(2,3) = 180(3) - 6(2) = 528$
   $S_x = 222$ is the rate at which sales increase for each additional $1000 spent on TV ads.
   $S_y = 528$ is the rate at which sales increase for each additional $1000 spent on print ads.

19. $f(x,y) = 2x^2 - 2xy + y^2 - 4x + 6y - 3$
   $f_x = 4x - 2y - 4 = 0$
   $f_y = -2x + 2y + 6 = 0$
   Solving these equations simultaneously gives $x = -1, y = -4$.
   $f_{xx} = 4, f_{yy} = 2, f_{xy} = -2$. $D = 2(4) - (-2)^2 = 4 > 0$
   and $f_{xx} > 0$. Thus, f has a relative minimum at $(-1, -4)$ and $f(-1, -4) = 2 - (2)(-1)(-4)$
   $+ (-4)^2 - 4(-1) + 6(-4) - 3 = 2 - 8 + 16 + 4 - 24 - 3 = -13$

20. $f(x,y) = x^2 - 2xy + 2y^2 - 6x + 4y + 2$
   $f_x = 2x - 2y - 6 = 0$
   $f_y = -2x + 4y + 4 = 0$
   Solving these equations simultaneously gives $x = 4, y = 1$. $f_{xx} = 2, f_{yy} = 4, f_{xy} = -2$.
   $D = 2(4) - (-2)^2 = 4 > 0$
   and $f_{xx} > 0$. Thus, f has a relative minimum at $(4, 1)$ and $f(4, 1) = 16 - 8 + 2 - 24 + 4 + 2 = -8$

21. $f(x,y) = 2xy - x^2 - 5y^2 + 2x - 10y + 3$
   $f_x = 2y - 2x + 2 = 0$
   $f_y = 2x - 10y - 10 = 0$
   Solving these equations simultaneously gives $x = 0, y = -1$. $f_{xx} = -2, f_{yy} = -10, f_{xy} = 2$.
   $D = (-2)(-10) - 2^2 = 16 > 0$ and $f_{xx} < 0$.
   Therefore f has a relative (and absolute) maximum at $(0, -1)$ and
   $f(0,-1) = -5(-1)^2 + -10(-1) + 3 = 8$

22. $f(x,y) = 2xy - 5x^2 - y^2 + 10x - 2y + 1$
   $f_x = 2y - 10x + 10 = 0$
   $f_y = 2x - 2y - 2 = 0$
   Solving these equations simultaneously gives $x = 1, y = 0$. $f_{xx} = -10, f_{yy} = -2, f_{xy} = 2$.
   $D = -10(-2) - 2^2 = 20 - 4 = 16$ and $f_{xx} < 0$.
   Thus, f has a relative maximum at $(1, 0)$ and $f(1, 0) = -5 + 10 + 1 = 6$

Review Exercises for Chapter 7

23. $f(x, y) = 2xy + 6x - y + 1$
$f_x = 2y + 6 = 0$ or $y = -3$
$f_y = 2x - 1 = 0$ or $x = \frac{1}{2}$
$f_{xx} = 0$, $f_{yy} = 0$, $f_{xy} = 2$.
$D = (0)(0) - 2^2 = -4 < 0$
f has no relative extrema. The point $\left(\frac{1}{2}, -3\right)$ is a saddle point.

24. $f(x, y) = 4xy - 4x + 2y - 4$
$f_x = 4y - 4 = 0$ or $y = 1$
$f_y = 4x + 2$ or $x = -\frac{1}{2}$
$f_{xx} = 0$, $f_{yy} = 0$, $f_{xy} = 4$.
$D = (0)(0) - 4^2 = -16 < 0$
f has no relative extrema. The point $\left(-\frac{1}{2}, 1\right)$ is a saddle point.

25. $f(x, y) = e^{-(x^2 + y^2)}$
$f_x = -2xe^{-(x^2 + y^2)} = 0$
$f_y = -2ye^{-(x^2 + y^2)} = 0$
$e^{-(x^2 + y^2)} > 0$ for all x and y, so the only values that satisfy these equations are $x = 0$ and $y = 0$. By inspection it can be seen that f must have a relative maximum of $e^0 = 1$ at (0, 0). For any other (x, y), $x^2 + y^2 > 0$, so $e^{-(x^2 + y^2)} = \frac{1}{e^k}$ with k positive, for any x and y not both equal to zero. $\frac{1}{e^k} < 1$ if $k > 0$, so $e^0 = 1$ must be a maximum of f.

26. $f(x, y) = e^{2(x^2 + y^2)}$
$f_x = 4xe^{2(x^2 + y^2)} = 0$
$f_y = 4ye^{2(x^2 + y^2)} = 0$
Only $x = 0$ and $y = 0$ satisfy these equations. (0, 0) must be a relative minimum because $e^{2(x^2 + y^2)}$ is larger than $e^0 = 1$ because $x^2 + y^2 > 0$. At (0, 0),
$f(0, 0) = e^{2(0^2 + 0^2)} = e^0 = 1$.

27. $f(x, y) = \ln(5x^2 + 2y^2 + 1)$
$f_x = \frac{10x}{5x^2 + 2y^2 + 1} = 0$
$f_y = \frac{4y}{5x^2 + 2y^2 + 1} = 0$
Only (0, 0) satisfies these equations because $5x^2 + 2y^2 + 1 > 0$. f has a minimum at (0, 0) because $f(0, 0) = \ln(0 + 0 + 1) = 0$, $5x^2 + 2y^2 + 1 \geq 1$ and ln is a strictly increasing function.

28. $f(x, y) = \ln(4x^2 + 3y^2 + 10)$
$f_x = \frac{8x}{4x^2 + 3y^2 + 10} = 0$
$f_y = \frac{6y}{4x^2 + 3y^2 + 10} = 0$
Only (0, 0) satisfies these equations. f has a minimum at (0, 0) because $f(0, 0) = \ln 10$ and for any other x, y, $\ln(4x^2 + 3y^2 + 10) > \ln 10$ because $4x^2 + 3y^2 > 0$.

29. $f(x,y) = x^3 - y^2 - 12x - 6y$
$f_x = 3x^2 - 12 = 0$
$f_y = -2y - 6 = 0$

These equations give $x^2 = 4$
$x = \pm 2$
and $2y = -6$
$y = -3$
so extrema may occur at $(2, -3)$ or $(-2, -3)$.
$f_{xx} = 6x, f_{yy} = -2, f_{xy} = 0$.
At $(2, -3)$
$D = 6(2)(-2) - 0 = -24 < 0$, so there is a saddle point.
At $(-2, -3)$
$D = 6(-2)(-2) - 0 = 24 > 0$ and $f_{xx} = -12 < 0$, so f has a relative maximum.
$f(-2, -3) = (-2)^3 - (-3)^2 - 12(-2) - 6(-3) = 25$

30. $f(x,y) = y^2 - x^3 + 12x - 4y$
$f_x = -3x^2 + 12 = 0$ or $x = \pm 2$
$f_y = 2y - 4 = 0$ or $y = 2$
$f_{xx} = -6x, f_{yy} = 2, f_{xy} = 0$.
For $(2, 2)$, $f_{xx} = -6(2) = -12$ and
$D = -12(2) - 0^2 = -24 < 0$
$(2, 2)$ is a saddle point.
For $(-2, 2)$, $f_{xx} = -6(-2) = 12$ and
$D = 12(2) - 0^2 = 24 > 0$
Thus, at $(-2, 2)$, f has a relative minimum and
$f(-2, 2) = (2)^2 - (-2)^3 + 12(-2) - 4(2) = -20$

31. a. 18-foot boat costs: $3000
22-foot boat costs: $5000
Let x = number of 18-foot boats and y = number of 22-foot boats
$C(x, y) = 3000x + 5000y + 6000$

b. $R(x, y) = x \cdot p + y \cdot q$
$= x(7000 - 20x) + y(8000 - 30y)$
$= 7000x - 20x^2 + 8000y - 30y^2$

c. $P(x, y) = R(x, y) - C(x, y)$
$= 7000x - 20x^2 + 8000y - 30y^2 - (3000x + 5000y + 6000)$
$= 4000x - 20x^2 + 3000y - 30y^2 - 6000$

d. Profit is maximized when $P_x = 0$ and $P_y = 0$.
$P_x = 4000 - 40x = 0$ or $x = 100$
$P_y = 3000 - 60y = 0$ or $y = 50$
Maximum profit is
$P(100, 50) = 4000(100) - 20(100)^2 + 3000(50) - 30(50)^2 - 6000$
$= 400,000 - 200,000 + 150,000 - 75,000 - 6000$
$= \$269,000$
The company maximizes profit if it makes and sells 100 18-foot boats that sell for $3000 and 50 22-foot boats that sell for $5000. The maximum profit is $269,000. The D test shows that this is a maximum.

32. a. Let x = number of harvesters sold in America, and let y = number of harvesters sold in Europe
$R(x, y) = x \cdot p + y \cdot q = 80x - 0.2x^2 + 64y - 0.1y^2$
$P(x, y) = R(x, y) - C(x, y)$
$= 80x - 0.2x^2 + 64y - 0.1y^2 - (100 + 12x + 12y)$
$= 68x - 0.2x^2 + 52y - 0.1y^2 - 100$

b. $P_x = 68 - 0.4x = 0$ or $x = 170$
$P_y = 52 - 0.2y = 0$ or $y = 260$
Price in America = $80 - 0.2(170) = \$46$ thousand
Price in Europe = $64 - 0.1(260) = \$38$ thousand
To maximize profit, the company should sell 170 harvesters at $46,000 in America and 260 harvesters at $38,000 in Europe. The D test shows that this is a maximum.

Review Exercises for Chapter 7

33. a.

x	y	xy	x^2
1	−1	−1	1
3	6	18	9
4	6	24	16
5	10	50	25
$\Sigma x = 13$	$\Sigma y = 21$	$\Sigma xy = 91$	$\Sigma x^2 = 51$

$a = \dfrac{n\Sigma xy - (\Sigma x)(\Sigma y)}{n\Sigma x^2 - (\Sigma x)^2} = \dfrac{4(91)-(13)(21)}{4(51)-13^2} = 2.6$

$b = \dfrac{1}{n}(\Sigma y - a\Sigma x) = \dfrac{1}{4}[21 - (2.6)(13)] = -3.2$

The least squares line is $y = 2.6x - 3.2$.

b. A graphing calculator gives $y = 2.6x - 3.2$.

34. a.

x	y	xy	x^2
1	7	7	1
2	4	8	4
4	2	8	16
5	−1	−5	25
$\Sigma x = 12$	$\Sigma y = 12$	$\Sigma xy = 18$	$\Sigma x^2 = 46$

$a = \dfrac{n\Sigma xy - (\Sigma x)(\Sigma y)}{n\Sigma x^2 - (\Sigma x)^2} = \dfrac{4(18)-(12)(12)}{4(46)-12^2} \approx -1.8$

$b = \dfrac{1}{n}(\Sigma y - a\Sigma x) = \dfrac{1}{4}[12 + (1.8)(12)] = 8.4$

The least squares line is $y = -1.8x + 8.4$.

b. A graphing calculator gives $y = -1.8x + 8.4$

35. a.

x	y	xy	x^2
1	12.4	12.4	1
2	16.7	33.4	4
3	20.1	60.3	9
4	25.5	102	16
5	31.2	156	25
$\Sigma x = 15$	$\Sigma y = 105.9$	$\Sigma xy = 364.1$	$\Sigma x^2 = 55$

$a = \dfrac{n\Sigma xy - (\Sigma x)(\Sigma y)}{n\Sigma x^2 - (\Sigma x)^2} = \dfrac{5(364.1)-(15)(105.9)}{5(55)-15^2} \approx 4.64$

$b = \dfrac{1}{n}(\Sigma y - a\Sigma x) = \dfrac{1}{5}[105.9 + (4.64)(15)] \approx 7.26$

The least square line is $y = 4.64x + 7.26$. In the year 2010 ($x = 7$), the over-65 population will be about $y = 464(7) + 7.26 = 39.74$ million.

b. Using a graphing calculator, we get the linear regression line as $y = 4.64x + 7.26$.

36.

x	y	xy	x^2
1	7.2	7.2	1
2	7.1	14.2	4
3	7.2	21.6	9
4	5.6	22.4	16
5	5.6	28	25
$\Sigma x = 15$	$\Sigma y = 32.7$	$\Sigma xy = 93.4$	$\Sigma x^2 = 55$

$a = \dfrac{n\Sigma xy - (\Sigma x)(\Sigma y)}{n\Sigma x^2 - (\Sigma x)^2} = \dfrac{5(93.4)-(15)(32.7)}{5(55)-15^2} = -0.47$

$b = \dfrac{1}{n}(\Sigma y - a\Sigma x) = \dfrac{1}{5}[32.7 + (0.47)(15)] = 7.95$

The least squares line is $y = -0.47x + 7.95$. In the year 2005, the average unemployment rate will be $-0.47(7) + 7.95 = 4.66\%$.

37. Maximize $f(x,y) = 6x^2 - y^2 + 4$ subject to $3x + y = 12$.

$F(x, y, \lambda) = 6x^2 - y^2 + 4 + \lambda(3x + y - 12)$

$F_x = 12x + 3\lambda = 0$
$F_y = -2y + \lambda = 0$
$F_\lambda = 3x + y - 12 = 0$

From the first two equations, $\lambda = \dfrac{-12x}{3} = 2y$; so $y = -2x$. Substituting in the third equation,

$3x - 2x - 12 = 0$
$x = 12$
$y = -2(12) = -24$

The maximum constrained value of f occurs at $(12, -24)$, and its value is

$6(12)^2 - (-24)^2 + 4 = 292$.

38. Maximize $f(x, y) = 4xy - x^2 - y^2$ subject to $x + 2y = 26$.

$F(x, y, \lambda) = 4xy - x^2 - y^2 + \lambda(x + 2y - 26)$

$F_x = 4y - 2x + \lambda = 0$ or $\lambda = 2x - 4y$
$F_y = 4x - 2y + 2\lambda = 0$ or $\lambda = -2x + y$

Equating expressions for λ gives
$2x - 4y = -2x + y$
$4x = 5y$
$x = \tfrac{5}{4}y$

$F_\lambda = 0$ gives
$x + 2y - 26 = 0$
$\tfrac{5}{4}y + 2y - 26 = 0$
$\tfrac{13}{4}y = 26$
$y = 8$
$x = \tfrac{5}{4}(8) = 10$

The maximum constrained value of f occurs at $\left(\tfrac{78}{11}, \tfrac{104}{11}\right)$, and its value is

$4\left(\tfrac{78}{11}\right)\left(\tfrac{104}{11}\right) - \left(\tfrac{78}{11}\right)^2 + \left(\tfrac{104}{11}\right)^2 \approx 307.27$.

39. Minimize $f(x,y) = 2x^2 + 3y^2 - 2xy$ subject to $2x + y = 18$.
$F(x,y,\lambda) = 2x^2 + 3y^2 - 2xy + \lambda(2x + y - 18)$
$F_x = 4x - 2y + 2\lambda = 0$ or $\lambda = -2x + y$
$F_y = 6y - 2x + \lambda = 0$ or $\lambda = 2x - 6y$
Equating expressions for λ gives
$-2x + y = 2x - 6y$
$7y = 4x$
$y = \tfrac{4}{7}x$
$F_\lambda = 0$ gives
$2x + y - 18 = 0$
$2x + \tfrac{4}{7}x - 18 = 0$
$\tfrac{18}{7}x = 18$
$x = 7$
$y = \tfrac{4}{7}(7) = 4$
The minimum constrained value of f occurs at $(7, 4)$, and its value is
$2(7)^2 + 3(4)^2 - 2(7)(4) = 90$.

40. Minimize $f(x, y) = 12xy - 1$ subject to $y - x = 6$.
$F(x, y, \lambda) = 12xy - 1 + \lambda(y - x - 6)$
$F_x = 12y - \lambda$ or $\lambda = 12y$
$F_y = 12x + \lambda$ or $\lambda = -12x$
Thus $y = -x$. $F_\lambda = 0$ gives
$y - x - 6 = 0$
$-x - x - 6 = 0$
$-2x = 6$
$x = -3$
$y = 3$
The minimum constrained value of f occurs at $(-3, 3)$, and its value is $12(-3)(3) - 1 = -109$.

41. Minimize $f(x,y) = e^{x^2 + y^2}$ subject to $x + 2y = 15$.
$F(x,y,\lambda) = e^{x^2+y^2} + \lambda(x + 2y - 15)$
$F_x = 2xe^{x^2+y^2} + \lambda = 0$
$F_y = 2ye^{x^2+y^2} + 2\lambda = 0$
$F_\lambda = x + 2y - 15 = 0$
From the first two equations,
$\lambda = -2xe^{x^2+y^2} = -\dfrac{2ye^{x^2+y^2}}{2} = -ye^{x^2+y^2}$
$-2x = -y$
$y = 2x$
Substituting in the third equation,
$x + 2(2x) - 15 = 0$
$5x = 15$
$x = 3$
$y = 2(3) = 6$
The minimum constrained value of f occurs at $(3, 6)$ and its value is
$e^{3^2 + 6^2} = e^{45} \approx 3.49 \times 10^{19}$.

42. Maximize $f(x,y) = e^{-x^2 - y^2}$ subject to $2x + y = 5$.
$F(x,y,\lambda) = e^{-x^2-y^2} + \lambda(2x + y - 5)$
$F_x = -2xe^{-x^2-y^2} + 2\lambda = 0$ or $\lambda = xe^{-x^2-y^2}$
$F_y = -2ye^{-x^2-y^2} + \lambda = 0$ or $\lambda = 2ye^{-x^2-y^2}$
Equating expressions for λ gives
$xe^{-x^2-y^2} = 2ye^{-x^2-y^2}$
$x = 2y$
$F_\lambda = 0$ gives
$2x + y - 5 = 0$
$2(2y) + y - 5 = 0$
$5y = 5$
$y = 1$
$x = 2(1) = 2$
The maximum constrained value of f occurs at $(2, 1)$, and its value is $e^{-4-1} = e^{-5} \approx 0.0067$

Review Exercises for Chapter 7

43. Find the extreme values of $f(x, y) = 6x - 18y$ subject to $x^2 + y^2 = 40$.

$F(x, y, \lambda) = 6x - 18y + \lambda(x^2 + y^2 - 40)$
$F_x = 6 + 2\lambda x = 0$ or $\lambda = -\frac{3}{x}$
$F_y = -18 + 2\lambda y = 0$ or $\lambda = \frac{9}{y}$

Equating expressions for λ gives
$-\frac{3}{x} = \frac{9}{y}$
$y = -3x$

$F_\lambda = 0$ gives
$x^2 + y^2 - 40 = 0$
$x^2 + (-3x)^2 - 40 = 0$
$10x^2 = 40$
$x = \pm 2$

For $x = 2$, $y = -6$, and
$f(2, -6) = 12 + 108 = 120$.
For $x = -2$, $y = 6$, and
$f(-2, 6) = -12 - 108 = -120$.
The maximum constrained value of f occurs at $f(2, -6)$, and $f(2, -6) = 120$.
The minimum constrained value of f occurs at $(2, -6)$, and $f(-2, 6) = -120$.

44. Find the extreme values of $f(x, y) = 4xy$ subject to $x^2 + y^2 = 32$.

$F(x, y, \lambda) = 4xy + \lambda(x^2 + y^2 - 32)$
$F_x = 4y + 2\lambda x = 0$ or $\lambda = -\frac{2y}{x}$
$F_y = 4x + 2\lambda y = 0$ or $\lambda = -\frac{2x}{y}$

Equating expressions for λ gives
$-\frac{2x}{y} = -\frac{2y}{x}$
$-2x^2 = -2y^2$
$x^2 = y^2$

$F_\lambda = x^2 + y^2 - 32 = 0$ gives
$y^2 + y^2 - 32 = 0$
$2y^2 = 32$
$y = \pm 4$
$x = \pm 4$

$f(4, 4) = 4 \cdot 4 \cdot 4 = 64$
$f(4, -4) = 4 \cdot 4 \cdot (-4) = -64$
$f(-4, 4) = 4(-4)(4) = -64$
$f(-4, -4) = 4(-4)(-4) = 64$

The minimum constrained value of f is -64, which occurs at $(4, -4)$ and $(-4, 4)$.
The maximum constrained value of f is 64, which occurs at $(4, 4)$ and $(-4, -4)$.

45. $P(x, y, \lambda) = 300x^{2/3}y^{1/3} + \lambda(x + y - 60,000)$

a. $P_x = 300 \cdot \frac{2}{3} x^{-1/3} y^{1/3} + \lambda$
$= 200x^{-1/3}y^{1/3} + \lambda = 0$
$P_y = \frac{1}{3} \cdot 300x^{2/3}y^{-2/3} + \lambda$
$= 100x^{2/3}y^{-2/3} + \lambda$
$P_\lambda = x + y - 60,000$

Solving the first two equations for λ and equating the results gives
$\lambda = -200x^{-1/3}y^{1/3} = -100x^{2/3}y^{-2/3}$
$2x^{-1/3}y^{1/3} = x^{2/3}y^{-2/3}$

Multiplying both sides by $x^{1/3}y^{2/3}$, $2y = x$.
Substituting in the third equation,
$2y + y = 60,000$
$3y = 60,000$
$y = 20,000$
$x = 2(20,000) = 40,000$

When $60,000 can be spent on production and advertising, the maximum profit will occur if $40,000 is spent on production and $20,000 on advertising.

b. $|\lambda| = 200(40,000)^{-1/3}(20,000)^{1/3} \approx 159$
When $40,000 is spent on production and $20,000 is spent on advertising, profit increases by about $159 for each additional dollar spent.

46. a. Maximize $4x + 2xy + 8y$ subject to $2x + y = 8$.
$F(x, y, \lambda) = 4x + 2xy + 8y + \lambda(2x + y - 8)$
$F_x = 4 + 2y + 2\lambda = 0$ or $\lambda = -y - 2$
$F_y = 2x + 8 + \lambda = 0$ or $\lambda = -2x - 8$

Equating expressions for λ gives
$-y - 2 = -2x - 8$
$-y = -2x - 6$
$y = 2x + 6$

$F_\lambda = 0$ gives
$2x + y - 8 = 0$
$2x + (2x + 6) - 8 = 0$
$4x - 2 = 0$
$x = \frac{1}{2}$
$y = 2\left(\frac{1}{2}\right) + 6 = 7$

Giving $\frac{1}{2}$ ounce of the first supplement and 7 ounces of the second supplement maximizes the nutritional value.

b. $\lambda = |-7 - 2| = 9$. Nutritional value increases by 9 units for each additional dollar spent.

47. a. Minimize $25L + 100K$ subject to $60L^{2/3}K^{1/3} = 1920$

$F(L,K,\lambda) = 25L + 100K + \lambda\left(60L^{2/3}K^{1/3} - 1920\right)$

$F_L = 25 + 40\lambda L^{-1/3}K^{1/3} = 0 \quad \text{or} \quad \lambda = -\tfrac{5}{8}L^{1/3}K^{-1/3}$

$F_K = 100 + 20\lambda L^{2/3}K^{-2/3} = 0 \quad \text{or} \quad \lambda = -5L^{-2/3}K^{2/3}$

Equating expressions for λ gives

$-\tfrac{5}{8}L^{1/3}K^{-1/3} = -5L^{-2/3}K^{2/3}$

$L^{1/3}K^{-1/3} = 8L^{-2/3}K^{2/3}$

$LK^{-1/3} = 8K^{2/3}$

$L = 8K$

$F_\lambda = 0$ gives

$60L^{2/3}K^{1/3} - 1920 = 0$

$60(8K)^{2/3}K^{1/3} - 1920 = 0$

$60\left(4K^{2/3}\right)K^{1/3} = 1920$

$240K = 1920$

$K = 8$

$L = 8(8) = 64$

b. The marginal productivity of labor is

$P_L = 60\left(\tfrac{2}{3}\right)L^{-1/3}K^{1/3} = 40L^{-1/3}K^{1/3}$

The marginal productivity of capital is

$P_K = 60\left(\tfrac{1}{3}\right)L^{2/3}K^{-2/3} = 20L^{2/3}K^{-2/3}$

c. $\dfrac{P_L(64,8)}{P_K(64,8)} = \dfrac{40(64)^{-1/3}(8)^{1/3}}{20(64)^{2/3}(8)^{-2/3}} = \dfrac{2\left(\tfrac{1}{4}\right)(2)}{(16)\left(\tfrac{1}{4}\right)} = \dfrac{1}{4} = \dfrac{25}{100}$

Review Exercises for Chapter 7

48. Volume $= (x)(x)(y) = x^2 y = 576$

Surface area of the box = area of base + areas of the 4 sides and 2 dividers

Area of base $= x^2$

Area of 4 sides $= 4(xy) = 4xy$

Area of 2 dividers $= 2xy$

Thus, minimize $x^2 + 6xy$ subject to $x^2 y = 576$.

$F(x, y, \lambda) = x^2 + 6xy + \lambda(x^2 y - 576)$

$F_x = 2x + 6y + 2\lambda xy = 0$ or $\lambda = \frac{-2x-6y}{2yx} = \frac{-x-3y}{xy}$

$F_y = 6x + \lambda x^2 = 0$ or $\lambda = \frac{-6x}{x^2} = -\frac{6}{x}$

Equating expressions for λ gives

$\frac{-x-3y}{xy} = -\frac{6}{x}$

$-x^2 - 3xy = -6xy$

$-x^2 + 3xy = 0$

$x(-x + 3y) = 0$

$x = 3y$

$F_\lambda = 0$ gives

$x^2 y - 576 = 0$

$(3y)^2 y - 576 = 0$

$9y^3 = 576$

$y^3 = 64$

$y = 4$

$x = 4(3) = 12$

The box should be 12 inches by 12 inches by 4 inches.

49. $f(x,y) = 3x^2 + 2xy + y^2$
$f_x = 6x + 2y$
$f_y = 2x + 2y$
$df = (6x + 2y) \cdot dx + (2x + 2y) \cdot dy$

50. $f(x,y) = x^2 + xy - 3y^2$
$f_x = 2x + y$
$f_y = x - 6y$
$df = (2x + y) \cdot dx + (x - 6y) \cdot dy$

51. $g(x,y) = \ln(xy)$
$g_x = \frac{y}{xy} = \frac{1}{x}$
$g_y = \frac{x}{xy} = \frac{1}{y}$
$dg = \frac{1}{x} \cdot dx + \frac{1}{y} \cdot dy$

52. $g(x,y) = \ln(x^3 + y^3)$
$g_x = \frac{3x^2}{x^3 + y^3}$
$g_y = \frac{3y^2}{x^3 + y^3}$
$dg = \frac{3x^2}{x^3 + y^3} \cdot dx + \frac{3y^2}{x^3 + y^3} \cdot dy$

53. $z = e^{x-y}$
$z_x = e^{x-y}$
$z_y = -e^{x-y}$
$dz = e^{x-y} \cdot dx - e^{x-y} \cdot dy$

54. $z = e^{xy}$
$z_x = ye^{xy}$
$z_y = xe^{xy}$
$dz = ye^{xy} \cdot dx + xe^{xy} \cdot dy$

55. $x = 2$ thousand dollars of television advertising
$y = 3$ thousand dollars of print advertising
Find the total differential dS for $\Delta x = 0.5$ and $\Delta y = -0.5$
$S(x, y) = 60x^2 - 6xy + 90y^2 + 200$
$S_x = 120x - 6y$
$S_y = -6x + 180y$
$dS = (120x - 6y) \cdot dx + (-6x + 180y) \cdot dy$
$= (120 \cdot 2 - 6 \cdot 3)(0.5) + (-6 \cdot 2 + 180 \cdot 3)(-0.5)$
$= 111 + (-264) = -153$
Sales would decrease by about \$153,000.

56. Let $x =$ the length of the base of the triangle.
Let $y =$ the length of the height of the triangle.
Find the differential dA for $A = \frac{1}{2}xy$ with $\Delta x = 0.01x$ and $\Delta y = 0.01y$.
$A_x = \frac{1}{2}y$ and $A_y = \frac{1}{2}x$
$dA = \frac{1}{2}y(0.01x) + \frac{1}{2}x(0.01y)$
$= \frac{1}{2}(0.01xy) + \frac{1}{2}(0.01xy)$
$= 0.02(\frac{1}{2}xy) = 0.02A$
The error in calculating the area is 2%.

57. $\int_0^4 \int_{-1}^1 2xe^{2y} \, dy \, dx = \int_0^4 2x(\frac{1}{2}e^{2y})\Big|_{-1}^1 dx$
$= \int_0^4 xe^{2y}\Big|_{-1}^1 dx$
$= \int_0^4 x(e^2 - e^{-2}) \, dx$
$= \frac{x^2}{2}(e^2 - e^{-2})\Big|_0^4$
$= \frac{16}{2}(e^2 - e^{-2}) = 8(e^2 - e^{-2})$

58. $\int_{-1}^1 \int_0^3 (x^2 - 4y^2) \, dx \, dy = \int_{-1}^1 \left(\frac{x^3}{3} - 4xy^2\right)\Big|_0^3 dy$
$= \int_{-1}^1 \left[\frac{3^3}{3} - 4(3)y^2\right] dy$
$= \int_{-1}^1 (9 - 12y^2) \, dy$
$= (9y - 4y^3)\Big|_{-1}^1$
$= 5 - (-5) = 10$

59. $\int_{-1}^1 \int_{-y}^y (x+y) \, dx \, dy = \int_{-1}^1 \left(\frac{x^2}{2} + xy\right)\Big|_{-y}^y dy$
$= \int_{-1}^1 \left[\frac{y^2}{2} + y^2 - \left(\frac{y^2}{2} - y^2\right)\right] dy$
$= \int_{-1}^1 2y^2 \, dy = \frac{2}{3}y^3\Big|_{-1}^1$
$= \frac{2}{3}(1) - \frac{2}{3}(-1) = \frac{4}{3}$

60. $\int_{-2}^2 \int_{-x}^x (x+y) \, dy \, dx = \int_{-2}^2 \left(xy + \frac{y^2}{2}\right)\Big|_{-x}^x dy$
$= \int_{-2}^2 \left[x^2 + \frac{x^2}{2} - \left(\frac{x^2}{2} - x^2\right)\right] dx$
$= \int_{-2}^2 2x^2 \, dx = \frac{2}{3}x^3\Big|_{-2}^2$
$= \frac{2}{3}(2)^3 - \frac{2}{3}(-2)^3 = \frac{32}{3}$

61. The volume under the surface $f(x, y) = 8 - x - y$ and above the region $R = \{(x, y) \mid 0 \le x \le 2, 0 \le y \le 4\}$ is
$\iint_R (8 - x - y) \, dx \, dy = \int_0^2 \int_0^4 (8 - x - y) \, dy \, dx = \int_0^2 \left(8y - xy - \frac{y^2}{2}\right)\Big|_0^4 dx$
$= \int_0^2 [(32 - 4x - 8) - (0 - 0 - 0)] \, dx = \int_0^2 (24 - 4x) \, dx$
$= (24x - 2x^2)\Big|_0^2 = 24(2) - 2(4) - 0 = 40$ cubic units

Review Exercises for Chapter 7

62. $R = \{(x, y) \mid 0 \leq x \leq 4, 0 \leq y \leq 2\}$

$$\iint_R (6 - x - y)dx\, dy = \int_0^4 \int_0^2 (6 - x - y)dy\, dx$$
$$= \int_0^4 \left(6y - xy - \frac{y^2}{2}\right)\Big|_0^2 dx$$
$$= \int_0^4 \left(6 \cdot 2 - 2x - \frac{2^2}{2}\right)dx$$
$$= \left(10x - x^2\right)\Big|_0^4 = 40 - 16$$
$$= 24 \text{ cubic units}$$

63. $R = \{(x, y) \mid 0 \leq x \leq 1, x^4 \leq y \leq \sqrt[4]{x}\}$

$$\iint_R 12xy^3 dx\, dy = \int_0^1 \int_{x^4}^{\sqrt[4]{x}} 12xy^3 dy\, dx$$
$$= \int_0^1 3xy^4 \Big|_{x^4}^{\sqrt[4]{x}} dx$$
$$= \int_0^1 \left[3x(\sqrt[4]{x})^4 - 3x(x^4)^4\right]dx$$
$$= \int_0^1 (3x^2 - 3x^{17})dx$$
$$= \left(x^3 - \frac{3x^{18}}{18}\right)\Big|_0^1 = \left[1 - \frac{(1)^{18}}{6}\right]$$
$$= \tfrac{5}{6} \text{ cubic unit}$$

64. $R = \{(x, y) \mid 0 \leq x \leq 1, x^5 \leq y \leq \sqrt[5]{x}\}$

$$\iint_R 15xy^4 dx\, dy = \int_0^1 \int_{x^5}^{\sqrt[5]{x}} 15xy^4 dy\, dx = \int_0^1 3xy^5 \Big|_{x^5}^{\sqrt[5]{x}} dx = \int_0^1 \left[3x(\sqrt[5]{x})^5 - 3x(x^5)^5\right]dx = \int_0^1 (3x^2 - 3x^{26})dx$$
$$= \left(x^3 - \frac{3x^{27}}{27}\right)\Big|_0^1 = 1 - \tfrac{1}{9} = \tfrac{8}{9} \text{ cubic unit}$$

65. The average population is

$$\frac{1}{\text{area of } R} \iint_R P(x, y)dx\, dy = \frac{1}{(4)(4)} \int_{-2}^2 \int_{-2}^2 (12,000 + 100x - 200y)dx\, dy = \frac{1}{16} \int_{-2}^2 \left(12,000x + 50x^2 - 200xy\right)\Big|_{-2}^2 dy$$
$$= \frac{1}{16} \int_{-2}^2 \left[(24,000 + 200 - 400y) - (-24,000 + 200 + 400y)\right]dy$$
$$= \frac{1}{16} \int_{-2}^2 (48,000 - 800y)dy = \frac{1}{16}\left(48,000y - 400y^2\right)\Big|_{-2}^2$$
$$= \frac{1}{16}\left[(96,000 - 1600) - (-96,000 - 1600)\right] = \frac{192,000}{16} = 12,000$$

The average population over the region is 12,000 people per square mile

66. The total value of the land is

$$\int_{-2}^2 \int_{-2}^2 (40 - 4x - 2y)dx\, dy = \int_{-2}^2 \left(40x - 2x^2 - 2xy\right)\Big|_{-2}^2 dy$$
$$= \int_{-2}^2 \left\{40(2) - 2(2)^2 - 2(2)y - \left[40(-2) - 2(-2)^2 - 2(-2)y\right]\right\}dy$$
$$= \int_{-2}^2 [72 - 4y - (-88 + 4y)]dy = \int_{-2}^2 (160 - 8y)dy = \left(160y - 4y^2\right)\Big|_{-2}^2$$
$$= 160(2) - 4(2)^2 - \left[160(-2) - 4(-2)^2\right] = 320 - 16 - (-336) = 640$$

The value of the land is $640,000.

CUMULATIVE REVIEW—CHAPTERS 1–7

1.

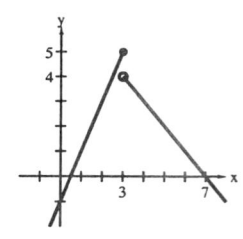

2. $\left(\frac{1}{8}\right)^{-2/3} = 8^{2/3} = \left(8^{1/3}\right)^2 = 2^2 = 4$

3. $f'(x) = \lim_{h \to 0} \frac{f(x+h) - f(x)}{h} = \lim_{h \to 0} \frac{\frac{1}{x+h} - \frac{1}{x}}{h}$

$= \lim_{h \to 0} \frac{\frac{x-(x+h)}{x(x+h)}}{h} = \lim_{h \to 0} \frac{\frac{-h}{x(x+h)}}{h}$

$= \lim_{h \to 0} \frac{-h}{hx(x+h)} = \lim_{h \to 0} \frac{-1}{x(x+h)} = -\frac{1}{x^2}$

4. $f(x) = 12\sqrt[3]{x^2} - 4 = 12x^{2/3} - 4$

$f'(x) = 12\left(\frac{2}{3} x^{-1/3}\right) = 8x^{-1/3}$

$f'(8) = 8(8)^{-1/3} = 8\left(\frac{1}{8}\right)^{1/3} = 8 \cdot \frac{1}{2} = 4$

5. $S(p) = \frac{800}{p+8} = 800(p+8)^{-1}$

$S'(p) = -800(p+8)^{-2}$

$S'(12) = -800(12+8)^{-2} = -800\left(\frac{1}{20}\right)^2$

$= -800 \cdot \frac{1}{400} = -2$

For each 1 dollar increase in the price of the disposable cameras above $12, sales decrease by 2.

6. $\frac{d}{dx}\left[x^2 + (2x+1)^4\right]^3$

$= 3\left[x^2 + (2x+1)^4\right]^2 \left[2x + 4(2x+1)^3(2)\right]$

$= \left[6x + 24(2x+1)^3\right]\left[x^2 + (2x+1)^4\right]^2$

7. $f(x) = x^3 + 9x^2 - 48x - 148$

$f'(x) = 3x^2 + 18x - 48$

$f''(x) = 6x + 18$

$3x^2 + 18x - 48 = 0$

$3(x^2 + 6x - 16) = 0$

$3(x+8)(x-2) = 0$

$x = 2, -8$

Critical values at $x = 2$ and -8.

$f' > 0$		$f' < 0$		$f' > 0$
↗	$x = -8$ rel max $(-8, 300)$	↘	$x = 2$ rel min $(2, -200)$	↗

$6x + 18 = 0$

$f'' < 0$	$f'' = 0$	$f'' > 0$
con dn	$x = -3$	con up

$(-3, 50)$ is a point of inflection.

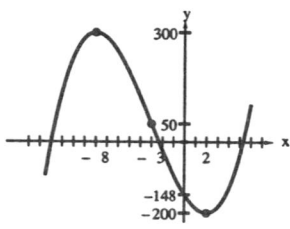

8. $f(x) = \frac{1}{x^2 - 4x} = (x^2 - 4x)^{-1}$

$f'(x) = -(x^2 - 4x)^{-2}(2x - 4)$

$= -\frac{2x-4}{(x^2-4x)^2} = 0$

$2x - 4 = 0$

$x = 2$

f' und	$f' > 0$		$f' < 0$	f' und
$x = 0$	↗	$x = 2$ rel max $\left(2, -\frac{1}{4}\right)$	↘	$x = 4$

f' undefined at $x = 0, 4$

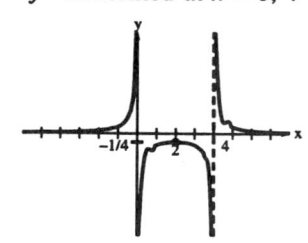

Cumulative Review—Chapters 1–7

9. Let x = length of side perpendicular to the wall
Let y = length of side parallel to the wall

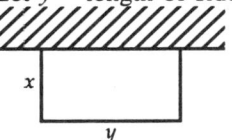

Since the total length of the fence is 80,
$2x + y = 80$
$y = 80 - 2x$
To find the maximum area, maximize
$A = xy = x(80 - 2x)$.
$A = x(80 - 2x)$
$ = 80x - 2x^2$
$A' = 80 - 4x = 0$
$-4x = -80$
$x = 20$
$y = 80 - 2(20) = 40$

Thus, to maximize the area, the length of the side parallel to the wall should be 40 feet and the length of the side perpendicular to the wall should be 20 feet.

10. Let x = the length of one side of the square base
Let y = the height

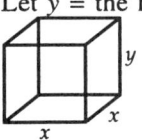

Then $V = x(x)(y) = x^2 y = 108$. Thus, $y = \dfrac{108}{x^2}$.

The surface area of the box is
Area of base $= x \cdot x = x^2$
Area of 4 sides $= 4(x \cdot y) = 4xy$
Thus to minimize the surface area, minimize
$S = x^2 + 4xy$.
$S = x^2 + 4xy$
$S = x^2 + 4x\left(\dfrac{108}{x^2}\right) = x^2 + \dfrac{432}{x}$
$S' = 2x - \dfrac{432}{x^2} = 0$
$2x^3 - 432 = 0$
$x^3 = 216$
$x = 6$
$y = \dfrac{108}{6^2} = 3$

The length of the sides of the base should be 6 feet and the height should be 3 feet to minimize the materials.

11. Since the volume of the sphere is increasing at the rate of 128 cubic feet per minute, $V' = 128$, where V is the volume of the sphere. The equation for the volume of a sphere is $V = \frac{4}{3}\pi r^3$.

Since one rate is given and another rate needs to be found, differentiate implicitly:
$\dfrac{dV}{dt} = 4\pi r^2 \dfrac{dr}{dt}$

Since $\dfrac{dV}{dt} = 128$ and $r = 4$,
$128 = 4\pi(4)^2 \dfrac{dr}{dt}$
$\dfrac{dr}{dt} = \dfrac{128}{64\pi} = \dfrac{2}{\pi} \approx 0.64$

At $r = 4$, the radius is increasing by about 0.64 foot per minute.

12. a. For quarterly compounding,
$r = \dfrac{0.08}{4} = 0.02$ and $n = 4 \cdot 3 = 12$.
$P(1+r)^n = 1000(1 + 0.02)^{12} \approx \$1268.24$

b. For continuous compounding, $r = 0.08$ and $n = 3$.
$Pe^{rn} = 1000e^{0.08(3)} \approx \$1271.25$

13. To find when the population of the second county will overtake that of the first, solve $P(t) = Q(t)$.

$$12{,}000e^{0.02t} = 9000e^{0.04t}$$
$$\ln\left(12{,}000e^{0.02t}\right) = \ln\left(9000e^{0.04t}\right)$$
$$\ln(12{,}000) + \ln\left(e^{0.02t}\right) = \ln(9000) + \ln\left(e^{0.04t}\right)$$
$$\ln 12{,}000 + 0.02t = \ln 9000 + 0.04t$$
$$0.02t = \ln 12{,}000 - \ln 9000$$
$$t = 50(\ln 12{,}000 - \ln 9000)$$
$$\approx 14.4 \text{ years}$$

14. For monthly compounding, $r = \frac{0.06}{12} = 0.005$.
To find when a sum P increases to $1.5P$, solve
$$P(1+0.005)^{12t} = 1.5P$$
$$1.005^{12t} = 1.5$$
$$\ln(1.005)^{12t} = \ln(1.5)$$
$$12t \ln(1.005) = \ln 1.5$$
$$t = \frac{\ln 1.5}{12 \ln 1.005} \approx 6.8 \text{ years}$$

15. $f(x) = e^{-\frac{1}{2}x^2}$

$f'(x) = -xe^{-\frac{1}{2}x^2} = 0$

Only zero is a critical point.

$$\begin{array}{c|c} f' > 0 & f' < 0 \\ \hline & x = 0 \\ \nearrow & \text{rel max} \quad \searrow \\ & (0, 1) \end{array}$$

$f''(x) = -e^{-\frac{1}{2}x^2} + x^2 e^{-\frac{1}{2}x^2} = 0$
$$-e^{-\frac{1}{2}x^2}\left(1 - x^2\right) = 0$$
$$x = -1, 1$$

$$\begin{array}{c|c|c} f'' > 0 & f'' < 0 & f'' > 0 \\ \hline \text{con} & \text{con} & \text{con} \\ \text{up} \quad -1 & \text{dn} \quad 1 & \text{up} \end{array}$$

Inflection points at $(-1, e^{-1/2})$, $(1, e^{-1/2})$

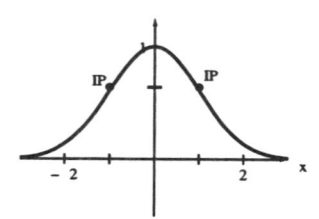

16. $\int \left(12x^2 - 4x + 1\right) dx$

$$= \int 12x^2 dx - \int 4x\, dx + \int dx$$
$$= 12\left(\frac{x^3}{3}\right) - 4\left(\frac{x^2}{2}\right) + x + C$$
$$= 4x^3 - 2x^2 + x + C$$

17. To find the total amount of pollution, find the integral of $18e^{0.02t}$.

$$\int 18e^{0.02t} dt = 18\left(\frac{1}{0.02} e^{0.02t}\right) + C$$
$$= 900e^{0.02t} + C$$

Since the total amount during the next t years is 0 at $t = 0$,

$$900e^{0.02(0)} + C = 0$$
$$900e^0 + C = 0$$
$$C = -900$$

Thus, the total amount of pollution is $900e^{0.02t} - 900$.

18. First, find where the curves intersect by setting the equations equal to each other and solving.
$$20 - x^2 = 8 - 4x$$
$$x^2 - 4x - 12 = 0$$
$$(x-6)(x+2) = 0$$
$$x = -2, 6$$
Now, find which curve is the upper curve and which is the lower curve on [–2, 6] by evaluating at $x = 0$.
$$20 - (0)^2 = 20$$
$$8 - 4(0) = 8$$
Thus, $y = 20 - x^2$ is the upper curve and $y = 8 - 4x$ is the lower curve on [–2, 6].

$$\text{Area} = \int_{-2}^{6} \left[(20 - x^2) - (8 - 4x)\right] dx$$
$$= \int_{-2}^{6} (12 + 4x - x^2) dx = \left(12x + 2x^2 - \frac{x^3}{3}\right)\Big|_{-2}^{6}$$
$$= \left[12(6) + 2(6^2) - \frac{(6)^3}{3}\right] - \left[12(-2) + 2(-2)^2 - \frac{(-2)^3}{3}\right]$$
$$= 72 - \left(-\frac{40}{3}\right) = \frac{256}{3}$$

19. Average Value $= \frac{1}{b-a}\int_a^b f(x) dx$
$$= \frac{1}{4-0}\int_0^4 12\sqrt{x}\, dx$$
$$= \frac{1}{4}(12)\int_0^4 x^{1/2} dx$$
$$= 3\left(\frac{2}{3} x^{3/2}\right)\Big|_0^4$$
$$= 3\left[\frac{2}{3}(4)^{3/2} - \frac{2}{3}(0)^{3/2}\right]$$
$$= 3\left(\frac{16}{3}\right) = 16$$

20. a. Let $u = x^3 + 1$. Then $du = 3x^2 dx$.
$$\int \frac{x^2 dx}{x^3 + 1} = \int \frac{\frac{du}{3}}{u} = \frac{1}{3}\int \frac{du}{u} = \frac{1}{3}\ln|u| + C$$
$$= \frac{1}{3}\ln|x^3 + 1| + C$$

b. Let $u = \sqrt{x}$. Then $du = \frac{1}{2} x^{-1/2} dx$ or
$$2 du = \frac{dx}{\sqrt{x}}.$$
$$\int \frac{e^{\sqrt{x}} dx}{\sqrt{x}} = \int e^u (2\, du) = 2\int e^u du$$
$$= 2e^u + C = 2e^{\sqrt{x}} + C$$

21. Let $u = x$ and $dv = e^{4x} dx$. Then $du = dx$ and $v = \frac{1}{4} e^{4x}$.
$$\int xe^{4x} dx = x\left(\frac{1}{4} e^{4x}\right) - \int \frac{1}{4} e^{4x} dx$$
$$= \frac{1}{4} xe^{4x} - \frac{1}{4}\left(\frac{1}{4} e^{4x}\right) + C$$
$$= \frac{1}{4} xe^{4x} - \frac{1}{16} e^{4x} + C$$

22. Use formula 19 with $a = 2$.
$$\int \frac{\sqrt{4-x^2}}{x} dx$$
$$= \sqrt{4-x^2} - 2\ln\left|\frac{2+\sqrt{4-x^2}}{x}\right| + C$$

23. $\int_1^\infty \frac{1}{x^3} dx = \lim_{a \to \infty} \int_1^a \frac{1}{x^3} dx = \lim_{a \to \infty} -\frac{x^{-2}}{2} \Big|_1^a$

$= \lim_{a \to \infty} -\frac{1}{2}\left(\frac{1}{a^2} - \frac{1}{(1)^2}\right)$

$= -\frac{1}{2}(0-1) = \frac{1}{2}$

24. $\int_0^1 \sqrt{x^2+1}\, dx \quad \Delta x = \frac{1-0}{4} = 0.25$

n	$f(x) = \sqrt{x^2+1}$
0	$1 \to 0.5$
0.25	1.0308
0.5	1.1180
0.75	1.2500
1	$1.4142 \to 0.707$

$0.5 + 1.0308 + 1.118 + 1.25 + 0.707 = 4.6058$

$\int_0^1 \sqrt{x^2+1}\, dx = 4.6058(0.25) \approx 1.515$

Using FnInt, the integral is about 1.14779

25. $\int_0^1 \sqrt{x^2+1}\, dx \quad \Delta x = \frac{1-0}{4} = 0.25$

x	$f(x) = \sqrt{x^2+1}$	Weight	$f(x) \cdot$ weight
0	1	1	1
0.25	1.0308	4	4.1231
0.5	1.1180	2	2.2360
0.75	1.2500	4	5.0000
1	1.4142	1	1.4142

$1 + 4.1231 + 2.236 + 5 + 1.4142 = 13.7733$

$\int_0^1 \sqrt{x^2+1}\, dx \approx 13.7733\left(\frac{\Delta x}{3}\right)$

$= 13.7733\left(\frac{0.25}{3}\right) \approx 1.14775$

Using FnInt, the integral is about 1.14779

26. Please note that in the Ch. 1–7 Cumulative Review for Ch 1–7 for the brief book, #26 is a different exercise, and so brief book users should be directed towards the appropriate section (see the Chapter 7 correlation guide for reference).

a. $\{(x,y) \mid x \geq 0, y > 0, x \neq y\}$

b. $f(4,1) = \frac{3\sqrt{4} + \ln 1}{4 - 1} = \frac{3 \cdot 2 + 0}{3} = 2$

27. $f(x,y) = x \ln y + y e^{2x}$

$f_x = \ln y + 2y e^{2x}$

$f_y = \frac{x}{y} + e^{2x}$

28. $f(x,y) = 2x^2 - 2xy + y^2 + 4x - 6y + 12$

$f_x = 4x - 2y + 4 = 0$

$f_y = -2x + 2y - 6 = 0$

Solving these equations simultaneously gives $x = 1, y = 4$.

$f_{xx} = 4, f_{yy} = 2, f_{xy} = -2$.

$D = (4)(2) - (-2)^2 = 4 > 0$.

Since $f_{xx} > 0$, f has a relative minimum at $(1, 4)$ and

$f(1,4) = 2(1)^2 - 2(1)(4) + (4)^2 + 4(1) - 6(4) + 12$

$= 2$

Cumulative Review—Chapters 1–7

29.

x	y	xy	x^2
1	−3	−3	1
3	1	3	9
5	3	15	25
7	8	56	49
$\Sigma x = 16$	$\Sigma y = 9$	$\Sigma xy = 71$	$\Sigma x^2 = 84$

$a = \dfrac{n\Sigma xy - (\Sigma x)(\Sigma y)}{n\Sigma x^2 - (\Sigma x)^2} = \dfrac{4(71) - (16)(9)}{4(84) - (16)^2} = 1.75$

$b = \dfrac{1}{n}(\Sigma y - a\Sigma x) = \dfrac{1}{4}[9 - 1.75(16)] = -4.75$

The least squares line is $y = 1.75x - 4.75$.

30. Minimize $f(x,y) = 3x^2 + 2y^2 - 2xy$ subject to $x + 2y = 18$.

$F(x, y, \lambda) = 3x^2 + 2y^2 - 2xy + \lambda(x + 2y - 18)$
$F_x = 6x - 2y + \lambda = 0$ or $\lambda = -6x + 2y$
$F_y = 4y - 2x + 2\lambda = 0$ or $\lambda = x - 2y$

Equating expressions for λ gives
$-6x + 2y = x - 2y$
$4y = 7x$
$y = \dfrac{7}{4}x$

$F_\lambda = 0$ gives
$x + 2y - 18 = 0$
$x + 2\left(\dfrac{7}{4}x\right) - 18 = 0$
$\dfrac{9}{2}x = 18$
$x = 4$
$y = \dfrac{7}{4}(4) = 7$

The minimum constrained value of f occurs at $(4, 7)$, and $f(4,7) = 3(4)^2 + 2(7)^2 - 2(4)(7) = 90$.
The D test shows that this is a minimum.

31. $f(x, y) = 2x^2 + xy - 3y^2 + 4$
$f_x = 4x + y$ and $f_y = x - 6y$
$df = f_x \cdot dx + f_y \cdot dy = (4x + y) \cdot dx + (x - 6y) \cdot dy$

32. Volume $= \displaystyle\int_0^2 \int_0^3 (12 - x - 2y) \, dy \, dx$

$= \displaystyle\int_0^2 \left(12y - xy - y^2\right)\bigg|_0^3 dx$

$= \displaystyle\int_0^2 \left\{12(3) - 3x - (3)^2 - \left[12(0) - 0x - (0)^2\right]\right\}$

$= \displaystyle\int_0^2 (27 - 3x)\,dx = 27x - \dfrac{3}{2}x^2 \bigg|_0^2$

$= 27(2) - \dfrac{3}{2}(2)^2 - (0 - 0) = 54 - 6$

$= 48$ cubic units

Chapter 8: Trigonometric Functions

EXERCISES 8.1

1. $90° = \frac{\pi}{2}$

3. $45° = \frac{\pi}{4}$

5. $360° + 180° = 540° = 540 \cdot \frac{\pi}{180} = 3\pi$

7. $-45° = -\frac{\pi}{4}$

9. a. $30° = 30 \cdot \frac{\pi}{180} = \frac{\pi}{6}$
   b. $225° = 225 \cdot \frac{\pi}{180} = \frac{5\pi}{4}$
   c. $-180° = -180 \cdot \frac{\pi}{180} = -\pi$

11. a. $60° = 60 \cdot \frac{\pi}{180} = \frac{\pi}{3}$
    b. $315° = 315 \cdot \frac{\pi}{180} = \frac{7\pi}{4}$
    c. $-120° = -120 \cdot \frac{\pi}{180} = -\frac{2\pi}{3}$

13. a. $540° = 540 \cdot \frac{\pi}{180} = 3\pi$
    b. $135° = 135 \cdot \frac{\pi}{180} = \frac{3\pi}{4}$
    c. $1° = 1 \cdot \frac{\pi}{180} = \frac{\pi}{180}$

15. a. $\frac{\pi}{4} = \frac{\pi}{4} \cdot \frac{180}{\pi} = 45°$
    b. $\frac{2\pi}{3} = \frac{2\pi}{3} \cdot \frac{180}{\pi} = 120°$
    c. $\frac{-5\pi}{6} = \frac{-5\pi}{6} \cdot \frac{180}{\pi} = -150°$

17. a. $\frac{\pi}{3} = \frac{\pi}{3} \cdot \frac{180}{\pi} = 60°$
    b. $\frac{5\pi}{4} = \frac{5\pi}{4} \cdot \frac{180}{\pi} = 225°$
    c. $-\frac{7\pi}{6} = -\frac{7\pi}{6} \cdot \frac{180}{\pi} = -210°$

19. a. $\frac{9\pi}{4} = \frac{9\pi}{4} \cdot \frac{180}{\pi} = 405°$
    b. $-3\pi = -3\pi \cdot \frac{180}{\pi} = -540°$
    c. $5 = 5 \cdot \frac{180}{\pi} = \frac{900°}{\pi}$

21. Let s = the length of the arc. Then the angle is
    $\frac{\pi}{9} = \frac{s}{27}$
    $s = 3\pi \approx 9.42$ inches

23. Let x = measure of the central angle in radians. Then
    $x = \frac{s}{r} = \frac{18}{12} = \frac{3}{2}$ radians

25. Let s = the distance between New York City and Paris. Then
    $0.9 = \frac{s}{4000}$
    $s = 0.9(4000) = 3600$ miles

27. i. The outer square has sides that each measure $a + b$.
       Thus Area of outer square $= (a+b)(a+b) = (a+b)^2$
    ii. The inner square has sides that each measure c, and, thus,
        Area of inner square $= c \cdot c = c^2$
    iii. Area of outer square = Area of inner square + area of 4 triangles
         $(a+b)^2 = c^2 + 2ab$
         $a^2 + 2ab + b^2 = c^2 + 2ab$
         $a^2 + b^2 = c^2$

EXERCISES 8.2

1. $x = 7, y = 24, r = 25$
   $\sin \theta = \frac{24}{25}$ $\cos \theta = \frac{7}{25}$

3. $r^2 = 12^2 + 5^2 = 144 + 25 = 169$. Thus, $r = 13$.
   $\sin \theta = \frac{y}{r} = \frac{5}{13}$ $\cos \theta = \frac{x}{r} = \frac{12}{13}$

Exercises 8.2

5. $x = -20, y = 21, r = 29$
$\sin \theta = \frac{21}{29}$ $\cos \theta = -\frac{20}{29}$

7. $r^2 = (-8)^2 + (-6)^2 = 64 + 36 = 100$. Thus, $r = 10$.
$\cos \theta = \frac{-8}{10} = -\frac{4}{5}$ $\sin \theta = \frac{-6}{10} = -\frac{3}{5}$

9. $x = 96, y = -28, r = 100$
$\sin \theta = \frac{-28}{100} = -\frac{7}{25}$ $\cos \theta = \frac{96}{100} = \frac{24}{25}$

11.
a. $\sin \frac{\pi}{3} = \frac{\sqrt{3}}{2}$
b. $\cos \frac{\pi}{3} = \frac{1}{2}$
c. $\sin \frac{\pi}{4} = \frac{1}{\sqrt{2}} = \frac{\sqrt{2}}{2}$
d. $\cos \frac{\pi}{4} = \frac{1}{\sqrt{2}} = \frac{\sqrt{2}}{2}$

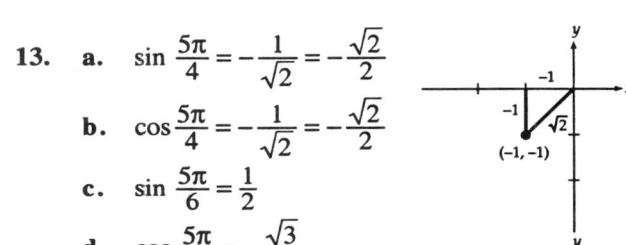

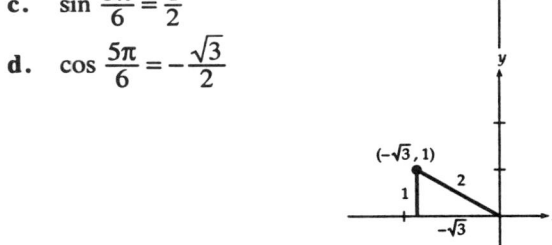

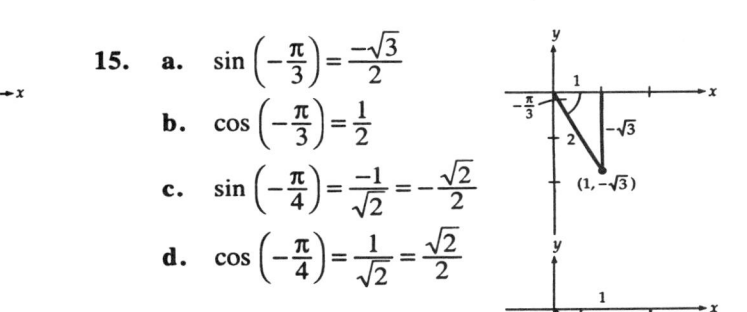

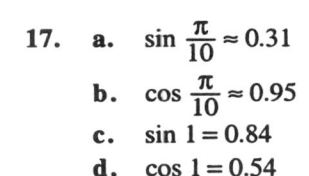

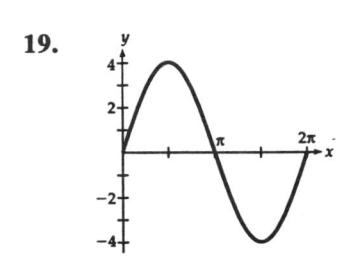

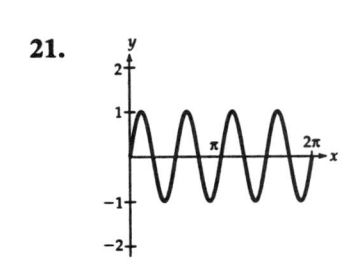

13.
a. $\sin \frac{5\pi}{4} = -\frac{1}{\sqrt{2}} = -\frac{\sqrt{2}}{2}$
b. $\cos \frac{5\pi}{4} = -\frac{1}{\sqrt{2}} = -\frac{\sqrt{2}}{2}$
c. $\sin \frac{5\pi}{6} = \frac{1}{2}$
d. $\cos \frac{5\pi}{6} = -\frac{\sqrt{3}}{2}$

15.
a. $\sin\left(-\frac{\pi}{3}\right) = \frac{-\sqrt{3}}{2}$
b. $\cos\left(-\frac{\pi}{3}\right) = \frac{1}{2}$
c. $\sin\left(-\frac{\pi}{4}\right) = \frac{-1}{\sqrt{2}} = -\frac{\sqrt{2}}{2}$
d. $\cos\left(-\frac{\pi}{4}\right) = \frac{1}{\sqrt{2}} = \frac{\sqrt{2}}{2}$

17.
a. $\sin \frac{\pi}{10} \approx 0.31$
b. $\cos \frac{\pi}{10} \approx 0.95$
c. $\sin 1 = 0.84$
d. $\cos 1 = 0.54$

19.

21.

23.

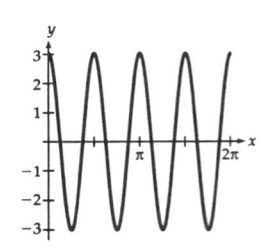

25.

27. a. $\sin \frac{5\pi}{12} = \sin\left(\frac{\pi}{4} + \frac{\pi}{6}\right) = \sin \frac{\pi}{4} \cos \frac{\pi}{6} + \cos \frac{\pi}{4} \sin \frac{\pi}{6}$
$= \frac{\sqrt{2}}{2} \cdot \frac{\sqrt{3}}{2} + \frac{\sqrt{2}}{2} \cdot \frac{1}{2} = \frac{\sqrt{6}}{4} + \frac{\sqrt{2}}{4}$

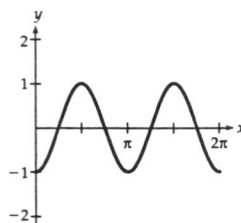

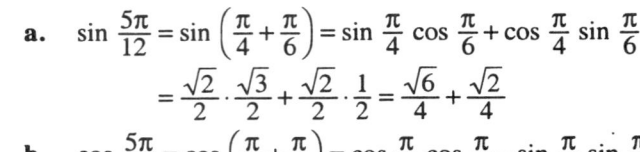

b. $\cos \frac{5\pi}{12} = \cos\left(\frac{\pi}{4} + \frac{\pi}{6}\right) = \cos \frac{\pi}{4} \cos \frac{\pi}{6} - \sin \frac{\pi}{4} \sin \frac{\pi}{6}$
$= \frac{\sqrt{2}}{2} \cdot \frac{\sqrt{3}}{2} - \frac{\sqrt{2}}{2} \cdot \frac{1}{2} = \frac{\sqrt{6}}{4} - \frac{\sqrt{2}}{4}$

29. Let x = height of the wall. Using the definition of the sine, we have
$\sin 70° = \frac{x}{30}$
$x = 30 \sin 70° \approx 28.2$ feet

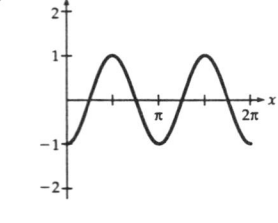

31. Let x = distance between you and the boat. Then
$\cos 48° = \frac{200}{x}$
$x = \frac{200}{\cos 48°} \approx 299$ feet

33. On day 213,
$S(213) = 700 - 600 \cos \frac{2\pi(213)}{365} \approx 1219$ cones

35. a. $L(0) = 4.9 + 0.4 \cos \frac{\pi(0)}{2} = 4.9 + 0.4(1)$
$= 5.3$ liters

b. $L(2) = 4.9 + 0.4 \cos \frac{2\pi}{2} = 4.9 + 0.4(-1)$
$= 4.5$ liters

37. a.

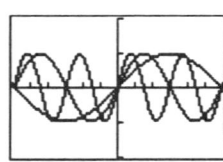

on $[-2\pi, 2\pi]$ by $[-2, 2]$

b.

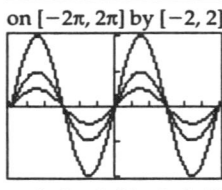

on $[-2\pi, 2\pi]$ by $[-2, 2]$

c. $y = 2 \sin 2x$ has amplitude 2 and period π.
$y = -2 \sin x$ has period 2π and amplitude 2. It is an upside down sine graph.
$y = -2 \sin 2x$ is an upside down sine graph that has period π and amplitude 2.

39. a.

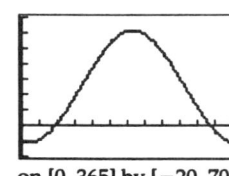

on $[0, 365]$ by $[-20, 70]$

b. $T(10) = 25 + 37 \sin \frac{2\pi(10 - 101)}{365} \approx -12°$

c. $T(192) = 25 + 37 \sin \frac{2\pi(192 - 101)}{365} \approx 62°$

Exercises 8.3

41. a.

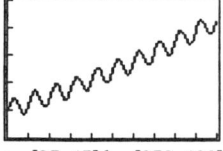

on [35, 45] by [350, 400]

b. Answers will vary.

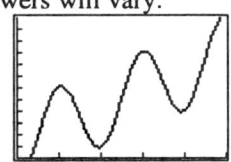

on [38.75, 41.25] by [368.75, 381.25]

c. $C(45) \approx 392$, so the carbon dioxide level on January 1, 2005 will be about 392 ppm.

43. a. Since the sum of the angles of a triangle is $180° = \pi$ radians, and one angle of a right triangle is $\frac{\pi}{2}$ radians, the sum of the other two angles is $\pi - \frac{\pi}{2} = \frac{\pi}{2}$ radians. If one acute angle is of size t radians, then the other must be of size $\frac{\pi}{2} - t$ radians.

b. Since the "opposite" side for angle t is the "adjacent" side for angle $\frac{\pi}{2} - t$, we have

$$\sin t = \frac{\text{opp side for angle } t}{\text{hyp}} = \frac{\text{adj side for angle } (\frac{\pi}{2} - t)}{\text{hyp}} = \cos\left(\frac{\pi}{2} - t\right)$$

$$\cos t = \frac{\text{adj side for angle } t}{\text{hyp}} = \frac{\text{opp side for angle } (\frac{\pi}{2} - t)}{\text{hyp}} = \sin\left(\frac{\pi}{2} - t\right)$$

EXERCISES 8.3

1. $\frac{d}{dt}(t^3 \sin t) = 3t^2 \sin t + t^3 \cos t$ (the Product Rule)

3. $\frac{d}{dt}\frac{\cos t}{t} = \frac{t(-\sin t) - 1 \cdot \cos t}{t^2}$ (the Quotient Rule)

$= \frac{-t \sin t - \cos t}{t^2}$

5. $\frac{d}{dt}\sin(t^3 + 1) = \cos(t^3 + 1) \cdot (3t^2) = 3t^2 \cos(t^3 + 1)$

7. $\frac{d}{dt}(\sin 5t) = \cos 5t \cdot (5) = 5 \cos 5t$

9. $\frac{d}{dt}(2 \cos 3t) = -2 \sin 3t \cdot (3) = -6 \sin 3t$

11. $\frac{d}{dt} \cos\left(\frac{\pi}{180} t\right) = -\sin\left(\frac{\pi}{180} t\right) \cdot \left(\frac{\pi}{180}\right) = -\frac{\pi}{180} \sin\left(\frac{\pi}{180} t\right)$

13. a. $f'(t) = 2t + \cos \pi t \cdot (\pi) = 2t + \pi \cos \pi t$
b. $f'(0) = 2(0) + \pi \cos \pi(0) = \pi(1) = \pi$

15. a. $f'(t) = -4\sin\frac{t}{2} \cdot \left(\frac{1}{2}\right) = -2\sin\frac{t}{2}$
    b. $f'\left(\frac{\pi}{3}\right) = -2\sin\left(\frac{1}{2} \cdot \frac{\pi}{3}\right)$
    $= -2\sin\frac{\pi}{6} = -2\left(\frac{1}{2}\right) = -1$

17. a. $f'(t) = \cos(\pi - t) \cdot (-1) = -\cos(\pi - t)$
    b. $f'\left(\frac{\pi}{2}\right) = -\cos\left(\pi - \frac{\pi}{2}\right) = -\cos\left(\frac{\pi}{2}\right) = 0$

19. $f'(t) = -\sin(t + \pi)^3 \cdot [3(t + \pi)^2]$
    $= -3(t + \pi)^2 \sin(t + \pi)^3$

21. $f'(t) = 3\cos^2(t + \pi) \cdot [-\sin(t + \pi)]$
    $= -3\cos^2(t + \pi)\sin(t + \pi)$

23. $f'(t) = \cos(\pi - t)^2 \cdot [2(\pi - t)(-1)]$
    $= -2(\pi - t)\cos(\pi - t)^2$

25. $f'(t) = 2\sin t^3 \cdot \cos t^3 \cdot (3t^2) = 6t^2 \sin t^3 \cos t^3$

27. $f'(x) = -\sin\sqrt{x+1} \cdot \left[\frac{1}{2}(x+1)^{-1/2}\right]$
    $= -\frac{1}{2}(x+1)^{-1/2}\sin\sqrt{x+1}$

29. $f'(x) = 4\cos x + (\cos 4x)(4) + 4\sin^3 x(\cos x)$
    $= 4\cos x + 4\cos 4x + 4\sin^3 x \cos x$

31. $f'(x) = \sin e^x \cdot e^x = e^x \sin e^x$

33. $f'(z) = e^{z+\cos z}(1 - \sin z)$

35. $f'(z) = 4(1 - \cos z)^3 \cdot [-(-\sin z)] = 4\sin z \cdot (1 - \cos z)^3$

37. a. $f'(z) = \frac{1}{\sin z} \cdot \cos z = \frac{\cos z}{\sin z}$
    b. $f'\left(\frac{\pi}{2}\right) = \frac{\cos\frac{\pi}{2}}{\sin\frac{\pi}{2}} = \frac{0}{1} = 0$

39. $f'(z) = \cos(z + \ln z) \cdot \left(1 + \frac{1}{z}\right)$

41. $f'(x) = 6\sin x \cos x - 8\cos x \cdot (-\sin x)$
    $= 6\sin x \cos x + 8\cos x \sin x = 14\sin x \cos x$

43. $f'(x) = -\frac{1}{x^2}\cos x^2 + \frac{1}{x}(-\sin x^2) \cdot 2x$
    $= -\frac{1}{x^2}\cos x^2 - 2\sin x^2$

45. $f'(x) = -e^{-x}\sin e^x + e^{-x}\cos e^x \cdot e^x$
    $= -e^{-x}\sin e^x + \cos e^x$

47. a. $f'(x) = \frac{\sin x \cdot (-\sin x) - \cos x \cdot (\cos x)}{\sin^2 x}$
    $= \frac{-\sin^2 x - \cos^2 x}{\sin^2 x}$
    $= \frac{-(\sin^2 x + \cos^2 x)}{\sin^2 x} = \frac{-1}{\sin^2 x}$
    b. $f'\left(\frac{\pi}{3}\right) = -\frac{1}{\left(\sin\frac{\pi}{3}\right)^2}$
    $= -\frac{1}{\frac{3}{4}} = -\frac{4}{3}$

49. $f'(t) = 2\sin t \cos t - 2\cos t \cdot (-\sin t) = 4\sin t \cos t$

Exercises 8.3

51. a. $f'(t) = \dfrac{\cos t \cdot (\cos t) - (-\sin t) \cdot (1 + \sin t)}{\cos^2 t}$

$= \dfrac{\cos^2 t + \sin^2 t + \sin t}{\cos^2 t}$

$= \dfrac{1 + \sin t}{\cos^2 t}$

b. $f'(\pi) = \dfrac{1 + \sin \pi}{(\cos \pi)^2} = \dfrac{1 + 0}{(-1)^2} = 1$

53. $f'(x) = \cos(\cos x) \cdot (-\sin x) = -\cos(\cos x)\sin x$

55. $f'(x) = 2\left(\cos \dfrac{x}{2} - 1\right) \cdot \left(-\sin \dfrac{x}{2}\right) \cdot \left(\dfrac{1}{2}\right)$

$= -\sin \dfrac{x}{2} \cdot \left(\cos \dfrac{x}{2} - 1\right)$

57. $f'(x) = 2x \sin x + x^2 \cos x + 2\cos x + 2x(-\sin x) - 2\cos x$

$= x^2 \cos x$

59. $f'(t) = 2 \sin(t^2 + 1)\cos(t^2 + 1) \cdot (2t)$

$4t \sin(t^2 + 1)\cos(t^2 + 1)$

61. $f'(t) = \sin t + t \cos t$

$f''(t) = \cos t + \cos t + t(-\sin t)$

$= 2\cos t - t \sin t$

63. $f'(x) = e^{\sin x} \cos x$

$f''(x) = (e^{\sin x} \cos x)\cos x + e^{\sin x}(-\sin x)$

$= e^{\sin x} \cos^2 x - e^{\sin x} \sin x$

65. $f'(z) = \sin z + z \cos z + (-\sin z) = z \cos z$

$f''(z) = \cos z + z(-\sin z) = \cos z - z \sin z$

67. a. $\dfrac{d}{dx}(\sin^2 x + \cos^2 x) = \dfrac{d}{dx}(1)$

$2\sin x \cos x + 2\cos x \left(\dfrac{d}{dx}\cos x\right) = 0$

b. $2\cos x \left(\dfrac{d}{dx}\cos x\right) = -2\sin x \cos x$

$\dfrac{d}{dx}\cos x = -\sin x$

69. For $f(t) = t$,

$\dfrac{d}{dt}\sin f(t) = \cos f(t) \cdot \dfrac{df}{dt}$

$\dfrac{d}{dt}\sin t = \cos t \cdot \dfrac{d}{dt}(t) \cdot \cos t \cdot 1 = \cos t$

and

$\dfrac{d}{dt}\cos f(t) = -\sin f(t) \cdot \dfrac{df}{dt}$

$\dfrac{d}{dt}\cos t = -\sin t \cdot \dfrac{d}{dt}(t) = -\sin t \cdot 1 = -\sin t$

71. $\sin(s+t) = (\sin s)(\cos t) + (\cos s)(\sin t)$

$\dfrac{d}{ds}\sin(s+t) = (\cos s)(\cos t) - (\sin s)(\sin t)$

$\cos(s+t) = (\cos s)(\cot t) - (\sin s)(\sin t)$

73. The rate of change of sales is $S'(x)$

$S(t) = 500 - 500\cos\left(\dfrac{\pi}{26}t\right)$

$S'(t) = -500\left[-\sin\left(\dfrac{\pi}{26}t\right)\right] \cdot \left(\dfrac{\pi}{26}\right)$

$= \dfrac{500\pi}{26}\sin\left(\dfrac{\pi}{26}t\right)$

For $t = 19$, $S'(t) = \dfrac{500\pi}{26}\sin\left(\dfrac{\pi}{26} \cdot 19\right) \approx 45$

In mid May ($t = 19$), sales are increasing by about 45 air conditioners per week.

75. To find the maximum volume, solve $V'(\theta) = 0$.
$V(\theta) = 1000 \sin \theta$
$V'(\theta) = 100 \cos \theta = 0$
$\cos \theta = 0$
$\theta = 90°$

77. $S(\theta) = \dfrac{\sqrt{3} - \cos \theta}{\sin \theta}$

$S'(\theta) = \dfrac{\sin \theta [-(-\sin \theta)] - \cos \theta \cdot (\sqrt{3} - \cos \theta)}{\sin^2 \theta} = 0$

$\dfrac{\sin^2 \theta - \sqrt{3} \cos \theta + \cos^2 \theta}{\sin^2 \theta} = 0$

$\dfrac{1 - \sqrt{3} \cos \theta}{\sin^2 \theta} = 0$

$\cos \theta = \dfrac{1}{\sqrt{3}}$

79. a. Using NDeriv, $D'(x) = 0$ at $x = 0.7854$.

b. $x = 0.7854 = 0.7854 \cdot \dfrac{180}{\pi} = 45°$

81. a.

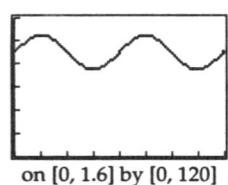

on [0, 1.6] by [0, 120]

b. Using MAXIMUM, blood pressure is greatest after 0.2 seconds and 1 second. The blood pressure then is 105.

c. Using MINIMUM, blood pressure is lowest after 0.6 seconds and 1.4 seconds. The blood pressure then is 75.

EXERCISES 8.4

1. $\displaystyle\int (\cos t - \sin t) dt = \int \cos t \, dt + \int (-\sin t) \, dt$
$= \sin t + \cos t + C$

3. $\displaystyle\int (1 + \sin x) dx = \int 1 \, dx + \int \sin x \, dx$
$= x - \cos x + C$

5. $\displaystyle\int (t+1) \cos(t^2 + 2t) \, dt$

Let $u = t^2 + 2t$. Then $du = (2t + 2) dt = 2(t+1) dt$.

$\displaystyle\int (t+1) \cos(t^2 + 2t) \, dt = \int \cos u \left(\dfrac{du}{2}\right)$
$= \dfrac{1}{2} \sin u + C$
$= \dfrac{1}{2} \sin(t^2 + 2t) + C$

7. $\displaystyle\int \sin \pi t \, dt = -\dfrac{1}{\pi} \cos \pi t + C$

9. $\displaystyle\int \cos \dfrac{\pi}{2} \, dt = \dfrac{1}{\frac{\pi}{2}} \sin \dfrac{\pi}{2} t + C = \dfrac{2}{\pi} \sin \dfrac{\pi}{2} t + C$

11. $\displaystyle\int \sin(\pi - t) \, dt$

Let $u = \pi - t$. Then $du = -dt$.

$\displaystyle\int \sin(\pi - t) \, dt = \int \sin u (-du) = -\int \sin u \, du$
$= -(-\cos u) + C = \cos(\pi - t) + C$

Exercises 8.4

13. $\int \cos \dfrac{2\pi(t+20)}{365}\, dt$

    Let $u = \dfrac{2\pi(t+20)}{365} = \dfrac{2\pi t + 40\pi}{365}$. Then $du = \dfrac{2\pi}{365}\, dt$.

    $\begin{aligned}\int \cos \dfrac{2\pi(t+20)}{365}\, dt &= \int \cos u \left(\dfrac{365}{2\pi}\, du\right)\\ &= \dfrac{365}{2\pi}\int \cos u\, du\\ &= \dfrac{365}{2\pi}\sin u + C\\ &= \dfrac{365}{2\pi}\sin \dfrac{2\pi(t+20)}{365} + C\end{aligned}$

15. $\int \sin^2 t \cos t\, dt$

    Let $u = \sin t$. Then $du = \cos t\, dt$.

    $\int \sin^2 t \cos t\, dt = \int u^2\, du = \dfrac{u^3}{3} + C = \dfrac{\sin^3 t}{3} + C$

17. $\int \dfrac{\sin t}{\cos^3 t}\, dt$

    Let $u = \cos t$. Then $du = -\sin t\, dt$.

    $\begin{aligned}\int \dfrac{\sin t}{\cos^3 t}\, dt &= \int \dfrac{1}{u^3}(-du) = -\int u^{-3}\, du\\ &= -\dfrac{u^{-2}}{-2} = C = \dfrac{1}{2}(\cos t)^{-2} + C\\ &= \dfrac{1}{2\cos^2 t} + C\end{aligned}$

19. $\int e^{1+\sin x} \cos x\, dx$

    Let $u = 1 + \sin x$. Then $du = \cos x\, dx$.

    $\begin{aligned}\int e^{1+\sin x}\cos x\, dx &= \int e^u\, du = e^u + C\\ &= e^{1+\sin x} + C\end{aligned}$

21. $\int \dfrac{\sin t}{\cos t}\, dt$

    Let $u = \cos t$. Then $du = -\sin t\, dt$.

    $\begin{aligned}\int \dfrac{\sin t}{\cos t}\, dt &= \int \dfrac{1}{u}(-du) = -\ln|u| + C\\ &= -\ln|\cos t| + C\end{aligned}$

23. $\int \dfrac{\sin w}{\sqrt{1-\cos w}}\, dw$

    Let $u = 1 - \cos w$. Then $du = -(-\sin w)dw = \sin w\, dw$.

    $\begin{aligned}\int \dfrac{\sin w}{\sqrt{1-\cos w}}\, dw &= \int \dfrac{1}{\sqrt{u}}\, du = \int u^{-1/2}\, du\\ &= \dfrac{u^{1/2}}{\frac{1}{2}} + C\\ &= 2u^{1/2} + C = 2\sqrt{1-\cos w} + C\end{aligned}$

25. $\int \dfrac{\sin y \cos y}{\sqrt{1+\sin^2 y}}\, dy$

    Let $u = 1 + \sin^2 y$. Then $du = 2\sin y \cos y\, dy$.

    $\begin{aligned}\int \dfrac{\sin y \cos y}{\sqrt{1+\sin^2 y}}\, dy &= \int \dfrac{1}{\sqrt{u}}\left(\dfrac{1}{2}\, du\right)\\ &= \dfrac{1}{2}\int u^{-1/2}\, du\\ &= \dfrac{1}{2}\left(\dfrac{u^{1/2}}{\frac{1}{2}}\right) + C = u^{1/2} + C = \sqrt{1+\sin^2 y} + C\end{aligned}$

27. $\int \left(x^2 - \dfrac{1}{x} + \cos 2x\right)dx = \int x^2\, dx - \int \dfrac{1}{x}\, dx + \int \cos 2x\, dx$

    $= \dfrac{x^3}{3} - \ln|x| + \dfrac{1}{2}\sin 2x + C$

29. a. $\int_0^{1/2} \sin \pi t \, dx = -\frac{1}{\pi} \cos \pi t \Big|_0^{1/2}$
$= -\frac{1}{\pi} \left(\cos \frac{\pi}{2} - \cos 0 \right)$
$= -\frac{1}{\pi}(0-1) = \frac{1}{\pi}$

b. FnInt gives $0.31831 \approx \frac{1}{\pi}$

31. a. $\int_0^{\pi} (t + \cos t) \, dt = \left(\frac{t^2}{2} + \sin t \right) \Big|_0^{\pi}$
$= \frac{\pi^2}{2} + \sin \pi - \left(\frac{0^2}{2} + \sin 0 \right)$
$= \frac{\pi^2}{2} + 0 - 0 = \frac{\pi^2}{2}$

b. FnInt gives $4.93480 \approx \frac{\pi^2}{2}$.

33. a. $\int_0^1 (t + \sin \pi t) \, dt = \left(\frac{t^2}{2} - \frac{1}{\pi} \cos \pi t \right) \Big|_0^1 = \frac{1^2}{2} - \frac{1}{\pi} \cos \pi(1) - \left[\frac{0^2}{2} - \frac{1}{\pi} \cos \pi(0) \right]$
$= \frac{1}{2} - \frac{1}{\pi}(-1) - \left[0 - \frac{1}{\pi}(1) \right] = \frac{1}{2} + \frac{1}{\pi} + \frac{1}{\pi} = \frac{1}{2} + \frac{2}{\pi}$

b. FnInt gives $1.13662 \approx \frac{1}{2} + \frac{2}{\pi}$.

35. a. $\int_{\pi/4}^{3\pi/4} \cos\left(t + \frac{\pi}{4}\right) dt = \sin\left(t + \frac{\pi}{4}\right) \Big|_{\pi/4}^{3\pi/4} = \sin\left(\frac{3\pi}{4} + \frac{\pi}{4} \right) - \sin\left(\frac{\pi}{4} + \frac{\pi}{4} \right)$
$= \sin \pi - \sin \frac{\pi}{2} = 0 - 1 = -1$

b. FnInt gives -1.

37. Area under curve $= \int_0^{\pi} \cos \frac{x}{2} \, dx = 2 \sin \frac{x}{2} \Big|_0^{\pi}$
$= 2\left(\sin \frac{\pi}{2} - \sin \frac{0}{2} \right) = 2(1-0)$
$= 2$

39. Area under curve $= \int_0^{\pi/2} (\sin x + \cos x) \, dx = (-\cos x + \sin x) \Big|_0^{\pi/2}$
$= -\cos \frac{\pi}{2} + \sin \frac{\pi}{2} - (-\cos 0 + \sin 0)$
$= -0 + 1 - (-1 + 0) = 1 + 1 = 2$

FnInt gives 2.

41. $\frac{d}{dx}\left(-\frac{1}{a} \cos at + C \right) = -\frac{1}{a}(-\sin at \cdot a)$
$= -\frac{1}{a}(-a) \sin at = \sin at$

$\frac{d}{dx}\left(\frac{1}{a} \sin at + C \right) = \frac{1}{a} \cos at \cdot a$
$= \frac{a}{a} \cos at = \cos at$

Exercises 8.4

43. (Total sales in the first quarter) $= \int_0^{13} S(t)\,dt = \int_0^{13}\left(10+9\cos\frac{\pi t}{26}\right)dt$

$= \left[10t + 9\left(\frac{26}{\pi}\right)\sin\frac{\pi t}{26}\right]\Big|_0^{13}$

$= \left[10(13) + \frac{9\cdot 26}{\pi}\sin\left(\frac{13\pi}{26}\right)\right] - \left[10(0) + \frac{9\cdot 26}{\pi}\sin\left(\frac{0\pi}{26}\right)\right]$

$\approx 130 + 74.5\sin\frac{\pi}{2} - 0 - 0 = 130 + 74.5(1) = 204.5$

Total sales in the first quarter will be about $204,500.

45. a. (Total pollution) $= \int_0^{18} P(t)\,dt = \int_0^{18}\left(5+3\sin\frac{\pi t}{6}\right)dt$

$= \left[5t + 3\left(\frac{6}{\pi}\right)\left(-\cos\frac{\pi t}{6}\right)\right]\Big|_0^{18} = \left(5t - \frac{18}{\pi}\cos\frac{\pi t}{6}\right)\Big|_0^{18}$

$= 18(5) - \frac{18}{\pi}\cos\frac{18\pi}{6} - \left[5(0) - \frac{18}{\pi}\cos\frac{0\pi}{6}\right]$

$= 90 - \frac{18}{\pi}\cos 3\pi - 0 + \frac{18}{\pi}\cos 0 = 90 - \frac{18}{\pi}(-1) + \frac{18}{\pi}(1)$

$= 90 + \frac{36}{\pi} \approx 101$ tons

b. (Average pollution) $= \frac{1}{18-0}\int_0^{18} P(t)\,dt = \frac{1}{18}\int_0^{18} P(t)\,dt$

$= \frac{1}{18}\left(90 + \frac{36}{\pi}\right) = 5 + \frac{2}{\pi} \approx 5.6$ tons per month

47. $\int_0^{12}\left[300 - 300\cos\left(\frac{\pi}{6}t\right)\right]dt = \left[300t - 300\left(\frac{6}{\pi}\right)\sin\left(\frac{\pi}{6}t\right)\right]\Big|_0^{12}$

$= \left[300(12) - \frac{1800}{\pi}\sin\left(\frac{\pi}{6}\cdot 12\right)\right] - \left[300(0) - \frac{1800}{\pi}\sin\left(\frac{\pi}{6}\cdot 0\right)\right]$

$= 3600 - \frac{1800}{\pi}\sin 2\pi - 0$

$= 3600$ birds

49. FnInt gives $2\int_0^{122}\left[75 - \left(60 - 30\cos\frac{2\pi t}{365}\right)\right]dt \approx \$6668$.

51. (Average occupancy) $= \frac{1}{10-0}\int_0^{10}\left(200 + 100\cos\frac{\pi t}{26}\right)dt \approx 277$ guests (using FnInt)

53. a. [Average temperature (Jan.–Feb.)] $= \frac{1}{59-0}\int_0^{59}\left[54 + 24\sin\frac{2\pi(x-101)}{365}\right]dx \approx 32.3$ degrees

b. [Average temperature (July-August)] $= \frac{1}{243-181}\int_{181}^{243}\left[54 + 24\sin\frac{2\pi(x-101)}{365}\right]dx \approx 75.6$ degrees

EXERCISES 8.5

1. a. $\tan\theta = \frac{y}{x} = \frac{5}{12}$
    b. $\cot\theta = \frac{x}{y} = \frac{12}{5}$
    c. $\sec\theta = \frac{r}{x} = \frac{13}{12}$
    d. $\csc\theta = \frac{r}{y} = \frac{13}{5}$

3. a. $\tan\theta = \frac{y}{x} = \frac{-8}{-15} = \frac{8}{15}$
    b. $\cot\theta = \frac{x}{y} = \frac{-15}{-8} = \frac{15}{8}$
    c. $\sec\theta = \frac{r}{x} = \frac{17}{-15} = -\frac{17}{15}$
    d. $\csc\theta = \frac{r}{y} = \frac{17}{-8} = -\frac{17}{8}$

5. a. $\tan\frac{\pi}{6} = \frac{y}{x} = \frac{1}{\sqrt{3}} = \frac{\sqrt{3}}{3}$
    b. $\csc\frac{\pi}{6} = \frac{r}{y} = \frac{2}{1} = 2$

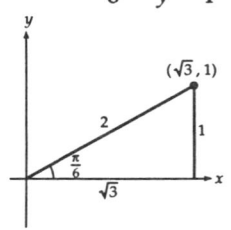

7. a. $\tan\frac{3\pi}{2} = \frac{y}{x} = \frac{-1}{0}$ undefined
    b. $\csc\frac{3\pi}{2} = \frac{r}{y} = \frac{1}{-1} = -1$

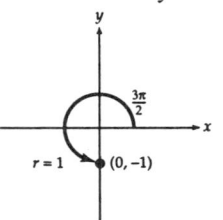

9. a. $\tan\frac{\pi}{4} = \frac{y}{x} = \frac{1}{1} = 1$
    b. $\cot\frac{\pi}{4} = \frac{x}{y} = \frac{1}{1} = 1$

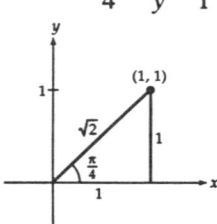

11. a. $\tan\frac{7\pi}{6} = \frac{y}{x} = \frac{-1}{-\sqrt{3}} = \frac{\sqrt{3}}{3}$
    b. $\csc\frac{7\pi}{6} = \frac{r}{y} = \frac{2}{-1} = -2$

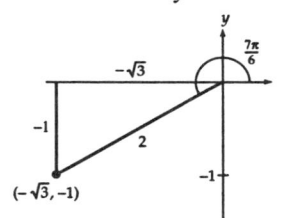

13. $\cot\frac{\pi}{5} = \frac{1}{\tan\frac{\pi}{5}} \approx 1.3764$

15. $\sec\frac{5\pi}{12} = \frac{1}{\cos\frac{5\pi}{12}} \approx 3.8637$

17. Let x = height of the flagpole. Then $\tan 62° = \frac{x}{30}$
    $x = 30\tan 62° \approx 56$ feet

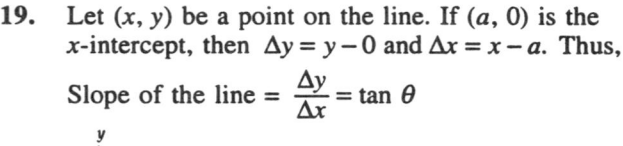

19. Let (x, y) be a point on the line. If $(a, 0)$ is the x-intercept, then $\Delta y = y - 0$ and $\Delta x = x - a$. Thus,
    Slope of the line $= \frac{\Delta y}{\Delta x} = \tan\theta$

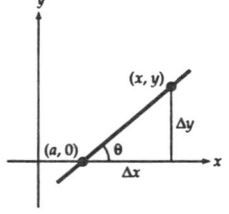

21. Use the formula $y = x\tan\theta - \left(\frac{4x}{v}\sec\theta\right)^2$ with $x = 90$, $v = 60$, and $\theta = 40°$. Then
    $y = x\tan\theta - \left(\frac{4x}{v}\sec\theta\right)^2$
    $= 90\tan 40° - \left(\frac{4\cdot 90}{60}\sec 40°\right)^2$
    ≈ 14.2 feet
    Since the height of the football is greater than 10 feet, the ball will clear the goal post.

Exercises 8.5

23. The maximum occurs at about 51.3°.

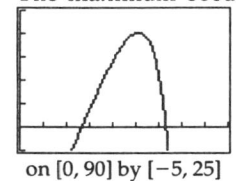

on [0, 90] by [−5, 25]

25.

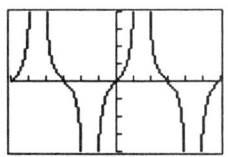

on [−2π, 2π] by [−4, 4]
The period is 2π, and the function is undefined at odd multiples of $\frac{\pi}{2}$.

27.
$$\sin^2 t + \cos^2 t = 1$$
$$\frac{\sin^2 t}{\cos^2 t} + \frac{\cos^2 t}{\cos^2 t} = \frac{1}{\cos^2 t}$$
$$\tan^2 t + 1 = \sec^2 t$$

29. $\frac{d}{dt}(t \cot t) = 1(\cot t) + t \cdot (-\csc^2 t)$
$= \cot t - t \csc^2 t$

31. $\frac{d}{dt} \tan(t^3 + 1) = \sec^2(t^3 + 1) \cdot (3t^2) = 3t^2 \sec^2(t^3 + 1)$

33. $\frac{d}{dt} \sec(\pi x + 1) = \sec(\pi x + 1) \tan(\pi x + 1) \cdot \pi$
$= \pi \sec(\pi x + 1) \tan(\pi x + 1)$

35. $\frac{d}{d} \cot^2 z^3 = 2 \cot z^3 (-\csc^2 z^3) \cdot (3z^2) = -6z^2 \cot z^3 \csc^2 z^3$

37. Since $\tan^2 t + 1 = \sec^2 t$,
$$\frac{d}{dt}(\tan^2 t + 1) = \frac{d}{dt} \sec^2 t$$
$$\frac{d}{dt} \tan^2 t + \frac{d}{dt}(1) = \frac{d}{dt} \sec^2 t$$
$$\frac{d}{dt} \tan^2 t = \frac{d}{dt} \sec^2 t$$

39. a. $\frac{d}{dt} \sec t = \frac{d}{dt}(\cos t)^{-1} = -1(\cos t)^{-2} \cdot (-\sin t)$
$= \frac{1}{\cos^2 t} = \sin t = \frac{1}{\cos t} \cdot \frac{\sin t}{\cos t}$
$= \sec t \tan t$

b.

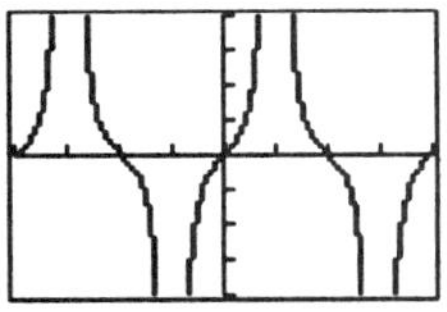

on [−2π, 2π] by [−4, 4]
The graph of the derivative of sec t is $y = \sec t \tan t$.

41. $S(x) = 6 \cot \frac{\pi x}{180}$
$S'(x) = 6\left(-\csc^2 \frac{\pi x}{180}\right) \cdot \frac{\pi}{180} = -\frac{\pi}{30} \csc^2 \frac{\pi x}{180}$
$S'(10) = -\frac{\pi}{30} \csc^2 \frac{10\pi}{180} \approx -3.47$
The shadow shortens by about 3.47 feet for each additional degree of elevation of the sun.

43. $\int t^2 \sec^2(t^3 + 1) \, dt$
Let $u = t^3 + 1$. Then $du = 3t^2 dt$.
$\int t^2 \sec^2(t^3 + 1) dt = \int \sec^2 u \left(\frac{du}{3}\right)$
$= \frac{1}{3} \int \sec^2 u \, du$
$= \frac{1}{3} \tan u + C = \frac{1}{3} \tan(t^3 + 1) + C$

45. $\int \csc \pi t \cot \pi t \, dt$

Let $u = \pi t$. Then $du = \pi \, dt$.

$\int \csc \pi t \cot \pi t \, dt = \int \csc u \cot u \left(\dfrac{du}{\pi}\right)$

$ = \dfrac{1}{\pi} \int \csc u \cot u \, du$

$ = \dfrac{1}{\pi}(-\csc u) + C$

$ = -\dfrac{1}{\pi} \csc \pi t + C$

47. $\int \tan(1-t) \, dt$

Let $u = 1 - t$. Then $du = -dt$.

$\int \tan(1-t) \, dt = \int \tan u(-du) = -\int \tan u \, du$

$ = \ln|\cos u| + C$

$ = \ln|\cos(1-t)| + C$

49. $\int x^4 \csc x^5 \, dx$

Let $u = x^5$. Then $du = 5x^4 \, dx$.

$\int x^4 \csc x^5 \, dx = \int \csc u \left(\dfrac{du}{5}\right)$

$ = \dfrac{1}{5} \ln|\csc u - \cot u| + C$

$ = \dfrac{1}{5} \ln|\csc x^5 - \cot x^5| + C$

51. $\int \cot^4 x \csc^2 x \, dx$

Let $u = \cot x$. Then $du = -\csc^2 x \, dx$.

$\int \cot^4 x \csc^2 x \, dx = \int u^4(-du) = -\dfrac{u^5}{5} + C$

$ = -\dfrac{\cot^5 x}{5} + C$

53. $\int_{\pi/4}^{\pi/2} \cot t \, dt = \ln|\sin t| \Big|_{\pi/4}^{\pi/2}$

$\phantom{\int_{\pi/4}^{\pi/2} \cot t \, dt} = \ln\left|\sin \dfrac{\pi}{2}\right| - \ln\left|\sin \dfrac{\pi}{4}\right|$

$\phantom{\int_{\pi/4}^{\pi/2} \cot t \, dt} = \ln 1 - \ln \dfrac{\sqrt{2}}{2}$

$\phantom{\int_{\pi/4}^{\pi/2} \cot t \, dt} = 0 - \ln \dfrac{\sqrt{2}}{2} = -\ln \dfrac{\sqrt{2}}{2} \approx 0.347$

55. a. $\int_0^{\pi/4} \sec x \, dx = \ln|\sec x + \tan x| \Big|_0^{\pi/4}$

$\phantom{\int_0^{\pi/4} \sec x \, dx} = \ln\left|\sec \dfrac{\pi}{4} + \tan \dfrac{\pi}{4}\right| - \ln|\sec 0 + \tan 0|$

$\phantom{\int_0^{\pi/4} \sec x \, dx} = \ln\left|\dfrac{2}{\sqrt{2}} + 1\right| - \ln|1 + 0| = \ln\left|\sqrt{2} + 1\right| \approx 0.8814$

b. FnInt gives 0.8814.

57. a. $\int \tan t \sec^2 t \, dt$

Let $u = \tan t$. Then $du = \sec^2 t \, dt$.

$\int \tan t \sec^2 t \, dt = \int u \, du = \dfrac{u^2}{2} + C = \dfrac{\tan^2 t}{2} + C$

b. Let $u = \sec t$. Then $du = \sec t \tan t \, dt$.

$\int \tan t \sec^2 t \, dt = \int \sec t(\sec t \tan t \, dt) = \int u \, du$

$ = \dfrac{u^2}{2} + C = \dfrac{\sec^2 t}{2} + C$

c. Since $\tan^2 t + 1 = \sec^2 t$, $\dfrac{1}{2}\tan^2 t$ and $\dfrac{1}{2}\sec^2 t$ differ by a constant.
Since C represents an arbitrary constant, the two answers are equivalent.

Review Exercises for Chapter 8

59. $\int \tan t \, dt = \int \frac{\sin t}{\cos t} dt$

Let $u = \cos t$. Then $du = -\sin t \, dt$.

$\int \tan t \, dt = \int \frac{\sin t}{\cos t} dt = -\int \frac{1}{u} du$
$= -\ln|u| + C = -\ln|\cos t| + C$

$\int \cot t \, dt = \int \frac{\cos t}{\sin t} dt$

Let $u = \sin t$. Then $du = \cos t \, dt$.

$\int \cot t \, dt = \int \frac{\cos t}{\sin t} dt = \int \frac{1}{u} du = \ln|u| + C = \ln|\sin t| + C$

61. $\int \csc t \, dt = \int \csc t \left(\frac{\csc t - \cot t}{\csc t - \cot t} \right) dt = \int \frac{\csc^2 t - \csc t \cot t}{\csc t - \cot t} dt$

Let $u = \csc t - \cot t$. Then $du = (-\csc t \cot t + \csc^2 t) dt$.

$\int \csc \, dt = \int \frac{\csc^2 t - \csc t \cot t}{\csc t - \cot t} dt = \int \frac{1}{u} du = \ln|u| + C$
$= \ln|\csc t - \cot t| + C$

REVIEW EXERCISES FOR CHAPTER 8

1. **a.** $150° = 150 \cdot \frac{\pi}{180} = \frac{5\pi}{6}$

 b. $\frac{\pi}{9} = \frac{\pi}{9} \cdot \frac{180}{\pi} = 20°$

2. **a.** $120° = 120 \cdot \frac{\pi}{180} = \frac{2\pi}{3}$

 b. $\frac{\pi}{5} = \frac{\pi}{5} \cdot \frac{180}{\pi} = 36°$

3. From noon to 12:40 P.M., the minute hand sweeps out an angle that measures $\frac{40}{60}(360°) = 240°$. To find the arc length, use the formula $s = r\theta$ for $r = 26$ and $\theta = 240° = 240 \cdot \frac{\pi}{180} = \frac{4\pi}{3}$. Thus,

$s = 26 \cdot \frac{4\pi}{3} = \frac{104\pi}{3} \approx 108.853$ feet

4. From 3 P.M. to 3:45 P.M., the minute hand sweeps out an angle that measures $\frac{45}{60}(360) = 270° = 270 \cdot \frac{\pi}{180} = \frac{3\pi}{2}$. Thus, the arc length is

$s = r\theta = 26\left(\frac{3\pi}{2}\right) = \frac{78\pi}{2} = 39\pi \approx 122.46$ feet

5. **a.** $\sin \frac{2\pi}{3} = \frac{y}{r} = \frac{\sqrt{3}}{2}$

 b. $\cos \frac{2\pi}{3} = \frac{x}{r} = \frac{-1}{2} = -\frac{1}{2}$

 c. $\sin \frac{5\pi}{4} = \frac{y}{r} = \frac{-1}{\sqrt{2}} = -\frac{\sqrt{2}}{2}$

 d. $\cos \frac{5\pi}{4} = \frac{x}{r} = \frac{-1}{\sqrt{2}} = -\frac{\sqrt{2}}{2}$

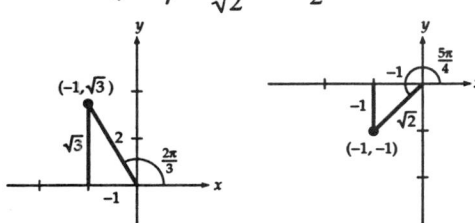

6. **a.** $\sin \frac{7\pi}{6} = \frac{y}{r} = \frac{-1}{2} = -\frac{1}{2}$

 b. $\cos \frac{7\pi}{6} = \frac{x}{r} = \frac{-\sqrt{3}}{2} = -\frac{\sqrt{3}}{2}$

 c. $\sin \frac{3\pi}{4} = \frac{y}{r} = \frac{1}{\sqrt{2}} = \frac{\sqrt{2}}{2}$

 d. $\cos \frac{3\pi}{4} = \frac{x}{r} = \frac{-1}{\sqrt{2}} = -\frac{\sqrt{2}}{2}$

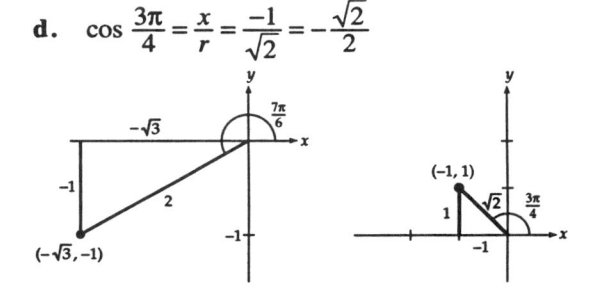

7.

8.

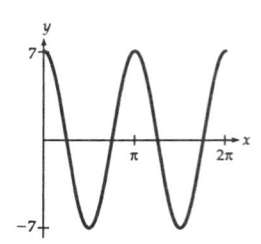

9. $\frac{\text{Height in middle}}{\text{Length of rafter}} = \sin 30°$. If height in middle is 12 and we know $\sin 30° = \frac{1}{2}$, then (Length of rafter) = 2(12) = 24 feet

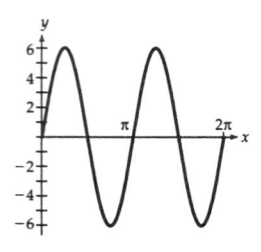

10. $\sin 30° = \frac{\text{depth of water}}{\text{length of anchor line}}$. Since $\sin 30° = \frac{1}{2}$ and the length of the anchor line is 40, (Depth of water) = $40 \sin 30° = 40\left(\frac{1}{2}\right)$ = 20 feet

11. a.

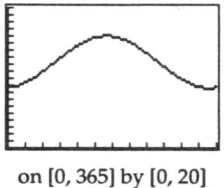

   on [0, 365] by [0, 20]

   b. $D(121) = 12.25 + 3.75 \sin \frac{2\pi(121-81)}{365} \approx 14.6$ hours

   c. $D(335) = 12.25 + 3.75 \sin \frac{2\pi(335-81)}{365} \approx 8.7$ hours

12. Using the MAX function, we get the maximum sunlight on day 172 (June 21). The MIN function gives the minimum sunlight on day 355 (December 21).

13. $\frac{d}{dt} 2\cos(4t-1) = -2\sin(4t-1) \cdot 4 = -8\sin(4t-1)$

14. $\frac{d}{dt} \sin(2-3t) = \cos(2-3t) \cdot (-3) = -3\cos(2-3t)$

15. $\frac{d}{dx}(x^3 \sin x + 3x^2 \cos x - 6x \sin x - 6\cos x)$
    $= 3x^2 \sin x + x^3 \cos x + 6x \cos x + 3x^2(-\sin x) - 6\sin x - 6x \cos x - 6(-\sin x)$
    $= 3x^2 \sin x + x^3 \cos x + 6x \cos x - 3x^2 \sin x - 6\sin x - 6x \cos x + 6\sin x$
    $= x^3 \cos x$

16. $\frac{d}{dt}\left(\frac{1+\sin t}{1+\cos t}\right) = \frac{(1+\cos t)(\cos t) - (-\sin t)(1+\sin t)}{(1+\cos t)^2}$
    $= \frac{\cos t + \cos^2 t + \sin t + \sin^2 t}{(1+\cos t)^2}$
    $= \frac{\cos t + \sin t + 1}{(1+\cos t)^2}$

17. $\frac{d}{dt}\left(\sin^3 t^2 - \cos \frac{\pi}{3}\right) = 3\sin^2 t^2 \cos t^2 \cdot (2t) - 0$
    $= 6t \sin^2 t^2 \cos t^2$

18. $\frac{d}{dx} \sin e^{x^2} = \cos e^{x^2} \cdot e^{x^2} \cdot 2x = 2x e^{x^2} \cos e^{x^2}$

19. $\frac{d}{dt} \sqrt{\sin t} = \frac{d}{dt}(\sin t)^{1/2} = \frac{1}{2}(\sin t)^{-1/2} \cos t$

20. $\frac{d}{dt} \sin \sqrt{t} = \cos \sqrt{t} \cdot \frac{1}{2} t^{-1/2} = \frac{1}{2} t^{-1/2} \cos \sqrt{t}$

Review Exercises for Chapter 8

21. a.

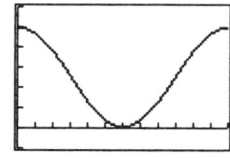

on [0, 52] by [−100, 600]

b. $S(x) = 250 + 250 \cos \frac{\pi x}{26}$

$S'(x) = -250 \sin \frac{\pi x}{26} \cdot \frac{\pi}{26} = -\frac{250\pi}{26} \sin \frac{\pi x}{26}$

$S'(37) = -\frac{250\pi}{26} \sin \frac{37\pi}{26} \approx 29$

Sales are increasing by about 29 sales per week.

22. Using NDeriv and MAX, we find that the rate of increase in sales is greatest in week 39 (sales are increasing at about 30 sales per week.)

23. a.

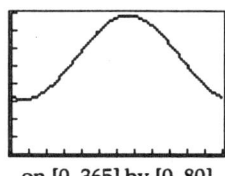

on [0, 365] by [0, 80]

b. $T(x) = 55 - 24 \cos \frac{2\pi(x-20)}{365}$

$T'(x) = -24\left[-\sin \frac{2\pi(x-20)}{365}\right]\left(\frac{2\pi}{365}\right)$

$= \frac{48\pi}{365} \sin \frac{2\pi(x-20)}{365}$

$T'(288) = \frac{48\pi}{365} \sin \frac{2\pi(288-20)}{365} \approx -0.41$

The temperature is decreasing by about 0.41 degree per day.

24. Using NDeriv and MAX, we find the rate of increase is the greatest on day 111, when the mean temperature is rising by about 0.41 degree per day.

25. Using NDeriv and MAX, we find that the angle that maximizes the volume is $\frac{\pi}{4} \approx 0.7854$.

26. $R(\theta) = \frac{r^{-4} - R^{-4} \cos \theta}{\sin \theta}$

$R'(\theta) = \frac{\sin \theta[-R^{-4}(-\sin \theta)] - \cos \theta(r^{-4} - R^{-4} \cos \theta)}{\sin^2 \theta}$

$= \frac{R^{-4} \sin^2 \theta - \cos \theta(r^{-4} - R^{-4} \cos \theta)}{\sin^2 \theta} = 0$

$R^{-4} \sin^2 \theta - r^{-4} \cos \theta + R^{-4} \cos^2 \theta = 0$

$R^{-4}(1) - r^{-4} \cos \theta = 0$

$\cos \theta = \frac{R^{-4}}{r^{-4}} = \frac{r^4}{R^4}$

27. $\int \cos \frac{\pi t}{5} dt = \frac{1}{\frac{\pi}{5}} \sin \frac{\pi t}{5} + C = \frac{5}{\pi} \sin \frac{\pi t}{5} + C$

28. $\int t \sin(t^2 + 1) dt$

Let $u = t^2 + 1$. Then $du = 2t\, dt$.

$\int t \sin(t^2 + 1) dt = \int \sin u \left(\frac{du}{2}\right)$

$= \frac{1}{2}(-\cos u) + C$

$= -\frac{1}{2} \cos(t^2 + 1) + C$

29. Let $u = \pi - t$. Then $du = -dt$.
$$\int \sin(\pi - t)\,dt = \int \sin u(-du)$$
$$= -(-\cos u) + C$$
$$= \cos(\pi - t) + C$$

30. Let $u = e^{-x}$. Then $du = -e^{-x}\,dx$.
$$\int e^{-x} \sin e^{-x}\,dx = \int \sin u(-du)$$
$$= -(-\cos u) + C$$
$$= \cos e^{-x} + C$$

31. Let $u = \cos x$. Then $du = -\sin x\,dx$.
$$\int e^{\cos x} \sin x\,dx = \int e^u(-du) = -e^u + C$$
$$= -e^{\cos x} + C$$

32. Let $u = \sin t$. Then $du = \cos t\,dt$.
$$\int \frac{\cos t}{\sqrt{\sin t}}\,dt = \int \frac{1}{\sqrt{u}}\,du = 2u^{1/2} + C$$
$$= 2\sqrt{\sin t} + C$$

33. Let $u = 1 + \sin 3t$. Then $du = 3\cos 3t\,dt$.
$$\int \frac{\cos 3t}{1 + \sin 3t}\,dt = \int \frac{1}{u}\left(\frac{1}{3}du\right) = \frac{1}{3}\int \frac{1}{u}\,du = \frac{1}{3}\ln|u| + C$$
$$= \frac{1}{3}\ln|1 + \sin 3t| + C$$

34. $\int (x^3 - e^{-x} - \cos \pi x)\,dx = \frac{x^4}{4} - e^{-x}(-1) - \frac{1}{\pi}\sin \pi x + C$
$$= \frac{x^4}{4} + e^{-x} - \frac{1}{\pi}\sin \pi x + C$$

35. Let $u = \ln y$. Then $du = \frac{1}{y}\,dy$.
$$\int \frac{\cos(\ln y)}{y}\,dy = \int \cos u\,du = \sin u + C$$
$$= \sin(\ln y) + C$$

36. Let $u = \frac{1}{z}$. Then $du = -\frac{1}{z^2}\,dz$.
$$\int \frac{\sin \frac{1}{z}}{z^2}\,dz = \int \sin u(-du) = -\int \sin u\,du$$
$$= -(-\cos u) + C$$
$$= \cos \frac{1}{z} + C$$

37. a. $\int_{\pi/6}^{\pi/2} \sin 2t\,dt = -\frac{1}{2}\cos 2t\Big|_{\pi/6}^{\pi/2} = -\frac{1}{2}\left[\cos 2\left(\frac{\pi}{2}\right) - \cos 2\left(\frac{\pi}{6}\right)\right]$
$$= -\frac{1}{2}\left(\cos \pi - \cos \frac{\pi}{3}\right) = -\frac{1}{2}\left(-1 - \frac{1}{2}\right) = \frac{3}{4}$$

b. FnInt gives 0.75.

38. a. $\int_{\pi/6}^{\pi} \sin^2 t \cos t\,dt$ Let $u = \sin t$. Then $du = \cos t\,dt$.
For $t = \frac{\pi}{6}$, $u = \sin \frac{\pi}{6} = \frac{1}{2}$.
For $t = \pi$, $u = \sin \pi = 0$.
$$\int_{\pi/6}^{\pi} \sin^2 t \cos t\,dt = \int_{1/2}^{0} u^2\,du = \frac{u^3}{3}\Big|_{1/2}^{0} = 0 - \left[\frac{(\frac{1}{2})^3}{3}\right] = -\frac{1}{24}$$

b. FnInt gives $-0.04167 \approx -\frac{1}{24}$.

39. (Average value) $= \frac{1}{b-a}\int_a^b f(t)\,dt = \frac{1}{3-0}\int_0^3 \sin \pi t\,dt$
$$= \frac{1}{3}\left(-\frac{1}{\pi}\cos \pi x\right)\Big|_0^3 = -\frac{1}{3\pi}(\cos 3\pi - \cos 0)$$
$$= -\frac{1}{3\pi}(-1 - 1) = \frac{2}{3\pi} \approx 0.212$$

Review Exercises for Chapter 8

40. $(\text{Average value}) = \dfrac{1}{3-0}\int_0^3 (200 + 100\cos \pi t)\,dt$

$= \dfrac{1}{3}\left(200t + \dfrac{100}{\pi}\sin \pi t\right)\Big|_0^3 = \dfrac{1}{3}\left[200(3) + \dfrac{100}{\pi}\sin 3\pi - \left(0 + \dfrac{100}{\pi}\sin 0\right)\right]$

$= \dfrac{1}{3}\left[600 + \dfrac{100}{\pi}(0) - (0+0)\right] = 200$

41. $\text{Area} = \int_0^{\pi/2} \sin^2 x \cos x\,dx$ 	 Let $u = \sin x$. Then $du = \cos x\,dx$.
For $x = 0$, $u = \sin 0 = 0$
$= \int_0^1 u^2\,du = \dfrac{u^3}{3}\Big|_0^1 = \dfrac{1}{3} - 0 = \dfrac{1}{3}$ square unit 	 For $x = \dfrac{\pi}{2}$, $u = \sin \dfrac{\pi}{2} = 1$.

42. $\text{Area} = \int_0^{\pi/4}(\cos x - \sin x)\,dx = [\sin x - (-\cos x)]\Big|_0^{\pi/4}$

$= (\sin x + \cos x)\Big|_0^{\pi/4} = \left(\sin \dfrac{\pi}{4} + \cos \dfrac{\pi}{4}\right) - (\sin 0 + \cos 0)$

$= \left(\dfrac{\sqrt{2}}{2} + \dfrac{\sqrt{2}}{2}\right) - (0+1) = \sqrt{2} - 1 \approx 0.414$ square unit

43. a.

on [0, 52] by [−10, 50]

b. $(\text{Total sales during weeks first half of year}) = \int_0^{26}\left(25 - 20\cos \dfrac{\pi x}{26}\right)dx = \left[25x - \left(20\sin \dfrac{\pi x}{26}\right)\left(\dfrac{26}{\pi}\right)\right]\Big|_0^{26}$

$= \left(25x - \dfrac{520}{\pi}\sin \dfrac{\pi x}{26}\right)\Big|_0^{26}$

$= \left[25(26) - \dfrac{520}{\pi}\sin \dfrac{26\pi}{26}\right] - \left(25\cdot 0 - \dfrac{520}{\pi}\sin \dfrac{0\pi}{26}\right)$

$= 650 - \dfrac{520}{\pi}(0) - \left(0 - \dfrac{520}{\pi}\cdot 0\right) = 650$

Total sales during the first half of the year were $650,000.

44. a.

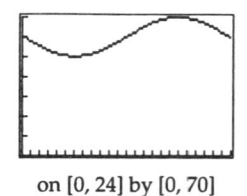

[graph on [0, 24] by [0, 70]]

b. (Average temperature during first 6 hours) $= \frac{1}{6-0}\int_0^6 \left(60 - 10\sin\frac{\pi x}{12}\right)dx$

$= \frac{1}{6}\left\{60x - 10\left[\frac{12}{\pi}\left(-\cos\frac{\pi x}{12}\right)\right]\right\}\Big|_0^6$

$= \frac{1}{6}\left(60x + \frac{120}{\pi}\cos\frac{\pi x}{12}\right)\Big|_0^6$

$= \frac{1}{6}\left[60\cdot 6 + \frac{120}{\pi}\cos\frac{6\pi}{12} - \left(60\cdot 0 + \frac{120}{\pi}\cos\frac{0\cdot\pi}{12}\right)\right]$

$= \frac{1}{6}\left[360 + \frac{120}{\pi}\cdot 0 - \left(0 + \frac{120}{\pi}\cdot 1\right)\right]$

$= \frac{1}{6}\left(360 - \frac{120}{\pi}\right) = 60 - \frac{20}{\pi} \approx 53.6$ degrees Fahrenheit

45. a. $\tan\frac{\pi}{3} = \frac{y}{x} = \frac{\sqrt{3}}{1} = \sqrt{3}$

b. $\cot\frac{\pi}{3} = \frac{x}{y} = \frac{1}{\sqrt{3}} = \frac{\sqrt{3}}{3}$

c. $\sec\frac{\pi}{3} = \frac{r}{x} = \frac{2}{1} = 2$

d. $\csc\frac{\pi}{3} = \frac{r}{y} = \frac{2}{\sqrt{3}} = \frac{2\sqrt{3}}{3}$

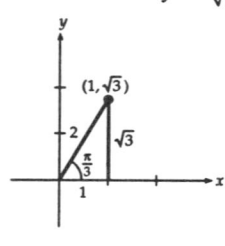

46. a. $\tan\frac{3\pi}{4} = \frac{y}{x} = \frac{1}{-1} = -1$

b. $\cot\frac{3\pi}{4} = \frac{x}{y} = \frac{-1}{1} = -1$

c. $\sec\frac{3\pi}{4} = \frac{r}{x} = \frac{\sqrt{2}}{-1} = -\sqrt{2}$

d. $\csc\frac{3\pi}{4} = \frac{r}{y} = \frac{\sqrt{2}}{1} = \sqrt{2}$

47. Let $x =$ height of monument. Then

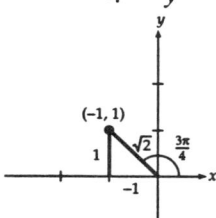

$\tan 40° = \frac{x}{600}$

$x = 600\tan 40° \approx 503$ feet

48. Let $x =$ distance from boat to lighthouse. Then

$\tan 20° = \frac{80}{x}$

$x = \frac{80}{\tan 20°} \approx 220$ feet

49. $\frac{d}{dx}(x\tan x^2) = \tan x^2 + x\sec^2 x^2 \cdot 2x$

$= \tan x^2 + 2x^2\sec^2 x$

50. $\frac{d}{dx}(x^2\cot x) = 2x\cot x + x^2(-\csc^2 x)$

$= 2x\cot x - x^2\csc^2 x$

51. $\frac{d}{dt}\csc(\pi - t) = -\csc(\pi - t)\cot(\pi - t)\cdot(-1)$

$= \csc(\pi - t)\cot(\pi - t)$

52. $\frac{d}{dt}\sec\sqrt{t} = \sec\sqrt{t}\tan\sqrt{t}\cdot\left(\frac{1}{2}t^{-1/2}\right)$

$= \frac{1}{2}t^{-1/2}\sec\sqrt{t}\tan\sqrt{t}$

Review Exercises for Chapter 8

53. $\frac{d}{dt} e^{\tan \pi t} = e^{\tan \pi t} \sec^2 \pi t \cdot \pi = \pi e^{\tan \pi t} \sec^2 \pi t$

54. Since $\cot^2 t + 1 = \csc^2 t$,
$$\frac{d}{dt}(\cot^2 t + 1) = \frac{d}{dt} \csc^2 t$$
$$\frac{d}{dt} \cot^2 t + \frac{d}{dt}(1) = \frac{d}{dt} \csc^2 t$$
$$\frac{d}{dt} \cot^2 t = \frac{d}{dt} \csc^2 t$$

55. $\int \sec^2 \frac{\pi t}{2} dt$

Let $u = \frac{\pi t}{2}$. Then $du = \frac{\pi}{2} dt$.

$\int \sec^2 \frac{\pi t}{2} dt = \int \sec^2 u \left(\frac{2}{\pi} du\right) = \frac{2}{\pi} \tan u + C$
$= \frac{2}{\pi} \tan \frac{\pi t}{2} + C$

56. Let $u = x^2$. Then $du = 2x \, dx$.

$\int x \tan x^2 \, dx = \int \tan u \left(\frac{du}{2}\right)$
$= \frac{1}{2}(-\ln|\cos u|) + C$
$= -\frac{1}{2} \ln|\cos x^2| + C$

57. Let $u = t^3$. Then $du = 3t^2 \, dt$.

$\int t^2 \sec t^3 \tan t^3 \, dt = \int \sec u \tan u \left(\frac{du}{3}\right) = \frac{\sec u}{3} + C$
$= \frac{1}{3} \sec t^3 + C$

58. Let $u = \pi - t$. Then $du = -dt$.

$\int \csc(\pi - t) \cot(\pi - t) \, dt = \int \csc u \cot u (-du)$
$= -(-\csc u) + C$
$= \csc(\pi - t) + C$

59. Let $u = \cot x$. Then $du = -\csc^2 x \, dx$.

$\int \sqrt{\cot x} \csc^2 x \, dx = \int \sqrt{u}(-du) = -\frac{2}{3} u^{3/2} + C = -\frac{2}{3}(\cot x)^{3/2} + C$

60. Let $u = \tan x$. Then $du = \sec^2 x \, dx$.

$\int \frac{\sec^2 x}{\sqrt{\tan x}} dx = \int \frac{du}{\sqrt{u}} = 2u^{1/2} + C = 2\sqrt{\tan x} + C$

61. a. $\int_0^{\pi/4} \sec t \, dt = \ln|\sec t + \tan t| \Big|_0^{\pi/4}$
$= \ln \left|\sec \frac{\pi}{4} + \tan \frac{\pi}{4}\right| - \ln|\sec 0 + \tan 0|$
$= \ln |\sqrt{2} + 1| - \ln|1 + 0| = \ln |\sqrt{2} + 1|$

b. FnInt gives $0.8814 \approx \ln |\sqrt{2} + 1|$.

62. a. $\int_{\pi/4}^{\pi/2} \csc^2 t \, dt = -\cot t \Big|_{\pi/4}^{\pi/2} = -\left(\cot \frac{\pi}{2} - \cot \frac{\pi}{4}\right)$
$= -(0 - 1) = 1$

b. FnInt gives 1.

63. a. Area under curve $= \int_{\pi/4}^{\pi/2} \cot x \, dx = \ln|\sin x| \Big|_{\pi/4}^{\pi/2}$

$= \ln\left|\sin\frac{\pi}{2}\right| - \ln\left|\sin\frac{\pi}{4}\right| = \ln 1 - \ln\left|\frac{\sqrt{2}}{2}\right| = -\ln\frac{\sqrt{2}}{2}$

b. FnInt gives $0.3466 \approx -\ln\frac{\sqrt{2}}{2}$.

64. a. Area under curve $= \int_{\pi/4}^{\pi/2} \csc x \, dx = \ln|\csc x - \cot x| \Big|_{\pi/4}^{\pi/2}$

$= \ln\left|\csc\frac{\pi}{2} - \cot\frac{\pi}{2}\right| - \ln\left|\csc\frac{\pi}{4} - \cot\frac{\pi}{4}\right|$

$= \ln|1 - 0| - \ln\left|\sqrt{2} - 1\right| = -\ln(\sqrt{2} - 1)$

b. FnInt gives $0.8814 \approx -\ln(\sqrt{2} - 1)$.

65.

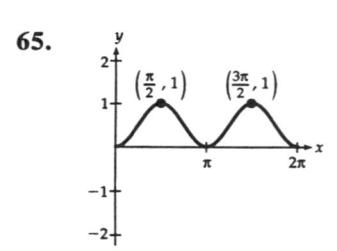

66.

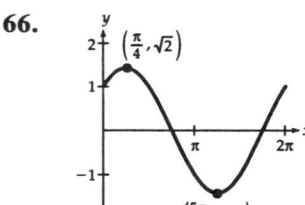

67. a. $\sin 2x + \cos y = 0$
$2\cos 2x \, dx + (-\sin y) \, dy = 0$
$-\sin y \, dy = -2\cos 2x \, dx$
$\frac{dy}{dx} = \frac{2\cos 2x}{\sin y}$

b. $\frac{dy}{dx}\Big|_{(\frac{\pi}{2}, \frac{\pi}{2})} = \frac{2\cos 2(\frac{\pi}{2})}{\sin\frac{\pi}{2}} = \frac{2\cos\pi}{\sin\frac{\pi}{2}}$

$= \frac{2(-1)}{1} = -2$

68. a. $\sin y - \cos 4x = 0$
$\cos y \, dy - (-4\sin 4x) \, dx = 0$
$\cos y \, dy = -4\sin 4x \, dx$
$\frac{dy}{dx} = -\frac{4\sin 4x}{\cos y}$

b. $\frac{dy}{dx}\Big|_{(\frac{\pi}{8}, 0)} = -\frac{4\sin 4(\frac{\pi}{8})}{\cos 0} = -\frac{4\sin\frac{\pi}{2}}{\cos 0}$

$= -\frac{4(1)}{1} = -4$

69. $\frac{dy}{dt} = 10$ and we are asked to find $\frac{d\theta}{dt}$. We know that $\tan\theta = \frac{y}{200}$.

Differentiating implicitly, we get
$\sec^2\theta \frac{d\theta}{dt} = \frac{1}{200}\frac{dy}{dt}$

$\frac{d\theta}{dt} = \frac{\cos^2\theta}{200}\frac{dy}{dt}$

Since $\frac{dy}{dt} = 10$, $\frac{d\theta}{dt}$ at $\theta = \frac{\pi}{3}$ is

$\frac{d\theta}{dt} = \frac{\cos^2\frac{\pi}{3}}{200}(10) = \frac{(\frac{1}{2})^2}{20} = \frac{1}{80}$

The radar angle θ is increasing at $\frac{1}{80}$ radian per second.

70. We wish to find $\frac{d\theta}{dt}$ given $\frac{dx}{dt} = 120$.

$\cot\theta = \frac{x}{2}$

$\csc^2\theta \frac{d\theta}{dt} = \frac{1}{2}\frac{dx}{dt}$

$\frac{d\theta}{dt} = \frac{\sin^2\theta}{2}\frac{dx}{dt}$

Since $\frac{dx}{dt} = 120$, $\frac{d\theta}{dt}$ at $\theta = \frac{\pi}{6}$ is

$\frac{d\theta}{dt} = \frac{\sin^2\frac{\pi}{6}}{2}(120) = \frac{(\frac{1}{2})^2(120)}{2} = \frac{120}{8}$
$= 15$

The angle of the radar beam is increasing by 15 radians per hour.

Review Exercises for Chapter 8

71. $f(x, y) = \sin 2x - y\cos x$
  a. $f_x = 2\cos 2x - y(-\sin x) = 2\cos 2x + y\sin x$
  b. $f_y = -\cos x$

72. $f(x, y) = \ln \cos(x - y)$
  a. $f_x = \dfrac{1}{\cos(x-y)}[-\sin(x-y)] = -\dfrac{\sin(x-y)}{\cos(x-y)}$
  b. $f_y = \dfrac{1}{\cos(x-y)}[-\sin(x-y)(-1)]$
  $= \dfrac{\sin(x-y)}{\cos(x-y)}$

73. $f(x, y) = (\sin x)e^{\cos y}$
  a. $f_x = (\cos x)e^{\cos y}$
  b. $f_y = (\sin x)e^{\cos y} \cdot (-\sin y)$
  $= (-\sin x \sin y)e^{\cos y}$

74. $f(x, y) = \sin(x^3 y)$
  $f_x = \cos(x^3 y)(3x^2 y) = 3x^2 y \cos(x^3 y)$
  $f_y = \cos(x^3 y)(x^3) = x^3 \cos(x^3 y)$

75. Let $u = t$ and $dv = \sin t\, dt$. Then $du = dt$ and $v = -\cos t$.
$$\int t \sin t\, dt = t(-\cos t) - \int (-\cos t)\, dt$$
$$= -t\cos t + \int \cos t\, dt$$
$$= -t\cos t + \sin t + C$$

76. Let $u = t$ and $dv = \cos t\, dt$. Then $du = dt$ and $v = \sin t\, dt$.
$$\int t\cos t\, dt = t\sin t - \int \sin t\, dt$$
$$= t\sin t - (-\cos t) + C$$
$$= t\sin t + \cos t + C$$

77. Let $u = x$ and $dv = \sec^2 x\, dx$. Then $du = dx$ and $v = \tan x$.
$$\int x\sec^2 x\, dx = x\tan x - \int \tan x\, dx$$
$$= x\tan x - (-\ln|\cos x|) + C = x\tan x + \ln|\cos x| + C$$

78. Let $u = x$ and $dv = \sec x \tan x\, dx$. Then $du = dx$ and $v = \sec x$.
$$\int x\sec x \tan x\, dx = x\sec x - \int \sec x\, dx$$
$$= x\sec x - \ln|\sec x + \tan x| + C$$

79. Let $u = e^t$ and $dv = \sin t\, dt$. Then $du = e^t\, dt$ and $v = -\cos t$.
$$\int e^t \sin t\, dt = e^t(-\cos t) - \int -\cos t(e^t\, dt) = -e^t \cos t + \int e^t \cos t\, dt$$
Now let $u = e^t$ and $dv = \cos t\, dt$. Then $du = e^t\, dt$ and $v = \sin t$.
$$\int e^t \sin t\, dt = -e^t \cos t + \int e^t \cos t\, dt$$
$$= -e^t \cos t + e^t \sin t - \int e^t \sin t\, dt$$
$$2\int e^t \sin t\, dt = -e^t \cos t + e^t \sin t$$
$$\int e^t \sin t\, dt = \tfrac{1}{2}e^t(\sin t - \cos t)$$

80. Let $u = e^t$ and $dv = \cos t\, dt$. Then $du = e^t\, dt$ and $v = \sin t$.

$$\int e^t \cos t\, dt = e^t \sin t - \int \sin t (e^t\, dt) = e^t \sin t - \int e^t \sin t\, dt$$

Let $u = e^t$ and $dv = \sin t\, dt$. Then $du = e^t\, dt$ and $v = -\cos t$.

$$\int e^t \cos t\, dt = e^t \sin t - \int e^t \sin t\, dt$$

$$= e^t \sin t - [e^t(-\cos t) - \int e^t(-\cos t)\, dt]$$

$$= e^t \sin t - (-e^t \cos t + \int e^t \cos t\, dt)$$

$$= e^t \sin t + e^t \cos t - \int e^t \cos t\, dt$$

$$2\int e^t \cos t\, dt = e^t \sin t + e^t \cos t$$

$$\int e^t \cos t\, dt = \frac{e^t}{2}(\sin t + \cos t)$$

81. For $n = 10$, $\int_0^\pi e^{\sin x}\, dx \approx 6.1923$.
For $n = 100$, $\int_0^\pi e^{\sin x}\, dx \approx 6.2086$.
For $n = 500$, $\int_0^\pi e^{\sin x}\, dx \approx 6.2088$.

82. For $n = 10$, $\int_0^{\pi/2} \sqrt{\sin x}\, dx \approx 1.1852$.
For $n = 100$, $\int_0^{\pi/2} \sqrt{\sin x}\, dx \approx 1.1977$.
For $n = 500$, $\int_0^{\pi/2} \sqrt{\sin x}\, dx \approx 1.1981$.

83. For $n = 10$, $\int_0^\pi e^{\sin x}\, dx \approx 6.2087$.
For $n = 100$, $\int_0^\pi e^{\sin x}\, dx \approx 6.2088$.
For $n = 500$, $\int_0^\pi e^{\sin x}\, dx = 6.2088$.

84. For $n = 10$, $\int_0^{\pi/2} \sqrt{\sin x}\, dx = 1.1931$.
For $n = 100$, $\int_0^{\pi/2} \sqrt{\sin x}\, dx = 1.1977$.
For $n = 500$, $\int_0^{\pi/2} \sqrt{\sin x}\, dx = 1.1981$.

Chapter 9: Differential Equations

EXERCISES 9.1

1. We calculate y, y', and y'' first.
$y = e^{2x} - 3e^x + 2$
$y' = 2e^{2x} - 3e^x$
$y'' = 4e^{2x} - 3e^x$
Substitute these into the differential equation.
$$y'' - 3y' + 2y = 4$$
$$(4e^{2x} - 3e^x) - 3(2e^{2x} - 3e^x) + 2(e^{2x} - 3e^x + 2) \stackrel{?}{=} 4$$
$$4e^{2x} - 3e^x - 6e^{2x} + 9e^x + 2e^{2x} - 6e^x + 4 \stackrel{?}{=} 4$$
$$4 = 4$$
The function y satisfies the differential equation.

3. We calculate y and y'.
$y = ke^{ax} - \dfrac{b}{a}$
$y' = kae^{ax}$
Substitute these into the differential equation.
$$y' = ay + b$$
$$kae^{ax} \stackrel{?}{=} a\left(ke^{ax} - \dfrac{b}{a}\right) + b$$
$$kae^{ax} \stackrel{?}{=} ake^{ax} - b + b$$
$$kae^{ax} = kae^{ax}$$
The function y satisfies the differential equation.

5. $y^2 y' = 4x$
$y^2 \dfrac{dy}{dx} = 4x$
$y^2 dy = 4x\, dx$
$\int y^2 dy = \int 4x\, dx$
$\dfrac{y^3}{3} = 2x^2 + C$
$y^3 = 6x^2 + c$
$y = (6x^2 + c)^{1/3}$

7. $y' = x + y$
$\dfrac{dy}{dx} = x + y$
Not separable because the equation cannot be written in the form $\dfrac{dy}{dx} = \dfrac{f(x)}{g(y)}$.

9. $y' = 6x^2 y$
$\dfrac{dy}{dx} = 6x^2 y$
$\dfrac{dy}{y} = 6x^2 dx$
$\int \dfrac{dy}{y} = \int 6x^2 dx$
$\ln y = 2x^3 + C$
$y = e^{2x^3 + C}$
$y = e^{2x^3} e^C$
$y = ce^{2x^3}$
To check, find y'.
$y' = ce^{2x^3}(6x^2) = 6x^2 y$

11. $y' = \dfrac{y}{x}$

$\dfrac{dy}{dx} = \dfrac{y}{x}$

$\dfrac{dy}{y} = \dfrac{dx}{x}$

$\displaystyle\int \dfrac{dy}{y} = \int \dfrac{dx}{x}$

$\ln y = \ln x + C$

$y = e^{\ln x + C} = e^{\ln x} e^C = cx$

To check, $y' = c = \dfrac{cx}{x} = \dfrac{y}{x}$.

13. $yy' = 4x$

$y\dfrac{dy}{dx} = 4x$

$y\, dy = 4x\, dx$

$\displaystyle\int y\, dy = \int 4x\, dx$

$\dfrac{y^2}{2} = 2x^2 + C$

$y^2 = 4x^2 + c$

$y = \pm\sqrt{4x^2 + c}$

15. $y' = e^{xy}$

$\dfrac{dy}{dx} = e^{xy}$

Not separable because the differential equation cannot be written into the form $\dfrac{dy}{dx} = \dfrac{f(x)}{g(y)}$.

17. $y' = 9x^2$

$\dfrac{dy}{dx} = 9x^2$

$dy = 9x^2\, dx$

$\displaystyle\int dy = \int 9x^2\, dx$

$y = 3x^3 + C$

19. $y' = \dfrac{x}{x^2 + 1}$

$\dfrac{dy}{dx} = \dfrac{x}{x^2 + 1}$

Let $u = x^2 + 1$. Then $du = 2x\, dx$.

$\displaystyle\int dy = \int \dfrac{x}{x^2 + 1}\, dx = \int \dfrac{1}{u}\left(\dfrac{du}{2}\right)$

$y = \dfrac{1}{2}\ln|u| + C$

$y = \dfrac{1}{2}\ln\left|x^2 + 1\right| + C$

21. $y' = x^2 y$

$\dfrac{dy}{dx} = x^2 y$

$\dfrac{dy}{y} = x^2\, dx$

$\displaystyle\int \dfrac{dy}{y} = \int x^2\, dx$

$\ln y = \dfrac{x^3}{3} + C$

$y = e^{x^3/3 + C}$

$y = e^{x^3/3} e^C$

$y = c e^{x^3/3}$

23. $y' = x^m y^n \quad (m > 0,\ n \ne 1)$

$\dfrac{dy}{dx} = x^m y^n$

$\dfrac{dy}{y^n} = x^m\, dx$

$\displaystyle\int \dfrac{dy}{y^n} = \int x^m\, dx$

$\dfrac{y^{-n+1}}{-n+1} = \dfrac{x^{m+1}}{m+1} + C$

$y^{1-n} = \dfrac{1-n}{m+1}x^{m+1} + C$

$y = \left(\dfrac{1-n}{m+1}x^{m+1} + c\right)^{1/(1-n)}$

25. $y' = 2\sqrt{y}$

$\dfrac{dy}{dx} = 2\sqrt{y}$

$\dfrac{dy}{\sqrt{y}} = 2\, dx$

$\displaystyle\int \dfrac{dy}{\sqrt{y}} = \int 2\, dx$

$\displaystyle\int y^{-1/2}\, dy = \int 2\, dx$

$2y^{1/2} = 2x + C$

$y^{1/2} = x + c$

$y = (x + c)^2$

Exercises 9.1

27. $xy' = x^2 + y^2$
$\dfrac{dy}{dx} = \dfrac{x^2 + y^2}{x}$
Not separable because the differential equation cannot be written in the form $\dfrac{dy}{dx} = \dfrac{f(x)}{g(y)}$.

29. $y' = xy + x$
$\dfrac{dy}{dx} = x(y+1)$
$\dfrac{dy}{y+1} = x\,dx$
$\int \dfrac{dy}{y+1} = \int x\,dx$
$\ln|y+1| = \dfrac{x^2}{2} + C$
$y + 1 = e^{x^2/2 + C}$
$y = e^{x^2/2} e^C - 1 = ce^{x^2/2} - 1$

31. $y' = ye^x - e^x$
$\dfrac{dy}{dx} = e^x(y-1)$
$\dfrac{dy}{y-1} = e^x\,dx$
$\int \dfrac{dy}{y-1} = \int e^x\,dx$
$\ln|y-1| = e^x + C$
$y - 1 = e^{e^x + C} = e^{e^x} e^C = ce^{e^x}$
$y = ce^{e^x} + 1$

33. $y' = ay^2 \quad (a > 0)$
$\dfrac{dy}{dx} = ay^2$
$\dfrac{dy}{y^2} = a\,dx$
$\int \dfrac{dy}{y^2} = \int a\,dx$
$\int y^{-2}\,dy = \int a\,dx$
$\dfrac{y^{-1}}{-1} = ax + C$
$y = -\dfrac{1}{ax + C}$

35. $y' = ay + b$
$\dfrac{dy}{dx} = ay + b$
$\dfrac{dy}{ay + b} = dx$
$\dfrac{1}{a}\int \dfrac{a\,dy}{ay+b} = \int dx$
$\int \dfrac{a\,dy}{ay+b} = \int a\,dx$
$\ln|ay + b| = ax + C$
$ay + b = e^{ax + C} = e^{ax} e^C = ce^{ax}$
$y = \dfrac{ce^{ax} - b}{a} = ke^{ax} - \dfrac{b}{a}$
since k is arbitrary

37. $y^2 y' = 2x$
$y^2 \dfrac{dy}{dx} = 2x$
$y^2\,dy = 2x\,dx$
$\int y^2\,dy = \int 2x\,dx$
$\dfrac{y^3}{3} = x^2 + C$
$y^3 = 3x^2 + c$
$y = \sqrt[3]{3x^2 + c}$
If $y(0) = 2$, then
$2 = \sqrt[3]{3(0)^2 + c}$
$2^3 = 0 + c$
$c = 8$
The particular solution is $y = \sqrt[3]{3x^2 + 8}$.

39. $y' = xy$

$\dfrac{dy}{dx} = xy$

$\dfrac{dy}{y} = x\,dx$

$\displaystyle\int \dfrac{dy}{y} = \int x\,dx$

$\ln y = \dfrac{1}{2}x^2 + C$

$y = e^{\left(\frac{x^2}{2}+C\right)} = e^{x^2/2}e^C = ce^{x^2/2}$

If $y(0) = -1$, then

$-1 = ce^0$

$c = -1$

The particular solution is $y = -e^{x^2/2}$.

To check:

$y' = -\dfrac{1}{2}(2x)e^{x^2/2} = -xe^{x^2/2} = x\left(-e^{x^2/2}\right)$

$= xy$

Also $y(0) = -e^0 = -1$.

41. $y' = 2xy^2$

$\dfrac{dy}{dx} = 2xy^2$

$\dfrac{dy}{y^2} = 2x\,dx$

$\displaystyle\int \dfrac{dy}{y^2} = \int 2x\,dx$

$-\dfrac{1}{y} = x^2 + C$

$y = \dfrac{1}{-x^2 + c}$

If $y(0) = 1$

$1 = \dfrac{1}{-(0)^2 + C}$

$c = 1$

The particular solution is $y = \dfrac{1}{1-x^2}$.

To check: $y' = \dfrac{2x}{(1-x^2)^2} = 2x\left(\dfrac{1}{(1-x^2)^2}\right)$

$= 2x\left(\dfrac{1}{1-x^2}\right)^2 = 2xy^2$

Also, $y(0) = \dfrac{1}{1-0^2} = 1$.

43. $y' = \dfrac{y}{x}$

$\dfrac{dy}{dx} = \dfrac{y}{x}$

$\dfrac{dy}{y} = \dfrac{dx}{x}$

$\displaystyle\int \dfrac{dy}{y} = \int \dfrac{dx}{x}$

$\ln y = \ln x + C$

$y = e^{(\ln x + C)} = e^{\ln x}e^C = cx$

If $y(1) = 3$

$3 = c(1)$

$c = 3$

The particular solution is $y = 3x$.

To check:

$y' = 3 = \dfrac{3x}{3} = \dfrac{y}{x}$. Also $y(1) = 3(1) = 3$.

45. $y' = 2\sqrt{y}$

$\dfrac{dy}{dx} = 2\sqrt{y}$

$\displaystyle\int \dfrac{dy}{\sqrt{y}} = \int 2\,dx$

$2\sqrt{y} = 2x + C$

$\sqrt{y} = x + C$

$y = (x+c)^2$

If $y(1) = 4$, then

$4 = (1+c)^2$

$c^2 + 2c - 3 = 0$

$(c+3)(c-1) = 0$

$c = -3, 1$

The particular solutions are $y = (x+1)^2$ and $y = (x-3)^2$.

Exercises 9.1

47.
$$y' = y^2 e^x + y^2$$
$$\frac{dy}{dx} = y^2(e^x + 1)$$
$$\frac{1}{y^2} dy = (e^x + 1) dx$$
$$\int \frac{1}{y^2} dy = \int (e^x + 1) dx$$
$$-\frac{1}{y} = e^x + x + C$$
$$y = \frac{-1}{e^x + x + c}$$
If $y(0) = 1$, then
$$1 = \frac{-1}{e^0 + 0 + c} = \frac{-1}{1+c}$$
$$1 + c = -1$$
$$c = -2$$
The particular solution is $y = \frac{-1}{e^x + x - 2} = \frac{1}{2 - e^x - x}$.

49.
$$y' = ax^2 y \quad (a > 0)$$
$$\frac{dy}{dx} = ax^2 y$$
$$\frac{dy}{y} = ax^2 dx$$
$$\int \frac{dy}{y} = \int ax^2 dx$$
$$\ln|y| = \frac{ax^3}{3} + C$$
$$y = e^{\frac{ax^3}{3} + C} = ce^{ax^3/3}$$
If $y(0) = 2$, then
$$2 = ce^{a(0)^3/3}$$
$$c = 2$$
The particular solution is $y = 2e^{ax^3/3}$.

51.
$$-\frac{pD'}{D} = k$$
$$-\frac{p}{D}\frac{dD}{dp} = k$$
$$\frac{dD}{D} = -\frac{k\, dp}{p}$$
$$\int \frac{dD}{D} = -k \int \frac{dp}{p}$$
$$\ln D = -k \ln p + C_1$$
$$D = e^{-k \ln p + C_1} = e^{-k \ln p} e^{C_1} = Cp^{-k}$$
$$D(p) = Cp^k \text{ (for any constant } C\text{)}$$

53.
$$y' = d + ry, \; d = 1000, \; r = 0.05$$
$$y' = 1000 + 0.05y$$
$$\frac{dy}{dx} = 1000 + 0.05y$$
$$\frac{dy}{1000 + 0.05y} = dx$$
$$\int \frac{dy}{1000 + 0.05y} = \int dx$$
$$\frac{1}{0.05} \ln|1000 + 0.05y| = x + C$$
$$1000 + 0.05y = e^{0.05x + C} = ce^{0.05x}$$
$$y = ke^{0.05x} - \frac{1000}{0.05}$$
$$y = ke^{0.05x} - 20,000$$
If $y(0) = 0$, then
$$0 = ke^{0.05(0)} - 20,000$$
$$k = 20,000$$
The particular solution is
$y = 20,000e^{0.05x} - 20,000$.

55. a. $y' = -0.32(y-70), \quad y(0) = 98.6$

$\dfrac{dy}{dt} = -0.32(y-70)$

$\int \dfrac{dy}{y-70} = \int -0.32 \, dt$

$\ln(y-70) = -0.32t + C$

$y - 70 = e^{(-0.32t+C)} = ce^{-0.32t}$

$y = ce^{-0.32t} + 70$

If $y(0) = 98.6$, then

$98.6 = c + 70$

$c = 28.6$

So $y = (28.6e^{-0.32t} + 70)$ degrees t hours after the murder.

b. If the temperature of the body is 80 degrees at t hours, then

$80 = 28.6e^{-0.32t} + 70$

$e^{-0.32t} = \dfrac{10}{28.6}$

$t = \dfrac{\ln\left(\frac{10}{28.6}\right)}{-0.32} \approx 3.28$ hours since the murder

57. $y' = 30 - 0.2y$

$\dfrac{dy}{dx} = 30 - 0.2y$

$\dfrac{dy}{30 - 0.2y} = dx$

$-\dfrac{1}{0.2} \ln |30 - 0.2y| = x + C$

$\ln |30 - 0.2y| = -0.2x + c$

$30 - 0.2y = e^{-0.2x+c}$

$y = ke^{-0.2x} + 150$

If $y(0) = 0$

$0 = ke^{-0.2(0)} + 150$

$0 = k + 150$

$k = -150$

The particular solution is $y = -150e^{-0.2x} + 150$.

59. a. Let $y(t)$ = your bank balance. Then y' is the rate of change and $y' = 3 + 0.1y$.

b. Since at $t = 0$ the balance $y = 6$ thousand, $y(0) = 6$.

c. $\dfrac{dy}{dt} = 3 + 0.1y$

$\dfrac{dy}{3 + 0.1y} = dt$

$\dfrac{0.1 dy}{3 + 0.1y} = 0.1 dt$

$\ln(3 + 0.1y) = 0.1t + C$

$3 + 0.1y = e^{(0.1t+C)} = ce^{0.1t}$

$y = 10(ce^{0.1t} - 3) = ke^{0.1t} - 30$

If $y(0) = 6$, then

$6 = k - 30$

$k = 36$

So after t years, you have $36e^{0.1t} - 30$ thousand dollars.

d. For $t = 25$,

$y = (25) = 36e^{0.1(25)} - 30 = 36e^{2.5} - 30$

$\approx \$408.57$ thousand or $\$408,570$

61. a. $y(t)$ = monthly sales after t months. The rate of growth y' is 4 times $y^{0.5}$, or $y' = 4y^{0.5}$.

b. At time $t = 0$, then sales $y(0) = 10{,}000$.

c. $y' = 4y^{0.5}$

$\dfrac{dy}{dt} = 4y^{0.5}$

$\dfrac{dy}{y^{0.5}} = 4 \, dt$

$\int \dfrac{dy}{y^{0.5}} = \int 4 \, dt$

$2y^{0.5} = 4t + C$

$y = (2t + c)^2$

If $y(0) = 10{,}000$, then

$10{,}000 = [2(0) + c]^2$

$10{,}000 = c^2$

$\pm 100 = c$

The particular solution is $y = (2t + 100)^2$.

d. For $t = 12$,

$y = [2(12) + 100]^2 = (124)^2 = 15{,}376$.

Exercises 9.1

63.
a. Let $y(t)$ = the size of the colony. The rate of change y' is 8 times $y^{3/4}$, or $y' = 8y^{3/4}$.
b. At the time $t = 0$, $y(0) = 10,000$
c.
$$y' = \frac{dy}{dt} = 8y^{3/4}$$
$$\frac{dy}{y^{3/4}} = 8\,dt$$
$$\int \frac{dy}{y^{3/4}} = \int 8\,dt$$
$$4y^{1/4} = 8t + C$$
$$y^{1/4} = 2t + c$$
$$y = (2t + c)^4$$
If $y(0) = 10,000$, then
$$10,000 = [2(0) + c]^4$$
$$10,000 = c^4$$
$$10 = c$$
The particular solution is $y = (2t + 10)^4$.

d. At $t = 6$,
$$y(6) = [2(6) + 10]^4 = (22)^4 = 234,256$$

65.
a.
$$\frac{dp}{dt} = -\frac{K}{R}p$$
$$\frac{dp}{p} = -\frac{K}{R}dt$$
$$\int \frac{dp}{p} = -\int \frac{K}{R}dt$$
$$\ln p = -\frac{K}{R}t + C$$
$$p = e^{-\frac{K}{R}t+C}$$
$$p = e^{-\frac{K}{R}t}e^c$$
$$p(t) = ce^{-\frac{K}{R}t}$$

b.
$$p_0 = ce^{-\frac{K}{R}t_0}$$
$$\frac{p_0}{e^{-\frac{K}{R}t_0}} = c$$
$$p_0 e^{\frac{K}{R}t_0} = c$$
$$p(t) = p_0 e^{\frac{K}{R}t_0}e^{-\frac{K}{R}t}$$
$$p(t) = p_0 e^{\frac{K}{R}(t_0-t)}$$

c.
$$\frac{dp}{dt} = KI_0 - \frac{K}{R}P$$
$$\frac{dp}{KI_0 - \frac{K}{R}p} = dt$$
$$\int \frac{dp}{KI_0 - \frac{K}{R}p} = \int dt$$
Using the substitution
$u = KI_0 - \frac{K}{R}p$, $du = -\frac{K}{R}dp$
$$-\frac{R}{K}\int \frac{du}{u} = \int dt$$
$$-\frac{R}{K}\ln u = t + c$$
$$\ln\left(KI_0 - \frac{K}{R}p\right) = -\frac{K}{R}t + c$$
$$KI_0 - \frac{K}{R}p = e^{-\frac{K}{R}t+c} = e^{-\frac{K}{R}t}e^c = ce^{-\frac{K}{R}t}$$
$$-\frac{K}{R}p = ce^{-\frac{K}{R}t} - KI_0$$
$$p(t) = RI_0 - \frac{R}{K}ce^{-\frac{K}{R}t} = RI_0 - ce^{-\frac{K}{R}t}$$

d.
$$p_0 = RI_0 - ce^{-\frac{K}{R}t_0}$$
$$p_0 - RI_0 = -ce^{-\frac{K}{R}t_0}$$
$$\frac{RI_0 - p_0}{e^{-\frac{K}{R}t_0}} = c$$
$$(RI_0 - p_0)e^{\frac{K}{R}t_0} = c$$
$$p(t) = RI_0 - (RI_0 - p_0)e^{\frac{K}{R}t_0}e^{-\frac{K}{R}t}$$
$$p(t) = RI_0 - (RI_0 - p_0)e^{\frac{K}{R}(t_0-t)}$$

e. $p(T) = p(0)$ Using equation from (b) for $p(T)$ and equation from (d) for $p(0)$

$$p_0 e^{\frac{K}{R}(t_0-T)} = RI_0 - (RI_0 - p_0)e^{\frac{K}{R}(t_0-0)}$$
$$p_0 e^{\frac{K}{R}t_0} e^{-\frac{K}{R}T} = RI_0 - RI_0 e^{\frac{K}{R}t_0} + p_0 e^{\frac{K}{R}t_0}$$
$$p_0 e^{\frac{Kt_0}{R}} e^{-\frac{KT}{R}} - p_0 e^{\frac{Kt_0}{R}} = RI_0\left(1 - e^{\frac{Kt_0}{R}}\right)$$
$$\frac{p_0 e^{\frac{Kt_0}{R}}\left(e^{-\frac{KT}{R}} - 1\right)}{1 - e^{\frac{Kt_0}{R}}} = RI_0$$
$$\frac{p_0 e^{\frac{Kt_0}{R}}\left(e^{-\frac{KT}{R}} - 1\right)}{e^{\frac{Kt_0}{R}}\left(e^{-\frac{Kt_0}{R}} - 1\right)} = RI_0$$
$$\frac{p_0}{I_0} \frac{1 - e^{-\frac{KT}{R}}}{1 - e^{-\frac{Kt_0}{R}}} = R$$

67. a.

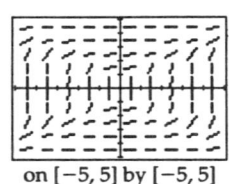

on $[-5, 5]$ by $[-5, 5]$

b.

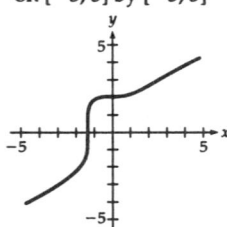

c. $\dfrac{dy}{dx} = \dfrac{6x^2}{y^4}$, $y(0) = 2$

$y^4 dy = 6x^2 dx$

$\dfrac{1}{5}y^5 = 2x^3 + C$

$y = \sqrt[5]{10x^3 + c}$

If $y(0) = 2$, then

$2 = \sqrt[5]{c}$

$c = 32$

The solution is $y = \sqrt[5]{10x^3 + 32}$

d.

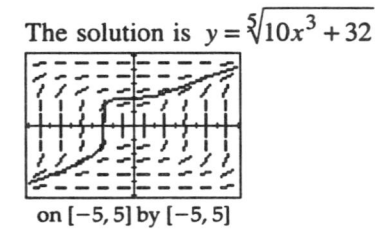

on $[-5, 5]$ by $[-5, 5]$

69. a.

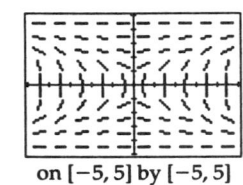

on $[-5, 5]$ by $[-5, 5]$

b.

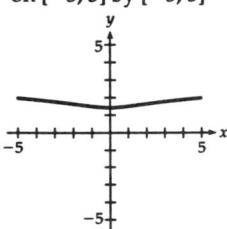

c. $\dfrac{dy}{dx} = \dfrac{4x}{y^3}$

$y^3 dy = 4x dx$

$\dfrac{1}{4}y^4 = 2x^2 + c$

$y = \pm\sqrt[4]{8x^2 + c}$

If $y(0) = 2$, then

$2 = \sqrt[4]{c}$

$c = 16$

The solution is $y = \sqrt[4]{8x^2 + 16}$

d.

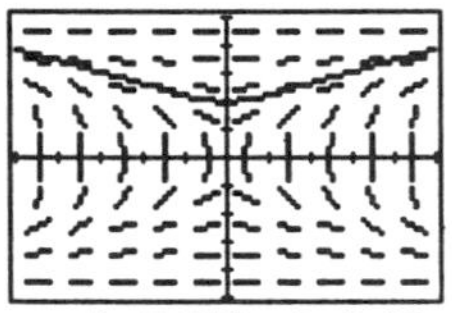

on $[-5, 5]$ by $[-5, 5]$

Exercises 9.2

71. a.

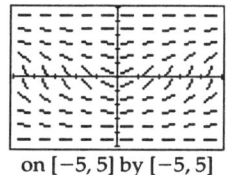

[slope field on [−5, 5] by [−5, 5]]

b.

[graph showing U-shaped curve with minimum at (0, −1), passing through x-axis near ±1, crossing points labeled at −4, −2, 2, 4 on x-axis and 2, −2 on y-axis]

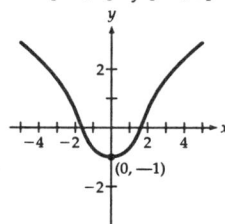

EXERCISES 9.2

1. If $y(t) = ce^{at}$, then
$y' = ace^{at} = ay$ and $y(0) = ce^{a(0)} = ce^0 = c$

3. $y' = 0.02y$
This is the form $y' = ay$ with $a = 0.02$. This is an equation of unlimited growth.

5. $y' = 30(0.5 - y)$
This is of the form $y' = a(M - y)$ with $a = 30$ and $M = 0.5$. This is an equation of limited growth.

7. $y' = 2y^2(0.5 - y)$
This is not an equation of unlimited, limited, or logistic growth.

9. $y' = y(6 - y)$
This is of the form $y' = ay(M - y)$ with $a = 1$ and $M = 6$. This is an equation of logistic growth.

11. $y' = 4y(0.04 - y)$
This is of the form $y' = ay(M - y)$ with $a = 4$ and $M = 0.04$. This is an equation of logistic growth.

13. $y' = 6y$ is an equation of unlimited growth with $a = 6$. The solution is $y = ce^{6t}$. If $y(0) = 1.5$, then
$1.5 = ce^{6(0)}$
$1.5 = c$
The solution is $y = 1.5e^{6t}$.

15. $y' = -y$ is an equation of unlimited growth with $a = -1$. The solution is $y = ce^{-t}$. If $y(0) = 100$, then
$100 = ce^{-0}$
$100 = c$
The solution is $y = 100e^{-t}$.

17. $y' = -0.45y$ is an equation of unlimited growth with $a = -0.45$. The solution is $y = ce^{-0.45t}$. If $y(0) = -1$, then
$-1 = ce^{-0.45(0)}$
$-1 = c$
The solution is $y = -e^{-0.45t}$.

19. $y' = 2(100 - y)$, $y(0) = 0$ is an equation of limited growth with $a = 2$ and $M = 100$. The solution is $y = 100(1 - e^{-2t})$.

21. $y' = 0.05(0.25 - y)$, $y(0) = 0$ is an equation of limited growth with $a = 0.05$ and $M = 0.25$. The solution is $y = 0.25(1 - e^{-0.05t})$.

23. $y' = 80 - 2y = 2(40 - y)$, $y(0) = 0$ is an equation of limited growth with $a = 2$ and $M = 40$. The solution is $y = 40(1 - e^{-2t})$.

25. $y' = 2 - 0.01y = 0.01(200 - y)$, $y(0) = 0$ is an equation of limited growth with $a = 0.01$ and $M = 200$. The solution is $200(1 - e^{-0.01t})$.

27. $y' = 5y(100 - y)$ is an equation of logistic growth with $a = 5$ and $M = 100$. The solution is
$y = \frac{100}{1+ce^{-500t}}$. If $y(0) = 10$, then
$$10 = \frac{100}{1+ce^{-500(0)}}$$
$$1 + c = 10$$
$$c = 9$$
The solution is $y = \frac{100}{1+9e^{-500t}}$.

29. $y' = 0.25y(0.5 - y)$ is an equation of logistic growth with $a = 0.25$ and $M = 0.5$. The solution is $y = \frac{0.5}{1+ce^{(0.25)(0.5)t}} = \frac{0.5}{1+ce^{0.125t}}$. If $y(0) = 0.1$, then
$$0.1 = \frac{0.5}{1+ce^{0.125(0)}}$$
$$1 + c = 5$$
$$c = 4$$
The solution is $y = \frac{0.5}{1+4e^{0.125t}}$.

31. $y' = 3y(10 - y)$ is an equation of logistic growth with $a = 3$ and $M = 10$. The solution is
$y = \frac{10}{1+ce^{-3(10)t}} = \frac{10}{1+ce^{-30t}}$. If $y(0) = 20$, then
$$20 = \frac{10}{1+ce^{-30(0)}}$$
$$1 + c = \frac{1}{2}$$
$$c = -\frac{1}{2}$$
The solution is $y = \frac{10}{1-\frac{1}{2}e^{-30t}} = \frac{20}{2-e^{-30t}}$.

33. $y' = 6y - 2y^2 = 2y(3 - y)$ is an equation of logistic growth with $a = 2$ and $M = 3$. The solution is $y = \frac{3}{1+ce^{-3(2)t}} = \frac{3}{1+ce^{-6t}}$. If $y(0) = 1$, then
$$1 = \frac{3}{1+ce^{-6(0)}}$$
$$1 + c = 3$$
$$c = 2$$
The solution is $y = \frac{3}{1+2e^{-6t}}$.

35. The value of the stamp collection increases without limit by 8% per year. Therefore the appropriate equation is $y' = 0.08y$, where y is the value of the collection. $y(0) = 1500$, so the solution of the equation is $y = 1500e^{0.08t}$. This is the value of the collection after t years.

Exercises 9.2

37. Since sales growth at a rate proportional to the distance from the upper limit of 100,000, $y' = a(100,000 - y)$, where y is the sales. The solution is $y = 100,000(1 - e^{-at})$. If $y(5) = 10,000$, then
$$10,000 = 100,000(1 - e^{-a(5)})$$
$$0.1 = 1 - e^{-5a}$$
$$e^{-5a} = 0.9$$
$$-5a = \ln(0.9)$$
$$a \approx 0.021$$
The solution is $y = 100,000(1 - e^{-0.021t})$.
At the end of the first year,
$y(12) = 100,000(1 - e^{-0.021(12)}) \approx 22,276$

39. If the rate of contributions is proportional to the distance from the goal, then an equation of limited growth is needed. $y' = a(M - y)$, where y is the number of dollars raised. Here $M = 5000$, $y(1) = 1000$, and $y' = a(5000 - y)$. The solution of the equation is
$y = M(1 - e^{-at}) = 5000(1 - e^{-at})$. At $t = 1$,
$$1000 = 5000(1 - e^{-a})$$
$$1 - e^{-a} = \frac{1}{5}$$
$$e^{-a} = \frac{4}{5}$$
$$a = -\ln\left(\frac{4}{5}\right) \approx 0.223$$
So the amount y raised in t weeks is $5000(1 - e^{-0.223t})$. When $y = 4000$,
$$1 - e^{-0.223t} = \frac{4}{5}$$
$$e^{-0.223t} = \frac{1}{5}$$
$$t = \frac{\ln\left(\frac{1}{5}\right)}{-0.223} \approx 7.21$$
It will take about 7.21 weeks to raise $4000.

41. Let y = total sales. Since y is proportional both to itself and to the size of the remaining market, $y' = ay(10,000 - y)$
The solution is $y = \frac{10,000}{1 + ce^{-10,000at}} = \frac{10,000}{1 + ce^{bt}}$
Since at $t = 0$, $y = 100$,
$$100 = \frac{10,000}{1 + ce^{b(0)}}$$
$$1 + c = 100$$
$$c = 99$$
Since at $t = 6$, $y = 2000$,
$$2000 = \frac{10,000}{1 + 99e^{b(6)}}$$
$$1 + 99e^{6b} = 5$$
$$e^{6b} = \frac{4}{99}$$
$$6b = \ln\left(\frac{4}{99}\right)$$
$$b \approx -0.535$$
The solution is $y = \frac{10,000}{1 + 99e^{-0.535t}}$.
At the end of the first year ($t = 12$),
$y = \frac{10,000}{1 + 9e^{-0.535(12)}} \approx 9856$

43. The rate of spread of the rumor is proportional to both the number of people who have heard it and the number who haven't. So this is an example of logistic growth, $y = ay(M - y)$, where y is the number of people who have heard the rumor. Here one person starts the rumor, so $y(0) = 1$; also $y(10) = 200$, and $M = 800$. So $y' = ay(800 - y)$. The solution is
$$y = \frac{M}{1 + ce^{-aMt}} = \frac{800}{1 + ce^{-800at}} = \frac{800}{1 + ce^{bt}}$$
At $t = 0$,
$$1 = \frac{800}{1 + c}$$
$$c = 799$$
So $y = \frac{800}{1 + 799e^{bt}}$. At $t = 10$,
$$200 = \frac{800}{1 + 799e^{10b}}$$
$$799e^{10b} = \left(\frac{800}{200}\right) - 1 = 3$$
$$b = \frac{\ln\left(\frac{3}{799}\right)}{10} \approx -0.558$$
So the number of people y who have heard the rumor after t minutes is $\frac{800}{1 + 799e^{-0.558t}}$.
After 15 minutes,
$y = \frac{800}{1 + 799e^{-0.558(15)}} \approx 675$ people

45. Let y = deer population after t years. Then y is modeled by the logistic equation $y' = ay(800 - y)$. The solution is
$$y = \frac{800}{1+ce^{-800at}} = \frac{800}{1+ce^{bt}}.$$
Since $y = 100$ at $t = 0$,
$$100 = \frac{800}{1+ce^{b(0)}}$$
$$1+c = 8$$
$$c = 7$$
Thus, $y = \frac{800}{1+7e^{bt}}$. Since $y = 160$ at $t = 2$,
$$160 = \frac{800}{1+7e^{b(2)}}$$
$$1+7e^{b(2)} = 5$$
$$e^{2b} = \frac{4}{7}$$
$$b = \frac{1}{2}\ln\left(\frac{4}{7}\right) \approx -0.28$$
Thus, the solution is $y = \frac{800}{1+7e^{-0.28t}}$.
To find when the deer population will reach 400, we solve the equation
$$400 = \frac{800}{1+7e^{-0.28t}}$$
$$1+7e^{-0.28t} = 2$$
$$e^{-0.28t} = \frac{1}{7}$$
$$t = -\frac{1}{0.28}\ln\left(\frac{1}{7}\right) \approx 7$$
The deer population will reach 400 in about 7 years.

47. The equation given, $y' = -0.15y$, is an example of unlimited growth. Since $y(0) = 5$, the solution is $y = 5e^{-0.15t}$. After 2 hours, $y = 5e^{-0.3} \approx 3.70$ units of the drug remain in the blood.

49.
a. $y' = 20 - 0.1y = 0.1(200 - y)$, $y(0) = 0$ is a limited growth equation with $M = 200$ and $a = 0.1$
b. The solution is
$y = 200(1 - e^{-0.1t})$
c. $0.95M = 0.95(200) = 190$
$$190 = 200(1 - e^{-0.1t})$$
$$0.95 = 1 - e^{-0.1t}$$
$$e^{-0.1t} = 0.05$$
$$t = -\frac{1}{0.1}\ln 0.05 \approx 30 \text{ years}$$
The accumulated sediment will reach 190 thousand tons in 30 years.

51.
$$\frac{y'}{y} = ay$$
$$\frac{1}{y}\frac{dy}{dt} = ay$$
$$\frac{dy}{y^2} = a\,dt$$
$$\int \frac{dy}{y^2} = \int a\,dt$$
$$-\frac{1}{y} = at + C$$
$$y = \frac{1}{-at+c}$$

Exercises 9.2

53. $y' = \frac{ay}{x}$; y must be a function of x.

$$\frac{dy}{dx} = \frac{ay}{x}$$

$$\int \frac{dy}{y} = \int a \frac{dx}{x}$$

$$\ln y = a \ln x + C = \ln x^a + C$$

$$y = e^{(\ln x^a + C)} = x^a e^C = cx^a$$

55. a.
$$y' = \frac{dy}{dt} = ay(M-y)$$

$$\frac{dy}{y(M-y)} = a\,dt$$

b. $\int \frac{dy}{y(M-y)} = \int a\,dt$

$$\frac{1}{M} \ln\left(\frac{y}{M-y}\right) = at + C$$

c. $\ln\left(\frac{y}{M-y}\right) = aMt + C$

$$\frac{y}{M-y} = e^{aMt+C} = ce^{aMt}$$

$$y = ce^{aMt}(M-y)$$

$$y + ce^{aMt}y = cMe^{aMt}$$

$$y(1 + ce^{aMt}) = cMe^{aMt}$$

$$y = \frac{cMe^{aMt}}{1 + ce^{aMt}}$$

d. $y = \frac{cMe^{aMt}}{1 + ce^{aMt}} \cdot \frac{e^{-aMt}}{e^{-aMt}}$

$$= \frac{cM}{e^{-aMt} + c}\left(\frac{\frac{1}{c}}{\frac{1}{c}}\right)$$

$$= \frac{M}{ce^{-aMt} + 1}$$

57. a.

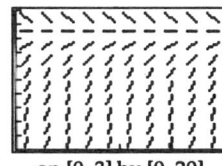

on [0, 3] by [0, 20]
About 16.6 feet per second

b.

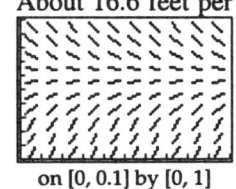

on [0, 0.1] by [0, 1]
About 0.6 foot per second

c.

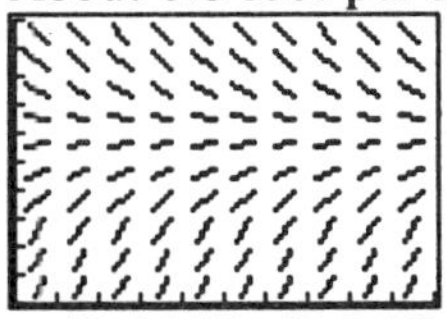

on [0, 0.01] by [0, 0.01]
About 0.006 foot per second

d. About $1/0.006 \approx 167$ seconds, or about 2.8 minutes

EXERCISES 9.3

1. $y' + 2y = 8 \quad p(x) = 2, \ q(x) = 8$

$I(x) = e^{\int p(x)\,dx} = e^{\int 2\,dx} = e^{2x}$

$e^{2x}y' + 2e^{2x}y = 8e^{2x}$

$\frac{d}{dx}(e^{2x}y) = 8e^{2x}$

$e^{2x}y = 4e^{2x} + C$

$y = 4 + Ce^{-2x}$

3. $y' - 2y = e^{-2x} \quad p(x) = -2, \ q(x) = e^{-2x}$

$I(x) = e^{\int -2\,dx} = e^{-2x}$

$e^{-2x}y' - e^{-2x}(2y) = e^{-4x}$

$\frac{d}{dx}(e^{-2x}y) = e^{-4x}$

$e^{-2x}y = -\frac{1}{4}e^{-4x} + C$

$y = -\frac{1}{4}e^{-2x} + Ce^{2x}$

5. $y' + \frac{5}{x}y = 24x^2 \quad p(x) = \frac{5}{x}, \ q(x) = 24x^2$

$I(x) = e^{\int \frac{5}{x}\,dx} = e^{5\ln x} = e^{\ln x^5} = x^5$

$x^5 y' + 5x^4 y = 24x^7$

$\frac{d}{dx}(x^5 y) = 24x^7$

$x^5 y = 3x^8 + C$

$y = 3x^3 + Cx^{-5}$

7. $xy' - y = x^2$

$y' - \frac{y}{x} = x$

Thus, $p(x) = -\frac{1}{x}, \ q(x) = x$.

$I(x) = e^{\int -\frac{1}{x}\,dx} = e^{-\ln x} = \frac{1}{e^{\ln x}} = \frac{1}{x}$

$\frac{1}{x}y' - \frac{y}{x^2} = x\left(\frac{1}{x}\right)$

$\frac{d}{dx}\left(\frac{y}{x}\right) = 1$

$\frac{y}{x} = x + c$

$y = x^2 + Cx$

9. $y' + 3x^2 y = 9x^2 \quad p(x) = 3x^2, \ q(x) = 9x^2$

$I(x) = e^{\int 3x^2\,dx} = e^{x^3}$

$e^{x^3}y' + 3e^{x^3}x^2 y = 9x^2 e^{x^3}$

$\frac{d}{dx}(e^{x^3}y) = 9x^2 e^{x^3}$

$e^{x^3}y = 3e^{x^3} + C$

$y = 3 + Ce^{-x^3}$

11. $y' - 2xy = 0 \quad p(x) = -2x, \ q(x) = 0$

$I(x) = e^{\int -2x\,dx} = e^{-x^2}$

$e^{-x^2}y' - 2xe^{-x^2}y = 0$

$\frac{d}{dx}(e^{-x^2}y) = 0$

$e^{-x^2}y = C$

$y = Ce^{x^2}$

13. $(x+1)y' + y = 2x$

$y' + \frac{y}{x+1} = \frac{2x}{x+1}$

Thus, $p(x) = \frac{1}{x+1}, \ q(x) = \frac{2x}{x+1}$

$I(x) = e^{\int \frac{1}{x+1}\,dx} = e^{\ln(x+1)} = x+1$

$(x+1)y' + y = 2x$

$\frac{d}{dx}[(x+1)y] = 2x$

$(x+1)y = x^2 + C$

$y = \frac{x^2}{x+1} + \frac{C}{x+1} = \frac{x^2 + C}{x+1}$

Exercises 9.3

15. $y' - \frac{2}{x}y = 6x^3 - 9x^2 \quad p(x) = -\frac{2}{x}, \, q(x) = 6x^3 - 9x^2$

$$I(x) = e^{\int -\frac{2}{x}dx} = e^{-2\ln x} = e^{\ln x^{-2}} = x^{-2}$$

$$x^{-2}y' - 2x^{-3}y = (6x^3 - 9x^2)x^{-2}$$

$$\frac{d}{dx}(x^{-2}y) = 6x - 9$$

$$x^{-2}y = 3x^2 - 9x + C$$

$$y = 3x^4 - 9x^3 + Cx^2$$

17. $y' = x + y$

$y' - y = x$

Thus, $p(x) = -1, \, q(x) = x$

$$I(x) = e^{\int -1 dx} = e^{-x}$$

$$e^{-x}y' - e^{-x}y = xe^{-x}$$

$$\frac{d}{dx}(-e^{-x}y) = xe^{-x}$$

$$e^{-x}y = \int xe^{-x}dx$$

$$= -xe^{-x} - \frac{1}{-1}\int e^{-x}dx$$

$$= -xe^{-x} + (-e^{-x}) + C$$

$$y = -x - 1 + Ce^x$$

Using integration by parts with $u = x$ and $du = e^{-x}dx$.

19. $y' + (\cos x)y = \cos x \quad p(x) = \cos x, \, q(x) = \cos x$

$$I(x) = e^{\int \cos x\, dx} = e^{\sin x}$$

$$e^{\sin x}y' + (\cos x)e^{\sin x}y = (\cos x)e^{\sin x}$$

$$\frac{d}{dx}(e^{\sin x}y) = (\cos x)e^{\sin x}$$

$$e^{\sin x}y = e^{\sin x} + C$$

$$y = 1 + Ce^{-\sin x}$$

21. $y' + 3y = 12e^x, \, y(0) = 5$

$p(x) = 3, \, q(x) = 12e^x, \, I(x) = e^{\int 3 dx} = e^{3x}$

$$e^{3x}y' + 3e^{3x}y = 12e^x(e^{3x})$$

$$\frac{d}{dx}(e^{3x}y) = 12e^{4x}$$

$$e^{3x}y = 3e^{4x} + C$$

$$y = 3e^x + Ce^{-3x}$$

Since $y(0) = 5$,

$5 = e^0 + Ce^{-3(0)}$

$5 = 3 + C$

$C = 2$

Thus, the particular solution is $y = 3e^x + 2e^{-3x}$.

23. $xy' + 2y = 14x^5$, $y(1) = 1$
$x^2 y' + 2xy = 14x^6$
$\frac{d}{dx}(x^2 y) = 14x^6$
$x^2 y = 2x^7 + C$
$y = 2x^5 + Cx^{-2}$
Since $y(1) = 1$,
$1 = 2(1)^5 + C(1)^2$
$1 = 2 + C$
$C = -1$
The particular solution is $y = 2x^5 - x^{-2}$.

25. $xy' = 2y + x^2$, $y(1) = 3$
$xy' - 2y = x^2$
$y' - \frac{2}{x} y = x$ $p(x) = -\frac{2}{x}$, $q(x) = x$
$I(x) = e^{\int -\frac{2}{x} dx} = e^{-2 \ln x} = e^{\ln x^{-2}} = x^{-2}$
$x^{-2} y' - 2x^{-3} y = x(x^{-2})$
$\frac{d}{dx}(x^{-2} y) = \frac{1}{x}$
$x^{-2} y = \ln x + C$
$y = x^2 \ln x + Cx^2$
If $y(1) = 3$,
$3 = 1^2 \ln 1 + C(1)^2$
$3 = 0 + C$
$C = 3$
The particular solution is $y = x^2 \ln x + 3x^2$.

27. $y' + 2xy = 4x$, $y(0) = 0$
$p(x) = 2x$, $q(x) = 4x$, $I(x) = e^{\int 2x\, dx} = e^{x^2}$
$e^{x^2} y' + 2xe^{x^2} = 4xe^{x^2}$
$\frac{d}{dx}(e^{x^2} y) = 4xe^{x^2}$
$e^{x^2} y = 2e^{x^2} + C$
$y = 2 + Ce^{-x^2}$
Since $y(0) = 0$,
$0 = 2 + Ce^{-(0)^2}$
$0 = 2 + C$
$C = -2$
The particular solution is $y = 2 - 2e^{-x^2}$.

29. $y' = y + 1$
$y' - y = 1$ $p(x) = -1$, $q(x) = 1$
$I(x) = e^{\int -dx} = e^{-x}$
$e^{-x} y' - e^{-x} y = e^{-x}$
$\frac{d}{dx}(e^{-x} y) = e^{-x}$
$e^{-x} y = -e^{-x} + C$
$y = -1 + Ce^x$
Using separation of variables, we have
$y' = y + 1$
$\frac{dy}{dx} = y + 1$
$\frac{dy}{y+1} = dx$
$\int \frac{dy}{y+1} = \int dx$
$\ln(y+1) = x + C$
$y + 1 = e^{x+C}$
$y = -1 + ce^x$

Exercises 9.3

31. a. Use separation of variables.
$$y' + xy^2 = 0$$
$$y' = \frac{dy}{dx} = -xy^2$$
$$\frac{dy}{y^2} = -x\,dx$$
$$\int \frac{dy}{y^2} = \int -x\,dx$$
$$-\frac{1}{y} = -\frac{x^2}{2} + C$$
$$y = \frac{1}{\frac{x^2}{2} + C} = \frac{2}{c + x^2}$$

b. Use an integrating factor.
$$y' = y + x^2 e^x$$
$$y' - y = x^2 e^x \quad p(x) = -1,\ q(x) = x^2 e^x$$
$$I(x) = e^{\int -dx} = e^{-x}$$
$$e^{-x} y' - e^{-x} y = x^2 e^x (e^{-x})$$
$$\frac{d}{dx}(e^{-x} y) = x^2$$
$$e^{-x} y = \frac{x^3}{3} + C$$
$$y = \frac{x^3 e^x}{3} + Ce^x$$

33. Consider the differential equation
$$y' + p(x) \cdot y = q(x).$$
Then $I(x) = e^{\int p(x)dx + C} = e^{\int p(x)dx} e^C = ce^{\int p(x)dx}$
where $c \ne 0$
Multiplying by $I(x)$, we get
$$ce^{\int p(x)dx} y' + ce^{\int p(x)dx} p(x) \cdot y = ce^{\int p(x)dx} q(x)$$
$$e^{\int p(x)dx} y' + e^{\int p(x)dx} p(x) \cdot y = e^{\int p(x)dx} q(x)$$
which is the result we get when we omit the constant of integration. Thus, we can omit the constant of integration.

35. a. $y' = 0.1y + 20e^{0.1t}$, $y(0) = 5$
$$y' - 0.1y = 20e^{0.1t}$$
Thus, $p(t) = -0.1$ and $q(t) = 20e^{0.1t}$.
$$I(t) = e^{\int -0.1 dt} = e^{-0.1t}$$
$$e^{-0.1t} y' - 0.1 e^{-0.1t} y = e^{-0.1t}(20e^{0.1t})$$
$$\frac{d}{dt}(e^{-0.1t} y) = 20$$
$$e^{-0.1t} y = 20t + C$$
$$y = 20t e^{0.1t} + Ce^{0.1t}$$
Since $y(0) = 5$,
$$5 = 20(0)e^{0.1(0)} + Ce^{0.1(0)}$$
$$C = 5$$
Thus, $y = 20t e^{0.1t} + 5e^{0.1t}$.

b. For $t = 2$,
$$y = 20(2)e^{0.1(2)} + 5e^{0.1(2)} \approx \$55\text{ million}$$

37. a. $y' - \frac{3}{t} y = 0$, $y(1) = 125$
$$p(t) = -\frac{3}{t},\ q(t) = 0$$
$$I(t) = e^{\int -\frac{3}{t} dt} = e^{-3\ln t} = e^{\ln t^{-3}} = t^{-3}$$
$$t^{-3} y' - 3t^{-4} y = 0$$
$$\frac{d}{dt}(t^{-3} y) = 0$$
$$t^{-3} y = c$$
$$y = ct^3$$
Since $y(1) = 125$,
$$125 = c(1)^3 = C$$
Thus, $y = 125t^3$.

b. When $t = 15$,
$$y = 125(15)^3 = 421{,}875 \text{ cases}$$

39.

a. $y' = ty + t$, $y(0) = 2$
$y' - ty = t$
$p(t) = -t$, $q(t) = t$, $I(t) = e^{\int -t\,dt} = e^{-t^2/2}$
$e^{-t^2/2} y' - t e^{-t^2/2} y = t e^{-t^2/2}$
$\frac{d}{dt}(e^{-t^2/2} y) = t e^{-t^2/2}$
$e^{-t^2/2} y = -e^{-t^2/2} + C$
$y = -1 + C e^{t^2/2}$

Since $y(0) = 2$,
$2 = -1 + C e^{0^2/2}$
$3 = C e^0 = C$
Thus, $y(t) = 3 e^{t^2/2} - 1$.
For $t = 2$,
$y(2) = 3 e^{(2)^2/2} - 1 \approx 21$ tons

b.

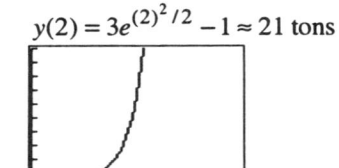

c. The algae bloom will reach 40 tons in about 2.3 weeks (2 weeks and 2 days.)

41.

a. Let $y(x)$ = the amount of radon after t hours. Thus, $y(0) = 800$ pCi per cubic foot × 10,000 cubic feet = 8,000,000. The incoming air contains 5 pCi of radon per cubic foot × 500 cubic feet = 2500 pCi, and $\frac{500}{10,000} y$ is the amount of radon leaving. Thus,
$y' = 2500 - 0.05y \quad y(0) = 8,000,000$

b. $y' + 0.05y = 2500$
$p(x) = 0.05$, $q(x) = 2500$,
$I(x) = e^{\int 0.05\,dx} = e^{0.05x}$
$e^{0.05x} y' + 0.05 e^{0.05x} y = 2500 e^{0.05x}$
$\frac{d}{dx}(e^{0.05x} y) = 2500 e^{0.05x}$
$e^{0.05x} y = 50,000 e^{0.05x} + C$
$y = 50,000 + C e^{-0.05x}$

Since $y(0) = 8,000,000$
$8,000,000 = 50,000 + C e^{-0.05(0)}$
$7,950,000 = C e^0 = C$
Thus, $y(x) = 7,950,000 e^{-0.05x} + 50,000$.

c.

The radon level will fall to 112 pCi per cubic foot in about 40 hours.

Exercises 9.3

43. a. Let $y(t) =$ amount of smoke particles in the room. Then $y(0) = 500$ particles per cubic foot $\times$ 12,000 cubic feet = 6,000,000 particles. The incoming air has 0 smoke particles, and $\frac{600}{12,000} y = 0.05y$ leaves the room. And, the smokers add 10,000 particles per minute.
$$y' = 0 + 10,000 - 0.05y$$
$$= 10,000 - 0.05y \quad y(0) = 6,000,000$$

b. $y' + 0.05y = 10,000$
$$p(t) = 0.05, \; q(t) = 10,000, \; I(t) = e^{\int 0.05 \, dt} = e^{0.05t}$$
$$e^{0.05t} y' + 0.05 e^{0.05t} y = 10,000 e^{0.05t}$$
$$\frac{d}{dt}(e^{0.05t} y) = 10,000 e^{0.05t}$$
$$e^{0.05t} y = 200,000 e^{0.05t} + C$$
$$y = 200,000 + C e^{-0.05t}$$
Since $y(0) = 6,000,000$,
$$6,000,000 = 200,000 + C e^{-0.05(0)}$$
$$5,800,000 = C e^0 = C$$
Thus, $y(t) = 5,800,000 e^{-0.05t} + 200,000$.

c. To find when the level is 100 particles per cubic foot, we must determine when $y = 100$ particles per cubic foot $\times$ 12,000 cubic feet = 1,200,000 particles Thus,
$$1,200,000 = 5,800,000 e^{-0.05t} + 200,000$$
$$1,000,000 = 5,800,000 e^{-0.05t}$$
$$e^{-0.05t} = \frac{1,000,000}{5,80,000}$$
$$-0.05t = \ln\left(\frac{1,000,000}{5,800,000}\right)$$
$$t = -\frac{1}{0.05} \ln\left(\frac{1,000,000}{5,800,000}\right) \approx 35 \text{ minutes}$$

45. a. Let $y(t) =$ amount of pesticide in the reservoir after t hours. Then $y(0) = 0.1$ gram per gallon $\times$ 100,000 gallons = 10,000 grams. Incoming pesticide = 2000 gallons $\times$ 0.01 gram per gallon = 20. Outgoing pesticide = $\frac{2000}{100,000} y = 0.02y$. Thus,
$$y' = 20 - 0.02y \quad y(0) = 10,000$$

b. $y' + 0.02y = 20$
$$p(t) = 0.02, \; q(t) = 20, \; I(t) = e^{\int 0.02 \, dt} = e^{0.02t}$$
$$e^{0.02t} y' + 0.02 e^{0.02t} y = 20 e^{0.02t}$$
$$\frac{d}{dt}(e^{0.02t} y) = 20 e^{0.02t}$$
$$e^{0.02t} y = 1000 e^{0.02t} + C$$
$$y = 1000 + C e^{-0.02t}$$
Since $y(0) = 10,000$,
$$10,000 = 1000 + C e^{-0.02(0)}$$
$$9000 = C e^0 = C$$
Thus, $y(t) = 9000 e^{-0.02t} + 1000$.

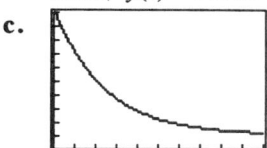

c.

d. In the long run, the graph approaches $y = 1000$. Thus, the amount of pesticide in the reservoir will be about 1000 grams.

47. **a.** If a person eats 2100 calories per day, $c = 2100$. Thus,
$$w' + 0.005w = \frac{2100}{3500} = \frac{3}{5}$$
$$p(t) = 0.005, \ q(t) = \frac{3}{5}, \ I(t) = e^{\int 0.005\,dt} = e^{0.005t}$$
$$e^{0.005t}w' + 0.005we^{0.005t} = \frac{3}{5}e^{0.005t}$$
$$\frac{d}{dt}(e^{0.005t}w) = \frac{3}{5}e^{0.005t}$$
$$e^{0.005t}w = 120e^{0.005t} + C$$
$$w = 120 + Ce^{-0.005t}$$

If $w(0) = 170$, then
$$170 = 120 + Ce^{-0.005(0)}$$
$$50 = Ce^0 = C$$
Thus, $w(t) = 50e^{-0.005t} + 120$.

b. The person loses 15 pounds when $w = 155$. Thus
$$155 = 50e^{-0.005t} + 120$$
$$35 = 50e^{-0.005t}$$
$$e^{-0.005t} = \frac{35}{50}$$
$$-0.005t = \ln\left(\frac{7}{10}\right)$$
$$t = -\frac{1}{0.005}\ln\left(\frac{7}{10}\right) \approx 71 \text{ days}$$

c. If the person diets indefinitely, the limiting weight is $\lim_{t \to \infty} 50e^{-0.005t} + 120 = 0 + 120 = 120$ pounds.

Exercises 9.4

49. **a.** $a = 10$ mg, $b = 3$, $c = 0.2$. The differential equation is
$\frac{dy}{dt} = 10(3)e^{-3t} - 0.2y$ or $\frac{dy}{dt} = 30e^{-3t} - 0.2y$

b. $\frac{dy}{dt} = y' = 30e^{-3t} - 0.2y$

$y' + 0.2y = 30e^{-3t}$

$p(t) = 0.2$, $q(t) = 30e^{-3t}$, $I(t) = e^{\int 0.2\,dt} = e^{0.2t}$

$e^{0.2t}y' + 0.2e^{0.2t}y = 30e^{-3t}(e^{0.2t})$

$\frac{d}{dt}(e^{0.2t}y) = 30e^{-2.8t}$

$e^{0.2t}y = -\frac{30}{2.8}e^{-2.8t} + C \approx -10.7e^{-2.8t} + C$

$y = -10.7e^{-3t} + Ce^{-0.2t}$

Since $y(0) = 0$,
$0 = -10.7e^{-3(0)} + Ce^{-0.2(0)}$
$0 = -10.7e^0 + Ce^0$
$C = 10.7$
Thus, $y(t) = 10.7e^{-0.2t} - 10.7e^{-3t}$

c. At $t = 2$,
$y = (2) = 10.7e^{-0.2(2)} - 10.7e^{-3(2)} \approx 7.1$ mg

d.

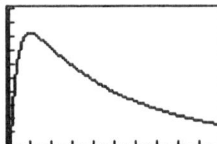

The maximum amount of medication in the bloodstream occurs at about 0.97 hour.

EXERCISES 9.4

1. $y' = 5x - 4y$. The slope of the solution at (4, 3) is $g(4, 3) = 5(4) - 4(3) = 20 - 12 = 8$

3. For $y' = 4xy$, $y(1) = 3$, the initial point is (1, 3) and the slope at (1, 3) is
$g(1, 3) = 4(1)(3) = 12$

5. $y' = 3x - 2y$, $y(0) = 2$
The initial point is $(0, 2)$, and the slope is $g(x, y) = 3x - 2y$.
The step size is
$\frac{1-0}{4} = 0.25$
Segment 1
Slope $g(0, 2) = 3(0) - 2(2) = -4$
End point $x_1 = 0.25$, $y_1 = 2 + (-4)(0.25) = 1$
Segment 2
Slope $g(0.25, 1) = 3(0.25) - 2(1) = 0.75 - 2 = -1.25$
End point $x_2 = 0.5$, $y_2 = 1 + (-1.25)(0.25) \approx 0.69$
Segment 3
Slope $g(0.5, 0.69) = 3(0.5) - 2(0.69) = 0.12$
End point $x_3 = 0.75$, $y_3 = 0.69 + (0.12)(0.25) = 0.72$
Segment 4
Slope $g(0.75, 0.72) = 3(0.75) - 2(0.72) = 0.81$
End point $x_4 = 1$, $y_4 = 0.72 + 0.81(0.25) \approx 0.92$

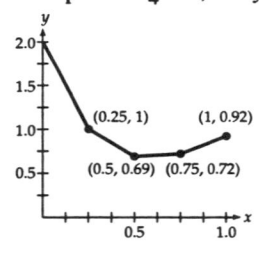

7. $y' = 4xy$, $y(0) = 1$. The initial point is $(0, 1)$, and the slope is $g(x, y) = 4xy$. The step size is
$\frac{1-0}{4} = 0.25$
Segment 1
Slope $g(0, 1) = 4(0)(1) = 0$
End point $x_1 = 0.25$, $y_1 = 1 + 0(0.25) = 1$
Segment 2
Slope $g(0.25, 1) = 4(0.25)(1) = 1$
End point $x_2 = 0.50$, $y_2 = 1 + 1(0.25) = 1.25$
Segment 3
Slope $g(0.5, 1.25) = 4(0.5)(1.25) = 2.5$
End point $x_3 = 0.75$, $y_3 = 1.25 + 2.5(0.25) \approx 1.88$
Segment 4
Slope $g(0.75, 1.88) = 4(0.75)(1.88) = 5.64$
End point $x_4 = 1$, $y_4 = 1.88 + 5.64(0.25) = 3.29$

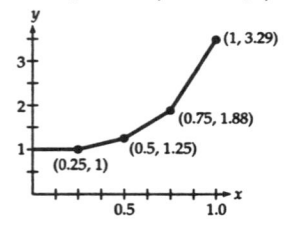

Exercises 9.4

9. $y' + 2y = e^{4x}$, $y(0) = 2$. The initial point is $(0, 2)$, and the slope is $g(x, y) = e^{4x} - 2y$. The step size is $\frac{1-0}{4} = 0.25$

Segment 1
Slope $\quad g(0, 2) = e^{4(0)} - 2(2) = 1 - 4 = -3$
End point $x_1 = 0.25$, $\quad y_1 = 2 + (-3)(0.25) = 1.25$
Segment 2
Slope $\quad g(0.25, 1.25) = e^{4(0.25)} - 2(1.25) = e - 2.5$
End point $x_2 = 0.5$, $\quad y_2 = 1.25 + (e - 2.5)(0.25) \approx 1.30$
Segment 3
Slope $\quad g(0.5, 1.30) = e^{4(0.5)} - 2(1.3) = e^2 - 2.6$
End point $x_3 = 0.75$, $\quad y_3 = 1.30 + (e^2 - 2.6)(0.25) \approx 2.50$
Segment 4
Slope $\quad g(0.75, 2.50) = e^{4(0.75)} - 2(2.50) = e^3 - 5$
End point $x_4 = 1$, $\quad y_4 = 2.50 + (e^3 - 5)(0.25) = 6.27$

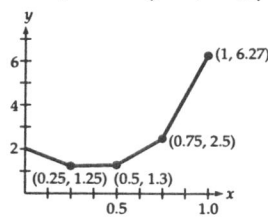

11. a. Using a graphing calculator, we get $y(2) \approx 2.2226$.

b. $y' = \frac{x}{y}$, $y(0) = 1$

$\frac{dy}{dx} = \frac{x}{y}$

$y \, dy = x \, dx$

$\frac{y^2}{2} = \frac{x^2}{2} + C$

$y = \sqrt{x^2 + c}$

Since $y(0) = 1$,
$1 = \sqrt{0^2 + c}$
$c = 1$

Thus, $y(x) = \sqrt{x^2 + 1}$.

c. $y(2) = \sqrt{2^2 + 1} = \sqrt{5} \approx 2.236$

13. a. Using a graphing calculator, we get $y(2) \approx 1.489$.

b. $\frac{dy}{dx} = 0.2y$, $y(0) = 1$

$\frac{dy}{y} = 0.2 \, dx$

$\ln y = 0.2x + C$

$y = e^{0.2x + C} = ce^{0.2x}$

Since $y(0) = 1$,
$1 = ce^{0.2(0)} = c$

Thus, $y(x) = e^{0.2x}$.

c. $y(2) = e^{0.2(2)} \approx 1.492$

15. **a.** Using a graphing calculator, we get $y(2) \approx 7.836$.

b. $y' + y = 2e^x$, $y(0) = 5$

$p(x) = 1$, $q(x) = 2e^x$, $I(x) = e^{\int dx} = e^x$

$e^x y' + e^x y = 2e^x \cdot e^x$

$\frac{d}{dx}(e^x y) = 2e^{2x}$

$e^x y = e^{2x} + C$

$y = e^x + Ce^{-x}$

Since $y(0) = 5$,

$5 = e^0 + Ce^{-0}$

$5 = 1 + C$

$C = 4$

Thus, $y(x) = e^x + 4e^{-x}$.

c. $y(2) = e^2 + 4e^{-2} \approx 7.930$

17. Using a graphing calculator, we get $y(3) \approx 1.733$.

19. Using a graphing calculator, we get $y(2.5) \approx 2.24$.

21. Using a graphing calculator, we get $y(3.8) \approx 2.828$.

23. **a.** With $n = 10$, $y(1) \approx 2.3096$.
    b. With $n = 100$, $y(1) \approx 2.3309$.
    c. With $n = 1000$, $y(1) = 2.3330$.

25. $y' = 2e^{0.05y} + 2$, $y(0) = 0$. The initial point is $(0, 0)$, and the slope is $g(x, y) = 2e^{0.05y} + 2$. The step size is $\frac{3-0}{3} = \frac{3}{3} = 1$

Segment 1
Slope $\quad g(0, 0) = 2e^{0.05(0)} + 2 = 2e^0 + 2 = 4$
End point $x_1 = 1$, $\quad y_1 = 0 + 4(1) = 4$
Segment 2
Slope $\quad g(1, 4) = 2e^{0.05(4)} + 2 = 2e^{0.2} + 2$
End point $x_2 = 2$, $\quad y_2 = 4 + (2e^{0.2} + 2)(1) \approx 8.44$
Segment 3
Slope $\quad g(2, 8.44) = 2e^{0.05(8.44)} + 2 = 2e^{0.422} + 2$
End point $x_3 = 3$, $\quad y_3 = 8.44 + (2e^{0.422} + 2)(1) \approx 13.49$
Thus, about 13,490 were sold in the first 3 months.

27. $\frac{dy}{dt} = 1000 - 0.1y^{2/3}$, $y(0) = 0$. Using an Euler's method program, we get $y(2) \approx 1981$. Thus, the amount of sediment after 2 years is about 1981 tons.

29. $q' = -0.01q^2(1-q)$, $q(0) = 0.9$. Using an Euler's method program, we get $q(200) \approx 0.65$. Thus, the gene frequency after 200 generations is about 0.65.

Review Exercises for Chapter 9

REVIEW EXERCISES FOR CHAPTER 9

1. $y^2 y' = x^2$
    $y^2 \dfrac{dy}{dx} = x^2$
    $y^2 \, dy = x^2 \, dx$
    $\int y^2 \, dy = \int x^2 \, dx$
    $\dfrac{y^3}{3} = \dfrac{x^3}{3} + C$
    $y = \sqrt[3]{x^3 + C}$

2. $y' = x^2 y$
    $\dfrac{dy}{dx} = x^2 y$
    $\dfrac{dy}{y} = x^2 \, dx$
    $\int \dfrac{dy}{y} = \int x^2 \, dx$
    $\ln y = \dfrac{x^3}{3} + C$
    $y = e^{\frac{x^3}{3} + C} = c e^{x^3/3}$

3. $y' = \dfrac{x^3}{x^4 + 1}$
    $\dfrac{dy}{dx} = \dfrac{x^3}{x^4 + 1}$
    $dy = \dfrac{x^3}{x^4 + 1} \, dx$
    $\int dy = \int \dfrac{x^3}{x^4 + 1} \, dx$
    $y = \dfrac{1}{4} \ln |x^4 + 1| + C$

4. $y' = xe^{-x^2}$
    $\dfrac{dy}{dx} = xe^{-x^2}$
    $\int dy = \int xe^{-x^2} \, dx$
    $y = -\dfrac{1}{2} e^{-x^2} + C$

5. $y' = y^2$
    $\dfrac{dy}{dx} = y^2$
    $\dfrac{dy}{y^2} = dx$
    $\int \dfrac{dy}{y^2} = \int dx$
    $-\dfrac{1}{y} = x + C$
    $y = \dfrac{1}{c - x}$

6. $y' = y^3$
    $\dfrac{dy}{dx} = y^3$
    $\int \dfrac{dy}{y^3} = \int dx$
    $-\dfrac{y^{-2}}{2} = x + C$
    $y^2 = \dfrac{1}{c - 2x}$
    $y = \pm \dfrac{1}{\sqrt{c - 2x}}$

7. $y' = 1 - y$
    $\dfrac{dy}{dx} = 1 - y$
    $\dfrac{dy}{1 - y} = dx$
    $\int \dfrac{dy}{1 - y} = \int dx$
    $-\ln|1 - y| = x + C$
    $\ln|1 - y| = c - x$
    $1 - y = e^{c - x}$
    $y = ke^{-x} + 1$

8. $y' = \dfrac{1}{y}$
    $\dfrac{dy}{dx} = \dfrac{1}{y}$
    $y \, dy = dx$
    $\int y \, dy = \int dx$
    $\dfrac{y^2}{2} = x + C$
    $y = \pm \sqrt{2x + c}$

9.
$y' = xy - y$
$\frac{dy}{dx} = y(x-1)$
$\frac{dy}{y} = (x-1)\,dx$
$\int \frac{dy}{y} = \int (x-1)\,dx$
$\ln|y| = \frac{x^2}{2} - x + C$
$y = e^{\frac{x^2}{2} - x + C}$
$y = ce^{\frac{x^2}{2} - x}$

10.
$y' = x^2 + x^2 y$
$\frac{dx}{dy} = x^2(1+y)$
$\int \frac{dy}{1+y} = \int x^2\,dx$
$\ln|1+y| = \frac{x^3}{3} + C$
$1+y = e^{\frac{x^3}{3}+C}$
$y = ce^{x^3/3} - 1$

11. $y^2 y' = 3x^2$, $y(0) = 1$
$y^2 \frac{dy}{dx} = 3x^2$
$y^2\,dy = 3x^2\,dx$
$\int y^2\,dy = \int 3x^2\,dx$
$\frac{y^3}{3} = x^3 + C$
$y^3 = 3x^3 + c$
$y = \sqrt[3]{3x^3 + c}$
Since $y(0) = 1$
$1 = \sqrt[3]{3(0)^3 + c}$
$c = 1$
Thus, $y(x) = \sqrt[3]{3x^3 + 1}$.

12. $y' = \frac{y}{x^2}$, $y(1) = 1$
$\frac{dy}{dx} = \frac{y}{x^2}$
$\int \frac{dy}{y} = \int \frac{dx}{x^2}$
$\ln|y| = -\frac{1}{x} + C$
$y = e^{-\frac{1}{x}+C} = ce^{-1/x}$
Since $y(1) = 1$,
$1 = ce^{-1/1}$
$1 = ce^{-1}$
$e = c$
Thus, $y(x) = ee^{-1/x} = e^{1-\frac{1}{x}}$.

13. $y' = \frac{y}{x^3}$, $y(1) = 1$
$\frac{dy}{dx} = \frac{y}{x^3}$
$\frac{dy}{y} = \frac{dx}{x^3}$
$\int \frac{dy}{y} = \int \frac{dx}{x^3}$
$\ln|y| = -\frac{1}{2}x^{-2} + C$
$y = e^{\frac{-x^{-2}}{2}+C} = ce^{-x^{-2}/2}$
Since, $y(1) = 1$,
$1 = ce^{-(1)^{-2}/2}$
$1 = ce^{-1/2}$
$c = e^{1/2}$
Thus, $y(x) = e^{1/2}e^{-x^{-2}/2}$.

14. $y' = \sqrt[3]{y}$, $y(1) = 0$
$\frac{dy}{dx} = y^{1/3}$
$\frac{dy}{y^{1/3}} = dx$
$\int y^{-1/3}\,dy = \int dx$
$\frac{3}{2} y^{2/3} = x + C$
$y^{2/3} = \frac{2}{3}x + c$
$y = \left(\frac{2}{3}x + c\right)^{3/2}$
Since $y(1) = 0$,
$0 = \left[\frac{2}{3}(1) + c\right]^{3/2}$
$c = -\frac{2}{3}$
Thus, $y(x) = \left(\frac{2}{3}x - \frac{2}{3}\right)^{3/2}$

Review Exercises for Chapter 9

15. **a.** Let $y(x)$ = bank balance (in thousands) after t years. Since the balance grows by 4 thousand plus 5% of the balance compounded continuously,
$$y' = 4 + 0.05y \quad y(0) = 10$$
b. $\quad y' = 4 + 0.05y, \; y(0) = 10$
$$y' - 0.05y = 4$$
$$p(t) = -0.05, \; q(t) = 4$$
$$I(t) = e^{\int -0.05\,dt} = e^{-0.05t}$$
$$e^{-0.05t}y' - 0.05e^{-0.05t}y = 4e^{-0.05t}$$
$$\frac{d}{dt}(e^{-0.05t}y) = 4e^{-0.05t}$$
$$e^{-0.05t}y = \frac{4}{-0.05}e^{-0.05t} + C$$
$$e^{-0.05t}y = -80e^{-0.05t} + C$$
$$y = -80 + Ce^{0.05t}$$
Since $y(0) = 10$,
$$10 = -80 + Ce^{0.05(0)}$$
$$90 = Ce^0 = C$$
Thus, $y(t) = 90e^{0.05t} - 80$.
c. After 10 years,
$$y(10) = 90e^{0.05(10)} - 80 \approx 68.385$$
Thus, the balance is \$68,385 after 10 years.

16. **a.** Let $y(t)$ = the amount of discharge into the lake. Each year the amount of pollution grows by 4 tons and decreases by 0.25 times y. Thus,
$$y' = 4 - 0.25y$$
We assume that at $t = 0$, the amount of discharge is 0; that is, $y(0) = 0$.
b. $\quad y' = 4 - 0.25y, \; y(0) = 0$
$$y' + 0.25y = 4$$
$$p(t) = 0.25, \; q(t) = 4, \; I(t) = e^{\int 0.25\,dt} = e^{0.25t}$$
$$e^{0.25t}y' + 0.25e^{0.25t}y = 4e^{0.25t}$$
$$\frac{d}{dt}(e^{0.25t}y) = 4e^{0.25t}$$
$$e^{0.25t}y = 16e^{0.25t} + C$$
$$y = 16 + Ce^{-0.25t}$$
Since $y(0) = 0$,
$$0 = 16 + Ce^{-0.25(0)}$$
$$-16 = Ce^0 = C$$
Thus, $y(t) = 16 - 16e^{-0.25t}$.

17.
$$y' = 2.3(106 - y), \; y(0) = 70$$
$$\frac{dy}{dt} = 2.3(106 - y)$$
$$\frac{dy}{106 - y} = 2.3\,dt$$
$$\int \frac{dy}{106 - y} = \int 2.3\,dt$$
$$-\ln|106 - y| = 2.3t + C$$
$$106 - y = e^{-2.3t + C}$$
$$y = 106 - ce^{-2.3t}$$

18. $y(1) = 106 - 36e^{-2.3(1)} \approx 102.4$ degrees
$y(2) = 106 - 36e^{-2.3(2)} \approx 105.6$ degrees
$y(3) = 106 - 36e^{-2.3(3)} \approx 105.96$ degrees
At $t = 3$, $y(t)$ is very close to the actual temperature.

19.

a. on $[-5, 5]$ by $[-5, 5]$

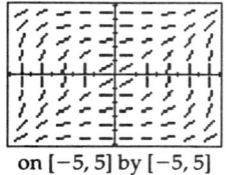

b. [graph on $[-5,5]$ by $[-5,5]$]

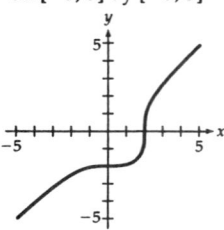

c. $\dfrac{dy}{dx} = \dfrac{x^2}{y^2}$

$y^2 \, dy = x^2 \, dx$

$\int y^2 \, dy = \int x^2 \, dx$

$\dfrac{1}{3} y^3 = \dfrac{1}{3} x^3 + C$

$y^3 = x^3 + C$

$y = \sqrt[3]{x^3 + C}$

$-2 = \sqrt[3]{0 + C}$

$-8 = C$

$y = \sqrt[3]{x^3 - 8}$

d. on $[-5, 5]$ by $[-5, 5]$

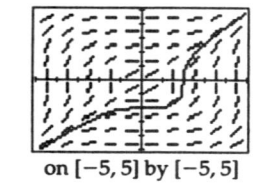

20.

a. on $[-5, 5]$ by $[-5, 5]$

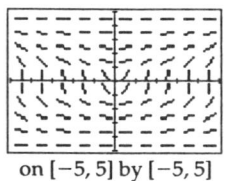

b. [graph on $[-5,5]$ by $[-5,5]$]

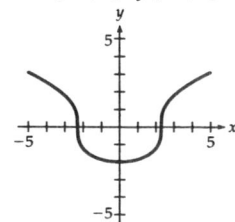

c. $\dfrac{dy}{dx} = \dfrac{x}{y^2}$

$y^2 \, dy = x \, dx$

$\int y^2 \, dy = \int x \, dx$

$\dfrac{y^3}{3} = \dfrac{1}{2} x^2 + C$

$y^3 = \dfrac{3}{2} x^2 + C$

$y = \sqrt[3]{\dfrac{3}{2} x^2 + C}$

$-2 = \sqrt[3]{\dfrac{3}{2} \cdot 0 + C}$

$-8 = C$

$y = \sqrt[3]{\dfrac{3}{2} x^2 - 8}$

d. on $[-5, 5]$ by $[-5, 5]$

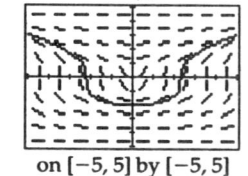

21. Since the increase in the price of a first-class stamp is proportional to its price, growth is unlimited and $y' = ay$, $y(0) = 33$ cents where $y(t)$ = the price of a first-class stamp t years after 1999 and $a = 0.07$. Thus, the solution is

$y = ce^{0.07t}$

Since $y(0) = 33$,

$33 = ce^{0.07(0)} = c$

Thus, $y(t) = 33e^{0.07t}$

In 2005, $t = 6$,

$y(6) = 33e^{0.07(6)} \approx 50$ cents

22. Since the increase in spending is proportional to spending, growth is unlimited and

$y' = ay$, $y(0) = 10.9$ billion

where $y(t)$ = the amount spent t years after 1995 and $a = 0.22$. Thus, the solution is

$y = ce^{0.22t}$

Since $y(0) = 10.9$,

$10.9 = ce^{0.22(0)} = c$

Thus, $y(t) = 10.9e^{0.22t}$

In 2005, $t = 10$.

$y(10) = 10.9e^{0.22(10)} \approx \$98.4$ billion

23. Since the growth in the number of infected people is proportional to both the number infected and the number uninfected, use the logistic growth model. Let $y(t)$ = the number of infected people. Then
$$y' = ay(M - y)$$
for $M = 8000$ and $y(0) = 10$. The solution is
$$y(t) = \frac{8000}{1 + ce^{-a(8000)t}}$$
Since $y(0) = 10$,
$$10 = \frac{8000}{1 + ce^{-8000a(0)}}$$
$$10 = \frac{8000}{1 + ce^0}$$
$$1 + c = 800$$
$$c = 799$$
Thus, $y(t) = \frac{8000}{1 + 799e^{-8000at}}$.

To find a, use the fact that $y(1) = 150$.
$$150 = \frac{8000}{1 + 799e^{-8000a(1)}}$$
$$1 + 799e^{-8000a} = \frac{8000}{150}$$
$$799e^{-8000a} = \frac{160}{3} - 1$$
$$e^{-8000a} = \frac{1}{799}\left(\frac{157}{3}\right)$$
$$-8000a = \ln\left(\frac{157}{2397}\right)$$
$$a = -\frac{1}{8000}\ln\left(\frac{157}{2397}\right) \approx 0.00034$$

Thus, since $8000(0.00034) \approx 2.73$, we get
$$y(t) = \frac{8000}{1 + 799e^{-2.73t}}$$
After 2 weeks, there will be
$$y(2) = \frac{8000}{1 + 799e^{-2.73(2)}} \approx 1818 \text{ cases.}$$

24. Since growth is proportional to both those who know and those who don't know, use the logistic growth model. Let $y(t)$ = the number of people who have heard the rumor after t days. Then
$$y' = ay(M - y)$$
for $M = 500$ and $y(0) = 2$. The solution is
$$y(t) = \frac{500}{1 + ce^{-500at}}$$
Since $y(0) = 2$,
$$2 = \frac{500}{1 + ce^{-500a(0)}}$$
$$2 = \frac{500}{1 + ce^0}$$
$$1 + c = 250$$
$$c = 249$$
Thus, $y = \frac{500}{1 + 249e^{-500at}}$.

To find a, use the fact that $y(1) = 75$.
$$75 = \frac{500}{1 + 249e^{-500a(1)}}$$
$$1 + 249e^{-500a} = \frac{20}{3}$$
$$e^{-500a} = \frac{1}{249}\left(\frac{17}{3}\right)$$
$$a = -\frac{1}{500}\ln\left(\frac{17}{747}\right) \approx 0.0076$$

Thus, $500(0.0076) \approx 3.78$ and
$$y(t) = \frac{500}{1 + 249e^{-3.78t}}$$
In 2 days, the number of students who will have heard the rumor is $y(2) = \frac{500}{1 + 249e^{-3.78(2)}} \approx 443$.

25. Let $y(t)$ = total sales after t months. Since sales growth is proportional to the distance between the maximum and the sales, use the limited growth model. Thus
$y' = a(M - y)$, $y(0) = 0$
for $M = 10{,}000$. The solution is
$y(t) = 10{,}000(1 - e^{-at})$
Since $y(7) = 3000$,
$3000 = 10{,}000(1 - e^{-a(7)})$
$0.3 = 1 - e^{-7a}$
$-0.7 = -e^{-7a}$
$e^{-7a} = 0.7$
$-7a = \ln 0.7$
$a = \frac{1}{7} \ln 0.7 \approx 0.051$

Thus, $y(t) = 10{,}000(1 - e^{-0.051t})$.
The sales after the first year ($t = 12$) are
$y(12) = 10{,}000(1 - e^{-0.051(12)}) \approx 4577$

26. Let $y(t)$ = the rate at which the mail carrier sorts letters after t weeks on the route. Since $y(0) = 0$ and the increase is proportional to the distance from the maximum, use the limited growth model. Thus,
$y' = a(M - y)$
for $M = 60$. The solution is
$y(t) = 60(1 - e^{-at})$
Since $y(2) = 25$,
$25 = 60(1 - e^{-a(2)})$
$\frac{5}{12} = 1 - e^{-2a}$
$-\frac{7}{12} = -e^{-2a}$
$-2a = \ln\left(\frac{7}{12}\right)$
$a = -\frac{1}{2} \ln\left(\frac{7}{12}\right) \approx 0.269$

Thus, $y(t) = 60(1 - e^{-0.0269t})$. To find the value of t such that $y(t) = 50$, solve the equation
$50 = 60(1 - e^{-0.269t})$
$\frac{5}{6} = 1 - e^{-0.269t}$
$-\frac{1}{6} = -e^{-0.269t}$
$t = -\frac{1}{0.269} \ln\left(\frac{1}{6}\right) \approx 6.7$ weeks

Review Exercises for Chapter 9

27. Let $y(t)$ = the number of people (in thousands) who have seen the ad in t weeks. Since $y(0) = 0$ and the growth is proportional to the distance from the maximum (that is, the people who have not seen the ad), use the limited growth model. Thus
$$y' = a(M - y)$$
for $M = 500$. The solution is
$$y(t) = 500(1 - e^{-at})$$
Since $y(2) = 200$,
$$200 = 500(1 - e^{-2a})$$
$$\frac{2}{5} = 1 - e^{-2a}$$
$$-2a = \ln\left(\frac{3}{5}\right)$$
$$a = -\frac{1}{2}\ln\left(\frac{3}{5}\right) = 0.255$$
Thus, $y(t) = 500(1 - e^{-0.255t})$.
The number of weeks it will take to reach 400,000 people is
$$400 = 500(1 - e^{-0.255t})$$
$$0.8 = 1 - e^{-0.255t}$$
$$e^{-0.255t} = 0.2$$
$$t = -\frac{1}{0.255}\ln 0.2 \approx 6.3 \text{ weeks}$$

28. Let $y(t)$ = sales in thousands. Since sales are growing in proportion to both the number sold and the size of the remaining market, use the logistic growth model. Thus
$$y' = ay(M - y)$$
for $M = 40$ and $y(0) = 1$. The solution is
$$y(t) = \frac{40}{1 + ce^{-a(40)t}}$$
Since $y(0) = 1$,
$$1 = \frac{40}{1 + ce^{-40a(0)}}$$
$$1 + ce^0 = 40$$
$$c = 39$$
Thus, $y(t) = \frac{40}{1+39e^{-at}}$. Since $y(1) = 4$,
$$4 = \frac{40}{1 + 39e^{-a(1)}}$$
$$1 + 39e^{-a} = 10$$
$$e^{-a} = \frac{9}{39}$$
$$a = -\ln\frac{9}{39} \approx 1.47$$
Thus, $y(t) = \frac{40}{1+39e^{-1.47t}}$.
The company will sell 20,000 fax machines when $y(t) = 20$ thousand. Thus,
$$20 = \frac{40}{1 + 39e^{-1.47t}}$$
$$1 + 39e^{-1.47t} = 2$$
$$e^{-1.47t} = \frac{1}{39}$$
$$t = -\frac{1}{1.47}\ln\left(\frac{1}{39}\right) \approx 2.5 \text{ years}$$

29. $xy - 5y = 4x^7$
$$y' - \frac{5}{x}y = 4x^6$$
$$p(x) = -\frac{5}{x}, \quad q(x) = 4x^6,$$
$$I(x) = e^{\int -\frac{5}{x}dx} = e^{-5\ln x} = e^{\ln x^{-5}} = x^{-5}$$
$$x^{-5}y' - 5x^{-6}y = 4x^6 \cdot x^{-5}$$
$$\frac{d}{dx}(x^{-5}y) = 4x$$
$$x^{-5}y = \frac{4x^2}{2} + C$$
$$y = 2x^7 + Cx^5$$

30. $xy' + \frac{1}{2}y = 3x$
$$y' + \frac{1}{2x}y = 3$$
$$p(x) = \frac{1}{2x}, \quad q(x) = 3,$$
$$I(x) = e^{\int \frac{1}{2x}dx} = e^{\frac{1}{2}\ln x} = e^{\ln x^{1/2}} = x^{1/2}$$
$$x^{1/2}y' + x^{1/2}\left(\frac{1}{2x}y\right) = 3x^{1/2}$$
$$\frac{d}{dx}(x^{1/2}y) = 3x^{1/2}$$
$$x^{1/2}y = 2x^{3/2} + C$$
$$y = 2x + Cx^{-1/2}$$

31. $y' + xy = x$

$p(x) = x,\ q(x) = x,\ I(x) = e^{\int x\,dx} = e^{x^2/2}$

$e^{x^2/2} y' + xe^{x^2/2} y = xe^{x^2/2}$

$\frac{d}{dx}(e^{x^2/2} y) = xe^{x^2/2}$

$e^{x^2/2} y = e^{x^2/2} + C$

$y = 1 + Ce^{-x^2/2}$

32. $y' - 2xy = -4x$

$p(x) = -2x,\ q(x) = -4x,\ I(x) = e^{\int -2x\,dx} = e^{-x^2}$

$e^{-x^2} y' - 2xe^{-x^2} y = -4xe^{-x^2}$

$\frac{d}{dx}(e^{-x^2} y) = -4xe^{-x^2}$

$e^{-x^2} y = 2e^{-x^2} + C$

$y = 2 + Ce^{x^2}$

33. $xy' + y = xe^x$ Note that $\frac{dx}{x}(x) = 1$, which is the coefficient of y.

$\frac{d}{dx}(xy) = xe^x$

$xy = xe^x - \int x^0 e^x\,dx = xe^x - e^x + C$

$y = e^x - x^{-1}e^x + Cx^{-1}$

34. $xy' + y = x \ln x$ Note that $\frac{d}{dx}(x) = 1$, which is the coefficient of y.

$\frac{d}{dx}(xy) = x \ln x$

$xy = \frac{1}{1+1} x^{1+1} \ln x - \frac{1}{(1+1)^2} x^{1+1} + C = \frac{1}{2} x^2 \ln x - \frac{1}{4} x^2 + C$

$y = \frac{1}{2} x \ln x - \frac{1}{4} x + Cx^{-1}$

35. $y' - xy = 0,\ y(0) = 3$

$p(x) = -x,\ q(x) = 0,\ I(x) = e^{\int -x\,dx} = e^{-x^2/2}$

$y'e^{-x^2/2} - xe^{-x^2/2} y = 0$

$\frac{d}{dx}(e^{-x^2/2} y) = 0$

$e^{-x^2/2} y = C$

$y = Ce^{x^2/2}$

Since $y(0) = 3$,

$3 = Ce^{0^2/2} = C$

Thus, $y(t) = 3e^{x^2/2}$.

36. $y' + 4xy = 0,\ y(0) = 2$

$p(x) = 4x,\ q(x) = 0,\ I(x) = e^{\int 4x\,dx} = e^{2x^2}$

$e^{2x^2} y' + 4xe^{2x^2} y = 0$

$\frac{d}{dx}(e^{2x^2} y) = 0$

$e^{2x^2} y = C$

$y = Ce^{-2x^2}$

Since $y(0) = 2$,

$2 = Ce^{-2(0)^2} = C$

Thus, $y(t) = 2e^{-2x^2}$.

Review Exercises for Chapter 9

37. $xy' + 2x = 6x$, $y(1) = 0$
$x^2 y' + 2xy = 6x^2$
$\dfrac{d}{dx}(x^2 y) = 6x^2$
$x^2 y = 2x^3 + C$
$y = 2x + Cx^{-2}$
Since $y(1) = 0$,
$0 = 2(1) + C(1)^{-2}$
$C = -2$
Thus, $y(t) = 2x - 2x^{-2}$.

38. $xy' - y = 4$, $y(1) = 6$
$y' - \dfrac{1}{x} y = \dfrac{4}{x}$
$p(x) = -\dfrac{1}{x}$, $q(x) = \dfrac{4}{x}$,
$I(x) = e^{\int -\frac{1}{x} dx} = e^{-\ln x} = x^{-1}$
$x^{-1} y' - x^{-2} y = 4x^{-2}$
$\dfrac{d}{dx}(x^{-1} y) = 4x^{-2}$
$x^{-1} y = -4x^{-1} + C$
$y = -4 + Cx$
Since $y(1) = 6$,
$6 = -4 + C(1)$
$C = 10$
Thus, $y(t) = -4 + 10x$.

39. a. $y' = 0.05y + 10e^{0.05t}$, $y(0) = 100$
$y' - 0.05y = 10e^{0.05t}$
$p(t) = -0.05$, $q(t) = 10e^{0.05t}$,
$I(t) = e^{\int -0.05 \, dt} = e^{-0.05t}$
$e^{-0.05t} y' - 0.05 e^{-0.05t} y = 10 e^{0.05t}(e^{-0.05t})$
$\dfrac{d}{dx}(e^{-0.05t} y) = 10$
$e^{-0.05t} y = 10t + C$
$y = 10t e^{0.05t} + Ce^{0.05t}$
Since $y(0) = 100$,
$100 = 10(0)e^{0.05(0)} + Ce^{0.05(0)}$
$100 = 0 + Ce^0 = C$
Thus, $y(t) = 10t e^{0.05t} + 100 e^{0.05t}$.

b.   The value of the fund after 5 years is
$y(5) = 10(5)e^{0.05(5)} + 100 e^{0.05(5)} \approx 192.604$
The value after 5 years is about $192,604.

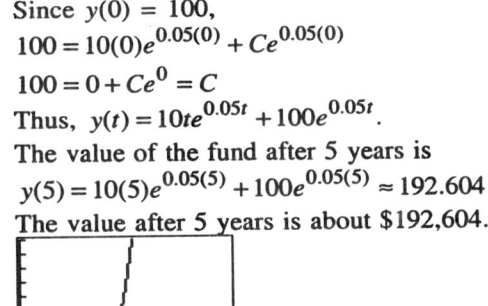

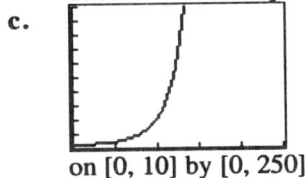

c.

on [0, 10] by [0, 250]
The fund will reach $250,000 in about 7.33 years

40. a. $p' = 0.02p + 0.1e^{0.01t}$, $p(0) = 100$

$p' - 0.02p = 0.1e^{0.01t}$

$p(t) = -0.02$, $q(t) = 0.1e^{0.01t}$

$I(t) = e^{\int -0.02\,dt} = e^{-0.02t}$

$e^{-0.02t}p' - 0.02e^{-0.02t}p = 0.1e^{0.01t}(e^{-0.02t})$

$\frac{d}{dt}(e^{-0.02t}p) = 0.1e^{-0.01t}$

$e^{-0.02t}p = \frac{0.1}{-0.01}e^{-0.01t} + C$

$p = -10e^{-0.01t}(e^{0.02t}) + Ce^{0.02t}$

$= -10e^{0.01t} + Ce^{0.02t}$

Since $P(0) = 100$,

$100 = -10e^{0.01(0)} + Ce^{0.02(0)}$

$110 = Ce^0 = C$

Thus, $y(t) = -10e^{0.01t} + 110e^{0.02t}$.

b. At $t = 10$,

$y(10) = -10e^{0.01(10)} + 110e^{0.02(10)} \approx 123$

In 10 years, the population will be about 123 million.

c.

The population will reach 150 million in about 19.4 years.

Review Exercises for Chapter 9

41.
   a. Let $y(t)$ = amount of oxygen in the room after t minutes.
   Incoming oxygen = 500 cubic feet × 0.20 = 100 cubic feet
   Outgoing oxygen = $y\left(\dfrac{500}{10,000}\right) = 0.05y$
   Thus, the rate of change of oxygen is
   $y' = 100 - 0.05y$
   and $y(0) = 10,000(0.1) = 1000$.

   b. $y' + 0.05y = 100,\ y(0) = 1000$
   $p(t) = 0.05,\ q(t) = 100,$
   $I(t) = e^{\int 0.05\, dt} = e^{0.05t}$
   $e^{0.05t} y' + 0.05 e^{0.05t} y = 100 e^{0.05t}$
   $\dfrac{d}{dt}(e^{0.05t} y) = 100 e^{0.05t}$
   $e^{0.05t} y = \dfrac{100}{0.05} e^{0.05t} + C$
   $y = 2000 + C e^{-0.05t}$
   Since $y(0) = 1000$,
   $1000 = 2000 + C e^{-0.05(0)}$
   $-1000 = C e^0 = C$
   Thus, $y(t) = 2000 - 1000 e^{-0.05t}$.

   c. After 15 minutes,
   $y(15) = 2000 - 1000 e^{-0.05(15)} \approx 1528$ cubic feet

   d. In the long run, $y(t) \to 2000 + 0 = 2000$
   because $\lim\limits_{t\to\infty} C e^{-0.05t} = 0$. Thus, the long-run oxygen content is 2000 cubic feet.

   e.

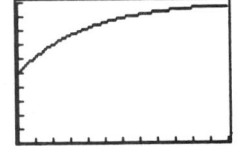

   on [0, 60] by [0, 2000]
   The oxygen will reach 19% (which is $0.19 \cdot 10,000 = 1900$ cubic feet) in about 46 minutes.

42.
   a. $p' = 0.2p + 2,\ p(0) = 5$
   $p' - 0.2p = 2$
   $p(t) = -0.2,\ q(t) = 2$
   $I(t) = e^{\int -0.2\, dt} = e^{-0.2t}$
   $e^{-0.2t} p' - 0.2 e^{-0.2t} p = 2 e^{-0.2t}$
   $\dfrac{d}{dt}(e^{-0.2t} p) = 2 e^{-0.2t}$
   $e^{-0.2t} p = \dfrac{2}{-0.2} e^{-0.2t} + C$
   $p = -10 + C e^{0.2t}$
   Since $p(0) = 5$,
   $5 = -10 + C e^{0.2(0)}$
   $15 = C e^0 = C$

   b. After 2 years,
   $p(2) = -10 + 15 e^{0.2(2)} \approx 12$ eagles

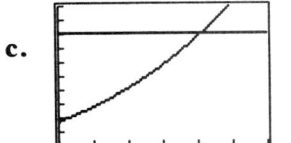

   c.

   on [0, 6] by [0, 30]

   on [0, 6] by [0, 30]
   The eagle population will reach 24 in about 4 years.

43. a. $y' = 2 - 2y$, $y(0) = 2$. The initial point is (0, 2), and the slope is $g(x, y) = 2 - 2y$. The step size is $\frac{1-0}{4} = 0.25$

Segment 1
Slope $\quad g(0, 2) = 2 - 2(2) = -2$
End point $x_1 = 0.25$, $\quad y_1 = 2 + (-2)(0.25) = 1.5$

Segment 2
Slope $\quad g(0.25, 1.5) = 2 - 2(1.5) = -1$
End point $x_2 = 0.5$, $\quad y_2 = 1.5 + (-1)(0.25) = 1.25$

Segment 3
Slope $\quad g(0.5, 1.25) = 2 - 2(1.25) = -0.5$
End point $x_3 = 0.75$, $\quad y_3 = 1.25 + (-0.5)(0.25) \approx 1.13$

Segment 4
Slope $\quad g(0.75, 1.13) = 2 - 2(1.13) = -0.26$
End point $x_4 = 1$, $\quad y_4 = 1.13 + (-0.26)(0.25) \approx 1.07$

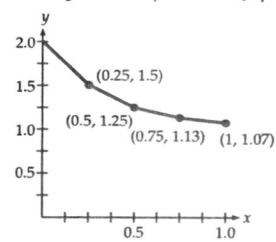

b. $y' = 2 - 2y$ or $y' + 2y = 2$, $y(0) = 2$

$p(x) = 2$, $q(x) = 2$, $I(x) = e^{\int 2\,dx} = e^{2x}$

$e^{2x}y' + 2e^{2x} = 2e^{2x}$

$\frac{d}{dx}(e^{2x}y) = 2e^{2x}$

$e^{2x}y = e^{2x} + C$

$y = 1 + Ce^{-2x}$

Since $y(0) = 2$,

$2 = 1 + Ce^{-2(0)}$

$1 = Ce^0 = C$

Thus, $y(x) = e^{-2x} + 1$.

c. $y(1) = e^{-2(1)} + 1 \approx 1.14$

Review Exercises for Chapter 9

44. a. $y' = \frac{4x}{x}$, $y(0) = 1$. The initial point is (0, 1), and the slope is $g(x, y) = \frac{4x}{y}$. The step size is $\frac{1-0}{4} = 0.25$

Segment 1
Slope $\quad g(0, 1) = \frac{4(0)}{1} = 0$
End point $x_1 = 0.25$, $\quad y_1 = 1 + 0 \cdot (0.25) = 1$
Segment 2
Slope $\quad g(0.25, 1) = \frac{4(0.25)}{1} = 1$
End point $x_2 = 0.5$, $\quad y_2 = 1 + 1(0.25) = 1.25$
Segment 3
Slope $\quad g(0.5, 1.25) = \frac{4(0.5)}{1.25} = 1.6$
End point $x_3 = 0.75$, $\quad y_3 = 1.25 + 1.6(0.25) = 1.65$
Segment 4
Slope $\quad g(0.75, 1.65) = \frac{4(0.75)}{1.65} = \frac{3}{1.65}$
End point $x_4 = 1$, $\quad y_4 = 1.65 + \frac{3}{1.65}(0.25) \approx 2.1$

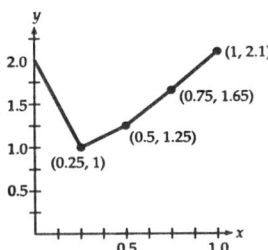

b. $y' = \frac{4x}{y}$

$\frac{dy}{dx} = \frac{4x}{y}$

$y\,dy = 4x\,dx$

$\int y\,dy = \int 4x\,dx$

$\frac{y^2}{2} = 2x^2 + C$

$y^2 = 4x^2 + c$

Since $y(0) = 1$,
$1^2 = 4(0)^2 + c$
$c = 1$

Thus, the particular solution is $y^2 = 4x^2 + 1$.

c. At $x = 1$,
$y^2 = 4(1)^2 + 1 = 5$
$y = \sqrt{5} \approx 2.24$

45. $y' = \frac{1}{y^2 + 1}$, $y(0) = 1$. Using an Euler's method program, we get $y(2) \approx 1.70$.

46. $y' = ye^{-x}$, $y(1) = 5$. Using an Euler's method program, we get $y(2.5) \approx 6.68$.

47.

a. $p' = 0.1(1-p) + 0.1p(1-p)$
$= (0.1 + 0.1p)(1-p)$
$= 0.1(1+p)(1-p)$
$= 0.1(1-p^2)$

b. $p' = 0.1(1-p^2)$, $p(0) = 0.3$. Using an Euler's method program, we get $p(4) \approx 0.61$. Thus, about 61% have heard of the product after 4 weeks.

48. $y' = 0.2y - 0.1\sqrt[3]{y}$, $y(0) = 100$. Using an Euler's method program, we get $y(2) \approx 148$. Thus, the population after 2 weeks is about 148.

Chapter 10: Sequences and Series

EXERCISES 10.1

1. $\sum_{i=1}^{5} \frac{1}{i+1} = \frac{1}{1+1} + \frac{1}{2+1} + \frac{1}{3+1} + \frac{1}{4+1} + \frac{1}{5+1}$
   $= \frac{1}{2} + \frac{1}{3} + \frac{1}{4} + \frac{1}{5} + \frac{1}{6}$

3. $\sum_{k=1}^{4} \left(-\frac{1}{3}\right)^k = \left(-\frac{1}{3}\right)^1 + \left(-\frac{1}{3}\right)^2 + \left(-\frac{1}{3}\right)^3 + \left(-\frac{1}{3}\right)^4$
   $= -\frac{1}{3} + \frac{1}{9} - \frac{1}{27} + \frac{1}{81}$

5. $\sum_{n=1}^{6} \frac{1-(-1)^n}{2} = \frac{1-(-1)^1}{2} + \frac{1-(-1)^2}{2} + \frac{1-(-1)^3}{2} + \frac{1-(-1)^4}{2} + \frac{1-(-1)^5}{2} + \frac{1-(-1)^6}{2}$
   $= \frac{1+1}{2} + \frac{1-1}{2} + \frac{1+1}{2} + \frac{1-1}{2} + \frac{1+1}{2} + \frac{1-1}{2} = 1+0+1+0+1+0$

7. $\frac{1}{3} + \frac{1}{9} + \frac{1}{27} + \frac{1}{81} + \cdots = \frac{1}{3} + \frac{1}{3^2} + \frac{1}{3^3} + \frac{1}{3^4} + \cdots = \sum_{i=1}^{\infty} \frac{1}{3^i}$

9. $-2 + 4 - 8 + 16 - \cdots = (-2)^1 + (-2)^2 + (-2)^3 + (-2)^4 + \cdots = \sum_{i=1}^{\infty} (-2)^i$

11. $-1 + 2 - 3 + 4 - \cdots = (-1)^1(1) + (-1)^2(2) + (-1)^3(3) + (-1)^4(4) + \cdots = \sum_{i=1}^{\infty} (-1)^i i$

13. $1 + 2 + 2^2 + 2^3 + \cdots + 2^9$
    $a = 1, r = 2, n = 10$
    $S_n = a\frac{1-r^n}{1-r}$
    $S_{10} = (1)\frac{1-2^{10}}{1-2} = 2^{10} - 1 = 1023$

15. $3 + 3 \cdot 4 + 3 \cdot 4^2 + \cdots + 3 \cdot 4^5$
    $a = 3, r = 4, n = 6$
    $S_n = a\frac{1-r^n}{1-r}$
    $S_6 = 3\left(\frac{1-4^6}{1-4}\right) = 4^6 - 1 = 4095$

17. $3 - 3 \cdot 2 + 3 \cdot 2^2 - 3 \cdot 2^3 + \cdots + 3 \cdot 2^6$
    $a = 3, r = -2, n = 7$
    $S_n = a\frac{1-r^n}{1-r}$
    $S_7 = 3\left[\frac{1-(-2)^7}{1-(-2)}\right] = 2^7 + 1 = 129$

19. $4 + \frac{4}{5} + \frac{4}{25} + \frac{4}{125} + \cdots$
    $a = 4, r = \frac{1}{5}$
    $S = \frac{a}{1-r} = \frac{4}{1-\frac{1}{5}} = \frac{4}{\frac{4}{5}} = 5$

21. $2 - \frac{2}{3} + \frac{2}{9} - \frac{2}{27} + \frac{2}{81} - \cdots$
    $a = 2, r = \frac{-\frac{2}{3}}{2} = -\frac{2}{2 \cdot 3} = -\frac{1}{3}$
    $S = \frac{a}{1-r} = \frac{2}{1-\left(-\frac{1}{3}\right)} = \frac{2}{\frac{4}{3}} = \frac{3}{2}$

23. $\frac{1}{3} + \frac{2}{3} + \frac{4}{3} + \frac{8}{3} + \frac{16}{3} + \cdots$
    $a = \frac{1}{3}, r = \frac{\frac{2}{3}}{\frac{1}{3}} = \frac{2}{3} \cdot \frac{3}{1} = 2$
    Since $|r| > 1$, the series diverges.

25. $\frac{3}{2} + \frac{3^2}{2^3} + \frac{3^3}{2^5} + \frac{3^4}{2^7} + \frac{3^5}{2^9} + \cdots$

$a = \frac{3}{2}, \ r = \frac{\frac{3^2}{2^3}}{\frac{3}{2}} = \frac{3^2}{2^3} \cdot \frac{2}{3} = \frac{3}{2^2} = \frac{3}{4}$

$S = \frac{a}{1-r} = \frac{\frac{3}{2}}{1-\frac{3}{4}} = \frac{\frac{3}{2}}{\frac{1}{4}} = \frac{3}{2} \cdot 4 = 6$

27. $8 + 6 + \frac{9}{2} + \frac{27}{8} + \cdots$

$a = 8, \ r = \frac{6}{8} = \frac{3}{4}$

$S = \frac{a}{1-r} = \frac{8}{1-\frac{3}{4}} = \frac{8}{\frac{1}{4}} = 32$

29. $\sum_{i=1}^{\infty} \frac{100}{5^i}, \ a = \frac{100}{5^1} = 20, \ r = \frac{\frac{100}{5^2}}{\frac{100}{5^1}} = \frac{5}{25} = \frac{1}{5}$

$S = \frac{a}{1-r} = \frac{20}{1-\frac{1}{5}} = \frac{20}{\frac{4}{5}} = 25$

31. $\sum_{j=1}^{\infty} \frac{3^j}{7 \cdot 2^j}, \ a = \frac{3}{7 \cdot 2} = \frac{3}{14},$

$r = \frac{\frac{3^2}{7 \cdot 2^2}}{\frac{3}{7 \cdot 2}} = \frac{3^2 \cdot 2}{3 \cdot 2^2} = \frac{3}{2}$

Since $|r| > 1$, the series diverges.

33. $\sum_{j=0}^{\infty} \left(-\frac{1}{2}\right)^j, \ a = \left(-\frac{1}{2}\right)^0 = 1, \ r = \frac{\left(-\frac{1}{2}\right)^2}{-\frac{1}{2}} = -\frac{1}{2}$

$S = \frac{a}{1-r} = \frac{1}{1-\left(-\frac{1}{2}\right)} = \frac{1}{\frac{3}{2}} = \frac{2}{3}$

35. $\sum_{k=1}^{\infty} (1.01)^k, \ a = 1.01, \ r = \frac{(1.01)^2}{1.01} = 1.01$

Since $|r| > 1$, the series diverges.

37. $\sum_{k=0}^{\infty} (0.99)^k, \ a = (0.99)^0 = 1, \ r = \frac{(0.99)^2}{0.99} = 0.99$

$S = \frac{a}{1-r} = \frac{1}{1-0.99} = \frac{1}{0.01} = 100$

39. $\sum_{j=0}^{\infty} \frac{3^j}{4^{j+1}}, \ a = \frac{3^0}{4^{0+1}} = \frac{1}{4}, \ r = \frac{\frac{3}{4^2}}{\frac{3^0}{4^1}} = \frac{3 \cdot 4}{1 \cdot 4^2} = \frac{3}{4}$

$S = \frac{a}{1-r} = \frac{\frac{1}{4}}{1-\frac{3}{4}} = \frac{\frac{1}{4}}{\frac{1}{4}} = 1$

41. $0.\overline{36} = \frac{36}{100} + \frac{36}{100^2} + \frac{36}{100^3} + \cdots$

$a = \frac{36}{100}, \ r = \frac{\frac{36}{100^2}}{\frac{36}{100}} = \frac{36}{100^2} \cdot \frac{100}{36} = \frac{1}{100}$

$S = \frac{a}{1-r} = \frac{\frac{36}{100}}{1-\frac{1}{100}} = \frac{\frac{36}{100}}{\frac{99}{100}} = \frac{36}{99} = \frac{4}{11}$

43. $2.\overline{54} = 2 + \left(\frac{54}{100} + \frac{54}{100^2} + \frac{54}{100^3} + \cdots\right)$

$a = \frac{54}{100}, \ r = \frac{1}{100}$

$S = \frac{a}{1-r} = \frac{\frac{54}{100}}{1-\frac{1}{100}} = \frac{\frac{54}{100}}{\frac{99}{100}} = \frac{54}{99}$

Thus, $2.\overline{54} = 2\frac{54}{99} = 2\frac{6}{11}$.

45. $0.\overline{027} = \frac{27}{1000} + \frac{27}{1000^2} + \frac{27}{1000^3} + \cdots$

$a = \frac{27}{1000}, \ r = \frac{\frac{27}{1000^2}}{\frac{27}{1000}} = \frac{27}{1000^2} \cdot \frac{1000}{27} = \frac{1}{1000}$

$S = \frac{a}{1-r} = \frac{\frac{27}{1000}}{1-\frac{1}{1000}} = \frac{\frac{27}{1000}}{\frac{999}{1000}} = \frac{27}{999} = \frac{1}{37}$

Exercises 10.1

47. $0.\overline{012345679} = \dfrac{12345679}{10^9} + \dfrac{12345679}{10^{18}} + \dfrac{12345679}{10^{27}} + \cdots$

$a = \dfrac{12345679}{10^9}, \ r = \dfrac{1}{10^9}$

$S = \dfrac{\frac{12345679}{10^9}}{1 - \frac{1}{10^9}} = \dfrac{\frac{12345679}{10^9}}{\frac{999999999}{10^9}} = \dfrac{12345679}{999999999} = \dfrac{1}{81}$

49. $150 + 150(0.3) + 150(0.3)^2 + \cdots + 150(0.3)^{n-1} = \displaystyle\sum_{i=1}^{n} 150(0.3)^{i-1}$

For $n = 1$, $S = 150$.
For $n = 2$, $S = 195$.
For $n = 3$, $S = 208.5$.
For $n = 4$, $S = 212.55$.
For $n = 5$, $S = 213.765$.
For $n = 6$, $S = 214.1295$.
For $n = 7$, $S = 214.23885$.

a. The third dose increases the cumulative amount to over 200 mg.
b. The fifth dose increases the cumulative amount to over 213 mg.

51. $\dfrac{a}{1-r} = \dfrac{2}{1-2} = -2$

The series diverges, so the formula does not apply.

53. a. For the Yonker's fine, $a = 100$ and $r = 2$. For 18 days,

$S_{18} = 100\dfrac{1-2^{18}}{1-2} = 100(2^{18} - 1) = \$26,214,300$

b. In 24 days, the fine would have reached over $1 billion.

55. For 6% compounded monthly, the monthly interest rate is $\frac{0.06}{12} = 0.005$, so the deposits are multiplied by 1.005. Monthly deposits are $300 for 40 years $= 40 \cdot 12 = 480$ months. The amount of annuity is

$300\dfrac{1-1.005^{480}}{1-1.005} \approx \$597,447$

57. (Present value) $= 4167 + \dfrac{4167}{1.005} + \dfrac{4167}{(1.005)^2} + \cdots$
$+ \dfrac{4167}{(1.005)^{239}}$

$a = 4167, \ r = \dfrac{1}{1.005}$, and

(Present value) $4167 \dfrac{1 - \left(\frac{1}{1.005}\right)^{240}}{1 - \left(\frac{1}{1.005}\right)} \approx \$584,541$

59. a. Amount saved $1 + 2 + 4 + 8 + \cdots + 2^{30}$
Thus, $a = 1$, $r = 2$, and

$S_{31} = 1\dfrac{1-2^{31}}{1-2} = 2^{31} - 1 = 2,147,483,647$ pennies
$= \$21,474,836.47$

b. In 27 days, the savings will be more than $1 million.

61. You travel
$$10 + 10(1.1) + 10(1.1)^2 + 10(1.1)^3 + \cdots$$
$a = 10$, $r = 1.1$, and we need
$$3000 = 10\frac{1 - 1.1^n}{1 - 1.1}$$
Using a graphing calculator, this sum is over 3000 for $n = 37$. Thus, it will take 37 days to reach the opposite coast.

63. a. Maximum amount
$$= 12 + 12(0.2) + 12(0.2)^2 + \cdots$$
$a = 12$, $r = 0.02$, and
Maximum amount $= \frac{12}{1 - 0.2} = 15$ units
Minimum amount $=$ maximum $\cdot$ 0.2
$= 15 \cdot 0.2 = 3$

b. Using a graphing calculator, the sum reaches 14.9 in the fourth term. Thus, on the fourth day, the maximum amount reaches 14.9 units.

65. Total expenditures $= 3 + 3(0.75) + 3(0.75)^2 + \cdots$
$$= \frac{3}{1 - 0.75} = \$12 \text{ billion}$$
Since the original tax cut was $3 billion,
Multiplier $= \frac{\$12 \text{ billion}}{\$3 \text{ billion}} = 4$

67. (Capital value) $= 300 + \frac{300}{1 + 0.015} + \frac{300}{(1 + 0.015)^2} + \frac{300}{(1 + 0.015)^3} + \cdots$

$a = 300$ and $r = \frac{1}{1.015}$. Thus

(Capital value) $= \frac{300}{1 - \frac{1}{1.015}} = \$20,300$

69. a. (Vertical distance) $= 6 + \frac{2}{3}(6 \cdot 2) + \left(\frac{2}{3}\right)^2 (6 \cdot 2) + \left(\frac{2}{3}\right)^3 (6 \cdot 2) + \cdots$

$= -6 + (6 \cdot 2) + \frac{2}{3}(6 \cdot 2) + \left(\frac{2}{3}\right)^2 (6 \cdot 2) + \left(\frac{2}{3}\right)^3 (6 \cdot 2) + \cdots$

$a = 12$, $r = \frac{2}{3}$

(Vertical distance) $= -6 + \frac{12}{1 - \frac{2}{3}} = -6 + \frac{12}{\frac{1}{3}} = 30$ feet

b. Using a graphing calculator, we get that the vertical distance exceeds 29 feet at the ninth bounce.

71. After an immigration (using $a = 800$ and $r = 0.95$):
Population $= 800 + 800(0.95) + 800(0.95)^2 + \cdots$
$= \frac{800}{1 - 0.95} \approx 16,000$
Before an immigration:
Population $= 16,000 - 800 = 15,200$

EXERCISES 10.2

1. $f(x) = e^{2x}$, $f'(x) = 2e^{2x}$, $f''(x) = 4e^{2x}$, $f'''(x) = 8e^{2x}$

$p_3(x) = e^{2(0)} + \frac{2e^{2(0)}}{1!}x + \frac{4e^{2(0)}}{2!}x^2 + \frac{8e^{2(0)}}{3!}x^3$

$= 1 + 2x + 2x^2 + \frac{4}{3}x^3$

Exercises 10.2

3. $f(x)=\sqrt{x+1},\ f'(x)=\frac{1}{2}(x+1)^{-1/2},\ f''(x)=-\frac{1}{4}(x+1)^{-3/2},\ f'''(x)=\frac{3}{8}(x+1)^{-5/2}$

$p_3(x)=\sqrt{0+1}+\dfrac{\frac{1}{2}(0+1)^{-1/2}}{1!}+\dfrac{-\frac{1}{4}(0+1)^{-3/2}}{2!}+\dfrac{\frac{3}{8}(0+1)^{-5/2}}{3!}$

$=1+x-\frac{1}{8}x^2+\frac{1}{16}x^3$

5. $f(x)=7+x-3x^2,\ f'(x)=1-6x,\ f''(x)=-6,\ f'''(x)=0$

$p_3(x)=\left[7+0-3(0)^2\right]+\dfrac{1-6(0)}{1!}+\dfrac{-6}{2!}x^2+\dfrac{0}{3!}x^3$

$=7+x-3x^2$

7. $f(x)=e^{x^2},\ f'(x)=2xe^{x^2},\ f''(x)=2e^{x^2}+2x(2xe^{x^2})=2e^{x^2}+4x^2e^{x^2},$

$f'''(x)=2(2xe^{x^2})+8xe^{x^2}+4x^2(2xe^{x^2})=12xe^{x^2}+8x^3e^{x^2}$

$p_3(x)=e^{(0)^2}+\dfrac{2(0)e^{(0)^2}}{1!}x+\dfrac{2e^{(0)^2}+4(0)^2e^{(0)^2}}{2!}x^2+\dfrac{12(0)e^{(0)^2}+8(0)^3e^{(0)^2}}{3!}x^3$

$=1+0\cdot x+\frac{2}{2!}x^2+\frac{0+0}{3!}x^3=1+x^2$

9. a. $f(x)=\ln(x+1),\ f'(x)=\dfrac{1}{x+1},\ f''(x)=-\dfrac{1}{(x+1)^2},\ f'''=\dfrac{2}{(x+1)^3},\ f^{(4)}(x)=-\dfrac{6}{(x+1)^4}$

$p_4(x)=\ln(0+1)+\left(\dfrac{1}{0+1}\right)\dfrac{x}{1!}+\left[-\dfrac{1}{(0+1)^2}\right]\dfrac{x^2}{2!}+\left[\dfrac{2}{(0+1)^3}\right]\dfrac{x^3}{3!}+\left[-\dfrac{6}{(0+1)^4}\right]\dfrac{x^4}{4!}$

$=0+\frac{1}{1}x-\left(\frac{1}{1}\right)\dfrac{x^2}{2}+\left(\frac{2}{1}\right)\dfrac{x^3}{6}+\left(-\frac{6}{1}\right)\dfrac{x^4}{24}$

$=x-\dfrac{x^2}{2}+\dfrac{x^3}{3}-\dfrac{x^4}{4}$

  b. on [−2, 2] by [−2, 2]

11. a. $f(x)=\cos x,\ f'(x)=-\sin x,\ f''(x)=-\cos x,\ f'''(x)=\sin x,\ f^{(4)}(x)=\cos x$

$p_4(x)=\cos 0+(-\sin 0)\dfrac{x}{1!}+(-\cos 0)\dfrac{x^2}{2!}+(\sin 0)\dfrac{x^3}{3!}+(\cos 0)\dfrac{x^4}{4!}$

$=1+(0)\dfrac{x}{1}+(-1)\dfrac{x^2}{2}+(0)\dfrac{x^3}{6}+(1)\dfrac{x^4}{24}$

$=1-\dfrac{x^2}{2}+\dfrac{x^4}{24}$

  b. on [−π, π] by [−2, 2]

13. The second Taylor polynomial for e^x at $x = 0$ is $p_2(x) = 1 + x + \frac{1}{2!}x^2$. Replacing x by x^2, we get that the fourth Taylor polynomial for e^{x^2} at $x = 0$ is
$$p_4(x) = 1 + x^2 + \frac{1}{2!}(x^2)^2 = 1 + x^2 + \frac{1}{2!}x^4$$

15. The fifth Taylor polynomial for $\sin x$ at $x = 0$ is $p_5(x) = x - \frac{x^3}{3!} + \frac{x^5}{5!}$. Replacing x by $2x$, we get that the fifth Taylor polynomial for $\sin 2x$ at $x = 0$ is
$$p_5(x) = 2x - \frac{(2x)^3}{3!} + \frac{(2x)^5}{5!} = 2x - \frac{8x^3}{3!} + \frac{32x^5}{5!}$$

17.
a. $f(x) = e^x$, $f'(x) = e^x$, $f''(x) = e^x$, $f'''(x) = e^x$, $f^{(4)}(x) = e^x$

$$p_4(x) = e^0 + e^0 \frac{x}{1!} + e^0 \frac{x^2}{2!} + e^0 \frac{x^3}{3!} + e^0 \frac{x^4}{4!}$$
$$= 1 + x + \frac{x^2}{2!} + \frac{x^3}{3!} + \frac{x^4}{4!}$$

b. $e^{-1/2} \approx p_4\left(-\frac{1}{2}\right) = 1 - \frac{1}{2} + \frac{1}{2!}\left(-\frac{1}{2}\right)^2 + \frac{1}{3!}\left(-\frac{1}{2}\right)^3 + \left(-\frac{1}{2}\right)^4\left(\frac{1}{4!}\right)$
$$= 1 - \frac{1}{2} + \frac{1}{2^3} + \frac{1}{6}\left(-\frac{1}{2^3}\right) + \frac{1}{24} \approx 0.60677$$

c. First, calculate $f^{(5)}(x)$.
$f^{(5)}(x) = e^x$
Since $f^{(5)}(x) = e^x$ is an increasing function, we consider the right-hand end point as where f is maximized.
$f^{(5)}(0) = e^0 = 1$
Thus, choose $M = 1$.
$$\left|R_4\left(-\frac{1}{2}\right)\right| \le \frac{1}{(4+1)!}\left|-\frac{1}{2}\right|^{4+1} = \frac{1}{5!} \cdot \frac{1}{2^5} \approx 0.0003 \text{ (rounded up)}$$

d. $e^{-1/2} \approx 0.6068$ with error less than 0.0003.

e.

on $[-3, 3]$ by $[0, 12]$

Exercises 10.2

19. a. All derivatives of $\cos x$ are $\pm \sin x$ or $\pm \cos x$. Therefore $\left|f^{(n)}(x)\right| \le |\pm 1| = 1$ because the maximum of $\sin x$ and $\cos x$ is 1 and the minimum of $\sin x$ and $\cos x$ is -1. Thus, choose $M = 1$.

$$|R_n(x)| \le \frac{1}{(n+1)!}|1|^{n+1} < 0.0002$$

and

$$|R_n(x)| \le \frac{1}{(n+1)!}|-1|^{n+1} < 0.0002$$

Thus, $p_n(x)$ has error less than 0.0002 on the interval $[-1, 1]$ when

$$\frac{1}{(n+1)!} < 0.0002$$

$$\frac{1}{0.0002} < (n+1)!$$

Thus, $n + 1 = 7$ or $n = 6$.
Now, find the derivatives of $f(x)$.

$f(x) = \cos x$, $f'(x) = -\sin x$, $f''(x) = -\cos x$, $f'''(x) = \sin x$, $f^{(4)}(x) = \cos x$,
$f^{(5)}(x) = -\sin x$, $f^{(6)}(x) = -\cos x$

$$p_6(x) = \cos 0 + (-\sin 0)\left(\frac{x}{1!}\right) + (-\cos 0)\frac{x^2}{2!} + (\sin 0)\frac{x^3}{3!} + (\cos 0)\frac{x^4}{4!} + (-\sin 0)\frac{x^5}{5!} + (-\cos 0)\frac{x^6}{6!}$$

$$= 1 - 0x + (-1)\frac{x^2}{2!} + 0\frac{x^3}{3!} + 1\frac{x^4}{4!} + (-0)\frac{x^5}{5!} - 1\frac{x^6}{6!}$$

$$= 1 - \frac{x^2}{2!} + \frac{x^4}{4!} - \frac{x^6}{6!}$$

b.

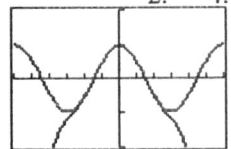

on $[-2\pi, 2\pi]$ by $[-2, 2]$
Actual error for $-1 \le x \le 1$ is less than 0.00003.

21. a. Find $p_1(x)$ for $f(x) = \sqrt[3]{1+x}$ at $x = 0$.

$f'(x) = \frac{1}{3}(1+x)^{-2/3}$

$p_1(x) = \sqrt[3]{1+0} + \frac{1}{3}(1+0)^{-2/3} \frac{x}{1!} = 1 + \frac{x}{3}$

b. $f''(x) = -\frac{2}{9}(1+x)^{-5/3}$ Since $f''(x)$ is decreasing function, the maximum value on the interval occurs at the left endpoint. We need

$|R_1(x)| \leq \frac{M}{(1+1)!}|x|^{1+1} \leq 0.01$

or $\frac{M}{2}x^2 \leq 0.01$

with $\left|-\frac{2}{9}(1+t)^{-5/3}\right| \leq M$ for $0 \leq t \leq x$.

Since $\frac{2}{9}(1+t)^{-5/3}$ is decreasing on $[0, x]$, it reaches a maximum at the left endpoint.

Let $M = \frac{2}{9}(1+0)^{-5/3} = \frac{2}{9}$.

Then

$\frac{\frac{2}{9}}{2}x^2 \leq 0.01$

$\frac{1}{9}x^2 \leq 0.01$

$x^2 \leq 0.09$

$x \leq 0.3$

Thus, the error is less than 0.01 on the interval [0, 0.3].

c.

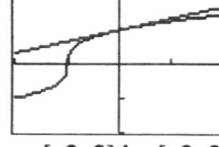

on [–2, 2] by [–2, 2]

23. a. $f(x) = \sqrt{x}$, $f'(x) = \frac{1}{2}x^{-1/2}$, $f''(x) = -\frac{1}{4}x^{-3/2}$, $f'''(x) = \frac{3}{8}x^{-5/2}$

$p_3(x) = \sqrt{1} + \frac{1}{2}(1)^{-1/2}\frac{(x-1)}{1!} - \frac{1}{4}(1)^{-3/2}\frac{(x-1)^2}{2!} + \frac{3}{8}(1)^{-5/2}\frac{(x-1)^3}{3!}$

$= 1 + \frac{1}{2}(x-1) - \frac{1}{8}(x-1)^2 + \frac{1}{16}(x-1)^3$

b.

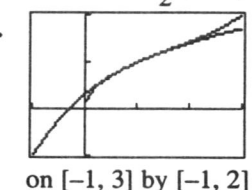

on [–1, 3] by [–1, 2]

Exercises 10.2

25. **a.** $f(x) = \sin x$, $f'(x) = \cos x$, $f''(x) = -\sin x$, $f'''(x) = -\cos x$

$p_3(x) = \sin \pi + \cos \pi \dfrac{(x-\pi)}{1!} + (-\sin \pi)\dfrac{(x-\pi)^2}{2!} + (-\cos \pi)\dfrac{(x-\pi)^3}{3!}$

$= 0 - 1(x-\pi) - 0\dfrac{(x-\pi)^2}{2!} - (-1)\dfrac{(x-\pi)^3}{3!}$

$= -(x-\pi) + \dfrac{1}{6}(x-\pi)^3$

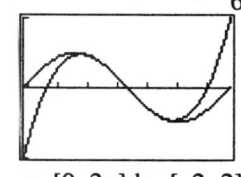

b.

on $[0, 2\pi]$ by $[-2, 2]$

27. **a.** $f(x) = \sqrt[3]{x}$, $f'(x) = \dfrac{1}{3}x^{-2/3}$, $f''(x) = -\dfrac{2}{9}x^{-5/3}$

$p_2(x) = \sqrt[3]{1} + \dfrac{1}{3}(1)^{-2/3}\dfrac{(x-1)}{1!} + \left[-\dfrac{2}{9}(1)^{-5/3}\right]\dfrac{(x-1)^2}{2!}$

$= 1 + \dfrac{1}{3}(x-1) - \dfrac{2}{9}\dfrac{(x-1)^2}{2} = 1 + \dfrac{1}{3}(x-1) - \dfrac{1}{9}(x-1)^2$

b. $\sqrt[3]{1.3} = f(1.3) \approx 1 + \dfrac{1}{3}(1.3-1) - \dfrac{1}{9}(1.3-1)^2 = 1.09$

c. $f'''(x) = \dfrac{10}{27}x^{-8/3}$ is a decreasing function, and so it has a maximum in $[1, 1.3]$ at $x = 1$. Thus, let

$M = |f'''(1)| = \left|\dfrac{10}{27}(1)^{-8/3}\right| = \dfrac{10}{27}$. Thus,

$|R_2(1.3)| \le \dfrac{\frac{10}{27}}{(2+1)!}|1.3-1|^{2+1} \approx 0.02$ (rounded up)

d. $\sqrt[3]{1.3} \approx 1.09$ with error less than 0.02.

29. $f(x) = e^x$, $f'(x) = e^x$, $f''(x) = e^x$

$p_2(x) = e^0 + e^0\dfrac{x}{1!} + e^0\dfrac{x^2}{2!} = 1 + x + \dfrac{x^2}{2}$

$e^{-0.25} = p_2(-0.25) = 1 - 0.25 + \dfrac{(-0.25)^2}{2} \approx 0.78$

Check: Using a calculator, $e^{-0.25} \approx 0.7788$.

31. To solve $4\cos x = x + 3$, first find the second Taylor polynomial at $x = 0$.

$f(x) = \cos x$, $f'(x) = -\sin x$, $f''(x) = -\cos x$

$p_2(x) = \cos 0 - (\sin 0)x - (\cos 0)\dfrac{x^2}{2!} = 1 - \dfrac{x^2}{2}$

Substituting $p_2(x)$ into the equation, we get

$4\left(1 - \dfrac{x^2}{2}\right) = x + 3$

$4 - 2x^2 - x - 3 = 0$

$2x^2 + x - 1 = 0$

$(2x-1)(x+1) = 0$

$x = \dfrac{1}{2}, -1$

Thus, supply will equal demand in about $\dfrac{1}{2}$ year.

EXERCISES 10.3

1. $1 - \dfrac{x}{2} + \dfrac{x^2}{2^2} - \dfrac{x^3}{2^3} + \cdots$

   $c_n = \dfrac{(-1)^n}{2^n} x^n$, $c_{n+1} = \dfrac{(-1)^{n+1}}{2^{n+1}} x^{n+1}$

   $\dfrac{c_{n+1}}{c_n} = \dfrac{\frac{(-1)^{n+1}}{2^{n+1}} x^{n+1}}{\frac{(-1)^n}{2^n} x^n} = \dfrac{(-1)^{n+1}}{2^{n+1}} \cdot \dfrac{x^{n+1}}{x^n} \cdot \dfrac{2^n}{(-1)^n}$

   $= -\dfrac{1}{2} x$

   Therefore,

   $r = \lim\limits_{n \to \infty} \left| \dfrac{c_{n+1}}{c_n} \right| = \left| -\dfrac{1}{2} x \right| = \dfrac{1}{2} |x| < 1$

   Thus, $|x| < 2$ and $R = 2$.

3. $\dfrac{x}{1 \cdot 2} + \dfrac{x^2}{2 \cdot 3} + \dfrac{x^3}{3 \cdot 4} + \dfrac{x^4}{4 \cdot 5} + \cdots$

   $c_n = \dfrac{x^n}{n(n+1)}$, $c_{n+1} = \dfrac{x^{n+1}}{(n+1)(n+2)}$

   $\dfrac{c_{n+1}}{c_n} = \dfrac{\frac{x^{n+1}}{(n+1)(n+2)}}{\frac{x^n}{n(n+1)}} = \dfrac{x^{n+1}}{(n+1)(n+2)} \cdot \dfrac{n(n+1)}{x^n}$

   $= \dfrac{n}{n+2} x$

   $r = \lim\limits_{n \to \infty} \left| \dfrac{c_{n+1}}{c_n} \right| = \lim\limits_{n \to \infty} \left| \dfrac{n}{n+2} x \right| = |x| < 1$ because

   $\dfrac{n}{n+2} \to 1$. Therefore, $R = 1$.

5. $\sum\limits_{n=0}^{\infty} \dfrac{(-1)^n x^n}{n!}$, $c_n = \dfrac{(-1)^n x^n}{n!}$, $c_{n+1} = \dfrac{(-1)^{n+1} x^{n+1}}{(n+1)!}$

   $\dfrac{c_{n+1}}{c_n} = \dfrac{\frac{(-1)^{n+1} x^{n+1}}{(n+1)!}}{\frac{(-1)^n x^n}{n!}} = \dfrac{(-1)^{n+1} x^{n+1}}{(n+1)!} \cdot \dfrac{n!}{(-1)^n x^n}$

   $= -\dfrac{x}{n+1}$

   $r = \lim\limits_{n \to \infty} \left| \dfrac{c_{n+1}}{c_n} \right| = \lim\limits_{n \to \infty} \left| -\dfrac{x}{n+1} \right| = 0 |x| = 0$

   Since the limit is 0 for all x, $R = \infty$.

7. $\sum\limits_{n=0}^{\infty} \dfrac{n! x^n}{5^n}$, $c_n = \dfrac{n! x^n}{5^n}$, $c_{n+1} = \dfrac{(n+1)! x^{n+1}}{5^{n+1}}$

   $\dfrac{c_{n+1}}{c_n} = \dfrac{\frac{(n+1)! x^{n+1}}{5^{n+1}}}{\frac{n! x^n}{5^n}} = \dfrac{(n+1)! x^{n+1}}{5^{n+1}} \cdot \dfrac{5^n}{n! x^n} = \dfrac{(n+1)}{5} x$

   $\lim\limits_{n \to \infty} \left| \dfrac{c_{n+1}}{c_n} \right| = \lim\limits_{n \to \infty} \left| \dfrac{(n+1)}{5} x \right|$

   This limit is infinite for all $x \neq 0$. Thus, $R = 0$.

9. $\sum\limits_{n=0}^{\infty} \dfrac{x^{2n}}{n!}$, $c_n = \dfrac{x^{2n}}{n!}$, $c_{n+1} = \dfrac{x^{2(n+1)}}{(n+1)!}$

   $\dfrac{c_{n+1}}{c_n} = \dfrac{\frac{x^{2(n+1)}}{(n+1)!}}{\frac{x^{2n}}{n!}} = \dfrac{x^{2(n+1)}}{(n+1)!} \cdot \dfrac{n!}{x^{2n}} = \dfrac{x^2}{n+1}$

   $\lim\limits_{n \to \infty} \left| \dfrac{c_{n+1}}{c_n} \right| = \lim\limits_{n \to \infty} \left| \dfrac{x^2}{n+1} \right| = 0$

   Since the limit is 0 for all x, $R = \infty$.

11. $f(x) = \ln(1+x)$, $f'(x) = \dfrac{1}{1+x}$, $f''(x) = -\dfrac{1}{(1+x)^2}$, $f'''(x) = \dfrac{2}{(1+x)^3}$

    The Taylor series is

    $\ln(1+0) + \dfrac{\frac{1}{1+0}}{1!} x + \dfrac{-\frac{1}{(1+0)^2}}{2!} x^2 + \dfrac{\frac{2}{(1+0)^3}}{3!} x^3 + \cdots = 0 + 1 \cdot x - \dfrac{1}{2} x^2 + \dfrac{2}{6} x^3 - \cdots$

    $= x - \dfrac{1}{2} x^2 + \dfrac{1}{3} x^3 - \cdots$

13. $f(x) = \cos 2x$, $f'(x) = -2 \sin 2x$, $f''(x) = -4 \cos 2x$, $f'''(x) = 8 \sin 2x$

    The Taylor series

    $\cos 2(0) + \dfrac{-2 \sin 2(0)}{1!} x + \dfrac{-4 \cos 2(0)}{2!} x^2 + \dfrac{8 \sin 2(0)}{3!} x^3 + \cdots = 1 + \dfrac{0}{1!} x - \dfrac{4}{2!} x^2 + \dfrac{0}{3!} x^3 + \cdots$

    $= 1 - 2x^2 + \cdots$

Copyright © Houghton Mifflin Company. All rights reserved.

Exercises 10.3

15. $f(x) = \sqrt{2x+1}$, $f'(x) = (2x+1)^{-1/2}$, $f''(x) = -(2x+1)^{-3/2}$, $f'''(x) = 3(2x+1)^{-5/2}$
The Taylor series is
$$\sqrt{2(0)+1} + [2(0)+1]^{-1/2}\frac{x}{1!} + [-2(0)+1]^{-3/2}\frac{x^2}{2!} + 3[2(0)+1]^{-5/2}\frac{x^3}{3!} + \cdots = 1 + x - \frac{x^2}{2!} + \frac{3x^3}{3!} - \cdots$$

17. a. $f(x) = e^{x/5}$, $f'(x) = \frac{1}{5}e^{x/5}$, $f''(x) = \frac{1}{25}e^{x/5}$, $f'''(x) = \frac{1}{125}e^{x/5}$
The Taylor series is
$$e^{0/5} + \frac{1}{5}e^{0/5}\frac{x}{1!} + \frac{1}{25}e^{0/5}\frac{x^2}{2!} + \frac{1}{125}e^{0/5}\frac{x^3}{3!} + \cdots = 1 + \frac{x}{5} + \frac{x^2}{5^2 2!} + \frac{x^3}{5^3 3!} + \cdots$$

b. The Taylor series at $x = 0$ for e^x is
$$1 + x + \frac{x^2}{2!} + \frac{x^3}{3!} + \cdots$$
Substituting $\frac{x}{5}$ for x, we get that the Taylor series for $e^{x/5}$ at $x = 0$ is
$$1 + \frac{x}{5} + \left(\frac{x}{5}\right)^2 \frac{1}{2!} + \frac{1}{3!}\left(\frac{x}{5}\right)^3 + \cdots = 1 + \frac{x}{5} + \frac{x^2}{5^2 2!} + \frac{x^3}{5^3 3!} + \cdots$$

19. a. $f(x) = \sin x$, $f'(x) = \cos x$, $f''(x) = -\sin x$, $f'''(x) = -\cos x$, $f^{(4)}(x) = \sin x$
The Taylor series for $\sin x$ at $x = \frac{\pi}{2}$ is
$$\sin\frac{\pi}{2} + \left(\cos\frac{\pi}{2}\right)\frac{\left(x - \frac{\pi}{2}\right)}{1!} - \left(\sin\frac{\pi}{2}\right)\frac{\left(x - \frac{\pi}{2}\right)^2}{2!} - \left(\cos\frac{\pi}{2}\right)\frac{\left(x - \frac{\pi}{2}\right)^3}{3!} + \left(\sin\frac{\pi}{2}\right)\frac{\left(x - \frac{\pi}{2}\right)^4}{4!} - \cdots$$
$$= 1 + 0\frac{\left(x - \frac{\pi}{2}\right)}{1!} - 1\frac{\left(x - \frac{\pi}{2}\right)^2}{2!} - 0\frac{\left(x - \frac{\pi}{2}\right)^3}{3!} + 1\frac{\left(x - \frac{\pi}{2}\right)^4}{4!} - \cdots$$
$$= 1 - \frac{\left(x - \frac{\pi}{2}\right)^2}{2!} + \frac{\left(x - \frac{\pi}{2}\right)^4}{4!} - \cdots$$

21. Multiply the Taylor series for $\frac{1}{1-x}$ by x^2. The Taylor series for $\frac{x^2}{1-x}$ is
$$x^2 + x^3 + x^4 + x^5 + \cdots$$

23. Substitute x^2 for x in the Taylor series for $\sin x$. The Taylor series for $\sin x^2$ is
$$x^2 - \frac{(x^2)^3}{3!} + \frac{(x^2)^5}{5!} - \frac{(x^2)^7}{7!} + \cdots$$
$$= x^2 - \frac{x^6}{3!} + \frac{x^{10}}{5!} - \frac{x^{14}}{7!} + \cdots$$

25. The Taylor series for e^x is
$$e^x = 1 + \frac{x}{x!} + \frac{x^2}{2!} + \frac{x^3}{3!} + \frac{x^4}{4!} + \cdots$$
Thus $e^x - 1 = \frac{x}{1!} + \frac{x^2}{2!} + \frac{x^3}{3!} + \frac{x^4}{4!} + \cdots$
and $\frac{e^x - 1}{x} = 1 + \frac{x}{2!} + \frac{x^2}{3!} + \frac{x^3}{4!} + \cdots$

27.
$$\sin x = x - \frac{x^3}{3!} + \frac{x^5}{5!} - \frac{x^7}{7!} + \cdots$$
$$-\sin x = -x + \frac{x^3}{3!} - \frac{x^5}{5!} + \frac{x^7}{7!} - \cdots$$
$$x - \sin x = \frac{x^3}{3!} - \frac{x^5}{5!} + \frac{x^7}{7!} + \cdots$$
$$\frac{x - \sin x}{x^3} = \frac{1}{3!} - \frac{x^2}{5!} + \frac{x^4}{7!} - \cdots$$

29. $\frac{1}{1+x} = 1 - x + x^2 - x^3 + \cdots$ for $|x| < 1$

$\int \frac{1}{1+x}\,dx = \int (1 - x + x^2 - x^3 + \cdots)\,dx$

$\ln(1+x) = x - \frac{x^2}{2} + \frac{x^3}{3} - \frac{x^4}{4} + \cdots$

31. a. Substitute $-x^2$ for x in the Taylor series for $\frac{1}{1-x}$.

$\frac{1}{1-(-x^2)} = 1 + (-x^2) + (-x^2)^2 + (-x^2)^3 + \cdots$

$\frac{1}{1+x^2} = 1 - x^2 + x^4 - x^6 + \cdots$

b. $c_n = (-1)^{n+1} x^{2(n-1)}$, $c_{n+1} = (-1)^{n+2} x^{2n}$

$\frac{c_{n+1}}{c_n} = \frac{(-1)^{n+2} x^{2n}}{(-1)^{n+1} x^{2(n-1)}} = (-1)(x^{2n} \cdot x^{-(2n-2)})$

$= -x^2$

$\lim_{n \to \infty} \left|\frac{c_{n+1}}{c_n}\right| = \lim_{n \to \infty} |-x^2| = x^2$

For convergence, $x^2 < 1$ or $-1 < x < 1$.
Thus, $R = 1$.

33. $e^x = 1 + \frac{x}{1!} + \frac{x^2}{2!} + \frac{x^3}{3!} + \frac{x^4}{4!} + \frac{x^5}{5!} + \cdots$

$e^{-x} = 1 - \frac{x}{1!} + \frac{x^2}{2!} - \frac{x^3}{3!} + \frac{x^4}{4!} - \frac{x^5}{5!} + \cdots$

$e^x + e^{-x} = 2 + 2\frac{x^2}{2!} + 2\frac{x^4}{4!} + \cdots$

$\frac{e^x + e^{-x}}{2} = 1 + \frac{x^2}{2!} + \frac{x^4}{4!} + \cdots$

35. a. $e^{0.5} \approx 1.64872$

b. $e^{0.5} \approx 1 + 0.5 + \frac{0.5^2}{2!} + \frac{0.5^3}{3!} \approx 1.64583$

c. 7 terms will produce the estimate in (a).

37. $\cos x = 1 - \frac{x^2}{2!} + \frac{x^4}{4!} - \frac{x^6}{6!} + \cdots$

$\frac{d}{dx}\cos x = \frac{d}{dx}\left(1 - \frac{x^2}{2!} + \frac{x^4}{4!} - \frac{x^6}{6!} + \cdots\right)$

$= 0 - 2\frac{x}{2!} + 4\frac{x^3}{4!} - \frac{6x^5}{6!} + \cdots$

$= -\frac{x}{1!} + \frac{x^3}{3!} - \frac{x^5}{5!} + \cdots$

$= -\left(x - \frac{x^3}{3!} + \frac{x^5}{5!} - \cdots\right) = -\sin x$

39. $\sin x = \sum_{n=0}^{\infty} \frac{(-1)^n x^{2n+1}}{(2n+1)!}$

$\frac{c_{n+1}}{c_n} = \frac{(-1)^{n+1} x^{2(n+1)+1}}{[2(n+1)+1]!} \div \frac{(-1)^n x^{2n+1}}{(2n+1)!}$

$= \frac{(-1)^{n+1} x^{2n+3}}{(2n+3)!} \cdot \frac{(2n+1)!}{(-1)^n x^{2n+1}}$

$= (-1)\frac{x^2}{(2n+2)(2n+3)} = -\frac{x^2}{(2n+2)(2n+3)}$

$\lim_{n \to \infty} \left|\frac{c_{n+1}}{c_n}\right| = \lim_{n \to \infty} \left|-\frac{x^2}{(2n+1)(2n+3)}\right| = 0$

Since the limit is 0 for all x, the series for $\sin x$ converges for all x.

Exercises 10.3

41. a. $e^{-t^2/2} = 1 + \dfrac{-t^2/2}{1!} + \dfrac{(-t^2/2)^2}{2!} + \dfrac{(-t^2/2)^3}{3!} + \dfrac{(-t^2/2)^4}{4!} + \cdots$

    $= 1 - \dfrac{t^2}{2} + \dfrac{t^4}{2^2 2!} - \dfrac{t^6}{2^3 3!} + \dfrac{t^8}{2^4 4!} - \cdots$

    b. $\displaystyle\int_0^x e^{-t^2/2}\, dt = \int_0^x \left(1 - \dfrac{t^2}{2} + \dfrac{t^4}{2^2 2!} - \dfrac{t^6}{2^3 3!} + \dfrac{t^8}{2^4 4!} - \cdots\right) dt$

    $= \left(t - \dfrac{t^3}{6} + \dfrac{t^5}{5\cdot 2^2 2!} - \dfrac{t^7}{7\cdot 2^3 3!} + \dfrac{x^9}{9\cdot 2^4 4!} - \cdots\right)\bigg|_0^x$

    $= x - \dfrac{x^3}{6} + \dfrac{x^5}{5\cdot 2^2 2!} - \dfrac{x^7}{7\cdot 2^3 3!} + \dfrac{x^9}{9\cdot 2^4 4!} - \cdots$

    $0.4\displaystyle\int_0^1 e^{-t^2/2}\, dt = 0.4x - \dfrac{0.4x^3}{6} + \dfrac{0.4x^5}{5\cdot 2^2 \cdot 2!} - \dfrac{0.4x^7}{7\cdot 2^3 3!} + \dfrac{0.4x^9}{9\cdot 2^4\cdot 4!} - \cdots$

    c. $\dfrac{1}{\sqrt{2\pi}}\displaystyle\int_0^1 e^{-t^2/2}\, dt \approx 0.4(1) - \dfrac{0.4(1)^3}{6} + \dfrac{0.4(1)^5}{5\cdot 2^2\cdot 2!} \approx 0.34$

43. a. $\cos t = 1 - \dfrac{t^2}{2!} + \dfrac{t^4}{4!} - \dfrac{t^6}{6!} + \cdots$

    $\cos t^2 = 1 - \dfrac{t^4}{2!} + \dfrac{t^8}{4!} - \dfrac{t^{12}}{6!} + \cdots$

    b. $\displaystyle\int_0^x \cos t^2\, dt = \int_0^x \left(1 - \dfrac{t^4}{2!} + \dfrac{t^8}{4!} - \dfrac{t^{12}}{6!} + \cdots\right) dt$

    $= \left(t - \dfrac{t^5}{5\cdot 2!} + \dfrac{t^9}{9\cdot 4!} - \dfrac{t^{13}}{13\cdot 6!} + \cdots\right)\bigg|_0^x$

    $= x - \dfrac{x^5}{5\cdot 2!} + \dfrac{x^9}{9\cdot 4!} - \dfrac{x^{13}}{13\cdot 6!} + \cdots$

    c. $\displaystyle\int_0^1 \cos t^2 \approx 1 - \dfrac{(1)^5}{5\cdot 2!} + \dfrac{(1)^9}{9\cdot 4!} \approx 0.905$

45. a. $S_n - S_{n-1} = (c_1 + c_2 + c_3 + \cdots + c_n) - (c_1 + c_2 + c_3 + \cdots + c_{n-1})$

    $= (c_1 - c_1) + (c_2 - c_2) + (c_3 - c_3) + \cdots + (c_{n-1} - c_{n-1}) + c_n$

    $= c_n$

    b. Since the series converges, say $\lim\limits_{n\to\infty} S_n = a$.

    $\lim\limits_{n\to\infty} c_n = \lim\limits_{n\to\infty}(S_n - S_{n-1}) = \lim\limits_{n\to\infty} S_n - \lim\limits_{n\to\infty} S_{n-1}$

    $= a - a = 0$

47. a. $\dfrac{c_{n+1}}{c_n} = \dfrac{\frac{|x|^{n+1}}{(n+1)!}}{\frac{|x|^n}{n!}} = \dfrac{|x|^{n+1}}{(n+1)!} \cdot \dfrac{n!}{|x|^n} = \dfrac{|x|}{n+1}$

Thus, $\lim\limits_{n\to\infty} \left|\dfrac{c_{n+1}}{c_n}\right| = \lim\limits_{n\to\infty} \dfrac{|x|}{n+1} = 0$

The series converges for all x.

b. Since the series converges, by the nth term test,

$\lim\limits_{n\to\infty} \dfrac{|x|^n}{n!} = \lim\limits_{n\to\infty} c_n = 0$

$\lim\limits_{n\to\infty} \dfrac{|x|^{2n+1}}{(2n+1)!} = \lim\limits_{n\to\infty} c_{2n+1} = 0$

c. First, use the error formula to show that

$|R_{2n}(x)| \le \dfrac{1}{(2n+1)!}|x|^{2n+1}$.

Since $f(x) = \sin x$, all derivatives are $\pm\cos x$ or $\pm\sin x$. Since $\left|f^{(n+1)}(t)\right| \le 1$ for all t, we may let $M = 1$.

Thus, $|R_{2n}(x)| \le \dfrac{M}{(2n+1)!}|x-0|^{2n+1}$

$= \dfrac{1}{(2n+1)!}|x|^{2n+1}$.

Since this expression converges to 0 by part (b), $|R_{2n}(x)| \to 0$ as $n \to \infty$.

49. a. Suppose $\lim\limits_{n\to\infty}\left|\dfrac{c_{n+1}}{c_n}\right| = r > 1$. Then $r - 1 > 0$, so (by the definition of limit) there is an integer N such that $\left|\dfrac{c_{n+1}}{c_n}\right|$ is within $r - 1$ units of r for $n \ge N$, that is,

$\left|\left|\dfrac{c_{n+1}}{c_n}\right| - r\right| \le r - 1$ for all $n \ge N$.

Since $r - \left|\dfrac{c_{n+1}}{c_n}\right| \le \left|\left|\dfrac{c_{n+1}}{c_n}\right| - r\right|$, we conclude that, for $n \ge N$,

$r - \left|\dfrac{c_{n+1}}{c_n}\right| \le r - 1$, and so $\left|\dfrac{c_{n+1}}{c_n}\right| \ge 1$.

b. $\left|\dfrac{c_{n+1}}{c_n}\right| \ge 1$ for $n \ge N$. Thus $\left|\dfrac{c_{N+1}}{c_N}\right| \ge 1$ and

$|c_{N+1}| \ge |c_N|$.

$\left|\dfrac{c_{N+2}}{c_{N+1}}\right| \ge 1$ or $|c_{N+2}| \ge |c_{N+1}| \ge |c_N|$

$\left|\dfrac{c_{N+3}}{c_{N+2}}\right| \ge 1$ or $|c_{N+3}| \ge |c_{N+3}| \ge |c_N|$

c. Since $0 < |c_n| \le |c_{N+1}| \le |c_{N+2}| \le |c_{N+3}| \le \cdots$, c_n does not approach 0 as $n \to \infty$. Thus, by the nth term test, the series diverges.

51. a. $e^x = 1 + x + \dfrac{x^2}{2} + \dfrac{x^3}{3!} + \cdots$. Thus, $e^x > \dfrac{x^3}{3!} = \dfrac{x^3}{6}$.

b. Replacing x by ax, we get $e^{ax} > \dfrac{(ax)^3}{6} = \dfrac{a^3 x^3}{6}$.

c. Taking the reciprocal, we get $e^{-ax} < \dfrac{6}{a^3 x^3}$.

d. $x^2 e^{-ax} < \dfrac{6}{a^3 x}$

e. $\lim\limits_{n\to\infty} x^2 e^{-ax} \le \lim\limits_{n\to\infty} \dfrac{6}{a^3 x} = 0$. Since $x^2 e^{-ax} > 0$ for $x > 0$, this implies that $\lim\limits_{n\to\infty} x^2 e^{-ax} = 0$.

EXERCISES 10.4

1. $f(x) = x^3 + x - 4$
$f'(x) = 3x^2 + 1$
$x_0 = 1$
$x_1 = x_0 - \dfrac{f(x_0)}{f'(x_0)} = 1 - \dfrac{f(1)}{f'(1)} = 1 - \dfrac{-2}{4} = \dfrac{3}{2}$
$x_2 = x_1 - \dfrac{f(x_1)}{f'(x_1)} = \dfrac{3}{2} - \dfrac{f\left(\frac{3}{2}\right)}{f'\left(\frac{3}{2}\right)} = \dfrac{3}{2} - \dfrac{0.875}{7.75} \approx 1.39$

3. $f(x) = e^x - 3x$
$f'(x) = e^x - 3$
$x_0 = 0$
$x_1 = 0 - \dfrac{f(0)}{f'(0)} = -\dfrac{1}{-2} = \dfrac{1}{2}$
$x_2 = \dfrac{1}{2} - \dfrac{f\left(\frac{1}{2}\right)}{f'\left(\frac{1}{2}\right)} = \dfrac{1}{2} - \dfrac{e^{1/2} - \frac{3}{2}}{e^{1/2} - 3} \approx 0.61$

Exercises 10.4

5. To approximate $\sqrt{5}$, consider $x^2 = 5$ or $x^2 - 5 = 0$.
$f(x) = x^2 - 5$
$f'(x) = 2x$
$x_0 = 2$
$x_1 = 2 - \dfrac{f(2)}{f'(2)} = 2 - \dfrac{-1}{4} = 2.25$
$x_2 = 2.25 - \dfrac{f(2.25)}{f'(2.25)} = 2.25 - \dfrac{2.25^2 - 5}{2(2.25)} \approx 2.236$
$x_3 = 2.236 - \dfrac{f(2.236)}{f'(2.236)} = 2.236 - \dfrac{2.236^2 - 5}{2(2.236)} \approx 2.236$

7. $f(x) = x^3 + 3x - 8$, $f'(x) = 3x^2 + 3$
$x_0 = 2$
$x_1 = 2 - \dfrac{f(2)}{f'(2)} = 2 - \dfrac{6}{15} = 1.6$
$x_2 = 1.6 - \dfrac{f(1.6)}{f'(1.6)} \approx 1.516$
$x_3 = 1.516 - \dfrac{f(1.516)}{f'(1.516)} \approx 1.513$
$x_4 = 1.513 - \dfrac{f(1.513)}{f'(1.513)} \approx 1.513$

9. $f'(x) = e^x + 3x + 2$, $f'(x) = e^x + 3$
$x_0 = -1$
$x_1 = -1 - \dfrac{f(-1)}{f'(-1)} \approx -0.812$
$x_2 = -0.812 - \dfrac{f(-0.812)}{f'(-0.812)} \approx -0.814$
$x_3 = -0.814 - \dfrac{f(-0.814)}{f'(-0.814)} \approx -0.814$

11. $x = \sqrt[3]{130}$
$x^3 = 130$
$x^3 - 130 = 0$
$x = 5.065797019$

13. $x = 0.486389036$

15. $x = 3.693441359$

17. $x = 0.869647810$

19. $x = 1.106060158$

21.

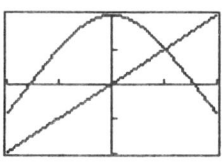

on [−2, 2] by [−2, 2]
Choose $x_0 = 1$. Then $x \approx 1.029866529$.

23.

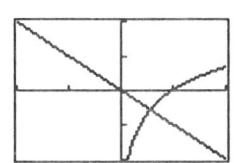

on [−2, 2] by [−2, 2]
Choose $x_0 = 0.5$. Then $x = 0.567143290$

25. $x_0 = 1$
$x_1 = -1$
$x_2 = 1$
$x_3 = -1$
$x_4 = 1$
Newton's method does not work because $x^2 + 3 = 0$ has no real number solutions.

27. If $f(x) = mx + b$, then $f'(x) = m$. Thus,
$x_1 = x_0 - \dfrac{f(x_0)}{f'(x_0)} = x_0 - \dfrac{mx_0 + b}{m}$
$= x_0 - \dfrac{mx_0}{m} - \dfrac{b}{m}$
$= x_0 - x_0 - \dfrac{b}{m} = -\dfrac{b}{m}$
which is the root of $mx + b = 0$. The root is found in exactly one iteration for any initial estimate.

29. $x_1 = 0.9000012$
$x_2 = 0.81000241$
$x_3 = 0.72900365$
$x_4 = 0.65610493$
$x_5 = 0.59049627$
$x_6 = 0.53144867$
$x_7 = 0.47830607$
$x_8 = 0.43047797$
$x_9 = 0.387432958$
$x_{10} = 0.348692760$
$x_{11} = 0.313826925$
$x_{12} = 0.28244806$
$x_{13} = 0.25420750$
$x_{14} = 0.22879147$
$x_{15} = 0.20591757$
$x_{16} = 0.18533163$
$x_{17} = 0.16680494$
$x_{18} = 0.15013164$
$x_{19} = 0.13512647$
$x_{20} = 0.12162270$
It takes 102 iterations to reach a number that rounds to 0.001.

31. $S(p) = p$, $D(p) = 10e^{-0.1p}$. Since we need the root of $S(p) = D(p)$, let $f(p) = S(p) - D(p)$. Then
$f(p) = p - 10e^{-0.1p}$
$f'(p) = 1 + e^{-0.1p}$
$x_0 = 4$
$x_1 = 4 - \dfrac{f(4)}{f'(4)} \approx 5.62$
$x_2 = 5.62 - \dfrac{f(5.62)}{f'(5.62)} \approx 5.67$
Thus, the equilibrium price is $5.67.

33. $S(p) = 2e^{0.5p}$, $D(p) = 10 - p$. To find the root of $S(p) = D(p)$, let $f(p) = S(p) - D(p) = 2e^{0.5p} - (10 - p)$. Choosing $x_0 = 5$, we get the root $p \approx 2.61$. The equilibrium price is about $2.61

35. Since the amount of the loan = 15,000 and each installment payment is 5000, then
$$15{,}000 = \frac{5000}{(1+r)} + \frac{5000}{(1+r)^2} + \frac{5000}{(1+r)^3} + \frac{5000}{(1+r)^4}$$
for r = the internal rate of return. Let $x = 1 + r$. Then, dividing by 5000, we get
$$3 = \frac{1}{x} + \frac{1}{x^2} + \frac{1}{x^3} + \frac{1}{x^4}$$
$$3x^4 - x^3 - x^2 - x - 1 = 0$$
Choosing $x_0 = 1$, we get $x \approx 1.126$. Since $r = x - 1$, then $r \approx 0.126$. Thus, the internal rate of return is 12.6%.

37. $f(t) = 5t - 30e^{-0.2t}$. Choosing $t_0 = 1$, we get $t \approx 3.18$. The two effects will be in equilibrium in about 3.18 weeks.

Review Exercises for Chapter 10

REVIEW EXERCISES FOR CHAPTER 10

1. $\frac{3}{10} + \frac{9}{100} + \frac{27}{1000} + \cdots$ $\quad r = \frac{\frac{9}{100}}{\frac{3}{10}} = \frac{9}{100} \cdot \frac{10}{3} = \frac{3}{10}$

   $S = \frac{\frac{3}{10}}{1 - \frac{3}{10}} = \frac{\frac{3}{10}}{\frac{7}{10}} = \frac{3}{7}$

2. $\frac{2}{5} - \frac{4}{25} + \frac{8}{125} + \cdots$ $\quad r = \frac{-\frac{4}{25}}{\frac{4}{5}} = -\frac{4}{25} \cdot \frac{5}{2} = -\frac{2}{5}$

   $S = \frac{\frac{2}{5}}{1 - \left(-\frac{2}{5}\right)} = \frac{\frac{2}{5}}{\frac{7}{5}} = \frac{2}{7}$

3. $\frac{3}{100} - \frac{9}{100} + \frac{27}{100} - \cdots$ $\quad r = \frac{-\frac{9}{100}}{\frac{3}{100}} = -3$

   Since $|r| = 3 > 1$, the series diverges.

4. $\frac{2}{3} - \frac{4}{9} + \frac{8}{27} - \cdots$ $\quad r = \frac{-\frac{4}{9}}{\frac{2}{3}} = -\frac{4}{9} \cdot \frac{3}{2} = -\frac{2}{3}$

   $S = \frac{\frac{2}{3}}{1 - \left(-\frac{2}{3}\right)} = \frac{\frac{2}{3}}{\frac{5}{3}} = \frac{2}{5}$

5. $10 + 8 + \frac{32}{5} + \frac{128}{25} + \cdots$ $\quad r = \frac{8}{10} = \frac{4}{5}$

   $S = \frac{10}{1 - \frac{4}{5}} = \frac{10}{\frac{1}{5}} = 50$

6. $\sum_{i=0}^{\infty} \left(-\frac{3}{4}\right)^i$ $\quad r = \frac{\left(-\frac{3}{4}\right)^{i+1}}{\left(-\frac{3}{4}\right)^i} = \left(-\frac{3}{4}\right)^{i+1-i} = -\frac{3}{4}$

   $S = \frac{\left(-\frac{3}{4}\right)^0}{1 - \left(-\frac{3}{4}\right)} = \frac{1}{\frac{7}{4}} = \frac{4}{7}$

7. $\sum_{k=0}^{\infty} 6(-0.2)^k$ $\quad r = \frac{6(-0.2)^{k+1}}{6(-0.2)^k} = -0.2$

   $S = \frac{6(-0.2)^0}{1 - (-0.2)} = \frac{6}{1.2} = 5$

8. $\sum_{n=0}^{\infty} \frac{2^n}{3}$ $\quad r = \frac{\frac{2^{n+1}}{3}}{\frac{2^n}{3}} = 2$

   Since $|r| = 2 > 1$, the series diverges.

9. $0.\overline{54} = \frac{54}{100} + \frac{54}{100^2} + \frac{54}{100^3} + \cdots$ $\quad r = \frac{\frac{54}{100^2}}{\frac{54}{100}} = \frac{1}{100}$

   $0.\overline{54} = S = \frac{\frac{54}{100}}{1 - \frac{1}{100}} = \frac{\frac{54}{100}}{\frac{99}{100}} = \frac{54}{99} = \frac{6}{11}$

10. $0.\overline{72} = \frac{72}{100} + \frac{72}{100^2} + \frac{72}{100^3} + \cdots$ $\quad r = \frac{\frac{72}{100^2}}{\frac{72}{100}} = \frac{1}{100}$

    $0.\overline{72} = S = \frac{\frac{72}{100}}{1 - \frac{1}{100}} = \frac{\frac{72}{100}}{\frac{99}{100}} = \frac{8}{11}$

11. The deposit is $6000 per month for 8 years
    = 96 months and $r = \frac{0.06}{12} = 0.005$.

    (Value of annuity) $= a \frac{1 - r^n}{1 - r}$

    For $a = 6000$, $r = 1.005$, and $n = 96$,

    (Value of annuity) $= 6000 \frac{1 - 1.005^{96}}{1 - 1.005} \approx \$736,971$

12. We know that the amount of an annuity from n payments of D dollars with a compound interest rate i per period is

    (Amount of annuity) $= D \left[\frac{1 - (1+i)^n}{1 - (1+i)} \right]$

    $= D \left[\frac{1 - (1+i)^n}{1 - 1 - i} \right]$

    $= D \left[\frac{1 - (1+i)^n}{-i} \right]$

    $= D \left[\frac{(1+i)^n - 1}{i} \right]$

13. a. Maximum amount of digoxin
   $= 0.26 + 0.26(0.35) + 0.26(0.35)^2 + \cdots$.
   $a = 0.26, r = 0.35$.
   Maximum $= \dfrac{0.26}{1-0.35} = 0.4$ mg
   Minimum = maximum $\cdot 0.35 = 0.14$ mg
   b. Using a graphing calculator, we get that the cumulative S_n reaches 0.39 mg just after the fourth dose. It reaches 0.399 mg just after the sixth dose.

14. a. $1000 + 1000(0.90) + 1000(0.90)^2 + \cdots$.
   $a = 1000, r = 0.9, S = \dfrac{1000}{1-0.9} = 10{,}000$
   The multiplier is $\dfrac{10{,}000}{1000} = 10$.
   b. The amount surpasses \$9000 on the 22nd term. The amount surpasses \$9900 on the 44th term.

15. a. $f(x) = \sqrt{x+9},\ f'(x) = \dfrac{1}{2}(x+9)^{-1/2},\ f''(x) = -\dfrac{1}{4}(x+9)^{-3/2},\ f'''(x) = \dfrac{3}{8}(x+9)^{-5/2}$

   $p_3(x) = \sqrt{0+9} + \dfrac{1}{2}(0+9)^{-1/2}\dfrac{x}{1!} - \dfrac{1}{4}(0+9)^{-3/2}\dfrac{x^2}{2!} + \dfrac{3}{8}(0+9)^{-5/2}\dfrac{x^3}{3!}$

   $= 3 + \dfrac{1}{2}\left(\dfrac{1}{3}\right)x - \dfrac{1}{4}\left(\dfrac{1}{3\cdot 9}\right)\dfrac{x^2}{2!} + \dfrac{3}{8}\left(\dfrac{1}{9^2\cdot 3}\right)\dfrac{x^3}{3!}$

   $= 3 + \dfrac{1}{6}x - \dfrac{1}{216}x^2 + \dfrac{1}{3888}x^3$

   b.

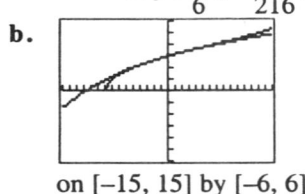

   on $[-15, 15]$ by $[-6, 6]$

16. a. $f(x) = e^{3x},\ f'(x) = 3e^{3x},\ f''(x) = 9e^{3x},\ f'''(x) = 27e^{3x}$

   $p_3(x) = e^{3(0)} + 3e^{3(0)}\dfrac{x}{1!} + 9e^{3(0)}\dfrac{x^2}{2!} + 27e^{3(0)}\dfrac{x^3}{3!}$

   $= 1 + 3x + \dfrac{9}{2}x^2 + \dfrac{9}{2}x^3$

   b.

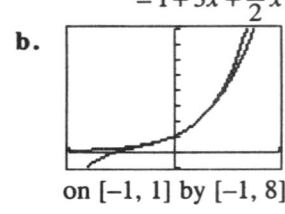

   on $[-1, 1]$ by $[-1, 8]$

17. a. $f(x) = \ln(2x+1),\ f'(x) = \dfrac{2}{(2x+1)},\ f''(x) = \dfrac{-4}{(2x+1)^2},\ f'''(x) = \dfrac{16}{(2x+1)^3}$

   $p_3(x) = \ln[2(0)+1] + \dfrac{2}{[2(0)+1]}\dfrac{x}{1!} - \dfrac{4}{[2(0)+1]^2}\dfrac{x^2}{2!} + \dfrac{16}{[2(0)+1]^3}\dfrac{x^3}{3!}$

   $= 0 + \dfrac{2}{1}x - \dfrac{4}{2}x^2 + \dfrac{16}{6}x^3$

   $= 2x - 2x^2 + \dfrac{8}{3}x^3$

   b.

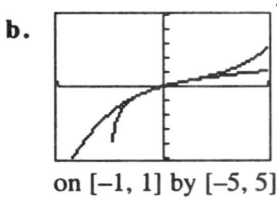

   on $[-1, 1]$ by $[-5, 5]$

Review Exercises for Chapter 10

18. a. $f(x) = \sin^2 x$, $f'(x) = 2\sin x \cos x$, $f''(x) = 2\cos^2 x - 2\sin^2 x$, $f'''(x) = 4\cos x \sin x - 4\sin x \cos x$

$p_3(x) = \sin^2 0 + 2\sin 0 \cos 0 \frac{x}{1!} + (2\cos^2 0 - 2\sin^2 0)\frac{x^2}{2!} - 4(\cos 0 \sin 0 + \sin 0 \cos 0)\frac{x^3}{3!}$

$= 0^2 + (2 \cdot 0 \cdot 1)\frac{x}{1!} + (2 \cdot 1 - 2 \cdot 0)\frac{x^2}{2!} - 4(1 \cdot 0 + 0 \cdot 1)\frac{x^3}{3!}$

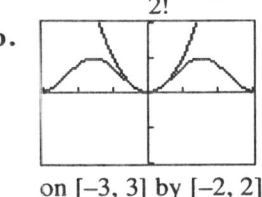

$= \frac{2x^2}{2!} = x^2$

b.

on [−3, 3] by [−2, 2]

19. a. $f(x) = \sqrt{x+1}$, $f'(x) = \frac{1}{2}(x+1)^{-1/2}$, $f''(x) = -\frac{1}{4}(x+1)^{-3/2}$, $f'''(x) = \frac{3}{8}(x+1)^{-5/2}$

$p_3(x) = \sqrt{0+1} + \frac{1}{2}(0+1)^{-1/2}\frac{x}{1!} - \frac{1}{4}(0+1)^{-3/2}\frac{x^2}{2!} + \frac{3}{8}(0+1)^{-5/2}\frac{x^3}{3!}$

$= 1 + \frac{1}{2}x - \frac{1}{8}x^2 + \frac{1}{16}x^3$

b. $\sqrt{2} \approx p_3(1) = 1 + \frac{1}{2}(1) - \frac{1}{8}(1)^2 + \frac{1}{16}(1)^3 = 1.4375$

c. $f^{(4)}(x) = -\frac{15}{16}(x+1)^{-7/2}$. Since $|f^{(4)}(x)|$ is a decreasing function on [0, 1], the maximum occurs at $x = 0$.

Let $M = |f^{(4)}(0)| = \frac{15}{16}$. Then

$|R_3(x)| \leq \frac{M}{(3+1)!}|x|^{(3+1)} = \frac{\frac{15}{16}x^4}{4!}$

$= \frac{15}{384}x^4$

$|R_3(1)| \leq \frac{15}{384}(1)^4 \approx 0.04$ (rounded up)

d. $\sqrt{2} \approx 1.44$ with error less than 0.04.

20. a. $f(x) = \cos x$, $f'(x) = -\sin x$, $f''(x) = -\cos x$, $f'''(x) = \sin x$, $f^{(4)}(x) = \cos x$

$p_4(x) = \cos 0 - \sin 0 \frac{x}{1!} - \cos 0 \frac{x^2}{2!} + \sin 0 \frac{x^3}{3!} + \cos 0 \frac{x^4}{4!}$

$= 1 - 0 - \frac{x^2}{2!} + 0 + \frac{x^4}{4!} = 1 - \frac{x^2}{2!} + \frac{x^4}{4!}$

b. $\cos 1 \approx p_4(1) = 1 - \frac{1^2}{2!} + \frac{1^4}{4!} \approx 0.54167$

c. $f^{(5)}(x) = -\sin x$. Since $|-\sin x| \leq 1$, let $M = 1$.

$|R_4(x)| \leq \frac{1}{(n+1)!}|x|^{n+1}$

$|R_4(x)| \leq \frac{1}{5!}(1)^5 = \frac{1}{120} \approx 0.009$ (rounded up)

d. $\cos 1 \approx 0.542$ with error less than 0.009.

21. $f(x) = (1+x)^{1/n}$, $f'(x) = \frac{1}{n}(1+x)^{1/n-1}$

$p_1(x) = (1+0)^{1/n} + \frac{1}{n}(1+0)^{1/n-1}\frac{x}{1!} = 1 + \frac{1}{n}x$

22. We know that the nth Taylor polynomial for e^x is
$$p_n(x) = 1 + \frac{x}{1!} + \frac{x^2}{2!} + \frac{x^3}{3!} + \cdots \frac{x^n}{n!}$$
Since $f^{(n)}(x) = e^x$ and $f^{(n)}$ is increasing on $[-1, 1]$, the maximum occurs at $e^1 = e$. Thus $M = e$.
$$|R_n(x)| \le \frac{e}{(n+1)!}|1|^{n+1} = \frac{e}{(n+1)!}$$

n	$\frac{e}{(n+1)!}$
3	0.11326
4	0.02265
5	0.00378
6	0.00054
7	0.00007

Thus, $p_7(x) = 1 + \frac{x}{1!} + \frac{x^2}{2!} + \frac{x^3}{3!} + \frac{x^4}{4!} + \frac{x^5}{5!} + \frac{x^6}{6!} + \frac{x^7}{7!}$ has error less than 0.0001.

23. a. $f(x) = \sin x$, $f'(x) = \cos x$, $f''(x) = -\sin x$, $f'''(x) = -\cos x$, $f^{(4)}(x) = \sin x$
$$p_4(x) = \sin\frac{\pi}{2} + \left(\cos\frac{\pi}{2}\right)\left(x - \frac{\pi}{2}\right) - \left(\sin\frac{\pi}{2}\right)\frac{(x-\frac{\pi}{2})^2}{2!} - \left(\cos\frac{\pi}{2}\right)\frac{(x-\frac{\pi}{2})^3}{3!} + \left(\sin\frac{\pi}{2}\right)\frac{(x-\frac{\pi}{2})^4}{4!}$$
$$= 1 + 0\left(x - \frac{\pi}{2}\right) - 1\frac{(x-\frac{\pi}{2})^2}{2!} - 0\frac{(x-\frac{\pi}{2})^3}{3!} + 1\frac{(x-\frac{\pi}{2})^4}{4!}$$
$$= 1 - \frac{(x-\frac{\pi}{2})^2}{2!} + \frac{(x-\frac{\pi}{2})^4}{4!}$$

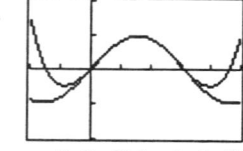

b.

on $[-2, 5]$ by $[-2, 2]$

24. a. $f(x) = x^{3/2}$, $f'(x) = \frac{3}{2}x^{1/2}$, $f''(x) = \frac{3}{4}x^{-1/2}$, $f'''(x) = -\frac{3}{8}x^{-3/2}$
$$p_3(x) = 4^{3/2} + \frac{3}{2}(4)^{1/2}(x-4) + \frac{3}{4}(4)^{-1/2}\frac{(x-4)^2}{2!} - \frac{3}{8}(4)^{-3/2}\frac{(x-4)^3}{3!}$$
$$= 8 + \frac{3}{2}(2)(x-4) + \frac{3}{4}\left(\frac{1}{2}\right)\frac{(x-4)^2}{2!} - \frac{3}{8}\left(\frac{1}{8}\right)\frac{(x-4)^3}{3!}$$
$$= 8 + 3(x-4) + \frac{3}{16}(x-4)^2 - \frac{1}{128}(x-4)^3$$

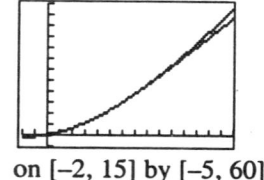

b.

on $[-2, 15]$ by $[-5, 60]$

Review Exercises for Chapter 10

25. a. $f(x) = x^{2/3}$, $f'(x) = \frac{2}{3}x^{-1/3}$, $f''(x) = -\frac{2}{9}x^{-4/3}$

$p_2(x) = (1)^{2/3} + \frac{2}{3}(1)^{-1/3}(x-1) - \frac{2}{9}(1)^{-4/3}\frac{(x-1)^2}{2!}$

$= 1 + \frac{2}{3}(x-1) - \frac{1}{9}(x-1)^2$

b. $(1.2)^{2/3} = f(1.2) \approx p_2(1.2) = 1 + \frac{2}{3}(1.2-1) - \frac{1}{9}(1.2-1)^2$

≈ 1.12889

c. $f'''(x) = \frac{8}{27}x^{-7/3}$ is decreasing function on $[1, 1.2]$, so the maximum is at $x = 1$. Let $M = f'''(1) = \frac{8}{27}$.

d. $|R_2(x)| \le \frac{\frac{8}{27}}{(2+1)!}|x-1|^{2+1} = \frac{8}{27 \cdot 3!}|x-1|^3$

$|R_2(1.2)| \le \frac{8}{27 \cdot 3!}(0.2)^3 \approx 0.0004$ (rounded up)

e. $(1.2)^{2/3} \approx 1.1289$ with error less than 0.0004.

26. $p_2(x) = 1 + x + \frac{x^2}{2}$

Thus,

$e^{-0.22} \approx p_2(-0.22) = 1 - 0.22 + \frac{(-0.22)^2}{2} \approx 0.8$

27. $p_2(x) = 1 - \frac{x^2}{2!} + \frac{x^4}{4!}$

$\cos 0.45 \approx p_2(0.45) = 1 - \frac{(0.45)^2}{2!} + \frac{(0.45)^4}{4!} \approx 0.9$

Thus, $55 - 24\cos 0.45 \approx 55 - 24(0.9) \approx 33°$

28. a. $e^x \approx 1 + x + \frac{x^2}{2!}$

$e^{0.1t^2} \approx 1 + 0.1t^2 + \frac{(0.1t^2)^2}{2!}$

$200e^{0.1t^2} \approx 200 + 20t^2 + 2\frac{t^4}{2} = 200 + 20t^2 + t^4$

b. For $t = 2$,

$200e^{0.1(2)^2} = 200e^{0.4} \approx 200 + 20(2)^2 + (2)^4$

$= 296$ units

c. Using a calculator, we get $200e^{0.4} \approx 298$. The estimate is approximately 2 less.

29. $\sum_{n=0}^{\infty} \frac{nx^n}{3^n}$, $c_n = \frac{nx^n}{3^n}$, $c_{n+1} = \frac{(n+1)x^{n+1}}{3^{n+1}}$

$\frac{c_{n+1}}{c_n} = \frac{\frac{(n+1)x^{n+1}}{3^{n+1}}}{\frac{nx^n}{3^n}} = \frac{(n+1)x^{n+1}}{3^{n+1}} \cdot \frac{3^n}{nx^n} = \frac{(n+1)}{3n}x$

$\lim_{n\to\infty} \left|\frac{c_{n+1}}{c_n}\right| = \lim_{n\to\infty} \left|\frac{(n+1)x}{3n}\right|$

$= \lim_{n\to\infty} \left|\frac{nx}{3n} + \frac{x}{3n}\right|$

$= \left|\frac{x}{3}\right|$

Thus, $\frac{|x|}{3} < 1$ or $|x| < 3$, so $R = 3$.

30. $\frac{x}{\sqrt{1}} + \frac{x^2}{\sqrt{2}} + \frac{x^3}{\sqrt{3}} + \frac{x^4}{\sqrt{4}} + \cdots = \sum_{n=1}^{\infty}\frac{x^n}{\sqrt{n}}$

$\frac{c_{n+1}}{c_n} = \frac{\frac{x^{n+1}}{\sqrt{n+1}}}{\frac{x^n}{\sqrt{n}}} = \frac{\sqrt{n}}{\sqrt{n+1}}x$

$\lim_{n\to\infty}\left|\frac{c_{n+1}}{c_n}\right| = \lim_{n\to\infty}\left(\frac{\sqrt{n}}{\sqrt{n+1}} \cdot \frac{\frac{1}{\sqrt{n}}}{\frac{1}{\sqrt{n}}}\right)|x|$

$= \lim_{n\to\infty}\frac{|x|}{\sqrt{1+\frac{1}{n}}} = |x|$

Thus, $|x| < 1$ or $R = 1$.

31. $\sum_{n=0}^{\infty}\frac{n!x^n}{5^n}$,

$\frac{c_{n+1}}{c_n} = \frac{\frac{(n+1)!x^{n+1}}{5^{n+1}}}{\frac{n!x^n}{5^n}} = \frac{(n+1)!x^{n+1}}{5^{n+1}} \cdot \frac{5^n}{n!x^n}$

$= \frac{(n+1)x}{5}$

$\lim_{n\to\infty}\left|\frac{c_{n+1}}{c_n}\right| = \lim_{n\to\infty}\left|\frac{(n+1)x}{5}\right|$

The limit is infinite for $x \ne 0$, so $R = 0$.

32. $\sum_{n=1}^{\infty} \frac{(-1)^n x^n}{(n-1)!}$

$\frac{c_{n+1}}{c_n} = \frac{\frac{(-1)^{n+1} x^{n+1}}{(n)!}}{\frac{(-1)^n x^n}{(n-1)!}} = \frac{(-1)^{n+1} x^{n+1}}{n!} \cdot \frac{(n-1)!}{(-1)^n x^n}$

$= \frac{(-1)x}{n}$

$\lim_{n \to \infty} \left|\frac{c_{n+1}}{c_n}\right| = \lim_{n \to \infty} \left|\frac{(-1)x}{n}\right| = 0.$ Thus $R = \infty$.

33. First, replace x by x^2 in the series for $\frac{1}{1-x}$.

$\frac{1}{1-x^2} = 1 + x^2 + (x^2)^2 + (x^2)^3 + \cdots$

$= 1 + x^2 + x^4 + x^6 + \cdots$

Multiply by x^3.

$\frac{x^3}{1-x^2} = x^3 + x^5 + x^7 + x^9 + \cdots$

34. Replace x by $2x$ in the series $\cos x$.

$\cos 2x = 1 - \frac{(2x)^2}{2!} + \frac{(2x)^4}{4!} - \frac{(2x)^6}{6!} + \cdots$

$= 1 - \frac{2^2 x^2}{2!} + \frac{2^4 x^4}{4!} - \frac{2^6 x^6}{6!} + \cdots$

$x \cos 2x = x - \frac{2^2 x^3}{2!} + \frac{2^4 x^5}{4!} - \frac{2^6 x^7}{6!} + \cdots$

35. Replace x by x^2 in the series for e^x.

$e^{x^2} = 1 + x^2 + \frac{(x^2)^2}{2!} + \frac{(x^2)^3}{3!} + \frac{(x^2)^4}{4!} + \cdots$

$= 1 + x^2 + \frac{x^4}{2!} + \frac{x^6}{3!} + \frac{x^8}{4!} + \cdots$

$xe^{x^2} = x + x^3 + \frac{x^5}{2!} + \frac{x^7}{3!} + \frac{x^9}{4!} + \cdots$

36. Replace x by $-x$ in the series for e^x.

$e^{-x} = 1 - x + \frac{x^2}{2!} - \frac{x^3}{3!} + \frac{x^4}{4!} - \cdots$

$xe^{-x} = x - x^2 + \frac{x^3}{2!} - \frac{x^4}{3!} + \frac{x^5}{4!} - \cdots$

37. a. $f(x) = \frac{1}{1-2x}$, $f'(x) = \frac{2}{(1-2x)^2}$, $f''(x) = \frac{8}{(1-2x)^3}$, $f'''(x) = \frac{48}{(1-2x)^4}$

$\frac{1}{1-2x} = \frac{1}{1-2(0)} + \frac{2}{[1-2(0)]^2} x + \frac{8}{[1-2(0)]^3} \frac{x^2}{2!} + \frac{48}{[1-2(0)]^4} \frac{x^3}{3!} + \cdots$

$= 1 + 2x + 2^2 x^2 + 2^3 x^3 + \cdots$

b. Replace x by $2x$ in the series for $\frac{1}{1-x}$.

$\frac{1}{1-2x} = 1 + 2x + (2x)^2 + (2x)^3 + \cdots = 1 + 2x + 2^2 x^2 + 2^3 x^3 + \cdots$

38. a. $f(x) = e^{-\frac{1}{2}x}$, $f'(x) = -\frac{1}{2} e^{-\frac{1}{2}x}$, $f''(x) = \frac{1}{4} e^{-\frac{1}{2}x}$, $f'''(x) = -\frac{1}{8} e^{-\frac{1}{2}x}$

$e^{-\frac{1}{2}x} = e^{-\frac{1}{2}(0)} - \frac{1}{2} e^{-\frac{1}{2}(0)} x + \frac{1}{4} e^{-\frac{1}{2}(0)} \frac{x^2}{2!} - \frac{1}{8} e^{-\frac{1}{2}(0)} \frac{x^3}{3!} + \cdots$

$= 1 - \frac{1}{2}x + \frac{x^2}{2^2 2!} - \frac{x^3}{2^3 3!} + \cdots$

b. Replace x by $-\frac{1}{2}x$ in the series for e^x.

$e^{-\frac{1}{2}x} = 1 - \frac{1}{2}x + \frac{\left(-\frac{1}{2}x\right)^2}{2!} + \frac{\left(-\frac{1}{2}x\right)^3}{3!} + \cdots$

$= 1 - \frac{1}{2}x + \frac{x^2}{2^2 2!} - \frac{x^3}{2^3 3!} + \cdots$

39. a. $f(x) = \cos x$, $f'(x) = -\sin x$, $f''(x) = -\cos x$, $f'''(x) = \sin x$, $f^{(4)}(x) = \cos x$

$$\cos x = \cos\frac{\pi}{2} - \left(\sin\frac{\pi}{2}\right)\left(x - \frac{\pi}{2}\right) - \left(\cos\frac{\pi}{2}\right)\frac{\left(x-\frac{\pi}{2}\right)^2}{2!} + \left(\sin\frac{\pi}{2}\right)\frac{\left(x-\frac{\pi}{2}\right)^3}{3!} + \left(\cos\frac{\pi}{2}\right)\frac{\left(x-\frac{\pi}{2}\right)^4}{4!}$$

$$= 0 - 1\left(x - \frac{\pi}{2}\right) - 0\frac{\left(x-\frac{\pi}{2}\right)^2}{2!} + 1\frac{\left(x-\frac{\pi}{2}\right)^3}{3!} + 0\frac{\left(x-\frac{\pi}{2}\right)^4}{4!}$$

$$= -\left(x - \frac{\pi}{2}\right) + \frac{\left(x-\frac{\pi}{2}\right)^3}{3!} - \cdots$$

b.

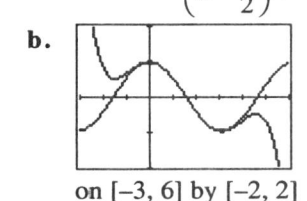

on [−3, 6] by [−2, 2]

40. $\sin(-x) = -x - \frac{(-x)^3}{3!} + \frac{(-x)^5}{5!} - \frac{(-x)^7}{7!} + \cdots$

$= -x + \frac{x^3}{3!} - \frac{x^5}{5!} + \frac{x^7}{7!} - \cdots$

$= -\left(x - \frac{x^3}{3!} + \frac{x^5}{5!} - \frac{x^7}{7!} + \cdots\right) = -\sin x$

$\cos(-x) = 1 - \frac{(-x)^2}{2!} + \frac{(-x)^4}{4!} - \frac{(-x)^6}{6!} + \cdots$

$= 1 - \frac{x^2}{2!} + \frac{x^4}{4!} - \frac{x^6}{6!} + \cdots = \cos x$

41. a. $\dfrac{1}{1+t^2} = 1 - t^2 + (-t^2)^2 + (-t^2)^3 + \cdots$

$= 1 - t^2 + t^4 - t^6 + \cdots$

b. $\displaystyle\int_0^x \frac{1}{1+t^2}\,dt = \int_0^x (1 - t^2 + t^4 - t^6 + \cdots)\,dx$

$= \left(t - \frac{t^3}{3} + \frac{t^5}{5} - \frac{t^7}{7} + \cdots\right)\Big|_0^x$

$= x - \frac{x^3}{3} + \frac{x^5}{5} - \frac{x^7}{7} + \cdots$

c. $\displaystyle\int_0^{1/2} \frac{1}{1+t^2}\,dt \approx \frac{1}{2} - \frac{\left(\frac{1}{2}\right)^3}{3} + \frac{\left(\frac{1}{2}\right)^5}{5} \approx 0.465$

d. $\displaystyle\int_0^{1/2} \frac{1}{1+t^2}\,dt \approx 0.464$

42. $\dfrac{c_{n+1}}{c_n} = \dfrac{a_{n+1} x^{n+1}}{a_n x^n} = \dfrac{a_{n+1}}{a_n} x$

$\displaystyle\lim_{n\to\infty}\left|\frac{c_{n+1}}{c_n}\right| = \lim_{n\to\infty}\left|\frac{a_{n+1}}{a_n}x\right| = \lim_{n\to\infty}\left|\frac{a_{n+1}}{a_n}\right||x|$

$= |x|\displaystyle\lim_{n\to\infty}\left|\frac{a_{n+1}}{a_n}\right|$

Thus, the series converges if

$|x|\displaystyle\lim_{n\to\infty}\left|\frac{a_{n+1}}{a_n}\right| < 1$

$|x| < \dfrac{1}{\lim_{n\to\infty}\left|\frac{a_{n+1}}{a_n}\right|}$

Thus, $|x| < \displaystyle\lim_{n\to\infty}\left|\frac{a_n}{a_{n+1}}\right|$ and

$R = \displaystyle\lim_{n\to\infty}\left|\frac{a_n}{a_{n+1}}\right|$

43.
$x = \sqrt{26}$
$x^2 = 26$
$x^2 - 26 = 0$ Choose $x_0 = 5$.
$f'(x) = 2x$
$x_0 = 5$
$x_1 = 5 - \frac{f(5)}{f'(5)} = 5.1$
$x_2 = 5.1 - \frac{f(5.1)}{f'(5.1)} \approx 5.099$
$x_3 = 5.099 - \frac{f(5.099)}{f'(5.099)} \approx 5.099$

44. $f(x) = x^3 - 30$
$f'(x) = 3x^2$ Choose $x_0 = 3$.
$x_0 = 3$
$x_1 = 3 - \frac{f(3)}{f'(3)} \approx 3.111$
$x_2 = 3.111 - \frac{f(3.111)}{f'(3.111)} \approx 3.107$
$x_3 = 3.107 - \frac{f(3.107)}{f'(3.107)} \approx 3.107$

45. $f(x) = x^3 + 3x - 3$
$f'(x) = 3x^2 + 3$
$x_0 = 1$
$x_1 = 1 - \frac{f(1)}{f'(1)} = \frac{5}{6}$
$x_2 = \frac{5}{6} - \frac{f\left(\frac{5}{6}\right)}{f'\left(\frac{5}{6}\right)} \approx 0.818$
$x_3 = 0.818 - \frac{f(0.818)}{f'(0.818)} \approx 0.818$

46. $f(x) = e^x + 10x - 4$
$f'(x) = e^x + 10$
$x_0 = 0$
$x_1 = 0 - \frac{f(0)}{f'(0)} = \frac{3}{11} \approx 0.273$
$x_2 = 0.273 - \frac{f(0.273)}{f'(0.273)} \approx 0.269$
$x_3 = 0.269 - \frac{f(0.269)}{f'(0.269)} \approx 0.269$

47. $x^3 - 100 = 0$. Choose $x_0 = 4$. Then $x \approx 4.641588834$.

48. $x^2 - 10 = 0$. Choose $x_0 = 3$. Then $x \approx 3.162277660$.

49. $e^x - 5x - 3 = 0$. Choose $x_0 = 1$. Then $x \approx -0.475711445$.

50. $e^x + 4x - 100 = 0$, $x_0 = 3$. Then $x \approx 4.411048937$.

51. $x^3 = 5\ln x + 10$
$x^3 - 5\ln x - 10 = 0$, $x_0 = 2$
Then, $x \approx 2.435766883$.

52. $x^4 = 2 + \sin x$
$x^4 - \sin x - 2 = 0$, $x_0 = 0$
Then $x \approx -1.033503908$.

53. Since the amount of the investment is \$20,000 and each payment is \$9000,
$$20{,}000 = \frac{9000}{(1+r)} + \frac{9000}{(1+r)^2} + \frac{9000}{(1+r)^3}$$
where r = the internal rate of return.
Let $x = 1 + r$.
$$20{,}000 = \frac{9000}{x} + \frac{9000}{x^2} + \frac{9000}{x^3}$$
$$20 = \frac{9}{x} + \frac{9}{x^2} + \frac{9}{x^3}$$
$$20x^3 = 9x^2 + 9x + 9$$
$20x^3 - 9x^2 - 9x - 9 = 0$
Using Newton's method, we get $x \approx 1.166$. Since $r = x - 1$, $r = 0.166 = 16.6\%$. The internal rate of return is 16.6%.

54. $S(p) = 20 + 3p$, $D(p) = 50 - 8\sqrt{p}$. To find the value of p at which $S(p) = D(p)$, let
$f(p) = S(p) - D(p) = 20 + 3p - (50 - 8\sqrt{p}) = 0$.
Using Newton's method, we get $p \approx 4.40$.
The market equilibrium price is about \$4.40.

Review Exercises for Chapter 10

55. $C(x) = 3x + 8000$, $R(x) = 4x\sqrt{x}$
To find the break-even quantity, let
$f(x) = C(x) - R(x) = 0$
$3x + 8000 - 4x\sqrt{x} = 0$
Choose $x_0 = 150$. Newton's method gives
$x \approx 165$ units.

Chapter 11: Probability

EXERCISES 11.1

1. **a.** The event "rolling at least a 3" is made up of the events "rolling a 3, 4, 5, or 6." Since each even has probability $\frac{1}{6}$,
    $$P(\text{rolling at least a 3}) = P(3) + P(4) + P(5) + P(6)$$
    $$= \frac{1}{6} + \frac{1}{6} + \frac{1}{6} + \frac{1}{6} = \frac{4}{6} = \frac{2}{3}$$
    b. The event "rolling an odd number" is made up of the events "rolling a 1, 3, or 5." Since each event has probability $\frac{1}{6}$,
    $$P(\text{rolling an odd number}) = P(1) + P(3) + P(5)$$
    $$= \frac{1}{6} + \frac{1}{6} + \frac{1}{6} = \frac{3}{6} = \frac{1}{2}$$

3. **a.** The event of tossing a coin three times has 8 possible elementary events: HHH, THH, HTH, HHT, TTH, THT, HTT, TTT. Each elementary event has probability $\frac{1}{8}$. Thus,
    $$P(\text{tossing exactly one head}) = P(\text{HTT}) + P(\text{THT}) + P(\text{TTH})$$
    $$= \frac{1}{8} + \frac{1}{8} + \frac{1}{8} = \frac{3}{8}$$
    b. $P(\text{tossing exactly two heads}) = P(\text{HHT}) + P(\text{HTH}) + P(\text{THH})$
    $$= \frac{1}{8} + \frac{1}{8} + \frac{1}{8} = \frac{3}{8}$$

5. **a.** $\mu = E(X) = x_1 \cdot p_1 + x_2 \cdot p_2 = 9 \cdot \frac{1}{2} + 11 \cdot \frac{1}{2} = \frac{9}{2} + \frac{11}{2} = \frac{20}{2} = 10$
    $\text{Var}(X) = (x_1 - \mu)^2 \cdot p_1 + (x_2 - \mu)^2 \cdot p_2$
    $= (9 - 10)^2 \cdot \frac{1}{2} + (11 - 10)^2 \cdot \frac{1}{2} = \frac{1}{2} + \frac{1}{2} = 1$
    $\sigma(X) = \sqrt{\text{Var}(X)} = \sqrt{1} = 1$
    b. $\mu = E(Y) = y_1 \cdot p_1 + y_2 \cdot p_2 = 0 \cdot \frac{1}{2} + 20 \cdot \frac{1}{2} = 10$
    $\text{Var}(Y) = (y_1 - \mu)^2 \cdot p_1 + (y_2 - \mu)^2 \cdot p_2$
    $= (0 - 10)^2 \cdot \frac{1}{2} + (20 - 10)^2 \cdot \frac{1}{2} = 100 \cdot \frac{1}{2} + 100 \cdot \frac{1}{2} = 100$
    $\sigma(Y) = \sqrt{\text{Var}(Y)} = \sqrt{100} = 10$

7. **a.** The events in X are 4, 7, and 10, and each event has probability $\frac{1}{3}$. Thus, the probability distribution is
    $$P(X = 4) = \frac{1}{3}, \ P(X = 7) = \frac{1}{3}, \ P(X = 10) = \frac{1}{3}$$
    b. $\mu = E(X) = x_1 \cdot p_1 + x_2 \cdot p_2 + x_3 \cdot p_3$
    $= 4 \cdot \frac{1}{3} + 7 \cdot \frac{1}{3} + 10 \cdot \frac{1}{3} = \frac{4}{3} + \frac{7}{3} + \frac{10}{3} = \frac{21}{3} = 7$
    c. $\text{Var}(X) = (x_1 - \mu)^2 \cdot p_1 + (x_2 - \mu)^2 \cdot p_2 + (x_3 - \mu)^2 \cdot p_3$
    $= (4 - 7)^2 \cdot \frac{1}{3} + (7 - 7)^2 \cdot \frac{1}{3} + (10 - 7)^2 \cdot \frac{1}{3}$
    $= \frac{9}{3} + \frac{9}{3} + \frac{18}{3} = 6$

Exercises 11.1

9.   **a.** The events in X are 2, 4, and 8, and
$$P(X=2) = \tfrac{1}{2}, \ P(X=4) = \tfrac{1}{4}, \ P(X=8) = \tfrac{1}{4}$$
    b. $\mu = E(X) = x_1 \cdot p_1 + x_2 \cdot p_2 + x_3 \cdot p_3$
$$= 2 \cdot \tfrac{1}{2} + 4 \cdot \tfrac{1}{4} + 8 \cdot \tfrac{1}{4} = 1 + 1 + 2 = 4$$
    c. $\text{Var}(X) = (x_1 - \mu)^2 \cdot p_1 + (x_2 - \mu)^2 \cdot p_2 + (x_3 - \mu)^2 \cdot p_3$
$$= (2-4)^2 \cdot \tfrac{1}{2} + (4-4)^2 \cdot \tfrac{1}{4} + (8-4)^2 \cdot \tfrac{1}{4}$$
$$= 2 + 0 + 4 = 6$$

11.   **a.** The probability of ending up in the top 30° of the circle is proportional to the area of the sector. Since there are 30° in a circle, the area of the sector is $\tfrac{30}{360} = \tfrac{1}{12}$ of the total area. Thus,
$$P(\text{ending up in the top } 30°) = \tfrac{1}{12}$$
    b. The area of the top 10° is $\tfrac{10}{360} = \tfrac{1}{36}$ the area of the circle. Thus,
$$P(\text{ending up in the top } 10°) = \tfrac{1}{36}$$
    c. If the point is exactly upwards, the area of the sector is 0. Thus,
$$P(\text{ending up exactly upwards}) = 0$$

13. $\displaystyle \mu = E(X) = \sum_{k=0}^{\infty} x_k p_k = \sum_{k=0}^{\infty} k \frac{e^{-a} a^k}{k!} = \sum_{k=1}^{\infty} \frac{e^{-a} a^k}{(k-1)!}$
$$= e^{-a} \cdot a \sum_{k=1}^{\infty} \frac{a^{k-1}}{(k-1)!} = e^{-a} \cdot a \left(1 + \frac{a}{1} + \frac{a^2}{2!} + \frac{a^3}{3!} + \cdots \right)$$
$$= e^{-a} \cdot a \cdot e^a = a$$

15.   Since the mean is 2, by Exercise 13, $a = 2$.
    a. $P(X=0) = e^{-2} \frac{2^0}{0!} \approx 0.135$
    b. $P(X=1) = e^{-2} \frac{2^1}{1!} = 2e^{-2} \approx 0.271$
    c. $P(X=2) = e^{-2} \frac{2^2}{2!} = e^{-2} \cdot \frac{4}{2} = 2e^{-2} \approx 0.271$
    d. $P(X=3) = e^{-2} \frac{2^3}{3!} = e^{-2} \cdot \frac{8}{6} = \frac{4}{3} e^{-2} \approx 0.180$

17.   Since the mean is 2, by Exercise 13, $a = 2$.
    a. $P(X \le 1) = P(X=0) + P(X=1)$
$$= e^{-2} \frac{2^0}{0!} + e^{-2} \frac{2^1}{1!} = e^{-2} + 2e^{-2} \approx 0.406$$
    b. $P(X \le 2) = P(X=2) + P(X \le 1)$
$$= e^{-2} \frac{2^2}{2!} + e^{-2} \frac{2^1}{1!} + e^{-2} \frac{2^0}{0!} \approx 0.677$$
    c. $P(X \le 3) = P(X=3) + P(X \le 2)$
$$= e^{-2} \frac{2^3}{3!} + e^{-2} \frac{2^2}{2!} + e^{-2} \frac{2^1}{1!} + e^{-2} \frac{2^0}{0!} \approx 0.857$$
    d. $P(X > 3) = 1 - P(X \le 3)$
$$\approx 1 - 0.857 = 0.143$$

19. a. {BBBB, BBBG, BBGB, BBGG, BGBB, BGBG, BGGB, BGGG, GBBB, GBBG, GBGB, GBGG, GGBB, GGBG, GGGB, GGGG}

b. The probability of each event is $\frac{1}{16}$.

c. $P(X = 0) = P(BBBB) = \frac{1}{16}$
$P(X = 1) = P(BBBG) + P(BBGB) + P(BGBB) + P(GBBB)$
$= \frac{1}{16} + \frac{1}{16} + \frac{1}{16} + \frac{1}{16} = \frac{4}{16} = \frac{1}{4}$
$P(X = 2) = P(BBGG) + P(BGGB) + P(GGBB) + P(BGBG) + P(GBGB) + P(GBBG)$
$= \frac{1}{16} + \frac{1}{16} + \frac{1}{16} + \frac{1}{16} + \frac{1}{16} + \frac{1}{16} = \frac{6}{16} = \frac{3}{8}$
$P(X = 3) = P(BGGG) + P(GBGG) + P(GGBG) + P(GGGB)$
$= \frac{1}{16} + \frac{1}{16} + \frac{1}{16} + \frac{1}{16} = \frac{4}{16} = \frac{1}{4}$
$P(X = 4) = P(GGGG) = \frac{1}{16}$

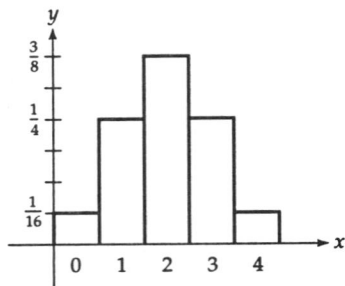

d. $P(X \geq 1) = 1 - P(X = 0) = 1 - \frac{1}{16} = \frac{15}{16}$

e. $\mu = E(X) = x_1 p_1 + x_2 p_2 + x_3 p_3 + x_4 p_4 + x_5 p_5$
$= 0 \cdot \frac{1}{16} + 1 \cdot \frac{1}{4} + 2 \cdot \frac{3}{8} + 3 \cdot \frac{1}{4} + 4 \cdot \frac{1}{16}$
$= \frac{1}{4} + \frac{3}{4} + \frac{3}{4} + \frac{1}{4} = 2$
$\text{Var}(X) = (x_1 - \mu)^2 \cdot p_1 + (x_2 - \mu)^2 \cdot p_2 + (x_3 - \mu)^2 \cdot p_3 + (x_4 - \mu)^2 \cdot p_4 + (x_5 - \mu)^2 \cdot p_5$
$= (0 - 2)^2 \cdot \frac{1}{16} + (1 - 2)^2 \cdot \frac{1}{4} + (2 - 2)^2 \cdot \frac{3}{8} + (3 - 2)^2 \cdot \frac{1}{4} + (4 - 2)^2 \cdot \frac{1}{16}$
$= \frac{1}{4} + \frac{1}{4} + 0 + \frac{1}{4} + \frac{1}{4} = 1$

21. $\mu = E(X)$
$= 10,000 \cdot \frac{1}{10} + 2000 \cdot \frac{1}{2} + 1000 \cdot \frac{3}{10} + 0 \cdot \frac{1}{10}$
$= 1000 + 1000 + 300 + 0 = 2300$
Since the price is $500 more than $E(X)$, the price should be $2800.

23. To use the Poisson distribution, we note that the average is 4. Thus, $a = 4$.
$P(X \leq 2) = P(X = 2) + P(X = 1) + P(X = 0)$
$= e^{-4} \frac{4^2}{2!} + e^{-4} \frac{4^1}{1!} + e^{-4} \frac{4^0}{0!}$
$= 8e^{-4} + 4e^{-4} + e^{-4} = 13e^{-4} \approx 0.238$

25. Since the mean is 1.93, use a Poisson distribution with $a = 1.93$.
$P(X \leq 2)$
$= P(X = 2) + P(X = 1) + P(X = 0)$
$= e^{-1.93} \frac{1.93^2}{2!} + e^{-1.93} \frac{1.93}{1!} + e^{-1.93} \frac{1.93^0}{0!}$
$= 1.86245 e^{-1.93} + 1.93 e^{-1.93} + e^{-1.93}$
≈ 0.696

27. Since the mean is 1.63, use a Poisson distribution with $a = 1.63$.
$P(X = 0) = e^{-1.63} \frac{1.63}{0!} \approx 0.196$

Exercises 11.2

29. Since the mean is 2, use a Poisson distribution with $a = 2$.
$$P(X < 5) = P(X = 4) + P(X = 3) + P(X = 2) + P(X = 1) + P(X = 0)$$
$$= e^{-2}\frac{2^4}{4!} + e^{-2}\frac{2^3}{3!} + e^{-2}\frac{2^2}{2!} + e^{-2}\frac{2^1}{1!} + e^{-2}\frac{2^0}{0!}$$
$$\approx 0.947$$
To find the probability of getting 5 or more defects, we calculate
$P(X \geq 5) = 1 - P(X < 5) \approx 1 - 0.947 = 0.053$

31. Since the mean is 5, we use a Poisson distribution with $a = 5$.
$$P(X \leq 6) = \sum_{k=0}^{6} e^{-5}\frac{5^k}{k!} \approx 0.762$$

33.
1. This is the definition of variance.
2. Expand $(x_i - \mu)^2 = x^2 - 2\mu x_i + \mu^2$.
3. Multiply by p_i and separate into 3 sums.
4. Take the constants 2μ and μ^2 outside the sums.
5. This results follows from the definition of
$\sum_{i=1}^{n} x_i p_i = \mu$ and the fact that
$\sum_{i=1}^{n} p_i = 1$.
6. This follows because $-2\mu\mu + u^2 \cdot 1 = -2\mu^2 + \mu^2 = -\mu^2$.

EXERCISES 11.2

1. The function $ax^2(1-x)$ is nonnegative on [0, 1]. To find the area under the curve, integrate the function.
$$\int_0^1 ax^2(1-x)\,dx = \int_0^1 (ax^2 - ax^3)\,dx = \left(\frac{ax^3}{3} - \frac{ax^4}{4}\right)\bigg|_0^1$$
$$= \frac{a(1)^3}{3} - \frac{a(1)^4}{4} - \left[\frac{a(0)^3}{3} - \frac{a(0)^4}{4}\right]$$
$$= \frac{a}{3} - \frac{a}{4} = \frac{a}{12}$$
Since $\frac{a}{12}$ must equal 1, $a = 12$.

3. The function ax^2 is nonnegative on [0, 3]. To find the area under the curve, integrate the function.
$$\int_0^3 ax^2\,dx = \frac{ax^3}{3}\bigg|_0^3 = \frac{a(3)^3}{3} - \frac{a(0)^3}{3} = 9a$$
Since $9a$ must equal 1, $a = \frac{1}{9}$.

5. The function $\frac{a}{x}$ is nonnegative on [1, e]. To find the area under the curve, integrate the function.
$$\int_1^e \frac{a}{x}\,dx = a\ln x\bigg|_1^e = a\ln e - a\ln 1 = a \cdot 1 - a \cdot 0 = a$$
Thus, $a = 1$.

7. The function axe^x is nonnegative on [0, 1]. To find the area under the curve, integrate the function.

$$\int_0^1 axe^x \, dx$$

Let $u = x$ and $dv = e^x \, dx$. Then $du = dx$ and $v = \int e^x \, dx = e^x$

$$\int_0^1 axe^x = a\left(xe^x\Big|_0^1 - \int_0^1 e^x \, dx\right) = a(xe^x - e^x)\Big|_0^1$$
$$= a[(1 \cdot e^1 - e^1) - (0 \cdot e^0 - e^0)]$$
$$= a[e - e - (0 - 1)] = a[-(-1)] = a$$

Thus, $a = 1$.

9. The function ae^{-x^2} is nonnegative on [−1, 1]. The area under the curve is found by integrating the function.

$$\int_{-1}^1 ae^{-x^2} \, dx = a\int_{-1}^1 e^{-x^2} \, dx \approx a(1.49)$$

using FnInt. Since $1.49a$ must equal 1, $a = \frac{1}{1.49} \approx 0.67$.

11. a. $\mu = E(X) = \int_0^1 x(3x^2) \, dx = \int_0^1 3x^3 \, dx = \frac{3}{4}x^4\Big|_0^1$
$$= \frac{3}{4}(1)^4 - \frac{3}{4}(0)^4 = \frac{3}{4}$$

b. $\text{Var}(X) = \int_0^1 \left(x - \frac{3}{4}\right)^2 (3x^2) \, dx$
$$= \int_0^1 \left(x^2 - \frac{3}{2}x + \frac{9}{16}\right)(3x^2) \, dx$$
$$= \int_0^1 \left(3x^4 - \frac{9}{2}x^3 + \frac{27}{16}x^2\right) dx$$
$$= \left(\frac{3}{5}x^5 - \frac{9}{8}x^4 + \frac{9}{16}x^3\right)\Big|_0^1$$
$$= \frac{3}{5}(1)^5 - \frac{9}{8}(1)^4 + \frac{9}{16}(1)^3 - \left[\frac{3}{5}(0)^5 - \frac{9}{8}(0)^4 + \frac{9}{16}(0)^3\right]$$
$$= \frac{3}{5} - \frac{9}{8} + \frac{9}{16} = \frac{48}{80} - \frac{90}{80} + \frac{45}{80} = \frac{3}{80}$$

c. $\sigma(X) = \sqrt{\frac{3}{80}} \approx 0.194$

Exercises 11.2 333

13. a. $\mu = E(X) = \int_0^1 x \cdot 12x^2(1-x)\,dx = \int_0^1 (12x^3 - 12x^4)\,dx$

$= \left(3x^4 - \frac{12}{5}x^5\right)\Big|_0^1 = 3(1)^4 - \frac{12}{5}(1)^5 - \left[3(0)^4 - \frac{12}{5}(0)^5\right]$

$= 3 - \frac{12}{5} = \frac{3}{5}$

b. $\text{Var}(X) = \int_0^1 \left(x - \frac{3}{5}\right)^2 \cdot 12x^2(1-x)\,dx$

$= \int_0^1 \left(x^2 - \frac{6}{5}x + \frac{9}{25}\right)(12x^2 - 12x^3)\,dx$

$= \int_0^1 \left[12x^4 - \frac{72}{5}x^3 + \frac{108}{25}x^2 - \left(12x^5 - \frac{72}{5}x^4 + \frac{108}{25}x^3\right)\right]dx$

$= \int_0^1 \left(-12x^5 + \frac{132}{5}x^4 - \frac{468}{25}x^3 + \frac{108}{25}x^2\right)dx$

$= \left(-2x^6 + \frac{132}{25}x^5 - \frac{117}{25}x^4 + \frac{36}{25}x^3\right)\Big|_0^1$

$= -2(1)^6 + \frac{132}{25}(1)^5 - \frac{117}{25}(1)^4 + \frac{36}{25}(1)^3$

$= -2 + \frac{132}{25} - \frac{117}{25} + \frac{36}{25} = -2 + \frac{51}{25} = \frac{1}{25}$

c. $\sigma(X) = \sqrt{\frac{1}{25}} = \frac{1}{5}$

15. a. $\mu = E(X) = \int_0^1 \left(x \cdot \frac{4}{\pi} \frac{1}{1+x^2}\right)dx$

$= \int_0^1 \left(\frac{4}{\pi} \frac{x}{1+x^2}\right)dx \approx 0.441$

b. $\text{Var}(X) = \int_0^1 \left[(x - 0.441)^2 \cdot \frac{4}{\pi} \frac{1}{1+x^2}\right]dx$

≈ 0.079

c. $\sigma(X) = \sqrt{0.079} \approx 0.28$

17. a. $F(x) = \int_A^x f(t)\,dt = \int_1^x \frac{1}{12}t\,dt = \frac{t^2}{24}\Big|_1^x = \frac{x^2}{24} - \frac{1}{24}$

b. $P(3 \le X \le 5) = F(5) - F(3)$

$= \frac{5^2}{24} - \frac{1}{24} - \left(\frac{3^2}{24} - \frac{1}{24}\right) = \frac{25}{24} - \frac{9}{24} = \frac{16}{24} = \frac{2}{3}$

19. $P\left(X \leq \frac{1}{3}\right) = F\left(\frac{1}{3}\right) = \int_0^{1/3} \frac{2}{(1+x)^2} dx$

Let $u = 1 + x$. For $x = 0$, $u = 1$
$du = dx$ For $x = \frac{1}{3}$, $u = \frac{4}{3}$.

$P\left(X \leq \frac{1}{3}\right) = F\left(\frac{1}{3}\right) = 2\int_1^{4/3} \frac{1}{u^2} du$

$= 2\int_1^{4/3} u^{-2} du$

$= 2\left(\frac{u^{-1}}{-1}\right)\Big|_1^{4/3} = -\frac{2}{u}\Big|_1^{4/3}$

$= -\frac{2}{\frac{4}{3}} - \left(-\frac{2}{1}\right) = -\frac{6}{4} + 2 = \frac{1}{2}$

21. To find $P(2 \leq X \leq 3)$, just evaluate $F(3) - F(2)$.
$P(2 \leq X \leq 3) = F(3) - F(2)$
$= \frac{3}{3} - \frac{2}{3} = \frac{1}{3}$

23. a. $P(0.5 \leq X \leq 1) = F(1) - F(0.5)$
$= 1^2 - 0.5^2 = 0.75$

b. $f(x) = \frac{d}{dx} F(x) = \frac{d}{dx} x^2 = 2x$ on $[0, 1]$

25. a. $F(A) = \int_A^A f(t) dt = 0$

b. $F(B) = P(A \leq X \leq B) = 1$ because the probability of all the possible values of $[A, B]$ is 1.

27. $P\left(-\frac{1}{2} \leq X \leq \frac{1}{2}\right) = F\left(\frac{1}{2}\right) - F\left(-\frac{1}{2}\right)$

$= \int_{-1}^{1/2} \frac{2}{\pi} \frac{1}{1+x^2} dx - \int_{-1}^{-1/2} \frac{2}{\pi} \frac{1}{1+x^2} dx$

$= \int_{-1/2}^{1/2} \frac{2}{\pi} \frac{1}{1+x^2} dx \approx 0.590$

29. To find $P(0.4 \leq X \leq 0.6)$, first find $F(x)$.

$F(x) = \int_0^x 6t(1-t) dt = \int_0^x (6t - 6t^2) dt = (3t^2 - 2t^3)\Big|_0^x$

$= 3x^2 - 2x^3 - 3(0)^2 + 2(0)^3 = 3x^2 - 2x^3$

$P(0.4 \leq X \leq 0.6) = F(0.6) - F(0.4)$
$= 3(0.6)^2 - 2(0.6)^3 - [3(0.4)^2 - 2(0.4)^3]$
$= 1.08 - 0.432 - (0.48 - 0.128)$
$= 1.08 - 0.432 - 0.352 = 0.296$

31. a. $E(X) = \int_0^4 x \cdot f(x) dx = \int_0^4 x \cdot \frac{3}{64} x^2 dx = \int_0^4 \frac{3}{64} x^3 dx$

$= \frac{3}{256} x^4 \Big|_0^4 = \frac{3}{256} \cdot 4^4 - \frac{3}{256} \cdot 0^4 = 3$

b. To find $P(2 \leq X \leq 4)$, first find $F(x)$.

$F(x) = \int_0^x \frac{3}{64} t^2 dt = \frac{1}{64} t^3 \Big|_0^x = \frac{x^3}{64}$

$P(2 \leq X \leq 4) = F(4) - F(2) = \frac{4^3}{64} - \frac{2^3}{64} = 1 - \frac{1}{8} = \frac{7}{8}$

Exercises 11.3

33. a. Since $F(x) = P(X \leq x)$, the probability of hitting the area inside the circle of radius x is $\frac{\pi x^2}{\pi \cdot 9^2} = \frac{x^2}{81}$.

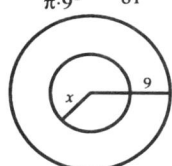

Thus, $F(x) = \frac{x^2}{81}$ on $[0, 9]$.

b. $f(x) = \frac{d}{dx} F(x) = \frac{d}{dx}\left(\frac{x^2}{81}\right) = \frac{2}{81} x$ on $[0, 9]$

c. $E(X) = \int_0^9 x \cdot \frac{2}{81} x \, dx = \int_0^9 \frac{2}{81} x^2 \, dx = \frac{2x^3}{243}\Big|_0^9$

$= \frac{2 \cdot 9^3}{243} - \frac{2 \cdot 0^3}{243} = 2 \cdot 3 = 6$

d. $P(3 \leq X \leq 6) = \int_3^6 f(x) \, dx = \int_3^6 \frac{2}{81} x \, dx$

$= \frac{x^2}{81}\Big|_3^6 = \frac{6^2}{81} - \frac{3^2}{81}$

$= \frac{36 - 9}{81} = \frac{27}{81} = \frac{1}{3}$

e. $P(3 \leq X \leq 6) = F(6) - F(3) = \frac{6^2}{81} - \frac{3^2}{81}$

$= \frac{36 - 9}{81} = \frac{27}{81} = \frac{1}{3}$

35. a. $E(X) = \int_0^2 x \cdot f(x) \, dx = \int_0^2 x \cdot 0.75 x (2 - x) \, dx$

$= \int_0^2 (1.5 x^2 - 0.75 x^3) \, dx$

$= \left(0.5 x^3 - \frac{0.75 x^4}{4}\right)\Big|_0^2$

$= 0.5 \cdot 2^3 - \frac{0.75}{4} \cdot 2^4 - \left(0.5 \cdot 0^3 - \frac{0.75}{4} \cdot 0^4\right)$

$= 4 - 3 = 1$

b. $\text{Var}(X) = \int_0^2 (x - 1)^2 [0.75 x (2 - x)] \, dx = 0.2$

$\sigma(X) = \sqrt{0.2} \approx 0.447$

c. $P(X \geq 1.5) = 1 - P(X < 1.5) = 1 - F(1.5)$

$= 1 - \int_0^{1.5} 0.75 x (2 - x) \, dx$

$\approx 1 - 0.844 = 0.156$

EXERCISES 11.3

1. a. The probability density function on $[0, 10]$ is $f(x) = \frac{1}{10}$.

b. $E(X) = \frac{B}{2} = \frac{10}{2} = 5$

c. $\text{Var}(X) = \frac{10^2}{12} = \frac{100}{12} = \frac{25}{3}$

d. $\sigma(X) = \sqrt{\frac{25}{3}} \approx 2.89$

e. $P(8 \leq X \leq 10) = \int_8^{10} f(x) \, dx = \int_8^{10} \frac{1}{10} \, dx$

$= \frac{x}{10}\Big|_8^{10} = \frac{10}{10} - \frac{8}{10} = \frac{1}{5}$

3. a. The probability density function for $[0, B]$ $= \frac{1}{B}$.

Thus,

$F(x) = \int_0^x \frac{1}{B} dt = \frac{t}{B}\Big|_0^x = \frac{x}{B} - \frac{0}{B} = \frac{x}{B}$ [on $0, B$]

b. Since each point is equally likely, the number of points above the midpoint should be the same as the number of points below the midpoint. Thus, the median is $\frac{B}{2}$.

5. a. $E(X) = \frac{30}{2} = 15$

    b. $\text{Var}(X) = \frac{30^2}{12} = 75$

    c. $\sigma(X) = \sqrt{75} \approx 8.66$

    d. $P(X > 24) = 1 - P(X \le 24) = 1 - \int_0^{24} \frac{1}{30} dx$
    $$= 1 - \frac{x}{30}\Big|_0^{24} = 1 - \left(\frac{24}{30} + \frac{0}{30}\right)$$
    $$= \frac{6}{30} = \frac{1}{5}$$

7. a. $F(x) = \int_A^x f(t)\, dt = \int_A^x \frac{1}{B-A} dt$
    $$= \frac{t}{B-A}\Big|_A^x = \frac{x}{B-A} - \frac{A}{B-A}$$
    $$= \frac{x-A}{B-A} \text{ on } [A, B]$$

    b. $E(X) = \int_A^B x \cdot f(x)\, dx = \int_A^B x \cdot \frac{1}{B-A} dx$
    $$= \frac{1}{B-A} \cdot \int_A^B x\, dx = \frac{1}{B-A}\left(\frac{x^2}{2}\right)\Big|_A^B$$
    $$= \frac{1}{B-A}\left(\frac{B^2}{2} - \frac{A^2}{2}\right)$$
    $$= \frac{1}{2}\left(\frac{B^2 - A^2}{B-A}\right) = \frac{B+A}{2}$$

    c. $\text{Var}(X) = \int_A^B x^2 \cdot \frac{1}{B-A} dx - \left(\frac{B+A}{2}\right)^2$
    $$= \frac{1}{B-A} \int_A^B x^2\, dx - \left(\frac{B+A}{2}\right)^2$$
    $$= \frac{1}{B-A}\left(\frac{x^3}{3}\right)\Big|_A^B - \left(\frac{B+A}{2}\right)^2$$
    $$= \frac{1}{B-A}\left(\frac{B^3}{3} - \frac{A^3}{3}\right) - \left(\frac{B+A}{2}\right)^2$$
    $$= \frac{B-A}{B-A} \cdot \frac{B^2 + AB + A^2}{3} - \frac{B^2 + 2AB + A^2}{4}$$
    $$= \frac{4B^2 + 4AB + 4A^2}{12} - \frac{3B^2 + 6AB + 3A^2}{12}$$
    $$= \frac{B^2 - 2AB + A^2}{12} = \frac{(B-A)^2}{12}$$

9. a. $E(X) = \frac{1}{a} = \frac{1}{5}$

    b. $\text{Var}(X) = \frac{1}{a^2} = \frac{1}{5^2} = \frac{1}{25}$

    c. $\sigma(X) = \sqrt{\frac{1}{25}} = \frac{1}{5}$

11. a. $E(X) = \frac{1}{a} = \frac{1}{\frac{1}{2}} = 2$

    b. $\text{Var}(X) = \frac{1}{a^2} = \frac{1}{\left(\frac{1}{2}\right)^2} = 4$

    c. $\sigma(X) = \sqrt{4} = 2$

Exercises 11.3

13. If the mean is 3, then $\frac{1}{a} = 3$ or $a = \frac{1}{3}$. Thus, $f(x) = \frac{1}{3}e^{-\frac{1}{3}x}$ on $[0, \infty)$.

15. If $\text{Var}(X) = \frac{1}{4}$, then $\frac{1}{a^2} = \frac{1}{4}$. Thus, $a^2 = 4$ or $a = 2$. $f(x) = 2e^{-2x}$ on $[0, \infty)$.

17. a. $F(x) = \int_0^x f(t)\,dt = \int_0^x ae^{-at}\,dt$

$$= \left(a\frac{e^{-at}}{-a}\right)\Big|_0^x$$

$$= -e^{-ax} + e^{-a(0)}$$

$$= -e^{-ax} + 1 \text{ on } [0, \infty).$$

b. To find the median, we must find x such that $P(X \le 0.5)$. Since $P(X \le 5) = F(0.5)$, then

$0.5 = -e^{-ax} + 1$

$e^{-ax} = 0.5$

$e^{ax} = 2$

$ax = \ln 2$

$x = \frac{\ln 2}{a} \approx \frac{0.693}{a}$

19. Since the mean time is 20 days, then $\frac{1}{a} = 20$ or $a = \frac{1}{20}$. Thus, $f(x) = \frac{1}{20}e^{-\frac{1}{20}x}$.

$P(X \le 30) = F(30) = \int_0^{30} \frac{1}{20}e^{-\frac{1}{20}x}\,dx \approx 0.777$

21. Since the mean is 10, $\frac{1}{a} = 10$ or $a = \frac{1}{10}$. Thus $f(x) = \frac{1}{10}e^{-\frac{1}{10}x}$.

$P(X \le 2) = F(2) = \int_0^2 \frac{1}{10}e^{-\frac{1}{10}x}\,dx \approx 0.181$

23. Since the mean is 12, $\frac{1}{a} = 12$ or $a = \frac{1}{12}$. Thus, $f(x) = \frac{1}{12}e^{-\frac{1}{12}x}$.

$P(x < 10) = F(10) = \int_0^{10} \frac{1}{12}e^{-\frac{1}{12}x}\,dx \approx 0.565$

25. The median is the point x such that $P(X \le x) = 0.5$.

$P(X \le x) = F(x) = \int_0^x f(t)\,dt$

$= \int_0^x 2t\,dt = t^2\Big|_0^x = x^2 - 0 = x^2$

Thus, the median is the point x such that

$x^2 = 0.5$

$x \approx 0.707$

27. $P(X \le x) = F(x) = \int_0^x \frac{1}{2}t\,dt$

$= \frac{t^2}{4}\Big|_0^x = \frac{x^2}{4} - \frac{0^2}{4} = \frac{x^2}{4}$

Thus, the median is the point x such that

$\frac{x^2}{4} = 0.5$

$x^2 = 2$

$x \approx 1.414$

29. We will use the formula $\text{Var}(X) = \int_0^\infty x^2 f(x)\,dx - \mu^2$.

First, we will evaluate the integral.

$$\int_0^\infty x^2 f(x)\,dx = \int_0^\infty x^2(ae^{-ax}) = a\int_0^\infty x^2 e^{-ax}\,dx$$

Let $u = x^2$, $dv = e^{-ax}$. Then $du = 2x\,dx$, $v = -\frac{1}{a}e^{-ax}$.

$$a\int_0^\infty x^2 e^{-ax}\,dx = a\left[x^2 e^{-ax}\left(-\frac{1}{a}\right)\right]\Big|_0^\infty - a\int_0^\infty -\frac{1}{a}e^{-ax}(2x\,dx)$$

$$= \left(-x^2 e^{-ax}\right)\Big|_0^\infty + 2\int_0^\infty xe^{-ax}\,dx$$

To evaluate this integral, let $u = x$, $dv = e^{-ax}\,dx$. Then $du = dx$ and $v = -\frac{1}{a}e^{-ax}$. Thus, the original integral is

$$a\int_0^\infty x^2 e^{-ax}\,dx = \left(-x^2 e^{-ax}\right)\Big|_0^\infty + \left\{\left[x\left(-\frac{1}{a}e^{-ax}\right)\right]\Big|_0^\infty - \int_0^\infty -\frac{1}{a}e^{-ax}\,dx\right\}$$

$$= \left(-x^2 e^{-ax}\right)\Big|_0^\infty - \left(\frac{2x}{a}e^{-ax}\right)\Big|_0^\infty + \frac{2}{a}\left(-\frac{1}{a}e^{-ax}\right)\Big|_0^\infty$$

Now evaluating these expressions, we get

$$a\int_0^\infty x^2 e^{-ax}\,dx = \lim_{x\to\infty}(-x^2 e^{-ax}) - (-0^2 e^{-0\cdot a}) - \frac{2}{a}\left(\lim_{x\to\infty} xe^{-ax} - 0\cdot e^{-a\cdot 0}\right) - \frac{2}{a^2}\left(\lim_{x\to\infty} e^{-ax} - e^{-0\cdot a}\right)$$

Using the fact that $\lim_{x\to\infty} x^2 e^{-ax} = 0$, $\lim_{x\to\infty} xe^{-ax} = 0$, and $\lim_{x\to\infty} e^{-ax} = 0$, we have

$$= 0 - 0 - \frac{2}{a}(0-0) - \frac{2}{a^2}(0-1) = \frac{2}{a^2}$$

Thus, $\text{Var}(X) = \int_0^\infty x^2(ae^{-ax})\,dx - \mu^2 = \frac{2}{a^2} - \left(\frac{1}{a}\right)^2 = \frac{1}{a^2}$

31. Since the mean is 7, $\frac{1}{a} = 7$ or $a = \frac{1}{7}$. Thus,

$f(x) = \frac{1}{7}e^{-x/7}$.

$P(X \leq 3) = F(3) = \int_0^3 \frac{1}{7}e^{-x/7}\,dx \approx 0.35$

33. Since the mean is 700, $\frac{1}{a} = 700$ or $a = \frac{1}{700}$.

Thus, $f(x) = \frac{1}{700}e^{-x/700}$.

$P(X \leq 100) = F(100) = \int_0^{100} \frac{1}{100}e^{-x/700}\,dx$

≈ 0.13

35. Since the mean is 1000, $\frac{1}{a} = 1000$ or

$a = \frac{1}{1000} = 0.001$. Thus, $f(x) = 0.0001e^{-0.001x}$

$P(800 \leq X \leq 1200) = \int_{800}^{1200} 0.001e^{-0.001x}\,dx$

≈ 0.15

37. The probability density function is $f(x) = ae^{-ax}$

$S(x) = P(X \geq x) = 1 - P(X \leq x)$

$= 1 - \int_0^x ae^{-at}\,dt$

$= 1 - F(x)$

EXERCISES 11.4

1. $P(0 \leq Z \leq 1.95) = 0.4744$

3. $P(-2.55 \leq Z \leq 0.48) = 0.4946 + 0.1844 = 0.6790$

5. $P(1.4 \leq Z \leq 2.8) = 0.4974 - 0.4192 = 0.0782$

7. $P(Z < -3.1) = 1 - 0.499 - 0.5 = 0.001$

9. $P(Z \leq 3.45) = 0.4997 + 0.5 = 0.9997$

11. $P(10 \leq X \leq 11) = \int_{10}^{11} \frac{1}{2\sqrt{2\pi}} e^{-\frac{1}{2}\left(\frac{x-9}{2}\right)^2}\,dx$

≈ 0.1499

Exercises 11.4

13. $P(X \le -6) = P(X \le -5) - \int_{-6}^{-5} \frac{1}{2\sqrt{2\pi}} e^{-\frac{1}{2}\left[\frac{x-(-5)}{2}\right]^2} dx$

Since $\mu = -5$, $P(X \le -5) = 0.5$. Thus,

$P(X \le -6) = 0.5 - \int_{-6}^{-5} \frac{1}{2\sqrt{2\pi}} e^{-\frac{1}{2}\left[\frac{x-(-5)}{2}\right]^2} dx$

$\approx 0.5 - 0.1915 = 0.3085$

15. Since $f(x) = \frac{1}{\sqrt{2x}} e^{-\frac{1}{2}x^2}$ is the normal standard probability density function with mean 0 and standard deviation 1, the maximum of the function occurs at the mean, that is, $x = 0$. At $x = 0$,

$f(0) = \frac{1}{\sqrt{2\pi}} e^{-\frac{1}{2} \cdot 0^2} = \frac{1}{\sqrt{2\pi}} \cdot 1 = \frac{1}{\sqrt{2\pi}}$

17. $f(x) = \frac{1}{\sqrt{2\pi}} e^{-\frac{1}{2}x^2}$

$f'(x) = -\frac{1}{2} \cdot 2x \cdot \frac{1}{\sqrt{2\pi}} e^{-\frac{1}{2}x^2} = -\frac{x}{\sqrt{2\pi}} e^{-\frac{1}{2}x^2}$

$f''(x) = -\frac{1}{\sqrt{2\pi}} e^{-\frac{1}{2}x^2} - \frac{x}{\sqrt{2\pi}} \left(-xe^{-\frac{1}{2}x^2}\right)$

$= -\frac{1}{\sqrt{2\pi}} e^{-\frac{1}{2}x^2} + x^2 \left(\frac{1}{\sqrt{2\pi}} e^{-\frac{1}{2}x^2}\right) = 0$

$-1 + x^2 = 0$

$x^2 = 1$

$x = \pm 1$

$f(1) = \frac{1}{\sqrt{2\pi}} e^{-\frac{1}{2}(1)^2} = \frac{1}{\sqrt{2\pi}} e^{-\frac{1}{2}}$

$f(-1) = \frac{1}{\sqrt{2\pi}} e^{-\frac{1}{2}(-1)^2} = \frac{1}{\sqrt{2\pi}} e^{-\frac{1}{2}}$

Thus, the points of inflection are $\left(1, \frac{1}{\sqrt{2\pi}} e^{-\frac{1}{2}}\right)$ and $\left(-1, \frac{1}{\sqrt{2\pi}} e^{-\frac{1}{2}}\right)$.

19. Since the mean is 210 and standard deviation is 30, the probability density function is

$f(x) = \frac{1}{30\sqrt{2\pi}} e^{-\frac{1}{2}\left(\frac{x-210}{30}\right)^2}$.

$P(X \le 250) = P(X \le 210) + P(210 \le X \le 250)$

$= 0.5 + \int_{210}^{250} \frac{1}{30\sqrt{2\pi}} e^{-\frac{1}{2}\left(\frac{x-210}{30}\right)^2} dx$

$\approx 0.5 + 0.4088 = 0.9088$ or 91%

21. $\mu = 22$, $\sigma = 3$, $f(x) = \frac{1}{3\sqrt{2\pi}} e^{-\frac{1}{2}\left(\frac{x-22}{3}\right)^2}$

$P(X > 20) = P(20 < X < 22) + P(X \ge 22)$

$= \int_{20}^{22} \frac{1}{3\sqrt{2\pi}} e^{-\frac{1}{2}\left(\frac{x-22}{3}\right)^2} dx + 0.5$

$\approx 0.2475 + 0.5 = 0.7475$

Thus, $P(X \le 20) = 1 - 0.7475 = 0.2525$.

23. $\mu = 2000$, variance $= 160{,}000$. Since $\sigma = \sqrt{\text{variance}}$, $\sigma = \sqrt{160{,}000} = 400$.

$P(X > 2500) = 1 - P(X \le 2500)$

$= 1 - P(X \le 2400) - P(2400 \le X \le 2500)$

$= 1 - \left(0.5 + \frac{0.682}{2}\right) - \int_{2400}^{2500} \frac{1}{400\sqrt{2\pi}} e^{-\frac{1}{2}\left(\frac{x-2000}{400}\right)^2} dx$

$\approx 1 - 0.841 - 0.053 = 0.106$

25. $\mu = 163$, $\sigma = 28$

$P(\text{a man qualifies}) = \int_{128}^{254} \frac{1}{28\sqrt{2\pi}} e^{-\frac{1}{2}\left(\frac{x-163}{28}\right)^2} dx$

≈ 0.8937 or about 89%

27. $\mu = 100$, $\sigma = 15$. Using the graphing calculator program that finds x such that $P(X < x) = 0.98$ we get $x = 131$.

29. Let x = amount of soft drink. Since X is a random variable with $\sigma = 0.25$, we must find σ such that $P(X \geq 32) = 0.98$. Since
$$0.98 = P(X \geq 32) = 1 - P(X < 32)$$
we must find x such that
$$P(X < 32) = 0.02$$
Using the normal distribution table, we get $P(X < 32) = 0.02$ at the value $\mu - 2.055\sigma$.
Since $\sigma = 0.25$, we get
$$\mu - 2.055(0.25) = 32$$
$$\mu - 0.51 = 32$$
$$\mu = 32.51$$

REVIEW EXERCISES FOR CHAPTER 11

1. The events in X are 2, 8, and 12, and $P(2) = \frac{1}{2}$, $P(8) = \frac{1}{4}$, $P(12) = \frac{1}{4}$.

    a. $E(X) = x_1 \cdot p_1 + x_2 \cdot p_2 + x_3 \cdot p_3$
    $$= 2 \cdot \frac{1}{2} + 8 \cdot \frac{1}{4} + 12 \cdot \frac{1}{4} = 1 + 2 + 3 = 6$$

    b. $\text{Var}(X) = (x_1 - \mu)^2 \cdot p_1 + (x_2 - \mu)^2 \cdot p_2 + (x_3 - \mu)^2 \cdot p_3$
    $$= (2-6)^2 \cdot \frac{1}{2} + (8-6)^2 \cdot \frac{1}{4} + (12-6)^2 \cdot \frac{1}{4}$$
    $$= 8 + 1 + 9 = 18$$

    c. $\sigma(X) = \sqrt{\text{Var}(X)} = \sqrt{18} = 3\sqrt{2} \approx 4.24$

2. The events in X are 0, 2, 4, and 6, and each has probability $\frac{1}{4}$.

    a. $E(X) = x_1 \cdot p_1 + x_2 \cdot p_2 + x_3 \cdot p_3 + x_4 \cdot p_4$
    $$= 0 \cdot \frac{1}{4} + 2 \cdot \frac{1}{4} + 4 \cdot \frac{1}{4} + 6 \cdot \frac{1}{4}$$
    $$= 0 + \frac{1}{2} + 1 + \frac{3}{2} = 3$$

    b. $\text{Var}(X) = (x_1 - \mu)^2 \cdot p_1 + (x_2 - \mu)^2 \cdot p_2 + (x_3 - \mu)^2 \cdot p_3 + (x_4 - \mu)^2 \cdot p_4$
    $$= (0-3)^2 \cdot \frac{1}{4} + (2-3)^2 \cdot \frac{1}{4} + (4-3)^2 \cdot \frac{1}{4} + (6-3)^2 \cdot \frac{1}{4}$$
    $$= \frac{9}{4} + \frac{1}{4} + \frac{1}{4} + \frac{9}{4} = \frac{20}{4} = 5$$

    c. $\sigma(X) = \sqrt{\text{Var}(X)} = \sqrt{5} \approx 2.24$

3. The events are 2,000,000 and 50,000, and $P(2,000,000) = 0.4$ and $P(50,000) = 0.6$.
$E(X) = x_1 \cdot p_1 + x_2 \cdot p_2 = 2,000,000(0.4) + 50,000(0.6) = \$830,000$

4. $E(A) = x_1 \cdot p_1 + x_2 \cdot p_2 = 1,200,000(0.1) + 2000(0.9) = \$121,800$
$E(B) = x_1 \cdot p_1 + x_2 \cdot p_2 = 1,000,000(0.15) + 1000(0.85) = \$150,850$
The speculator should buy property B.

5. Since the mean is 2, use the Poisson distribution with $a = 2$.
$$P(X \leq 2) = P(X = 2) + P(X = 1) + P(X = 0)$$
$$= e^{-2}\frac{2^2}{2!} + e^{-2}\frac{2^1}{1!} + e^{-2}\frac{2^0}{0!} \approx 0.677$$

Review Exercises for Chapter 11

6. Since the mean is 2.63, use the Poisson distribution with $a = 2.63$.
$$P(2 \leq X \leq 4) = P(X = 4) + P(X = 3) + P(X = 2)$$
$$= e^{-2.63} \frac{2.63^4}{4!} + e^{-2.63} \frac{2.63^3}{3!} + e^{-2.63} \frac{2.63^2}{2!}$$
$$\approx 0.612$$

7. Since the mean is 6, use the Poisson distribution with $a = 6$.
$$P(X = 0) = e^{-6} \frac{6^0}{0!} \approx 0.0025$$

8. Since there are 500 chips for 100 cookies, each cookie averages 5 chips. Use a Poisson distribution with $a = 5$.
$$P(X = 0) = e^{-5} \frac{5^0}{0!} \approx 0.0067$$

9. Since the mean is 18, use a Poisson distribution with $a = 18$.

  a. $P(X \leq 6) = \sum_{k=0}^{6} e^{-18} \frac{18^k}{k!} \approx 0.001$

  b. $P(X \leq 12) = \sum_{k=0}^{12} e^{-18} \frac{18^k}{k!} \approx 0.09$

  c. $P(X \leq 18) = \sum_{k=0}^{18} e^{-18} \frac{18^k}{k!} \approx 0.56$

  d. $P(X \leq 24) = \sum_{k=0}^{24} e^{-18} \frac{18^k}{k!} \approx 0.93$

  e. $P(X > 24) = 1 - P(X \leq 24) = 1 - 0.93 = 0.07$

10. Since the mean is 2, use a Poisson distribution with $a = 2$.
$$P(X > 4) = 1 - P(X \leq 4) = 1 - \sum_{k=0}^{4} e^{-2} \frac{2^k}{k!}$$
$$\approx 1 - 0.95 = 0.05 \text{ or } 5\%$$

11. The function $ax^2(2 - x)$ is nonnegative on [0, 2]. To find the area under the curve, integrate the function.
$$\int_0^2 ax^2(2 - x) \, dx = \int_0^2 2ax^2 - ax^3 \, dx = \left(\frac{2ax^3}{3} - \frac{ax^4}{4} \right) \Big|_0^2$$
$$= \frac{2a(2)^3}{3} - \frac{a(2)^4}{4} - \left[\frac{2a(0)^3}{3} - \frac{a(0)^4}{4} \right]$$
$$= \frac{16a}{3} - 4a = \frac{4}{3}a$$

Since $\frac{4}{3}a$ must equal 1, $a = \frac{3}{4}$.

12. The function $a\sqrt{9-x}$ is nonnegative on [0, 9]. To find the area under the curve, integrate the function.

$$\int_0^9 a\sqrt{9-x}\,dx$$

Let $u = 9 - x$. Then $du = -dx$. For $x = 0$, $u = 9$. For $x = 9$, $u = 0$.

$$\int_0^9 a\sqrt{9-x}\,dx = \int_9^0 a\sqrt{u}(-du)$$

$$= -a\int_9^0 \sqrt{u}\,du = -a\left(\frac{2}{3}u^{3/2}\right)\bigg|_9^0$$

$$= -a\left(\frac{2}{3}\cdot 0^{3/2} - \frac{2}{3}\cdot 9^{3/2}\right)$$

$$= -a(-18) = 18a$$

Since $18a$ must equal 1, $a = \frac{1}{18}$.

13. The function $\frac{a}{(1+x)^2}$ is nonnegative on [0, 1]. To find the area under the curve, integrate the function.

$$\int_0^1 \frac{a}{(1+x)^2} = a\left[\frac{(1+x)^{-1}}{-1}\right]\bigg|_0^1 = -a\left[\frac{1}{1+x}\right]\bigg|_0^1$$

$$= -a\left(\frac{1}{1+1} - \frac{1}{1+0}\right) = \frac{1}{2}a$$

Since $\frac{1}{2}a$ must equal 1, $a = 2$.

14. The function $a\sin x$ is nonnegative on [0, π]. To find the area under the curve, integrate the function.

$$\int_0^\pi a\sin x\,dx = a(-\cos x)\big|_0^\pi$$

$$= a[-\cos\pi - (-\cos 0)]$$

$$= a[-(-1) - (-1)] = 2a$$

Since $2a$ must equal 1, $a = \frac{1}{2}$.

15. The function $a\sqrt{1-x^2}$ is nonnegative on [−1, 1]. To find the area under the curve, integrate the function.

$$\int_{-1}^1 a\sqrt{1-x^2}\,dx = a\int_{-1}^1 \sqrt{1-x^2}\,dx \approx a(1.57)$$

Since $1.57a$ must equal 1, $a = \frac{1}{1.57} \approx 0.637$.

16. The function $ae^{-|x|}$ is nonnegative on [−2, 2]. To find the area under the curve, integrate the function.

$$\int_{-2}^2 ae^{-|x|}\,dx = a\int_{-2}^2 e^{-|x|}\,dx \approx 1.729a$$

Since $1.729a$ must equal 1, $a = \frac{1}{1.729} \approx 0.578$.

17. a. $P(1 \le X \le 2) = \int_1^2 \frac{1}{9}x^2\,dx = \frac{x^3}{27}\bigg|_1^2 = \frac{2^3}{27} - \frac{1^3}{27} = \frac{7}{27}$

b. $F(x) = \int_0^x \frac{1}{9}t^2\,dt = \frac{t^3}{27}\bigg|_0^x = \frac{x^3}{27} - 0 = \frac{x^3}{27}$ on [0, 3]

c. $P(1 \le X \le 2) = F(2) - F(1) = \frac{2^3}{27} - \frac{1^3}{27} = \frac{7}{27}$

18. a. $P(4 \le X \le 9) = F(9) - F(4) = \frac{1}{4}\sqrt{9} - \frac{1}{4} - \left(\frac{1}{4}\sqrt{4} - \frac{1}{4}\right)$

$$= \frac{3}{4} - \frac{1}{4} - \left(\frac{1}{2} - \frac{1}{4}\right) = \frac{1}{4}$$

b. $f(x) = \frac{d}{dx}F(x) = \frac{d}{dx}\left(\frac{1}{4}\sqrt{x} - \frac{1}{4}\right) = \frac{1}{4}\left(\frac{1}{2}x^{-1/2}\right) = \frac{1}{8}x^{-1/2}$ on [1, 25]

c. $P(4 \le X \le 9) = \int_4^9 f(x)\,dx = \int_4^9 \frac{1}{8}x^{-1/2}\,dx = \frac{1}{4}x^{1/2}\bigg|_4^9$

$$= \frac{1}{4}\sqrt{9} - \frac{1}{4}\sqrt{4} = \frac{3}{4} - \frac{1}{2} = \frac{1}{4}$$

Review Exercises for Chapter 11

19. a. $E(X) = \int_0^1 x \cdot f(x)\,dx = \int_0^1 x \cdot \frac{3}{2}(1-x^2)\,dx = \int_0^1 \left(\frac{3}{2}x - \frac{3}{2}x^3\right)dx$

$= \left(\frac{3}{4}x^2 - \frac{3}{8}x^4\right)\Big|_0^1 = \frac{3}{4}(1)^2 - \frac{3}{8}(1)^4 - \left[\frac{3}{4}(0)^2 - \frac{3}{8}(0)^4\right] = \frac{3}{8}$

b. $\text{Var}(X) = \int_0^1 x^2 f(x)\,dx - \mu^2 = \int_0^1 x^2 \cdot \frac{3}{2}(1-x^2)\,dx - \left(\frac{3}{8}\right)^2$

$= \int_0^1 \left(\frac{3}{2}x^2 - \frac{3}{2}x^4\right)dx - \frac{9}{64} = \left(\frac{1}{2}x^3 - \frac{3}{10}x^5\right)\Big|_0^1 - \frac{9}{64}$

$= \left\{\frac{1}{2}(1)^3 - \frac{3}{10}(1)^5 - \left[\frac{1}{2}(0)^3 - \frac{3}{10}(0)^5\right]\right\} - \frac{9}{64}$

$= \frac{1}{2} - \frac{3}{10} - \frac{9}{64} = \frac{38}{640} = \frac{19}{320}$

c. $\sigma(X) = \sqrt{\frac{19}{320}} \approx 0.244$

20. a. $E(X) = \int_1^{16} x \cdot f(x)\,dx = \int_1^{16} x \cdot \frac{2}{3}x^{-3/2}\,dx = \int_1^{16} \frac{2}{3}x^{-1/2}\,dx$

$= \left(\frac{2}{3} \cdot 2x^{1/2}\right)\Big|_1^{16} = \frac{4}{3}(16)^{1/2} - \frac{4}{3}(1)^{1/2} = \frac{16}{3} - \frac{4}{3} = 4$

b. $\text{Var}(X) = \int_1^{16} x^2 f(x)\,dx - \mu^2 = \int_1^{16} x^2 \cdot \frac{2}{3}x^{-3/2}\,dx - 4^2$

$= \int_1^{16} \frac{2}{3}x^{1/2}\,dx - 16 = \left[\frac{2}{3}\left(\frac{2}{3}x^{3/2}\right)\right]\Big|_1^{16} - 16$

$= \frac{4}{9}(16^{3/2} - 1^{3/2}) - 16 = \frac{4}{9}(64-1) - 16 = 12$

c. $\sigma(X) = \sqrt{12} \approx 3.46$

21. a. $E(X) = \int_0^8 x \cdot f(x)\,dx = \int_0^8 x \cdot \frac{1}{32}x\,dx = \int_0^8 \frac{x^2}{32}\,dx = \frac{x^3}{96}\Big|_0^8$

$= \frac{8^3}{96} - \frac{0^3}{96} \approx 5.33$

b. To find the value x such that $P(X \le x) = 0.95$, first find $F(x)$.

$F(x) = \int_0^x \frac{1}{32}t\,dt = \frac{t^2}{64}\Big|_0^x = \frac{x^2}{64} - 0 = \frac{x^2}{64}$

Since we want x such that $F(x) = 0.95$, we have

$\frac{x^2}{64} = 0.95$

$x^2 = 60.8$

$x = \sqrt{60.8} \approx 7.8$ million kilowatt hours

22. a. First find $F(x)$
$$F(x) = \int_0^x 12t(1-t)^2\, dt = \int_0^x (12t - 24t^2 + 12t^3)\, dt$$
$$= (6t^2 - 8t^3 + 3t^4)\Big|_0^x = 6x^2 - 8x^3 + 3x^4$$
$$P\left(X \le \frac{1}{2}\right) = F\left(\frac{1}{2}\right) = 6\left(\frac{1}{2}\right)^2 - 8\left(\frac{1}{2}\right)^3 + 3\left(\frac{1}{2}\right)^4$$
$$= \frac{3}{2} - 1 + \frac{3}{16} = \frac{11}{16}$$

b. $E(X) = \int_0^1 x \cdot 12x(1-x)^2\, dx = \int_0^1 (12x^2 - 24x^3 + 12x^4)\, dx$
$$= \left(4x^3 - 6x^4 + \frac{12}{5}x^5\right)\Big|_0^1 = 4(1)^3 - 6(1)^4 + \frac{12}{5}(1)^5 - \left[4(0)^3 - 6(0)^4 + \frac{12}{5}(0)^5\right]$$
$$= 4 - 6 + \frac{12}{5} = \frac{2}{5}$$

23. a. $E(X) = \int_{-1}^1 x \cdot \frac{2}{\pi}\sqrt{1-x^2}\, dx = \frac{2}{\pi}\int_{-1}^1 x\sqrt{1-x^2}\, dx = \frac{2}{\pi}(0) = 0$

b. $\text{Var}(X) = \int_{-1}^1 x^2 f(x)\, dx - \mu^2 = \int_{-1}^1 x^2 \cdot \frac{2}{\pi}\sqrt{1-x^2}\, dx - 0^2$
$$= \frac{2}{\pi}\int_{-1}^1 x^2\sqrt{1-x^2}\, dx \approx 0.25$$

c. $\sigma(X) = \sqrt{\text{Var}(X)} = \sqrt{0.25} = 0.5$

24. a. $E(X) = \int_0^1 x \cdot 504x^3(1-x^5)\, dx = \int_0^1 504x^4(1-x)^5\, dx$
$$\approx 0.4$$

b. $\text{Var}(X) = \int_0^1 x^2 \cdot f(x)\, dx - \mu^2 = \int_0^1 x^2 \cdot 504x^3(1-x^5)\, dx - 0.4^2$
$$= \int_0^1 504x^5(1-x)^5\, dx - 0.4^2 \approx 0.0218$$

c. $\sigma(X) = \sqrt{\text{Var}(X)} = \sqrt{0.0218} \approx 0.1477$

25. $P(-1 \le X \le 1) = \int_{-1}^1 \frac{1}{2\pi}\sqrt{4-x^2}\, dx \approx 0.609$

26. x = number of minutes a person takes to complete a task
$f(x) = 105x^2(1-x)^4$ on [0, 1]
$$P(0.25 < X < 0.5) = \int_{0.25}^{0.5} 105x^2(1-x)^4\, dx$$
$$\approx 0.53$$

Review Exercises for Chapter 11   **345**

27. a. The uniform probability density function on [0, 50] is $f(x) = \frac{1}{50}$.

  b. $E(X) = \int_0^{50} x \cdot f(x)\,dx = \int_0^{50} x \cdot \frac{1}{50}\,dx = \frac{x^2}{100}\bigg|_0^{50} = \frac{50^2}{100} - \frac{0}{100} = 25$

  c. $\text{Var}(X) = \int_0^{50} x^2 \cdot f(x)\,dx - \mu^2 = \int_0^{50} \frac{x^2}{50}\,dx - 25^2$

  $\qquad = \frac{x^3}{150}\bigg|_0^{50} - 625 = \frac{50^3}{150} - \frac{0^3}{150} - 625 = \frac{625}{3}$

  d. $\sigma(X) = \sqrt{\text{Var}(X)} = \sqrt{\frac{625}{3}} \approx 14.4$

  e. $P(15 \le X \le 45) = \int_{15}^{45} \frac{1}{50}\,dx = \frac{x}{50}\bigg|_{15}^{45} = \frac{45}{50} - \frac{15}{50} = \frac{3}{5}$

28. The uniform probability density function on [0, 2] is $f(x) = \frac{1}{2}$.

  a. $E(X) = \int_0^2 x \cdot f(x)\,dx = \int_0^2 x \cdot \frac{1}{2}\,dx = \frac{x^2}{4}\bigg|_0^2 = \frac{2^2}{4} - \frac{0^2}{4} = 1$

  b. $\text{Var}(X) = \int_0^2 x^2 \cdot f(x)\,dx - \mu^2 = \int_0^2 x^2 \cdot \frac{1}{2}\,dx - 1^2$

  $\qquad = \frac{x^3}{6}\bigg|_0^2 - 1 = \frac{2^3}{6} - \frac{0^3}{6} - 1 = \frac{4}{3} - 1 = \frac{1}{3}$

  c. $\sigma(X) = \sqrt{\text{Var}(X)} = \sqrt{\frac{1}{3}} = 0.577$

  d. $P(X < 0.5) = F(0.5) = \int_0^{0.5} \frac{1}{2}\,dx = \frac{x}{2}\bigg|_0^{0.5} = \frac{0.5}{2} - \frac{0}{2} = 0.25$

29. a. For the exponential probability density function $f(x) = 0.01e^{-0.01x}$, $E(X) = \frac{1}{0.01} = 100$.

  b. $\text{Var}(X) = \frac{1}{(0.01)^2} = \frac{1}{0.0001} = 10,000$

30. Since the mean is 4, $E(X) = \frac{1}{a} = 4$. Thus, $a = \frac{1}{4}$ and $f(x) = \frac{1}{4}e^{-\frac{1}{4}x}$ on [0, ∞).

31. Since the mean is 5, $\frac{1}{a} = 5$ or $a = \frac{1}{5}$. Thus, the exponential probability density function is $f(x) = \frac{1}{5}e^{-\frac{1}{5}x}$.

  $P(X \ge 15) = 1 - P(X < 15)$

  $\qquad = 1 - \int_0^{15} \frac{1}{5}e^{-\frac{1}{5}x}\,dx = 1 - \left(\frac{1}{5} \cdot \frac{e^{-\frac{1}{5}x}}{-\frac{1}{5}}\right)\bigg|_0^{15} = 1 + e^{-\frac{1}{5}x}\bigg|_0^{15}$

  $\qquad = 1 + (e^{-\frac{1}{5}(15)} - e^{-\frac{1}{5}(0)})$

  $\qquad = 1 + e^{-3} - 1 = e^{-3} \approx 0.05$

32. Since the mean is 750, $\frac{1}{a} = 750$ or $a = \frac{1}{750}$.
Thus, the exponential probability density function is $f(x) = \frac{1}{750}e^{-\frac{1}{750}x}$.

$$P(X \leq 500) = \int_0^{500} \frac{1}{750}e^{-\frac{1}{750}x}dx = -e^{-\frac{1}{750}x}\Big|_0^{500}$$
$$= -e^{-\frac{500}{750}} - (-e^{-\frac{1}{750}(0)})$$
$$= -e^{-2/3} + e^0 \approx 0.49$$

33. Since the median is the number that is the middle point of the distribution, we are looking for the number a such that $F(a) = 0.5$.

$$0.5 = F(a) = \int_0^a \frac{3}{8}x^2\,dx$$
$$= \frac{1}{8}x^3\Big|_0^a = \frac{1}{8}a^3 - \frac{1}{8}(0)^3 = \frac{a^3}{8}$$

Thus,
$$\frac{a^3}{8} = 0.5$$
$$a^3 = 4$$
$$a = \sqrt[3]{4} \approx 1.59$$

34. $0.5 = F(a) = \int_0^a 3e^{-3x}dx = -e^{-3x}\Big|_0^a$
$$= -e^{-3a} - (-e^{-3(0)}) = 1 - e^{-3a}$$

Thus,
$$e^{-3a} = 0.5$$
$$a = \frac{\ln 0.5}{-3} \approx 0.231$$

35. x = the time between calls to a fire department is an exponential random variable with mean 4. Thus, $\frac{1}{a} = 4$ or $a = \frac{1}{4}$. The exponential probability density function is $f(x) = \frac{1}{4}e^{-\frac{1}{4}x}$.

$$P(X < 1) = \int_0^1 \frac{1}{4}e^{-\frac{1}{4}x}dx \approx 0.221$$

36. x = the time between arrivals of ships is an exponential random variable with mean 5. Thus, $\frac{1}{a} = 5$ or $a = \frac{1}{5}$. The exponential probability density function is $f(x) = \frac{1}{5}e^{-\frac{1}{5}x}$.

$$P(X < 1) = \int_0^1 \frac{1}{5}e^{-\frac{1}{5}x}dx \approx 0.181$$

37. $P(0.95 \leq Z \leq 2.54) = 0.4945 - 0.3289 = 0.1656$

38. $P(-1.11 \leq Z \leq 1.44) = 0.4251 + 0.3665 = 0.7916$

39. $P(Z < 2.5) = 0.4938 + 0.5 = 0.9938$

40. $P(Z > 1) = 1 - P(Z \leq 1)$
$= 1 - (0.5 + 0.3413) = 0.1587$

41. $P(10 < X \leq 15) = \int_{10}^{15} \frac{1}{2\sqrt{2\pi}}e^{-\frac{1}{2}\left(\frac{x-12}{2}\right)^2}dx$
$= 0.7745$

42. $P(0 < X \leq 1.8) = \int_0^{1.8} \frac{1}{0.4\sqrt{2\pi}}e^{-\frac{1}{2}\left(\frac{x-1}{0.4}\right)^2}dx \approx 0.9710$

43. Let x = the lifetime of miles of a tire. Then x is a normal random variable with $\mu = 50{,}000$ and $\sigma = 5000$.
$P(X > 40{,}000) = 1 - P(X \leq 40{,}000)$
$$= 1 - \left[P(X \leq 50{,}000) - \int_{40{,}000}^{50{,}000} \frac{1}{5000\sqrt{2\pi}}e^{-\frac{1}{2}\left(\frac{x-50{,}000}{5000}\right)^2}dx\right]$$
$= 1 - (0.5 - 0.4772) = 0.9772$

44. Let x = the number of cigarettes smoked. Then x is a normal random variable with $\mu = 28$ and $\sigma = 10$.

$$\begin{aligned} P(X \geq 40) &= 1 - P(X < 40) \\ &= 1 - [P(X \leq 28) + P(28 < X < 40)] \\ &= 1 - \left(0.5 + \int_{28}^{40} \frac{1}{10\sqrt{2\pi}} e^{-\frac{1}{2}\left(\frac{x-28}{10}\right)^2} dx\right) \\ &= 1 - 0.5 - 0.3849 = 0.1151 \end{aligned}$$

45. Let x = the height of a woman. Then x is a normal random variable with $\mu = 63.2$ and $\sigma = 2.6$.

$$\begin{aligned} P(X \geq 62) &= P(X \geq 63.2) + P(62 \leq X \leq 63.2) \\ &= 0.5 + \int_{62}^{63.2} \frac{1}{2.6\sqrt{2\pi}} e^{-\frac{1}{2}\left(\frac{x-63.2}{2.6}\right)^2} dx \\ &= 0.5 + 0.1772 = 0.6772 \end{aligned}$$

46. $\mu = 505$, $\sigma = 112$. Using the graphing calculator program to find x such that $P(X > x) = 0.7$ we get $x = 564$.

CUMULATIVE REVIEW—CHAPTERS 1–11

1. **a.** The horizontal line through $(-2, 5)$ is $y = 5$.
b. The vertical line through $(-2, 5)$ is $x = -2$.

2. $\left(\frac{1}{4}\right)^{-3/2} = 4^{3/2} = (\sqrt{4})^3 = 2^3 = 8$

3.
$$\begin{aligned} f'(x) &= \lim_{h \to 0} \frac{f(x+h) - f(x)}{h} = \lim_{h \to 0} \frac{3(x+h)^2 - 7(x+h) + 1 - (3x^2 - 7x + 1)}{h} \\ &= \lim_{h \to 0} \frac{3(x^2 + 2hx + h^2) - 7(x+h) + 1 - 3x^2 + 7x - 1}{h} \\ &= \lim_{h \to 0} \frac{3x^2 + 6hx + 3h^2 - 7x - 7h + 1 - 3x^2 + 7x - 1}{h} \\ &= \lim_{h \to 0} \frac{6hx + 3h^2 - 7h}{h} = \lim_{h \to 0} 6x + 3h - 7 = 6x - 7 \end{aligned}$$

4. $T(t) = 12\sqrt{t^3} + 225 = 12t^{3/2} + 225$

$T'(t) = \frac{3}{2} \cdot 12 t^{1/2} = 18t^{1/2}$

$T'(4) = 18(4)^{1/2} = 36$

After 4 hours, the temperature is rising at the rate of 36 degrees per hour.

$T''(t) = \frac{1}{2} \cdot 18 t^{-1/2} = 9t^{-1/2}$

$T''(4) = 9(4)^{-1/2} = 9 \cdot \frac{1}{2} = \frac{9}{2}$

After 4 hours, the temperature rate of increase is rising by 4.5 degrees per hour per hour.

5. $\frac{d}{dx}\sqrt[3]{x^3 + 8} = \frac{d}{dx}(x^3 + 8)^{1/3} = \frac{1}{3}(x^3 + 8)^{-2/3} \cdot 3x^2$
$= x^2(x^3 + 8)^{-2/3}$

6. $f(x) = (2x + 3)^3 (3x + 2)^4$

$f'(x) = 3(2x + 3)^2 (2)(3x + 2)^4 + (2x + 3)^3 \cdot 4(3x + 2)^3 \cdot 3$
$= 6(2x + 3)^2 (3x + 2)^4 + 12(2x + 3)^3 (3x + 2)^3$

7. $f(x) = x^3 - 12x^2 - 60x + 400$
$f'(x) = 3x^2 - 24x - 60$
$f''(x) = 6x - 24$
Set $f'(x) = 0$ and solve.
$3x^2 - 24x - 60 = 0$
$x^2 - 8x - 20 = 0$
$(x - 10)(x + 2) = 0$
$x = 10, -2$
There are critical values at $x = -2$ and $x = 10$.

$f' > 0$	$f' = 0$	$f' < 0$	$f' = 0$	$f' > 0$
	$x = -2$		$x = 10$	
↗	→	↘	→	↗
	rel max		rel min	

Set $f''(x) = 0$ and solve.
$6x - 24 = 0$
$x = 4$

$f'' < 0$	$f'' = 0$	$f'' > 0$
con dn	$x = 4$	con up

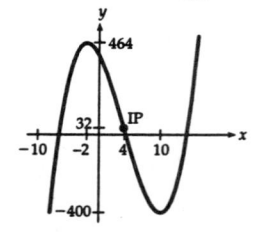

8. $f(x) = \sqrt[3]{x} + 1 = x^{1/3} + 1$
$f'(x) = \frac{1}{3} x^{-2/3}$
$f''(x) = -\frac{2}{3} \cdot \frac{1}{3} x^{-5/3} = -\frac{2}{9} x^{-5/3}$
Set $f'(x) = 0$ and solve.
$\frac{1}{3} x^{-2/3} = 0$
$\frac{1}{3x^{2/3}} = 0$
There are no solutions. Set the denominator equal to 0 to find a critical point.
$3x^{2/3} = 0$
$x = 0$

$f' > 0$		$f' > 0$
↗	$x = 0$	↗

$f''(x) = -\frac{2}{9} x^{-5/3}$ is also undefined at $x = 0$.

$f'' > 0$		$f'' < 0$
con up	$x = 0$	con dn

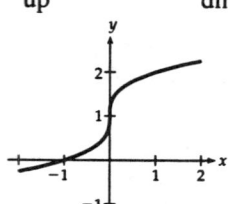

9. $f(x) = \dfrac{1}{x^2 - 4} = (x^2 - 4)^{-1}$

$f'(x) = -(x^2 - 4)^{-2}(2x) = -2x(x^2 - 4)^{-2}$

$f''(x) = -2(x^2 - 4)^{-2} + (-2x)(-2)(x^2 - 4)^{-3}(2x)$
$\quad\quad = -2(x^2 - 4)^{-2} + 8x^2(x^2 - 4)^{-3}$

Set $f'(x) = 0$ and solve.

$\dfrac{-2x}{(x^2 - 4)^2} = 0$

$x = 0$

Note that $f'(x)$ is undefined at $x = -2, 2$. Thus, there are critical points at $x = 0, -2, 2$.

$$\begin{array}{cccc} f'>0 & f'>0 & f'<0 & f'<0 \\ \nearrow\ x=-2\ \nearrow & x=0\ \searrow & x=2\ \searrow \end{array}$$

Set $f''(x) = 0$ and solve.

$\dfrac{-2}{(x^2 - 4)^2} + \dfrac{8x^2}{(x^2 - 4)^3} = 0$

$-2(x^2 - 4) + 8x^2 = 0$

$6x^2 + 8 = 0$

This has no solutions, but f'' is also undefined at $x = -2, 2$.

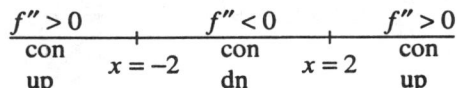

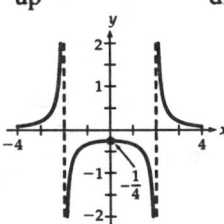

$$\begin{array}{ccc} f''>0 & f''<0 & f''>0 \\ \text{con up} \ \ x=-2 & \text{con dn} \ \ x=2 & \text{con up} \end{array}$$

10. Let x = the length of a side perpendicular to the wall. Let y = the length of the side parallel to the wall. Since the total length of fence is 300, then

$3x + y = 300$

$y = 300 - 3x$

We wish to maximize the area.

$A = xy = x(300 - 3x) = 300x - 3x^2$

$A' = 300 - 6x = 0$

$6x = 300$

$x = 50$

Thus, $y = 300 - 3(50) = 300 - 150 = 150$, and the largest area is $50 \cdot 150 = 7500$ square feet.

11. Let x = the length of one side of the square to be cut. Then the length of each side of the bottom of the box is $12 - 2x$.

$V = l \cdot w \cdot h$
$\ \ = (12 - 2x)(12 - 2x)x$
$\ \ = (144 - 48x + 4x^2)x$
$\ \ = 4x^3 - 48x^2 + 144x$

$V' = 12x^2 - 96x + 144 = 0$

$x^2 - 8x + 12 = 0$

$(x - 6)(x - 2) = 0$

$x = 6, 2$

For $x = 2$, $V = (12 - 4)(12 - 4)(2) = 128$ cubic inches.

For $x = 6$, $V = (12 - 12)(12 - 12)(6) = 0$.

Thus, the largest box has a volume of 128 cubic inches.

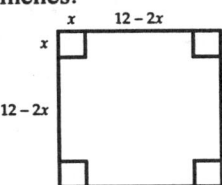

12. $xy - 3y = 5$

$$1 \cdot y + x \cdot \frac{dy}{dx} - 3\frac{dy}{dx} = 0$$
$$(x-3)\frac{dy}{dx} = -y$$
$$\frac{dy}{dx} = \frac{-y}{x-3}$$

At (4, 5), $\frac{dy}{dx} = \frac{-5}{4-3} = -5$

13. $A = \pi r^2$

$$\frac{dA}{dt} = 2\pi r \frac{dr}{dt}$$

Since $\frac{dA}{dt} = 3$ and $r = 2$, then

$$3 = 2\pi(2)\frac{dr}{dt}$$
$$\frac{dr}{dt} = \frac{3}{4\pi} \approx 0.24 \text{ mile per day}$$

14. a. For semiannual compounding,
$r = \frac{0.06}{2} = 0.03$ and $n = 4 \cdot 2 = 8$.
$P(1+r)^n = 5000(1+0.03)^8 \approx \$6333.85$

b. For continuous compounding, $r = 0.06$ and $n = 4$.
$Pe^{rn} = 5000e^{0.06(4)} \approx \$6356.25$

15. For continuous compounding, $r = 0.09$. We wish to find when P reaches $1.75P$.
$$Pe^{0.09n} = 1.75P$$
$$e^{0.09n} = 1.75$$
$$n = \frac{\ln 1.75}{0.09} \approx 6.22 \text{ years}$$

16. For quarterly compounding, $r = \frac{0.08}{4} = 0.02$ and $n = 4 \cdot 25 = 100$. To find how much to deposit, solve
$$P(1+0.02)^{100} = 100,000$$
$$P = \frac{100,000}{1.02^{100}} \approx \$13,803.30$$

17. a. $\frac{d}{dx}\left(\frac{e^{2x}}{x}\right) = \frac{xe^{2x} \cdot 2 - 1 \cdot e^{2x}}{x^2} = \frac{2xe^{2x} - e^{2x}}{x^2}$

b. $\frac{d}{dx}\ln(x^3+1) = \frac{1}{x^3+1} \cdot 3x^2 = \frac{3x^2}{x^3+1}$

18. $E(p) = p \cdot D(p) = p \cdot 12,000e^{-0.04p} = 12,000pe^{-0.04p}$
$E'(p) = 12,000e^{-0.04p} + 12,000p(-0.04)e^{-0.04p}$
$= 12,000e^{-0.04p} - 480pe^{-0.04p} = 0$
$12,000 - 480p = 0$
$p = \$25$

19. $G(t) = 3 + 5e^{0.06t}$
$G'(t) = 0.3e^{0.06t}$
The relative rate of change is
$$\frac{G'(t)}{G(t)} = \frac{0.3e^{0.06t}}{3+5e^{0.06t}}$$
At $t = 2$,
$$\frac{G'(2)}{G(2)} = \frac{0.3e^{0.06(2)}}{3+5e^{0.06(2)}} \approx 0.039 \text{ or } 3.9\%$$

20. a. $\int (12x^3 - 4x + 5) dx = 12 \cdot \frac{x^4}{4} - 4 \cdot \frac{x^2}{2} + 5x + C$
$= 3x^4 - 2x^2 + 5x + C$

b. $\int 6x^{-2x} dx = 6 \cdot \frac{e^{-2x}}{-2} + C = -3e^{-2x} + C$

21. $\int_1^e \frac{2}{x} dx = 2\int_1^e \frac{1}{x} dx = 2\ln x \Big|_1^e = 2(\ln e - \ln 1)$
$= 2(1-0) = 2$

22. $C(x) = \int MC(x) dx$
$= \int_{25}^{100} 3x^{-1/2} dx = 3 \cdot \frac{x^{1/2}}{\frac{1}{2}} \Big|_{25}^{100} = 6x^{1/2} \Big|_{25}^{100}$
$= 6(100)^{1/2} - 6(25)^{1/2} = 60 - 30$
$= 30$ thousand dollars

23. $\int_0^t 120e^{0.15x} dx = 120 \cdot \frac{e^{0.15x}}{0.15} \Big|_0^t = 800e^{0.15x} \Big|_0^t$
$= 800e^{0.15t} - 800e^{0.15(0)}$
$= 800e^{0.15t} - 800$

24. First, find the points of intersection
$$x^2 + 4 = 6x + 4$$
$$x^2 - 6x = 0$$
$$x(x-6) = 0$$
$$x = 0, 6$$

At $x = 1$, $y = (1)^2 + 4 = 5$ and $y = 6(1) + 4 = 10$.
Thus, $y = 6x + 4$ is the upper curve

$$\text{Area} = \int_0^6 [(6x+4) - (x^2+4)]\,dx$$

$$= \int_0^6 (6x - x^2)\,dx = \left(3x^2 - \frac{x^3}{3}\right)\Big|_0^6$$

$$= 3(6)^2 - \frac{6^3}{3} - \left[3(0)^2 - \frac{0^3}{3}\right] = 36 \text{ square units}$$

25. (Average population) $= \dfrac{1}{b-a}\int_a^b P(t)\,dt$

$$= \frac{1}{10-0}\int_0^{10} 60e^{0.04t}\,dt = \frac{1}{10}\left(60\cdot\frac{e^{0.04t}}{0.04}\right)\Big|_0^{10}$$

$$= 150e^{0.04t}\Big|_0^{10} = 150e^{0.04(10)} - 150e^{0.04(0)} \approx 73.8$$

26. a. $\displaystyle\int \frac{x\,dx}{\sqrt{x^2+1}}$ Let $u = x^2 + 1$; then $du = 2x\,dx$.

$$\int \frac{\frac{1}{2}}{\sqrt{u}}\,du = \frac{1}{2}\left(\frac{u^{1/2}}{\frac{1}{2}} + C\right) = u^{1/2} + C = \sqrt{x^2+1} + C$$

b. $\displaystyle\int_0^{-1} xe^{-x^2}\,dx$ Let $u = -x^2$. Then $du = -2x\,dx$.
   For $x = 0$, $u = -0^2 = 0$.
   For $x = 1$, $u = -(1)^2 = -1$

$$\int_0^{-1} e^u\left(\frac{du}{-2}\right) = -\frac{1}{2}e^u\Big|_0^{-1} = -\frac{1}{2}e^{-1} - \left(-\frac{1}{2}e^0\right)$$

$$= -\frac{1}{2}e^{-1} + \frac{1}{2}$$

27. $\displaystyle\int x^2 \ln x\,dx$ Let $u = \ln x$, $dv = x^2\,dx$. Then $du = \frac{1}{x}\,dx$, $v = \frac{x^3}{3}$.

$$\int x^2 \ln x\,dx = \ln x \cdot \frac{x^3}{3} - \int \frac{x^3}{3}\cdot\frac{1}{x}\,dx = \frac{x^3}{3}\ln x - \int \frac{x^2}{3}\,dx$$

$$= \frac{x^3}{3}\ln x - \frac{x^3}{9} + C$$

28. $\displaystyle\int \frac{x}{\sqrt{x-1}}\,dx$ Use Formula 13 with $a = 1$, $b = -1$.

$$\int \frac{x}{\sqrt{x-1}}\,dx = \frac{2(1)x - 4(-1)}{3(1)^2}\sqrt{x-1} + C$$

$$= \frac{2x+4}{3}\sqrt{x-1} + C$$

29. $\int_0^\infty e^{-2x}dx = \lim_{a\to\infty}\int_0^a e^{-2x}dx = \lim_{a\to\infty}\left(\frac{e^{-2x}}{-2}\right)\Big|_0^a$

$= \lim_{a\to\infty}\left[-\frac{e^{-2a}}{2} - \left(-\frac{e^0}{2}\right)\right]$

$= \left(\lim_{a\to\infty} -\frac{e^{-2a}}{2}\right) + \frac{1}{2} = 0 + \frac{1}{2} = \frac{1}{2}$

30. $\int_0^1 e^{\sqrt{x}}dx, n = 4 \quad \Delta x = \frac{1-0}{4} = \frac{1}{4}$

x	$f(x) = e^{\sqrt{x}}$
0	$1 \to 0.5$
$\frac{1}{4}$	1.649
$\frac{1}{2}$	2.028
$\frac{3}{4}$	2.377
1	$2.718 \to 1.359$

$0.5 + 1.649 + 2.028 + 2.377 + 1.359 = 7.913$

$\int_0^1 e^{\sqrt{x}}dx \approx 7.913\left(\frac{1}{4}\right) \approx 1.98$

31. $\int_0^1 e^{\sqrt{x}}dx, n = 4 \quad \Delta = \frac{1-0}{4} = \frac{1}{4}$

x	$e^{\sqrt{x}}$	Weight	$e^{\sqrt{x}} \cdot$ weight
0	1	1	1
$\frac{1}{4}$	1.649	4	6.596
$\frac{1}{2}$	2.028	2	4.056
$\frac{3}{4}$	2.377	4	9.508
1	2.718	1	2.718
			23.878

$\int e^{\sqrt{x}}dx \approx 23.878\left(\frac{0.25}{3}\right) \approx 1.99$

FnInt produces 2.000.

32. $f(x, y) = xe^y - y\ln(x^2 + 1)$

$f_x(x, y) = e^y - y\left(\frac{1}{x^2+1}\right)\cdot 2x = e^y - y\frac{2x}{x^2+1}$

$f_y(x, y) = xe^y - \ln(x^2+1)$

33. $f(x, y) = 3x^2 + 2y^2 - 2xy - 8x - 4y + 15$
$f_x(x, y) = 6x - 2y - 8 = 0$
$f_y(x, y) = 4y - 2x - 4 = 0$
Solving these systems simultaneously gives
$x = 2, y = 2$.
$f_{xx}(x, y) = 6$, $f_{yy}(x, y) = 4$, and $f_{xy}(x, y) = -2$. Thus,
$D = (6)(4) - (-2)^2 = 24 - 4 = 20 > 0$
and $f_{xx} > 0$. Thus, f has a relative minimum at (2, 2) and
$f(2, 2) = 3(2)^2 + 2(2)^2 - 2(2)(2) - 8(2) - 4(2) + 15 = 3$
f has no maximum.

34.

x	y	xy	x^2
2	4	8	4
4	3	12	16
6	0	0	36
8	-1	-8	64
$\Sigma x = 20$	$\Sigma y = 6$	$\Sigma xy = 12$	$\Sigma x^2 = 120$

$a = \frac{n\Sigma xy - (\Sigma x)(\Sigma y)}{n\Sigma x^2 - (\Sigma x)^2} = \frac{4(12) - (20)(6)}{4(120) - (20)^2}$

$= \frac{48 - 120}{480 - 400} = -0.9$

$b = \frac{1}{n}(\Sigma y - a\Sigma x) = \frac{1}{4}[6 + 0.9(20)] = 6$

The least squares line is $y = -0.9x + 6$.

Cumulative Review—Chapters 1–11

35. Maximize $f(x, y) = 100 - 2x^2 - 3y^2 + 2xy$ subject to $2x + y = 18$.
$F(x, y, \lambda) = 100 - 2x^2 - 3y^2 + 2xy + \lambda(2x + y - 18)$
$F_x = -4x + 2y + 2\lambda = 0$ or $\lambda = 2x - y$
$F_y = -6y + 2x + \lambda = 0$ or $\lambda = -2x + 6y$
$F_\lambda = 2x + y - 18 = 0$
Equating the equations for λ, we have
$2x - y = -2x + 6y$
$4x = 7y$
$x = \frac{7}{4}y$
Substituting into the equation for F_λ, we get
$2\left(\frac{7}{4}y\right) + y - 18 = 0$
$\frac{7}{2}y + y = 18$
$\frac{9}{2}y = 18$
$y = 4$
$x = \frac{7}{4}(4) = 7$
The maximum constrained value of f occurs at $(7, 4)$ and
$f(7, 4) = 100 - 2(7)^2 - 3(4)^2 + 2(7)(4)$
$= 100 - 98 - 48 + 56 = 10$

36. $f(x, y) = 5x^2 - 2xy + 2y^3 - 12$
$f_x = 10x - 2y$
$f_y = -2x + 6y^2$
Total differential $df = (10x - 2y)\,dx + (-2x + 6y^2)\,dy$

37. Volume $= \int_0^3 \int_0^3 (x^2 + y^2)\,dy\,dx = \int_0^3 \left(x^2 y + \frac{y^3}{3}\right)\bigg|_0^3 dx$
$= \int_0^3 \left(3x^2 + \frac{3^3}{3}\right) dx = \int_0^3 (3x^2 + 9)\,dx = (x^3 + 9x)\bigg|_0^3$
$= 3^3 + 9(3) - [0^3 + 9(0)] = 54$ cubic units

38. a. $135° = 135° \cdot \frac{\pi}{180°} = \frac{3\pi}{4}$
  b. $\frac{5\pi}{6} = \frac{5\pi}{6} \cdot \frac{180°}{\pi} = 150°$

39. a. $\sin\frac{3\pi}{4} = \frac{y}{r} = \frac{1}{\sqrt{2}} = \frac{\sqrt{2}}{2}$

   b. $\cos\frac{3\pi}{4} = \frac{x}{r} = \frac{-1}{\sqrt{2}} = -\frac{\sqrt{2}}{2}$

   c. $\sin\frac{5\pi}{6} = \frac{1}{2}$

   d. $\cos\frac{5\pi}{6} = \frac{-\sqrt{3}}{2} = -\frac{\sqrt{3}}{2}$

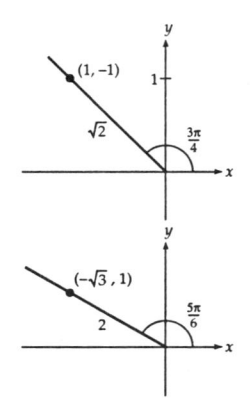

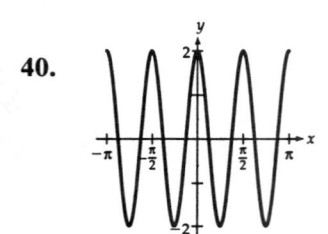

40.

41. $\frac{d}{dx}(\sin x \cos x) = \cos x \cdot \cos x + \sin x \cdot (-\sin x)$
    $= \cos^2 x - \sin^2 x$

42. $\int e^{\cos x} \sin x\, dx$ Let $u = \cos x$, $du = -\sin x\, dx$.
    $\int e^{\cos x} \sin x\, dx = \int e^u(-du) = -e^u + C$
    $= -e^{\cos x} + C$

43. Area $= \int_0^{\pi/2} \cos x\, dx = \sin x \Big|_0^{\pi/2}$
    $= \sin\frac{\pi}{2} - \sin 0 = 1$ square unit

44. a. $\tan\frac{5\pi}{6} = \frac{y}{x} = \frac{1}{-\sqrt{3}} = -\frac{\sqrt{3}}{3}$

   b. $\cot\frac{5\pi}{6} = \frac{x}{y} = \frac{-\sqrt{3}}{1} = -\sqrt{3}$

   c. $\sec\frac{3\pi}{4} = \frac{r}{x} = \frac{\sqrt{2}}{-1} = -\sqrt{2}$

   d. $\csc\frac{3\pi}{4} = \frac{r}{y} = \frac{\sqrt{2}}{1} = \sqrt{2}$

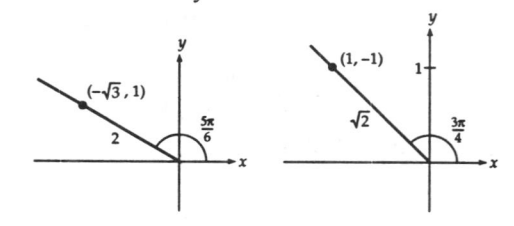

45. a. $\frac{d}{dx}\tan(x^2 + 1) = \sec^2(x^2 + 1) \cdot 2x = 2x\sec^2(x^2 + 1)$

   b. $\int \sec(2t+1)\tan(2t+1)\, dt$ Let $u = 2t + 1$; $du = 2\, dt$.
   $\int \sec u \tan u \left(\frac{du}{2}\right) = \frac{1}{2}\sec u + C = \frac{1}{2}\sec(2t+1) + C$

Cumulative Review—Chapters 1–11

46. **a.** $y' = \dfrac{dy}{dx} = x^3 y$

$\dfrac{dy}{y} = x^3\,dx$

$\int \dfrac{dy}{y} = \int x^3\,dx$

$\ln y = \dfrac{x^4}{4} + C$

$y = e^{x^4/4 + C} = Ce^{x^4/4}$

b. Since $y(0) = 2$,

$2 = Ce^{(0)^4/4} = C \cdot e^0 = C$

Thus, the particular solution is $y = 2e^{x^4/4}$.

47. $y' + 6xy = 0, \quad y(0) = 4$

$\dfrac{dy}{dx} + 6xy = 0$

$\dfrac{dy}{dx} = -6xy$

$\dfrac{dy}{y} = -6x\,dx$

$\int \dfrac{dy}{y} = \int -6x\,dx$

$\ln y = -3x^2 + C$

$y = e^{-3x^2 + C} = Ce^{-3x^2}$

Since $y(0) = 4$,

$4 = Ce^{-3(0)^2} = C \cdot e^0 = c$

Thus, $y = 4e^{-3x^2}$.

48. $y' = \dfrac{12x}{y}$, $y(0) = 2$. The initial point is $(0, 2)$, and the slope is $g(x, y) = \dfrac{12x}{y}$. The step size is

$\dfrac{1-0}{4} = 0.25$

Segment 1

Slope $\quad g(0, 2) = \dfrac{12 \cdot 0}{2} = 0$

Endpoint $x_1 = 0.25, \quad y_1 = 2 + (0)(0.25) = 2$

Segment 2

Slope $\quad g(0.25, 2) = \dfrac{12 \cdot 0.25}{2} = \dfrac{3}{2}$

Endpoint $x_2 = 0.5, \quad y_2 = 2 + \left(\dfrac{3}{2}\right)(0.25) = 2.375$

Segment 3

Slope $\quad g(0.5, 2.375) = \dfrac{12 \cdot 0.5}{2.375} \approx 2.53$

Endpoint $x_3 = 0.75, \quad y_3 = 2.375 + 2.53(0.25)$
≈ 3.008

Segment 4

Slope $\quad g(0.75, 3.008) = \dfrac{12 \cdot 0.75}{3.008} \approx 2.99$

Endpoint $x_4 = 1, \quad y_4 = 3.008 + 2.99(0.25)$
≈ 3.756

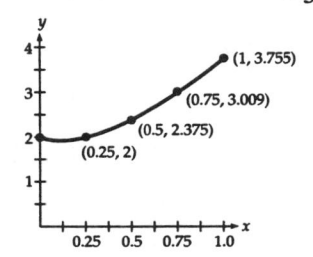

49. $\dfrac{\frac{16}{25}}{\frac{4}{5}} = \dfrac{16}{25} \cdot \dfrac{5}{4} = \dfrac{4}{5}$

Since the ratio is $\dfrac{4}{5} < 1$, the series converges.

$S = \dfrac{a}{1-r} = \dfrac{\frac{4}{5}}{1 - \frac{4}{5}} = \dfrac{\frac{4}{5}}{\frac{1}{5}} = 4$

50. $f(x) = e^{2x}$, $f'(x) = 2e^{2x}$, $f''(x) = 4e^{2x}$, $f'''(x) = 8e^{2x}$

$p_3(x) = e^{2(0)} + 2e^{2(0)}\frac{x}{1!} + 4e^{2(0)}\frac{x^2}{2!} + 8e^{2(0)}\frac{x^3}{3!}$

$= 1 + 2x + \frac{4}{2}x^2 + \frac{8}{6}x^3 = 1 + 2x + 2x^2 + \frac{4}{3}x^3$

51. Substitute x^2 for x in the Taylor series for $\sin x$.

$\sin x^2 \approx x^2 - \frac{(x^2)^3}{3!} + \frac{(x^2)^5}{5!} - \frac{(x^2)^7}{7!} + \cdots$

$= x^2 - \frac{x^6}{3!} + \frac{x^{10}}{5!} - \frac{x^{14}}{7!} + \cdots$

$c_n = (-1)^{n+1}\frac{x^{2(2n-1)}}{(2n-1)!}$, $c_{n+1} = (-1)^{n+2}\frac{x^{2(2n+1)}}{(2n+1)!}$

$\lim_{n\to\infty}\left|\frac{c_{n+1}}{c_n}\right| = \lim_{n\to\infty}\left|\frac{(-1)^{n+2}\frac{x^{2(2n+1)}}{(2n+1)!}}{(-1)^{n+1}\frac{x^{2(2n-1)}}{(2n-1)!}}\right|$

$= \lim_{n\to\infty}\left|(-1)\frac{x^{4n+2}}{x^{4n-2}} \cdot \frac{(2n-1)!}{(2n+1)!}\right|$

$= \lim_{n\to\infty}\left|(-1)\frac{x^4}{(2n+1)(2n)}\right| = 0$

Thus, since the limit approaches 0 for all x, the radius of convergence is $R = \infty$.

52. To estimate $\sqrt{105}$, consider the function $f(x) = x^2 - 105$. Thus, $f'(x) = 2x$.

x_n	$x_n - \frac{f(x_n)}{f'(x_n)}$
10	10.25
10.25	10.2469512
10.2469512	10.2469507

53. Since the mean is 4, use a Poisson distribution with $a = 4$.

$P(X \le 3) = \sum_{k=0}^{3} e^{-4}\frac{4^k}{k!}$

$= e^{-4}\frac{4^0}{0!} + e^{-4}\frac{4^1}{1!} + e^{-4}\frac{4^2}{2!} + e^{-4}\frac{4^3}{3!} \approx 0.433$

54. The uniform probability density function on $[0, 18]$ is $f(x) = \frac{1}{18}$.

a. $E(X) = \int_0^{18} x \cdot f(x)\,dx = \int_0^{18} \frac{x}{18}\,dx = \frac{x^2}{36}\Big|_0^{18}$

$= \frac{18^2}{36} - \frac{0^2}{36} = 9$

b. $\text{Var}(X) = \int_0^{18} x^2 f(x)\,dx - \mu^2$

$= \int_0^{18} \frac{x^2}{18}\,dx - (9)^2$

$= \frac{x^3}{54}\Big|_0^{18} - 81 = \left(\frac{18^3}{54} - \frac{0^3}{54}\right) - 81 = 27$

55. Since the mean is 1, $\frac{1}{a} = 1$ or $a = 1$. Thus, the exponential probability density function is $f(x) = 1$.

$P\left(X \le \frac{3}{2}\right) = \int_0^{3/2} e^{-x}\,dx = \frac{e^{-x}}{-1}\Big|_0^{3/2}$

$= -e^{-3/2} - (-e^0) \approx 0.777$

56. $P(11 \le X \le 13) = \int_{11}^{13} \frac{1}{2\sqrt{2\pi}} e^{-\frac{1}{2}\left(\frac{x-12}{2}\right)^2}\,dx$

≈ 0.383